欧美数学经典著作译丛

加性数论——反问题与和集的几何

Additive Number Theory—Inverse Problems and the Geometry of Sumsets

●［美］梅尔文·B. 内桑森（Melvyn B. Nathanson）著

●陶利群 译

HITP

哈爾濱工業大學出版社

HARBIN INSTITUTE OF TECHNOLOGY PRESS

大家书系

黑版贸登字 08-2021-020 号

内 容 简 介

本书主要介绍了简单的反定理、同余类的和、互异同余类的和、群的 Kneser 定理、Euclid 空间中的向量和、数的几何、Freiman 定理、Freiman 定理的应用等相关知识.

本书适合相关专业大学师生及数学爱好者阅读使用.

图书在版编目(CIP)数据

加性数论:反问题与和集的几何/(美)梅尔文·B.内桑森(Melvyn B. Nathanson)著;陶利群译.—哈尔滨:哈尔滨工业大学出版社,2023.8

书名原文:Additive Number Theory: Inverse Problems and the Geometry of Sumsets

ISBN 978-7-5767-0610-9

Ⅰ.①加… Ⅱ.①梅… ②陶… Ⅲ.①数论 Ⅳ.①O156

中国国家版本馆 CIP 数据核字(2023)第 030316 号

JIAXING SHULUN: FANWENTI YU HEJI DE JIHE

策划编辑 刘培杰 张永芹
责任编辑 刘家琳 李 欣
封面设计 孙茵艾
出版发行 哈尔滨工业大学出版社
社 址 哈尔滨市南岗区复华四道街 10 号 邮编 150006
传 真 0451-86414749
网 址 http://hitpress.hit.edu.cn
印 刷 哈尔滨市颉升高印刷有限公司
开 本 787 mm×1 092 mm 1/16 印张 16.25 字数 417 千字
版 次 2023 年 8 月第 1 版 2023 年 8 月第 1 次印刷
书 号 ISBN 978-7-5767-0610-9
定 价 58.00 元

序　　言

Fourier的确相信数学的主要目的是服务大众和理解自然，但是作为一个思想深刻的人，他应该明白科学研究的唯一目标是人类在精神上获得的荣誉感，就此而言，一个数论问题与一个物理问题同等重要.

C. G. Jacobi†

加性数论中的经典问题是正问题，在这些问题中，我们从一个整数集A开始，进而描述h重和集hA，即A中h个元素的和构成的集合. 对于一个反问题，我们首先有和集hA，然后试图得到这个基础集合A的信息. 在过去几年里，人们对于加性数论中的有限集的反问题的研究取得了令人瞩目的进展，Freiman, Kneser, Plünnecke, Vosper, 以及其他一些人证明了许多重要的反问题定理. 特别地，Ruzsa最近发现了一个新方法来证明Freiman定理的推广. 本书的一个目的就是介绍Ruzsa对这个结果的优美证明.

本书的预备知识来自本科阶段的初等数论、代数与分析课程. 除此之外，本书的内容是齐备的. 我对证明Erdös-Heilbronn猜想、Plünnecke不等式、Freiman定理的过程中用到的外代数、组合、图论以及数的几何方面的结果都给出了完整的证明. 实际上，本书的第二个目的是介绍已经用来得到这个领域中的结果的不同方法.

本书是加性数论方面的几本著作中的第二本，它与相关的一本书《加性数论: 典型基》[96]无关，后者研究的是长期处于本课题中心的正问题. 我原本打算写一篇全面介绍加性数论的小册子，但是计划实施起来就变成了一件复杂而漫长的事情. 我要感谢Springer-Verlag出版社对本书持有的兴趣和理解.

Antal Balog, Gregory Freiman, Yahya Ould Hamidoune, Vsevolod F. Lev, Öystein Rödseth, Imre Z. Ruzsa和Endre Szemerédi为我提供了他们关于加性数论方面的论文的预印本，并且就本书的初稿提出了许多有用的意见，对此我深表谢意. 我还从Jean-Marc Deshouillers于1993年6月在Marseille的国际数学合作中心(CIRM)组织的关于Freiman工作的会议，以及1996年2月在Rutgers大学的离散数学与计算机理论科学中心(DIMACS)举办的组合数论研讨会中受益良多. 写这本书的时候正值我休假来到高等研究所的数学院和DIMACS. 我要特别感谢Henryk Iwaniec和已故的Daniel Gorensstein使得我得以在Rutgers工作.

我曾经在Southern Illinois University at Carbondale, Rutgers University–New Brunswick以及City University of New York 的研究生中心讲授过加性数论，我要对参与到该研究生课程的同学们和同事们表示感谢.

这项工作得到PSC-CUNY研究奖计划和国家安全局数学科学计划的部分资助.

† 见[71]的第1卷, p.454.

我将非常高兴收到读者对本书提出的建议或者修改意见, 我的email地址为nathansn@alpha.lehman.cuny.edu和nathanson@worldnet.att.net. 我在http://www.lehman.cuny.edu的个人主页或http://www.lehman.cuny.edu/nathanson上会贴出勘误表.

Melvyn B. Nathanson
1996年6月18日
于New Jersey州Maplewood镇

记　　号

$\mathbb{N}$	正整数集$\{1,2,3,\ldots\}$
$\mathbb{N}_0$	非负整数集$\{0,1,2,\ldots\}$
$\mathbb{Z}$	整数集$\{0,\pm1,\pm2,\ldots\}$
$\mathbb{R}$	实数集
$\mathbb{R}^n$	n维Euclid空间
$\mathbb{Z}^n$	$\mathbb{R}^n$中的整数格点集
$\mathbb{C}$	复数集
$\lvert z\rvert$	复数z的模
$\operatorname{Re} z$	复数z的实部
$\operatorname{Im} z$	复数z的虚部
$[x]$	实数x的整数部分
$\{x\}$	实数x的小数部分
$\lVert x\rVert$	实数x到与它最接近的整数的距离, 即$\lVert x\rVert=\min(\{x\},1-\{x\})$
$(a_1,a_2,\ldots,a_k)$	整数$a_1,a_2,\ldots,a_k$的最大公因数
$[a_1,a_2,\ldots,a_k]$	整数$a_1,a_2,\ldots,a_k$的最小公倍数
$[a,b]$	满足$a\leqslant n\leqslant b$的整数n的集合(从上下文总能看出这个符号表示的是整数区间还是两个整数的最小公倍数.)
$Q(q_0;q_1,\ldots,q_n;l_1,\ldots,l_n)$	n维整数的等差数列
$G(V,E)$	点集为V, 边集为E的图
hA	由A中h个元的和构成的h重和集
$h^\wedge A$	由A中h个不同的元的和构成的集合
$A-B$	由A中的元a与B中的元b的差$a-b$构成的差集
$hA-kA$	和集hA与kA的差集
$\lambda * A$	由形如$\lambda a, a\in A$的元构成的集合
$f\ll g$	存在绝对常数c使得对f的定义域中所有的x满足$\lvert f(x)\rvert\leqslant c\lvert g(x)\rvert$
$f\ll_{a,b,\ldots} g$	存在依赖于$a,b,\ldots$的常数c使得对f的定义域中所有的x满足$\lvert f(x)\rvert\leqslant c\lvert g(x)\rvert$

目　　录

第 1 章　简单的反定理

§1.1　正反问题

加性数论研究的是整数集的和. 令$h \geqslant 2$, $A_1, A_2, \ldots, A_h$为整数集. 和集

$$A_1 + A_2 + \cdots + A_h$$

为所有形如$a_1 + a_2 + \cdots + a_h$的整数构成的集合, 其中$a_i \in A_i (1 \leqslant i \leqslant h)$. 若$A$为整数集, $A_i = A (1 \leqslant i \leqslant h)$, 则我们将和集$A_1 + A_2 + \cdots + A_h$记为$hA$. 因此$h$重和集$hA$即为$A$中$h$个元(允许重复)的和的集合.

和集也能够在任何的Abel群中定义, 实际上能在任何有二元运算的集合中定义. 例如, 我们将在模m的同余类群$\mathbb{Z}/m\mathbb{Z}$以及$\mathbb{R}^n$的整数格点群$\mathbb{Z}^n$中考虑和集.

在加性数论的正问题中, 我们要对已知的集合A确定h重和集hA的结构与性质. 正问题的一个例子(实际上它是加性数论的原型定理)是Lagrange定理: 每个非负整数可以写成四个整数的平方和. 因此, 如果A是所有平方数的集合, 则和集$4A$ 就是所有非负整数的集合.

对于任意的有限整数集A和充分大的h, 有一个简单漂亮的办法解决正问题中描述h重和集hA的结构问题. 我们需要下述记号.

令A和B为整数集, $|A|$为A的基数. 我们定义差集

$$A - B = \{a - b | a \in A, b \in B\}.$$

对任意的$c, q \in \mathbb{Z}$, 定义集合

$$c + A = \{c\} + A,$$

$$c - A = \{c\} - A,$$

$$q * A = \{qa | a \in A\},$$

于是$q * (A + B) = q * A + q * B$.

记$(a_1, a_2, \ldots, a_k)$为整数$a_1, a_2, \ldots, a_k$的最大公因数. 设$A = \{a_0, a_1, \ldots, a_{k-1}\}$是有限整数集, 满足$a_0 < a_1 < \cdots < a_{k-1}$, 定义

$$d(A) = (a_1 - a_0, a_2 - a_0, \ldots, a_{k-1} - a_0\}.$$

令$a_i' = (a_i - a_0)/d(A), i = 0, 1, \ldots, k-1$,

$$A^{(N)} = \{a_0', a_1', \ldots, a_{k-1}'\}.$$

显然

$$0 = a'_0 < a'_1 < \cdots < a'_{k-1},$$

$$d(A^{(N)}) = (a'_1, \ldots, a'_{k-1}) = 1,$$

$$A = a_0 + d * A^{(N)},$$

$$hA = \{ha_0\} + d(A) * hA^{(N)},$$

从而得到

(1.1) $$|hA| = |hA^{(N)}|.$$

称集合$A^{(N)}$为A的标准形.

记$[a, b]$为使得$a \leqslant n \leqslant b$的整数$n$的集合, 称为整数区间. 例如, 若$A = \{8, 29, 71, 92\}$, $h = 2$, 则$d(A) = 21, A^{(N)} = \{0, 1, 3, 4\}, 2A^{(N)} = [0, 8], 2A = \{16 + 21n | n \in [0, 8]\}$.

引理 1.1 令$k \geqslant 2$, $a_1, \ldots, a_{k-1}$为正整数使得

$$(a_1, \ldots, a_{k-1}) = 1.$$

若

$$(a_{k-1} - 1)\sum_{i=1}^{k-2} a_i \leqslant n \leqslant ha_{k-1} - (k-2)(a_{k-1} - 1)a_{k-1},$$

则存在非负整数$u_1, \ldots, u_{k-1}$使得

$$n = u_1a_1 + \cdots + u_{k-1}a_{k-1},$$

并且

$$u_1 + \cdots + u_{k-1} \leqslant h.$$

证明: 由于$(a_1, \ldots, a_{k-1}) = 1$, 存在整数$x_1, \ldots, x_{k-1}$使得

$$n = x_1a_1 + \cdots + x_{k-1}a_{k-1}.$$

对$i = 1, \ldots, k-2$, 令u_i为x_i模a_{k-1}的最小非负剩余, 则有

$$n \equiv x_1a_1 + \cdots + x_{k-2}a_{k-2} \bmod a_{k-1} \equiv u_1a_1 + \cdots + u_{k-2}a_{k-2} \bmod a_{k-1},$$

从而存在$u_{k-1} \in \mathbb{Z}$使得

$$n = u_1a_1 + \cdots + u_{k-2}a_{k-2} + u_{k-1}a_{k-1}.$$

因为$0 \leqslant u_i \leqslant a_{k-1} - 1 (1 \leqslant i \leqslant k-2)$, 可知

$$u_{k-1}a_{k-1} = n - (u_1a_1 + \cdots + u_{k-2}a_{k-2}) \geqslant n - (a_{k-1} - 1)\sum_{i=1}^{k-2} a_i \geqslant 0,$$

所以$u_{k-1} \geqslant 0$. 因此由引理中的假设可得

$$u_{k-1}a_{k-1} \leqslant n \leqslant ha_{k-1} - (k-2)(a_{k-1} - 1)a_{k-1},$$

从而

$$u_{k-1} \leqslant h-(k-2)(a_{k-1}-1).$$

由此得到

$$u_1+\cdots+u_{k-2}+u_{k-1} \leqslant (k-2)(a_{k-1}-1)+u_{k-1} \leqslant h. \qquad \square$$

由(1.1), 和集hA的结构完全由$hA^{(N)}$的结构确定, 因此只需考虑有限集A的标准形.

定理 1.1 (Nathanson) 令$k \geqslant 2,\ A=\{a_0, a_1, \ldots, a_{k-1}\}$为有限整数集使得

$$0=a_0<a_1<\cdots<a_{k-1},$$

$$(a_1, \ldots, a_{k-1})=1,$$

则对所有的$h \geqslant \max(1,(k-2)(a_{k-1}-1)a_{k-1})$, 存在$c, d \in \mathbb{N}_0$, 以及集合$C \subseteq [0, c-2]$和$D \subseteq [0, d-2]$使得

$$hA=C \cup [c, ha_{k-1}-d] \cup (ha_{k-1}-D). \tag{1.2}$$

证明: 若$k=2$, 则$a_1=1, A=[0,1], hA=[0, h]$, 取$c=d=0$即知定理对所有的$h \geqslant 1$成立. 若$k \geqslant 3$, 则$a_{k-1} \geqslant 2$. 定义

$$h_0=(k-2)(a_{k-1}-1)a_{k-1}, \tag{1.3}$$

则有

$$h_0 \geqslant (a_{k-1}-1)(1+\sum_{i=1}^{k-2} a_i), \tag{1.4}$$

从而

$$h_0 a_{k-1} \geqslant 2h_0 \geqslant (k-2)(a_{k-1}-1)a_{k-1}+(a_{k-1}-1)(1+\sum_{i=1}^{k-2} a_i). \tag{1.5}$$

现在对$h \geqslant h_0$用归纳法证明定理. 选取$c, d \in \mathbb{Z}$使得$[c, h_0 a_{k-1}-d]$是满足

$$[(a_{k-1}-1)\sum_{i=1}^{k-2} a_i, h_0 a_{k-1}-(k-2)(a_{k-1}-1)a_{k-1}] \subseteq [c, h_0 a_{k-1}-d] \subseteq h_0 A$$

的最大整数区间. 引理1.1意味着这个最大的区间存在. 由此可知$c-1 \notin h_0 A, h_0 a_{k-1}-(d-1) \notin h_0 A$, 并且有

$$c \leqslant (a_{k-1}-1)\sum_{i=1}^{k-2} a_i<h_0 \leqslant h, \tag{1.6}$$

$$d \leqslant (k-2)(a_{k-1}-1)a_{k-1}, \tag{1.7}$$

从而由(1.5)可得

$$c+d \leqslant (a_{k-1}-1)\sum_{i=1}^{k-2} a_i+(k-2)(a_{k-1}-1)a_{k-1} \leqslant h_0 a_{k-1}-(a_{k-1}-1),$$

所以

$$[c, c+a_{k-1}-1] \subseteq [c, h_0 a_{k-1}-d]. \tag{1.8}$$

令C, D为有限整数集, 其定义为:

$$C = h_0 A \cap [0, c-2],$$

$$h_0 a_{k-1} - D = h_0 A \cap [h_0 a_{k-1} - (d-2), h_0 a_{k-1}].$$

易知$D \subseteq [0, d-2]$, 并且

$$h_0 A = C \cup [c, h_0 a_{k-1} - d] \cup (h_0 a_{k-1} - D),$$

所以(1.2)对h_0成立.

假设(1.2)对某个$h \geqslant h_0$成立. 令

$$\begin{aligned} B &= C \cup [c, (h+1)a_{k-1} - d] \cup ((h+1)a_{k-1} - D) \\ &= C \cup [c, c+a_{k-1}-1] \cup [c+a_{k-1}, (h+1)a_{k-1}-d] \cup ((h+1)a_{k-1} - D), \end{aligned}$$

其中第二个不等式由(1.8)得到.

由于$0 \in A$, 我们有$hA \subseteq (h+1)A$, 所以

$$C \cup [c, c+a_{k-1}-1] \subseteq C \cup [c, h_0 a_{k-1} - d] \subseteq hA \subseteq (h+1)A.$$

因为$a_{k-1} \in A$, 所以$a_{k-1} + hA \subseteq (h+1)A$, 从而

$$[c+a_{k-1}, (h+1)a_{k-1} - d] \subseteq a_{k-1} + [c, ha_{k-1} - d] \subseteq a_{k-1} + hA \subseteq (h+1)A.$$

类似可得

$$(h+1)a_{k-1} - D = a_{k-1} + (ha_{k-1} - D) \subseteq (h+1)A.$$

因此$B \subseteq (h+1)A$.

令$b \in (h+1)A$. 若$b < c$, 则(1.6)意味着b不可能是A中$h+1$个非零元的和, 所以$b \in hA$, 从而由归纳假设知$b \in C \subseteq B$. 若$c \leqslant b \leqslant c+a_{k-1}-1$, 则$b \in [c, c+a_{k-1}-1] \subseteq B$.

假设$b \in (h+1)A$, 并且$b \geqslant c+a_{k-1}$. 若$b - a_{k-1} \notin hA$, 则b是A中$h+1$个小于a_{k-1}的元的和, 所以

$$b \leqslant (h+1)(a_{k-1}-1). \tag{1.9}$$

由于$[c, ha_{k-1} - d] \subseteq hA$, 条件$b - a_{k-1} \geqslant c, b - a_{k-1} \notin hA$意味着

$$b - a_{k-1} > ha_{k-1} - d \geqslant ha_{k-1} - (k-2)(a_{k-1}-1)a_{k-1}. \tag{1.10}$$

将不等式(1.9)与(1.10)合在一起得到

$$h+1 < (k-2)(a_{k-1}-1)a_{k-1} = h_0 \leqslant h,$$

矛盾. 因此$b - a_{k-1} \in hA$. 由归纳假设可知

$$b \in a_{k-1} + [c, ha_{k-1} - d] = [c+a_{k-1}, (h+1)a_{k-1} - d] \subseteq B,$$

或者

$$b \in a_{k-1} + (ha_{k-1} - D) = ((h+1)a_{k-1} - D) \subseteq B.$$

所以$(h+1)A \subseteq B$, 证毕. □

在加性数论的反问题中, 我们试图从和集hA的性质推出集合A的性质. 例如, 若A是有限整数集, 并且h重和集hA的基数不大, 我们能对集合A的结构得到怎样的结论?

下面的结果是加性数论中最简单的反(问题)定理.

定理 1.2 若A是k元整数集, 则$|2A| \geqslant 2k-1$. 若A是k元整数集, $|2A| = 2k-1$, 则A是等差数列.

证明: 令

$$A = \{a_0, a_1, a_2, \ldots, a_{k-1}\},$$

其中

$$a_0 < a_1 < a_2 < \cdots < a_{k-1},$$

则和集$2A$包含k个整数$2a_i (0 \leqslant i \leqslant k-1)$, 以及$k-1$个整数$a_{i-1} + a_i (1 \leqslant i \leqslant k-1)$. 因为

$$2a_{i-1} < a_{i-1} + a_i < 2a_i (1 \leqslant i \leqslant k-1),$$

所以$|2A| \geqslant 2k-1$.

若$|2A| = 2k-1$, 则$2A$中的每一个元形如$2a_i$或$a_{i-1} + a_i$. 因为当$1 \leqslant i \leqslant k-2$时, 有

$$a_{i-1} + a_i < a_{i-1} + a_{i+1}, 2a_i < a_i + a_{i+1} (1 \leqslant i \leqslant k-2),$$

所以

$$2a_i = a_{i-1} + a_{i+1},$$

或者等价地有

$$a_i - a_{i-1} = a_{i+1} - a_i,$$

即A为等差数列. □

本书中最重要的反定理归功于Freiman, Kneser, Plünnecke和Vosper. Vosper定理是Cauchy-Davenport定理(定理2.2)的反定理, Cauchy-Davenport定理说的是: 若A, B是模p的同余类的非空集, 则

$$|A+B| \geqslant \min(p, |A| + |B| - 1).$$

Cauchy-Davenport定理是加性数论中的正定理. Vosper的反定理(定理2.7)描述的是满足$A + B \neq \mathbb{Z}/p\mathbb{Z}, |A+B| = |A| + |B| - 1$的“临界对” A, B的结构. 特别地, 若$|A| \neq 1, |2A| < 2|A| < p$, 则$A$是群$\mathbb{Z}/p\mathbb{Z}$中的等差元列.

有限的n维等差数列是以下形式的集合:

$$\{q_0 + x_1 q_1 + \cdots + x_n q_n | 0 \leqslant x_i < l_i (1 \leqslant i \leqslant n)\}.$$

Freiman[53]于1964年发现了关于和集很小的有限集的结构的一个漂亮而深刻的事实(定理8.10). 令$c \geqslant 2$, A为k元整数集使得

$$|2A| \leqslant ck,$$

则A是某个n维等差数列Q的子集, 其中$|Q| \leqslant c'k$, n, c'是只依赖于c的常数. Ruzsa已经将这个结果推广到形如$A+B$的和集, 其中A, B是任意无挠Abel群的有限子集.

但是, 我们在有些情况, 例如: 当$|A| = k$, 并且对某个$\delta > 0$有

$$|2A| \leqslant k^{1+\delta},$$

甚至

$$|2A| \leqslant ck \log k$$

时, 对有限集A的结构一无所知. 在对某个$h \geqslant 3$有

$$|hA| \leqslant ck^{h-1},$$

甚至

$$|hA| \leqslant ck^2$$

时, 我们对A的结构也不清楚. 这些都是未解决的重要的反问题.

§1.2 有限等差数列

令$k, q \in \mathbb{N}, a_0 \in \mathbb{Z}$. 首项为$a_0$, 公差为$q$的长度为$k$的等差数列是以下形式的集合:

$$\{a_0, a_0+q, a_0+2q, \ldots, a_0+(k-1)q\} = a_0 + q * [0, k-1].$$

令$A_1, \ldots, A_h$为非空的有限整数集, $|A_i| = k_i(i = 1, \ldots, k)$. 我们将证明

$$|A_1 + \cdots + A_h| \geqslant |A_1| + \cdots + |A_h| - (h-1),$$

并且当这些A_i为公差相同的等差数列时取到下界. 这是一个正定理, 对应的反定理(定理1.5)指出下界仅当这些A_i为公差相同的等差数列时取到. 虽然这个结论的证明很简单, 但是本书剩余的大部分内容就是用来证明这个结果的推广, 即Freiman反定理(定理8.10).

下面的结果对有限整数集的和的基数给出了简单的下界和上界.

定理 1.3 令$h \geqslant 2$, A为k元整数集, 则

$$hk - (h-1) \leqslant |hA| \leqslant \binom{k+h-1}{h} = \frac{k^h}{h!} + O(k^{h-1}).$$

证明: 令$A = \{a_0, a_1, \ldots, a_{k-1}\}$, 其中$a_0 < a_1 < \cdots < a_{k-1}$, 则

$$hA \supseteq \{ha_0\} \cup \sum_{j=1}^{k-1} \{(h-i)a_{j-1} + ia_j | i \in [1, h]\}.$$

由于

$$ha_{j-1} < (h-1)a_{j-1} + a_j < \cdots < a_{j-1} + (h-1)a_j < ha_j (1 \leqslant j \leqslant k-1),$$

可得

$$|hA| \geqslant 1 + (k-1)h = hk - (h-1).$$

这就给出了下界.

上界由如下组合论事实得到(见习题1.5): 形如$a_{i_1} + \cdots + a_{i_h}$, 其中$a_{i_j} \in A(1 \leqslant j \leqslant h), 0 \leqslant i_1 \leqslant \cdots \leqslant i_h \leqslant k-1$的式子的个数等于

$$\binom{k+h-1}{h} = \frac{k(k+1)(k+2)\cdots(k+h-1)}{h!}. \qquad \square$$

定理 1.4 令$h \geqslant 2$, $A_1, A_2, \ldots, A_h$为有限整数集, 则

$$|A_1| + \cdots + |A_h| - (h-1) \leqslant |A_1 + \cdots + A_h| \leqslant |A_1| \cdots |A_h|.$$

证明: 我们将对h作归纳证明下界成立. 令$h = 2$, $A_1 = \{a_0, a_1, \ldots, a_{k-1}\}, A_2 = \{b_0, b_1, \ldots, b_{l-1}\}$, 其中$a_0 < a_1 < \cdots < a_{k-1}, b_0 < b_1 < \cdots < b_{j-1}$. 假设$|A_1| = k \leqslant l = |A_2|$. 和集$A_1 + A_2$包含不同的元

$$\begin{aligned} a_0 + b_0 < a_0 + b_1 &< a_1 + b_1 < a_1 + b_2 < \cdots < \\ a_i + b_i &< a_i + b_{i+1} < a_{i+1} + b_{i+1} < \cdots < \\ a_{k-1} + b_{k-1} &< a_{k-1} + b_k < \cdots < a_{k-1} + b_{l-1}, \end{aligned}$$

所以

$$|A_1 + A_2| \geqslant 2(k-1) + (l-k+1) = k + l - 1.$$

令$h \geqslant 3$, 假设下界对任何$h-1$个有限整数集的和集成立, 则

$$\begin{aligned} |A_1 + \cdots + A_{h-1} + A_h| &= |(A_1 + \cdots + A_{h-1}) + A_h| \\ &\geqslant |A_1 + \cdots + A_{h-1}| + |A_h| - 1 \\ &\geqslant |A_1| + \cdots + |A_{h-1}| - (h-2) + |A_h| - 1 \\ &= |A_1| + \cdots + |A_{h-1}| + |A_h| - (h-1). \end{aligned}$$

关于上界的结论由以下事实得到: 形如$a_1 + \cdots + a_h, a_i \in A_i(1 \leqslant i \leqslant h)$的式子的个数等于$|A_1| \cdots |A_h|$. $\square$

引理 1.2 令A, B为k元整数集. 若$|A + B| = 2k - 1$, 则A, B是公差相同的等差数列.

证明: 令$A = \{a_0, a_1, \ldots, a_{k-1}\}, B = \{b_0, b_1, \ldots, b_{k-1}\}$, 其中$a_0 < a_1 < \cdots < a_{k-1}, b_0 < b_1 < \cdots < b_{k-1}$. 和集$A + B$包含下面$2k-1$个严格递增的整数:

$$\begin{aligned} a_0 + b_0 < a_0 + b_1 &< a_1 + b_1 < a_1 + b_2 < \cdots < \\ a_i + b_i &< a_i + b_{i+1} < a_{i+1} + b_{i+1} < \cdots < a_{k-1} + b_{k-1}. \end{aligned}$$

由于$|A + B| = 2k - 1$, 这个整数列包含了$A + B$中的所有整数. 因为

$$a_{i-1} + b_i < a_i + b_i, a_{i-1} + b_{i+1} < a_i + b_{i+1},$$

所以对$1 \leqslant i \leqslant k-2$有

$$a_{i-1} + b_{i+1} = a_i + b_i,$$

等价地有

$$a_i - a_{i-1} = b_{i+1} - b_i. \tag{1.11}$$

同理, 不等式

$$a_{i-1}+b_{i-1}<a_{i-1}+b_i, a_i+b_{i-1}<a_i+b_i$$

意味着对$1\leqslant i\leqslant k-1$有

$$a_{i-1}+b_i=a_i+b_{i-1},$$

等价地有

$$a_i-a_{i-1}=b_i-b_{i-1}. \tag{1.12}$$

令$a_1-a_0=q$, 由(1.11)和(1.12)即得

$$a_i-a_{i-1}=b_i-b_{i-1}=q\ (1\leqslant i\leqslant k-1).$$ □

引理 1.3 令A, B为有限整数集, $|A|=k\geqslant 2, |B|=l\geqslant 2$. 若$|A+B|=k+l-1$, 则$A, B$为公差相同的等差数列.

证明: 令$A=\{a_0,a_1,\ldots,a_{k-1}\}, B=\{b_0,b_1,\ldots,b_{l-1}\}$, 其中$a_0<a_1<\cdots<a_{k-1}, b_0<b_1<\cdots<b_{l-1}$. 假设$k\leqslant l$. 令$0\leqslant t\leqslant l-k$, $B=B_0^{(t)}\cup B_1^{(t)}\cup B_2^{(t)}$, 其中

$$\begin{aligned}
B_0^{(t)} &= \{b_0,b_1,\ldots,b_{t-1}\},\\
B_1^{(t)} &= \{b_t,b_{t+1},\ldots,b_{t+k-1}\},\\
B_2^{(t)} &= \{b_{t+k},b_{t+k+1},\ldots,b_{l-1}\},
\end{aligned}$$

则

$$A+B\supseteq(a_0+B_0^{(t)})\cup(A+B_1^{(t)})\cup(a_{k-1}+B_2^{(t)}). \tag{1.13}$$

由于

$$\begin{aligned}
a_0+B_0^{(t)} &\subseteq [a_0+b_0, a_0+b_{t-1}],\\
A+B_1^{(t)} &\supseteq [a_0+b_t, a_{k-1}+b_{t+k-1}],\\
a_{k-1}+B_2^{(t)} &\subseteq [a_{k-1}+b_{t+k}, a_{k-1}+b_{t-1}],
\end{aligned}$$

可知(1.13)右边的三个和集互不相交. 此外,

$$\begin{aligned}
|a_0+B_0^{(t)}| &= t,\\
|A+B_1^{(t)}| &\geqslant |A|+|B_1^{(t)}|-1=2k-1,\\
|a_{k-1}+B_2^{(t)}| &= l-t-k,
\end{aligned}$$

因此

$$\begin{aligned}
k+l-1 &= |A+B|\\
&\geqslant |a_0+B_0^{(t)}|+|A+B_1^{(t)}|+|a_{k-1}+B_2^{(t)}|\\
&\geqslant t+(2k-1)+(l-t-k)\\
&= k+l-1,
\end{aligned}$$

从而对$0\leqslant t\leqslant l-k$有

$$|A+B_1^{(t)}|=2k-1.$$

由引理1.2, 存在$q \in \mathbb{N}$使得集合$A, B_1^{(t)}(0 \leqslant t \leqslant l-k)$是公差为$q$的等差数列, 从而$B$是公差为$q$的等差数列. □

定理 1.5 令$h \geqslant 2$, $A_1, A_2, \ldots, A_h$为h个非空有限整数集, 则

$$|A_1 + \cdots + A_h| = |A_1| + \cdots + |A_h| - (h-1) \tag{1.14}$$

当且仅当$A_1, \ldots, A_h$为公差相同的等差数列.

证明: 令$|A_i| = k_i (1 \leqslant i \leqslant h)$. 不失一般性, 我们可以设所有的$k_i \geqslant 2$. 若$A_i = [0, k_i - 1] (1 \leqslant i \leqslant h)$, 则

$$A_1 + \cdots + A_h = [0, k_1 + k_2 + \cdots + k_h - h],$$

所以

$$|A_1 + \cdots + A_h| = k_1 + \cdots + k_h - h + 1 = |A_1| + \cdots + |A_h| - (h-1).$$

令所有的A_i是公差为q的等差数列, 则存在整数$a_{0,i} \in \mathbb{Z}$使得

$$A_i = a_{0,i} + q * [0, k_i - 1],$$

由此得到

$$A_1 + \cdots + A_h = (a_{0,1} + \cdots + a_{0,h}) + q * [0, k_1 + \cdots + k_h - h],$$

从而(1.14)成立.

我们将证明(1.14)意味着这些集合A_i是公差相同的等差数列. 对h作归纳证明. $h = 2$的情形即为引理1.3的结果(取$A_1 = A, A_2 = B$). 现在令$h \geqslant 3$, 假设定理对$h-1$个集合的情形成立. 对$1 \leqslant j \leqslant h$, 考虑和集

$$B_j = A_1 + \cdots + A_{j-1} + A_{j+1} + \cdots + A_h,$$

则由定理1.4得

$$|B_j| \geqslant \sum_{\substack{i=1 \\ i \neq j}}^{h} |A_i| - (h-2).$$

因为

$$\sum_{i=1}^{h} |A_i| - (h-1) = |A_j + B_j| \geqslant |A_j| + |B_j| - 1 \geqslant \sum_{i=1}^{h} |A_i| - (h-1),$$

所以

$$|B_j| = \sum_{\substack{i=1 \\ i \neq j}}^{h} |A_i| - (h-2),$$

从而对$1 \leqslant j \leqslant h$, $h-1$个集合$A_1, \ldots, A_{j-1}, A_{j+1}, \ldots, A_h$是公差相同的等差数列, 定理结论成立. □

定理 1.6 令$h \geqslant 2$, A为k元整数集, 则$|hA| = hk - (h-1)$当且仅当A是k项等差数列.

证明: 在定理1.5中取$A_i = A (1 \leqslant i \leqslant h)$即得结论. □

定理 1.7 令A为k元整数集, 则$|hA| = hk - (h-1)$当且仅当$A^{(N)} = [0, k-1]$.

证明: 由定理1.6以及A为等差数列当且仅当它的标准形$A^{(N)}$是整数区间的事实得到结论. $\square$

令$o(h)$表示满足$\lim\limits_{h\to\infty} o(h)=0$的算术函数.

定理 1.8 令A为k元整数集, 若对无限多个h有

$$|hA| = hk-(h-1)+o(h),$$

则A是k项等差数列.

证明: 令$A^{(N)}$为A的标准形, 则$A^{(N)}=\{a'_0,a'_1,\ldots,a'_{k-1}\}$, 其中

$$0=a'_0<a'_1<\cdots<a'_{k-1},$$

$$(a'_1,\ldots,a'_{k-1})=1.$$

显然有

$$k-1\leqslant a'_{k-1}.$$

定理1.1意味着对某个整数$r=r(A)\geqslant 0$和所有的$h\geqslant h_0$有

$$|hA^{(N)}| = ha'_{k-1}+1-r.$$

若对无限多个h有

$$ha'_{k-1}+1-r=|hA^{(N)}|=|hA|=hk-(h-1)+o(h),$$

则

$$a'_{k-1}=k-1+\tfrac{r+o(h)}{h}=k-1,$$

所以$A^{(N)}=[0,k-1]$. $\square$

定理1.6是加性数论中反定理的一个简单例子: 若A是有限整数集, 并且对某个$h\geqslant 2$, 和集hA的级数尽可能小, 则A一定是等差数列. 由定理1.7, 标准形$A^{(N)}$一定是区间, 从而A是对连续整数构成的区间作仿射变换下的像. 集合$A^{(N)}$ 也能描述为包含在实直线的某个凸子集内的格点集. 这个几何观点在与Freiman反定理联系时很重要.

我们将加性数论中一个重要且具有一般性的反定理陈述如下: 令A为有限整数集. 假设和集hA“很小”, 该条件对A的算术或几何结构意味着什么呢? 我们将在§1.5中证明: 若$|A|=k$, $|2A|\leqslant 3k-4$, 则A是一个“小”的等差数列中的“大”子集.

§1.3 关于被加项不同的和集的反问题

令$A=\{a_0,a_1,\cdots,a_{k-1}\}$为$k$元整数集, 其中

$$a_0<a_1<\cdots<a_{k-1}.$$

对$h\geqslant 1$, 令$h^\wedge A$表示A中h个不同元的和的集合. 若$h>k$, 则$h^\wedge A=\varnothing$. 定义$0^\wedge A=\{0\}$.

关于$h^\wedge A$的正问题是找到$|h^\wedge A|$的下界, 关于$h^\wedge A$的反问题是确定使得$|h^\wedge A|$最小的有限整数集A的结构. 我们将在本节解决这两个问题.

令A'为A的子集,定义子集和

$$s(A') = \sum_{a \in A'} a.$$

特别地, $s(\varnothing) = 0$. 于是,

$$h\,\hat{}\,A = \{s(A') | A' \subseteq A, |A'| = h\},$$

从而$0\,\hat{}\,A = \{0\}$. 若$A' \subseteq A, |A'| = h$, 则$|A \backslash A'| = k - h$, 并且

$$s(A') + s(A \backslash A') = s(A).$$

这个等式给出了自然的双射

$$\Phi : h\,\hat{}\,A \to (k-h)\,\hat{}\,A,\ s(A') \mapsto s(A) - s(A').$$

由此得到

$$|h\,\hat{}\,A| = |(k-h)\,\hat{}\,A| (0 \leqslant h \leqslant k). \tag{1.15}$$

定理 1.9 令A为k元整数集, $1 \leqslant h \leqslant k$, 则

$$|h\,\hat{}\,A| \geqslant hk - h^2 + 1 = h(k-h) + 1, \tag{1.16}$$

并且这个下界是最佳的.

证明: 令$A = \{a_0, a_1, \ldots, a_{k-1}\}$为有限整数集,其中

$$a_0 < a_1 < \cdots < a_{k-1}.$$

对$0 \leqslant i \leqslant k-h-1, 0 \leqslant j \leqslant h$, 定义

$$s_{i,j} = \sum_{\substack{l=0 \\ l \neq h-j}}^{h} a_{i+l}. \tag{1.17}$$

令

$$s_{k-h,0} = \sum_{i=0}^{h-1} a_{k-h+l}. \tag{1.18}$$

这些数中的每一个都是A中h个元的和, 所以对所有的i, j, 有$s_{i,j} \in h\,\hat{}\,A$. 此外, 对$0 \leqslant i \leqslant k-h-1$, 我们有

$$s_{i,h} = \sum_{l=1}^{h} a_{i+l} = \sum_{l=0}^{h-1} a_{i+1+l} = s_{i+1,0}.$$

对$0 \leqslant j \leqslant h-1$, 我们有

$$s_{i,j+1} - s_{i,j} = a_{i+h-j} - a_{i+h-j-1} > 0,$$

由此得到

$$s_{i,0} < s_{i,1} < s_{i,2} < \cdots < s_{i,h-1} < s_{i,h} = s_{i+1,0},$$

因此

$$|h\,\hat{}\,A| \geqslant h(k-h) + 1 = hk - h^2 + 1.$$

这就证明了(1.16). 令$A = [0, k-1]$. 由于

$$h^\wedge A = [\binom{h}{2}, hk - \binom{h+1}{2}] = \binom{h}{2} + [0, hk - h^2],$$

由此可知本定理中的下界是最佳的. □

关于$h^\wedge A$的反问题是确定使得

$$|h^\wedge A| = hk - h^2 + 1 = h(k-h) + 1 \tag{1.19}$$

的极值整数集A. 若$a_0, q \in \mathbb{Z}, q \neq 0$, 则

$$h^\wedge(a_0 + q * A) = ha_0 + q * h^\wedge A,$$

从而

$$|h^\wedge(a_0 + q * A)| = |h^\wedge A|. \tag{1.20}$$

这就意味着函数$|h^\wedge A|$关于集合A是仿射不变量. 因为每个长为k的区间A满足条件(1.19), 由(1.20)可知每个k项等差数列也满足(1.19). 令$|A| = k, h \in [0, k]$. 由(1.15)的对称性可知, 若$|h^\wedge A|$满足(1.19)时能推出A为等差数列, 则$|(k-h)^\wedge A|$满足(1.19)时也能推出A为等差数列.

并非所有的极值集都是等差数列, 下面给出一些例子:

(i) 令A为k元整数集. 若$h = 0$或$h = k$, 则$h(k-h) + 1 = 1$,

$$|0^\wedge A| = |h^\wedge A| = 1.$$

(ii) 令A为k元整数集. 若$h = 1$或$h = k-1$, 则$h(k-h) + 1 = k$,

$$|1^\wedge A| = |(h-1)^\wedge A| = k.$$

(iii) 若$h = 2, k = 4$, 则$h(k-h) + 1 = 5$. 令

$$A = \{a_0, a_1, a_2, a_3\}$$

为整数集, 其中$a_0 < a_1 < a_2 < a_3$, 则

$$2^\wedge A = \{a_0 + a_1, a_0 + a_2, a_0 + a_3, a_1 + a_2, a_1 + a_3, a_2 + a_3\},$$

所以$|2^\wedge A| = 5$或6. 由于

$$a_0 + a_1 < a_0 + a_2 < a_0 + a_3, a_1 + a_2 < a_1 + a_3 < a_2 + a_3,$$

可知

$$|2^\wedge A| = 5 \Leftrightarrow a_1 - a_0 = a_3 - a_2.$$

所以对所有的$a_0 < a_1 < a_2$, $\{a_0, a_1, a_2, a_2 + a_1 - a_0\}$都是极值集. 我们将证明这三个例子是仅有的非等差数列的极值集.

定理 1.10 令$k \geqslant 5$, $2 \leqslant h \leqslant k-2$. 若$A$是$k$元整数集使得

$$|h^\wedge A| = hk - h^2 + 1,$$

则A是等差数列.

证明: 令$A = \{a_0, a_1, \ldots, a_{k-1}\}$, 其中

$$a_0 < a_1 < \cdots < a_{k-1}.$$

由定理1.9的证明可知, 集合$h^\wedge A$中的元素即为(1.17)和(1.18)中定义的数$s_{i,j}$. 令

$$s_{i,j} = (\sum_{\substack{l=0 \\ l \neq h-l}}^{h-1} a_{i+l}) + a_{i+h},$$

其中$0 \leqslant i \leqslant k-h-2, 2 \leqslant j \leqslant h$, 并且

$$s_{i,1} < s_{i,2} < s_{i,3} < \cdots < s_{i,h} = s_{i+1,0} < s_{i+1,1}.$$

考虑整数

$$u_{i,j} = (\sum_{\substack{l=0 \\ l \neq h+1-l}}^{h-1} a_{i+l}) + a_{i+h+1} \in S_h(A).$$

由于

$$s_{i,1} < u_{i,2} < u_{i,3} < \cdots < u_{i,h} < s_{i+1,1},$$

由此得到

$$s_{i,j} = u_{i,j},$$

从而

$$a_{i+h-j+1} + a_{i+h} = a_{i+h-j} + a_{i+h+l}.$$

所以对$0 \leqslant i \leqslant k-h-2, 2 \leqslant j \leqslant h$, 有

$$a_{i+h-j+1} - a_{i+h-j} = a_{i+h+1} - a_{i+h}, \tag{1.21}$$

或者等价地有

$$a_{i+1} - a_i = a_{i+2} - a_{i+1} = \cdots = a_{i+h-2} - a_{i+h-3} = a_{i+h-1} - a_{i+h-2} = a_{i+h+1} - a_{i+h}.$$

我们需要证明

$$a_{i+h} - a_{i+h-1} = a_{i+1} - a_i.$$

假设$3 \leqslant h \leqslant k-3$. 若$1 \leqslant i \leqslant k-h-2$, 则

$$a_{i+h} - a_{i+h-1} = a_{i-1+(h+1)} - a_{i-1+h} = a_{i-1+(h-1)} - a_{i-1+(h-2)} = a_{i+h-2} - a_{i+h-3} = a_{i+1} - a_i.$$

若$i = 0$, 则

$$a_h - a_{h-1} = a_{1+(h-1)} - a_{1+(h-2)} = a_{1+(h-2)} - a_{1+(h-3)} = a_{h-1} - a_{h-2} = a_1 - a_0.$$

因此, 对$1 \leqslant i \leqslant k-2$有

$$a_{i+1} - a_i = a_1 - a_0,$$

从而A是等差数列.

假设$h=2, |2^\wedge A|=2k-3$, 由等式(1.21)可知对$0\leqslant i\leqslant k-4$有

$$a_{i+1}-a_i=a_{i+3}-a_{i+2},$$

所以只需证明

$$a_1-a_0=a_4-a_3. \tag{1.22}$$

由于$k\geqslant 5$, 集合$2^\wedge A$中6个最小的元素是

$$a_0+a_1<a_0+a_2<a_1+a_2<a_1+a_3<a_2+a_3<a_2+a_4.$$

由于有

$$a_0+a_3=a_1+a_2, \quad a_1+a_4=a_2+a_3,$$

我们得到

$$a_1+a_2=a_0+a_3<a_0+a_4<a_1+a_4=a_2+a_3,$$

从而

$$a_0+a_4=a_1+a_3,$$

这就证明了(1.22).

最后, 若$h=k-2$, 则由(1.15)得到

$$|2^\wedge A|=|(k-2)^\wedge A|=2(k-2)+1=2k-3,$$

所以A还是等差数列. □

要是在A不同时得到关于它们的和的一般的反定理, 那将是非常有趣的. 令A为整数集使得$|h^\wedge A|$"很小", A会是某个等差数列的"大"子集吗?

§1.4 一个特例

令$k\geqslant 3, b\in\mathbb{N}_0$. 取$a_i=i(0\leqslant i\leqslant k-2)$,

$$a_{k-1}=k-1+b.$$

我们将考虑有限集

$$A=\{a_0,a_1,\ldots,a_{k-2},a_{k-1}\}=[0,k-2]\cup\{k-1+b\}.$$

对给定的$h\geqslant 2$, 我们要考察和集hA的基数是如何随最大元a_{k-1}的增大而增大的. 我们会发现$|hA|$是严格递增的, 在$0\leqslant b\leqslant (h-1)(k-2)$时是$b=a_{k-1}-(k-1)$的分段线性函数, 在$b\geqslant (h-1)(k-2)$时是常数. $|hA|$作为b的函数在$h=2$和$h=3$时的图像如下:

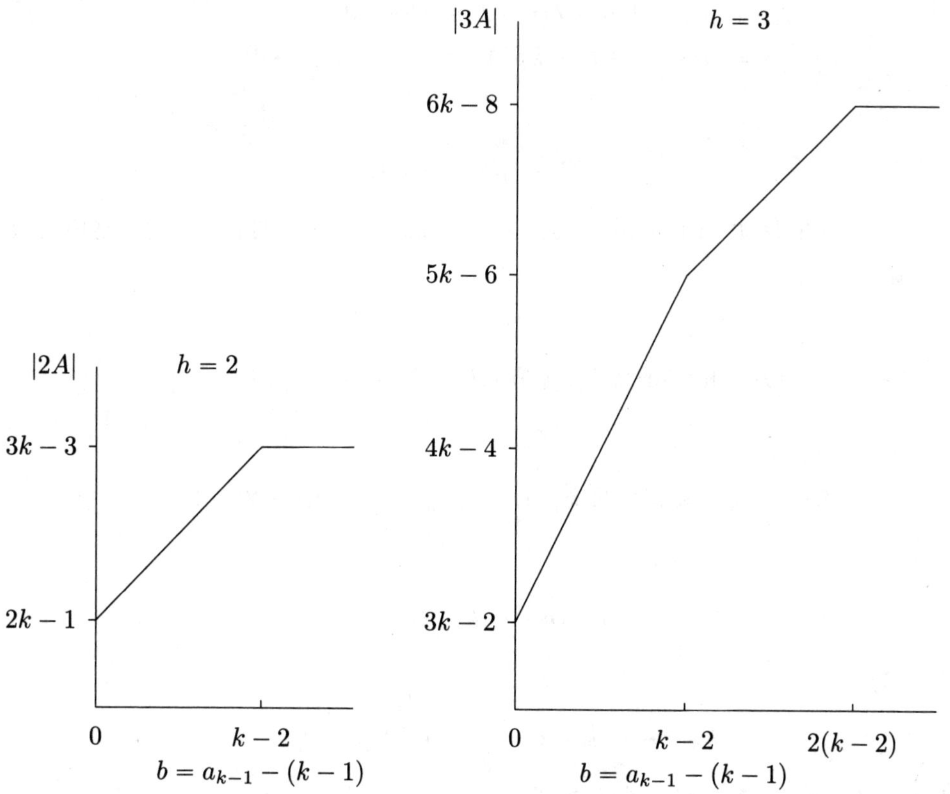

定理 1.11 令$h \geqslant 2, k \geqslant 3$. 对$b \geqslant 0$, 设

$$A = [0, k-2] \cup \{k-1+b\},$$

$$b = q(k-2) + r,$$

其中$q \geqslant 0, 0 \leqslant r \leqslant k-3$. 若$b \leqslant (h-1)(k-2)$, 则

$$|hA| = hk - (h-1) + \tfrac{q(2h-q-1)(k-2)}{2} + (h-q-1)r;$$

若$b \geqslant (h-1)(k-2)$, 则

$$|hA| = hk - (h-1) + \tfrac{h(h-1)(k-2)}{2}.$$

证明: 若$b = 0$, 则$q = r = 0$, 从而$A = [0, k-1]$, 所以$hA = [0, hk-h]$, 故$|hA| = hk - h + 1 = hk - (h-1)$.

若$b \geqslant 1$, 和集hA是$h+1$个(不一定互不相交的)区间的并集:

$$\begin{aligned} hA &= \bigcup_{\ell=0}^{h} ([0, (h-\ell)(k-2)] + \{\ell(k-1+b)\}) \\ &= \bigcup_{\ell=0}^{h} [\ell(k-1+b), \ell(k-1+b) + (h-\ell)(k-2)] \\ &= \bigcup_{\ell=0}^{h} [\ell(k-1+b), h(k-2) + \ell(b+1)] \\ &= \bigcup_{\ell=0}^{h} I_\ell, \end{aligned}$$

其中

$$\begin{aligned} I_\ell &= [\ell(k-1+b), h(k-2)+\ell(b+1)] \\ &= [\ell(k-1+b), \ell(k-1+b)+(h-\ell)(k-2)], \end{aligned}$$

所以

$$|I_\ell| = (h-\ell)(k-2)+1.$$

注意这些区间I_ℓ是"往右移动"的, 意思是: 当ℓ从0增大到h时, 这些I_ℓ的右端点列严格增大, I_ℓ的左端点列也严格增大.

对$\ell = 1, \ldots, h$,

$$I_{\ell-1} \cup I_\ell = [(\ell-1)(k-1+b), \ell(k-1+b)+(h-\ell)(k-2)]$$

当且仅当

$$\ell(k-1+b) \leqslant (\ell-1)(k-1+b)+(h-\ell+1)(k-2)+1,$$

即

$$b \leqslant (h-\ell)(k-2).$$

若$1 \leqslant b \leqslant (h-1)(k-2)$, 则存在唯一的$t \in [1, h-1]$使得

$$(h-t-1)(k-2) < b \leqslant (h-t)(k-2).$$

由此可知对于$1 \leqslant \ell \leqslant t$, $I_{\ell-1} \cup I_\ell$都是区间, 所以

$$J = \bigcup_{\ell=0}^{t} I_\ell = [0, h(k-2)+t(b+1)].$$

若$t+1 \leqslant \ell \leqslant h$, 则$h-\ell \leqslant h-t-1$, 从而

$$(h-\ell)(k-2) \leqslant (h-t-1)(k-2) < b,$$

所以区间$J, I_{t+1}, I_{t+2}, \ldots, I_h$互不相交. 因此,

$$\begin{aligned} |hA| &= |\bigcup_{\ell=0}^{h} I_\ell| \\ &= |J| + \bigcup_{\ell=t+1}^{h} |I_\ell| \\ &= h(k-2)+t(b+1)+1+\sum_{\ell=t+1}^{h}((h-\ell)(k-2)+1) \\ &= h(k-2)+t(b+1)+(h-t+1)+(k-2)\sum_{\ell=0}^{h-t-1}\ell \\ &= h(k-2)+tb+h+1+\tfrac{1}{2}(h-t)(h-t-1)(k-2) \\ &= hk-(h-1)+tb+\tfrac{1}{2}(h-t)(h-t-1)(k-2). \end{aligned}$$

若$r=0$, 则$b=q(k-2)$, $q=h-t$,

$$\begin{aligned} |hA| &= hk-(h-1)+(h-q)q(k-2)+\tfrac{1}{2}q(q-1)(k-2) \\ &= hk-(h-1)+\tfrac{1}{2}q(2h-q-1)(k-2). \end{aligned}$$

若$r \geqslant 1$, 则

$$q(k-2) < b = q(k-2)+r < (q+1)(k-2),$$

所以$q = h - t - 1$, 从而

$$\begin{aligned} |hA| &= hk - (h-1) + (h-q-1)(q(k-2)+r) + \tfrac{1}{2}q(q+1)(k-2) \\ &= hk - (h-1) + (h-q-1)r + \tfrac{1}{2}q(2h-q-1)(k-2). \end{aligned}$$

若$b > (h-1)(k-2)$, 则对$1 \leqslant \ell \leqslant h$有

$$(h-\ell)(k-2) \leqslant (h-1)(k-2) < b,$$

所以区间$I_0, I_1, \ldots, I_h$互不相交. 因此,

$$\begin{aligned} |hA| &= |\bigcup_{\ell=0}^{h} I_\ell| = \bigcup_{\ell=0}^{h} |I_\ell| \\ &= \sum_{\ell=0}^{h} ((h-\ell)(k-2)+1) \\ &= \tfrac{1}{2}h(h+1)(k-2) + h + 1 \\ &= hk - (h-1) + \tfrac{1}{2}h(h-1)(k-2). \end{aligned}$$

这样就完成了证明. □

定理 1.12 令$k \geqslant 3$, $A = [0, k-2] \cup \{k-1+b\}$. 若$0 \leqslant b \leqslant k-3$, 则

$$|2A| = 2k - 1 + b \leqslant 3k - 4;$$

若$b \geqslant k-2$,则

$$|2A| = 3k - 3.$$

§1.5 小和集: $|2A| \leqslant 3k-4$的情形

我们已经证明了: 若有限整数集A满足$|2A|$尽可能小的条件时, 集合A一定是等差数列. 事实上, 若$|A| = k, |2A| = 2k-1$, 则$A^{(N)} = [0, k-1]$. 我们在本节证明: 若$|A| = k, |2A| \leqslant 3k-4$, 则$A$为一个短的等差数列的子集. 更准确地说, 我们证明: 若$|A| = k, |2A| = 2k-1+b \leqslant 3k-4$, 则$A^{(N)} \subseteq [0, k-1+b]$. 定理1.12说明这些下界是最佳的.

定理 1.13 令$k \geqslant 3$, $A = \{a_0, a_1, \ldots, a_{k-1}\}$为整数集使得

$$0 = a_0 < a_1 < \cdots < a_{k-1} \leqslant 2k-3.$$

令$a_{k-1} = k-1+r, r \in [0, k-2]$, 则

$$|2A| \geqslant 2k-1+r = k + a_{k-1}.$$

证明: 考虑集合

$$S = A \cup (a_{k-1} + A) \subseteq 2A \subseteq [0, 2_{k-1}],$$

则S由$2k-1$个整数

$$0 < a_1 < a_2 < \cdots < a_{k-2} < a_{k-1} < a_{k-1} + a_1 < a_{k-1} + a_2 < \cdots < 2a_{k-1}$$

组成. 令$W = [1, a_{k-1}] \backslash A$, 则

$$|W| = a_{k-1} - (k-1) = r.$$

对$w \in W$, 令

$$S(w) = \{w, a_{k-1} + w\} \subseteq [1, 2a_{k-1}].$$

这$r+1$个集合S和$S(w)_{w\in W}$互不相交, 并且

$$[0, 2a_{k-1}] = S \bigcup_{w\in W} S(w).$$

所以

$$2A = S \cup \bigcup_{w\in W} (S(w) \cap 2A).$$

只需证明对所有的$w \in W$有

$$|S(w) \cap 2A| \geqslant 1.$$

对每个$w \in W = [1, a_{k-1}] \backslash A$, 存在唯一的$t \in [1, k-1]$使得$a_{k-1} < w < a_t$. 定义集合$I, Y, Z$为

$$\begin{aligned} I &= [w+1, w+a_{k-1}-1], \\ Y &= I \cap S = \{a_t, a_{t+1}, \ldots, a_{k-1}, a_{k-1}+a_1, \ldots, a_{k-1}+a_{t-1}\}, \\ Z &= \{w + a_{k-1} - a_j | 1 \leqslant j \leqslant k-2\}, \end{aligned}$$

则$Y \subseteq I, Z \subseteq I$, 并且$|Y| = k-1, |Z| = k-2$. 由于

$$|I| = a_{k-1} - 1 \leqslant 2k-4 < 2k-3 = (k-1)+(k-2) = |Y|+|Z|,$$

可知$Y \cap Z \neq \varnothing$. 所以, 存在$i \in [1, k-1], j \in [1, k-2]$使得

$$a_i = w + a_{k-1} - a_j,$$

或者

$$a_{k-1} + a_i = w + a_{k-1} - a_j.$$

在第一种情形, 我们有

$$w + a_{k-1} = a_i + a_j \in 2A,$$

在第二种情形, 我们有

$$w = a_i + a_j \in 2A.$$

在这两种情形都有$|S(w) \cap 2A| \geqslant 1$, 结论得证. □

定理 1.14 令$k \geqslant 3$, $A = \{a_0, a_1, \ldots, a_{k-1}\}$为标准形的有限整数集, 即

$$0 = a_0 < a_1 < \cdots < a_{k-1},$$

$$d(A) = (a_1, a_2, \ldots, a_{k-1}) = 1.$$

若$a_{k-1} \geqslant 2k-3$, 则

$$|2A| \geqslant 3k-3.$$

证明： 若$a_{k-1}=2k-3$, 则由定理1.13知$|2A|\geqslant 3k-3$. 所以, 我们可以假设

$$a_{k-1}\geqslant 2k-2,$$

我们对$k=|A|$作归纳证明.

若$k=3$, 则$A=\{0,a_1,a_2\}$, $a_2\geqslant 4$. 我们需要证明$|2A|\geqslant 6$. 由于

$$2A=\{0,a_1,a_2,2a_1,a_1+a_2,2a_2\},$$

$$0<a_1<a_2<a_1+a_2<2a_2,$$

由此可知$|2A|=5$或6. 由于

$$a_1<2a_1<a_1+a_2,$$

可知$|2A|=5$当且仅当$a_2=2a_1$, 从而有

$$1=(a_1,a_2)=(a_1,2a_1)=a_1,$$

所以$a_2=2a_1=2$. 但是$a_2\geqslant 4$, 矛盾. 因此$|2A|=6$.

设$k\geqslant 4$, 并假定定理对基数为$k-1$的集合成立. 令

$$A'=A\backslash\{a_{k-1}\}=\{0,a_1,\ldots,a_{k-2}\},$$

$$d'=d(A')=(a_1,a_2,\ldots,a_{k-2}).$$

若$d'\geqslant 2$, 则d'整除$2A'$中所有的元. 由于$d(A)=1$,可得$(a_{k-1},d')=1$, 所以$(a_{k-1}+a_i,d')=1(0\leqslant i\leqslant k-2)$. 因此$2A'\cap(A'+a_{k-1})=\varnothing$, 且有

$$2a_{k-1}>\max(\max(2A'),\max(A'+a_{k-1})).$$

由定理1.3,

$$|2A'|\geqslant 2(k-1)-1=2k-3.$$

由于

$$2A'\cup(A'+a_{k-1})\cup\{2a_{k-1}\}\subseteq 2A,$$

可得

$$|2A|\geqslant|2A'|+|A'+a_{k-1}|+1\geqslant(2k-3)+(k-1)+1=3k-3.$$

所以, 我们可以假设$d(A')=1$, 从而A'为标准形. 我们需要考虑以下几种情形.

情形1. 假设$a_i<2i(1\leqslant i\leqslant k-2)$, 则$0<a_1<2$, 从而$a_1=1$. 令

$$C=[0,2k-4]\backslash A'.$$

于是

$$|C|=(2k-3)-(k-1)=k-2.$$

若$c\in C$, 则$c>a_1=1$, 并且存在唯一的$t\in[1,k-2]$使得

$$a_t<c<a_{t+1}.$$

考虑集合

$$D_1 = \{a_i | i \in [1, t]\},$$

$$D_2 = \{c - a_j | j \in [1, t]\},$$

则$|D_1| = |D_2| = t$, 并且

$$D_1 \cup D_2 \subseteq [1, c-1].$$

若$t < k-2$, 则

$$c < a_{t+1} < 2(t+1) = 2t+2,$$

于是$c \leqslant 2t$, 即$c - 1 < 2t$. 若$t = k-2$, 则由$c \leqslant 2k-4$可知

$$c - 1 \leqslant 2k-5 < 2k-4 = 2t.$$

所以在两种情形都有

$$D_1 \cap D_2 \neq \varnothing,$$

从而存在$i, j \in [1, t] \subseteq [1, k-2]$使得

$$a_i = c - a_j.$$

因此, $c = a_i + a_j \in 2A'$, 并且

$$A' \cup C = [0, 2k-4] \subseteq 2A' \subseteq 2A.$$

由于对$0 \leqslant i \leqslant k-1$有

$$2k-4 < 2k-2 \leqslant a_{k-1} \leqslant a_{k-1} + a_i,$$

可得

$$A' \cup C \cup (a_{k-1} + A) = [0, 2k-4] \cup (a_{k-1} + A) \subseteq 2A,$$

$$|2A| \geqslant (2k-3) + k = 3k-3.$$

情形2. 假设$a_{k-2} < 2(k-2)$, 但是对某个$i \in [2, k-2]$, 有$a_{i-1} \geqslant 2(i-1)$. 选取$s \in [2, k-2]$使得$a_j < 2j (s \leqslant j \leqslant k-2)$, 而$a_{s-1} \geqslant 2(s-1)$, 则

$$2s - 2 \leqslant a_{s-1} < a_s < 2s,$$

从而$a_s = 2s-1, a_{s-1} = 2s-2$. 定义集合$A_1, A_2$为

$$A_1 = \{a_0, a_1, \ldots, a_{s-1}, a_s\},$$

$$A_2 = \{a_{s-1}, a_s, a_{s+1}, \ldots, a_{k-2}, a_{k-1}\}.$$

由于$a_s - a_{s-1} = 1$, 可知$d(A_1) = d(A_2) = 1$. 令

$$k_1 = |A_1| = s+1,$$

则

$$3 \leqslant k_1 \leqslant k-1,$$

$$a_{k_1-1} = a_s = 2s-1 = 2k_1-3 = (k_1-1)+(k_1-2).$$

由定理1.13可知

$$|2A_1| \geqslant (2k_1-1)+(k_1-2) = 3k_1-3 = 3s.$$

定义集合A_2^*为

$$A_2^* = A_2 - \{a_{s-1}\} = \{0, 1, a_{s+1}-a_{s-1}, \ldots, a_{k-1}-a_{s-1}\}.$$

这个集合也是标准形的. 令

$$k_2 = |A_2^*| = |A_2| = k-s+1,$$

则

$$3 \leqslant k_2 \leqslant k-1.$$

A_2^*中的最大元为$a_{k-1}-a_{s-1}$. 由于$a_{s-1}=2s-1$, 我们得到不等式

$$a_{k-1}-a_{s-1} \geqslant (2k-2)-(2s-2) = 2(k-s) = 2k_2-2.$$

由归纳假设可知

$$|2A_2| = |2A_2^*| \geqslant 3k_2-3 = 3k-3s.$$

因为

$$2A_1 \cup 2A_2 \subseteq 2A,$$

$$2A_1 \cap 2A_2 = \{2a_{s-1}, a_{s-1}+a_s, 2a_s\}$$

(见习题1.7), 所以

$$|2A| \geqslant |2A_1|+|2A_2|-3 \geqslant 3s+(3k-3s)-3 = 3k-3.$$

这就在$a_{k-2} < 2k-4$时证明了定理.

情形3. 我们现在假设

$$a_{k-2} \geqslant 2k-4 = 2(k-2).$$

由归纳假设可知$|2A'| \geqslant 3(k-1)-3 = 3k-6$. 要证明定理, 只需说明$|2A \backslash 2A'| \geqslant 3$. $2A'$中最大的两个元素为$a_{k-2}+a_{k-3}$和$2a_{k-2}$. 因为

$$\{a_{k-1}+a_{k-3}, a_{k-1}+a_{k-2}, 2a_{k-1}\} \subseteq 2A,$$

所以总有$|2A \backslash 2A'| \geqslant 3$, 除非$a_{k-1}+a_{k-3} = 2a_{k-2}$. 因此, 我们可以假设$a_{k-3}, a_{k-2}, a_{k-1}$为等差数列中的三项.

若$a_{k-1}-a_{k-2} = m \geqslant 2$, 则对$i=1,2,3$有

$$a_{k-1} \equiv a_{k-i} \bmod m.$$

如果对所有的$1 \leqslant i \leqslant k$有

$$a_{k-1} \equiv a_{k-i} \bmod m,$$

则$a_{k-1} \equiv a_0 \equiv 0 \bmod m$, 这就与$d(A)=1$矛盾. 因此, 存在整数$t \in [4,k]$使得对$1 \leqslant i \leqslant t-1$有

$$a_{k-1} \equiv a_{k-i} \bmod m,$$

但是

$$a_{k-1} \not\equiv a_{k-t} \bmod m.$$

此外, $a_{k-1}+a_{k-t} \in 2A$. 若$a_{k-1}+a_{k-t} \in 2A'$, 则存在整数r,s满足$1<r \leqslant s<t$, 使得

$$a_{k-r}+a_{k-s}=a_{k-1}+a_{k-t}<a_{k-1}+a_{k-3}.$$

这就意味着

$$a_{k-1}-a_{k-t}=(a_{k-1}-a_{k-r})+(a_{k-1}-a_{k-s}) \equiv 0 \bmod m,$$

矛盾. 所以,

$$\{a_{k-1}+a_{k-t}, a_{k-1}+a_{k-2}, 2a_{k-1}\} \subseteq 2A \backslash 2A',$$

从而$|2A \backslash 2A'| \geqslant 3$.

下面假设

$$a_{k-1}-a_{k-2}=a_{k-2}-a_{k-3}=1.$$

考虑集合

$$A^*=\{a_{k-1}-a_i | i \in [0,k-1]\}=\{0,1,2,a_{k-1}-a_{k-4},\ldots,a_{k-1}-a_2,a_{k-1}-a_1,a_{k-1}\}.$$

易见$2A^*=\{2a_{k-1}-b | b \in 2A\}$, 从而$|2A^*|=|2A|$. 由上面的分析可知: 若$|2A^*|<3k-3$, 则$a_1=1, a_2=2$. 因此, 我们可以假定$a_0=0, a_1=1, a_2=2, a_{k-3}=a_{k-1}-2, a_{k-2}=a_{k-1}-1$. 因为$a_{k-1} \geqslant 2k-2=2(k-1)$, 对$i=k-1,k-2,k-3$有$a_i \geqslant 2i$. 令$\ell$为满足

$$a_\ell \geqslant 2\ell$$

的最小正整数, 则

$$3 \leqslant \ell \leqslant k-3,$$

并且对$1 \leqslant i \leqslant \ell-1$, 有

$$a_i<2i.$$

定义集合A_1, A_2为

$$A_1=\{a_0,a_1,\ldots,a_{\ell-1},a_\ell\},$$

$$A_2=\{a_{\ell-1},a_\ell,\ldots,a_{k-2},a_{k-1}\}.$$

易见$d(A_1)=1$, 并且

$$4 \leqslant k_1=|A_1|=\ell+1 \leqslant k-2,$$

$$a_{k_1-1} = a_\ell \geqslant 2\ell = 2k_1 - 2.$$

由归纳假设可知

$$|2A_1| \geqslant 3k_1 - 3 = 3\ell.$$

定义集合A_2^*为

$$A_2^* = A_2 - \{a_{\ell-1}\} = \{0, a_\ell - a_{\ell-1}, \ldots, a_{k-2} - a_{\ell-1}, a_{k-1} - a_{\ell-1}\}.$$

显然$d(A_2^*) = 1$. 由于$\ell \in [3, k-3]$, 我们得到

$$4 \leqslant k_2 = |A_2| = |A_2^*| = k - \ell + 1 \leqslant k - 2,$$

$$a_{k-1} - a_{\ell-1} > (2k-2) - (2\ell-2) = 2(k-\ell) = 2k_2 - 2.$$

再次利用归纳假设得到

$$|2A_2| = |2A_2^*| \geqslant 3k_2 - 3 = 3k - 3\ell.$$

由于

$$2A_1 \cup 2A_2 \subseteq 2A,$$

以及

$$2A_1 \cap 2A_2 = \{2a_{\ell-1}, a_{\ell-1} + a_\ell, 2a_\ell\}$$

(见习题1.7), 可知

$$|2A| \geqslant |2A_1| + |2A_2| - 3 \geqslant 3\ell + (3k - 3\ell) - 3 = 3k - 3.$$

这样就完成了定理的证明. □

定理 1.15 令$k \geqslant 3$, $A = \{a_0, a_1, \ldots, a_{k-1}\}$为标准形的有限整数集, 则

$$|2A| \geqslant \min(3k - 3, k + a_{k-1}).$$

证明: 若$a_{k-1} \leqslant 2k - 3$, 则由定理1.13知$|2A| \geqslant k + a_{k-1}$. 若$a_{k-1} \geqslant 2k - 3$, 则由定理1.14知$|2A| \geqslant 3k - 3$. □

定理 1.16 (Freiman) 令A为满足$|A| = k \geqslant 3$的整数集. 若

$$|2A| = 2k - 1 + b \leqslant 3k - 4,$$

则A是一个长度为$k + b \leqslant 2k - 3$的等差数列的子集.

证明: 令$A^{(N)} = \{a_0, a_1, \ldots, a_{k-1}\}$为$A$的标准形. 因为

$$|2A^{(N)}| = |2A| \leqslant 3k - 4,$$

由定理1.14知$a_{k-1} \leqslant 2k - 4$. 定理1.13意味着

$$k + a_{k-1} \leqslant |2A^{(N)}| = 2k - 1 + b,$$

所以$a_{k-1} \leqslant k-1+b$. 因此,

$$A^{(N)} \subseteq [0, k-1+b],$$

从而A是一个$k+b$项的等差数列的子集. □

§1.6 应用: 和集与积集的基数

令$A \neq \varnothing$为有限正整数集,

$$2A = \{a + a' | a, a' \in A\}$$

为A的2重和集. 令

$$A^2 = \{aa' | a, a' \in A\}$$

表示A的二重乘积. 令

$$E_2(A) = 2A \cup A^2$$

表示能够写成A中两个元的和或乘积的整数的集合. 若$|A| = k$, 则

$$|2A| \leqslant \binom{k+1}{2},$$

$$|A^2| \leqslant \binom{k+1}{2},$$

从而A中两个元的和或乘积的个数为

$$|E_2(A)| \leqslant k^2 + k.$$

Erdös与Szemerédi[38, 44]曾提出精妙的猜想: 有限正整数集的和与乘积的个数不能同时小. 更准确地说, 他们猜想: 对任何的$\varepsilon > 0$, 存在$k_0(\varepsilon) \in \mathbb{Z}$, 使得当有限正整数集$A$满足

$$|A| = k \geqslant k_0(\varepsilon)$$

时, 有

$$|E_2(A)| \gg_\varepsilon k^{2-\varepsilon}.$$

我们将利用定理1.16在A中两个元的和的个数较小, 即$|2A| \leqslant 3k-4$的特殊情形下证明这个猜想, 这是上述猜想得到证明的唯一情形.

对任意的正整数集A, 令$\rho_A(n)$为n的表示: $n = aa', a, a' \in A$的个数, $d_A(n)$为n在A中的正因子个数. 显然, 对每个$n \in \mathbb{Z}$, 有

$$\rho_A(n) \leqslant d_A(n).$$

若Q为包含A的正整数集, 则

$$\rho_A(n) \leqslant \rho_Q(n),$$

$$d_A(n) \leqslant d_Q(n).$$

令$d(n)$为通常的因子函数, 即n的正因子个数. 我们要用到估计: 对任何的$\varepsilon > 0$, 有

$$d(n) \ll_\varepsilon n^{\frac{\varepsilon}{4}}.$$

引理 1.4 令Q为由正整数组成的长为l的等差数列. 对任何的$\varepsilon > 0$, 有

$$\rho_Q(n) \ll_\varepsilon l^\varepsilon. \tag{1.23}$$

证明: 令$Q = \{r + xq | x = 0, 1, \ldots, l-1\}$, $\varepsilon > 0$. 不失一般性, 我们可以假设$(r, q) = 1$. 若整数n本质上唯一分解为Q中两个元的乘积, 则

$$\rho_Q(n) \leqslant 2 \ll l^\varepsilon.$$

由习题1.18, 我们有$\{x, y\} = \{u, v\} \Leftrightarrow x + y = u + v, xy = uv$. 若$n$至少有两个本质上不同的表示, 则存在整数$0 \leqslant x, y, u, v < l$使得

$$\begin{gathered}\{x, y\} \neq \{u, v\}, \\ (r + xq)(r + yq) = (r + uq)(r + vq).\end{gathered} \tag{1.24}$$

于是

$$(x + y)r + xyq = (u + v)r + uvq, \tag{1.25}$$

从而$x + y = u + v \Leftrightarrow xy = uv$. 由(1.24)可知

$$x + y \neq u + v, \quad xy \neq uv.$$

因为$(r, q) = 1$, 由(1.25)得到

$$x + y \equiv u + v \bmod q,$$

$$xy \equiv uv \bmod r,$$

所以

$$q \leqslant |(x + y) - (u + v)| < 2l,$$

$$r \leqslant |xy - uv| < l^2.$$

因此

$$1 \leqslant r + xq, r + yq < l^2 + 2l^2 = 3l^2,$$

从而

$$1 \leqslant n < 9l^4.$$

由此可得

$$\rho_Q(n) \leqslant d_Q(n) \leqslant d(n) \ll_\varepsilon n^{\frac{\varepsilon}{4}} \ll_\varepsilon l^\varepsilon.$$

□

定理 1.17 令$\varepsilon > 0$, A为k元正整数集使得

$$|2A| \leqslant 3k - 4,$$

则

$$|A^2| \gg_\varepsilon k^{2-\varepsilon}.$$

证明: 由定理1.16, 集合A为长$l < 2k$的等差数列Q的子集. 令$\rho_Q(n)$为n表示成Q中两个元乘积的个数. 由引理1.4, 我们有

$$\rho_A(n) \leqslant \rho_Q(n) \ll_\varepsilon l^\varepsilon,$$

从而

$$k^2 = \sum_{n\in A^2} \rho_A(n) \leqslant \sum_{n\in A^2} \rho_A(n) \ll_\varepsilon |A|^2 l^\varepsilon \ll_\varepsilon |A|^2 k^\varepsilon.$$

因此

$$|A|^2 \gg_\varepsilon k^{2-\varepsilon}.$$

□

§1.7 应用: 和集与2的幂

令$n \geqslant 1$, B^*为包含于区间$[1,n]$中所有3的倍元集. 因此$|B^*| \leqslant \frac{n}{3}$, 并且$B^*$中元的和被3整除. 当然, 这样的和不是2的幂. 这个集合B^* 是极值情形, 我们将证明: 若B是$[1,n]$的子集使得$|B| > \frac{n}{3}$, 则某个2的幂可以写成B中至多4个元(不一定互不相同)的和.

引理 1.5 令$m \geqslant 1$, C为$[0,m]$的子集使得

$$|C| \geqslant \frac{m}{2} + 1,$$

则某个2的幂是C中元或者是C中两个不同的元的和.

证明: 我们对m作归纳证明. 容易验证当$m = 1,2,3,4$时, 结论成立. 令$m > 4$, 并假设对所有的正整数$m' < m$, 结论成立. 选择$s \geqslant 2$使得

$$2^s \leqslant m < 2^{s+1},$$

令

$$r = m - 2^s \in [0, 2^s - 1],$$

$$C' = C \cap [0, 2^s - r - 1],$$

$$C'' = C \cap [2^s - r, 2^s + r],$$

则$C = C' \uplus C''$(即C为C'与C''的无交并), 从而

$$|C| = |C'| + |C''|.$$

假设引理对集合C不成立, 则$|C| \geqslant \frac{m}{2} + 1$, 但是不存在2的幂属于$C$或者是$C$中两个不同元的和. 由此可知$2^s \notin C''$, 并且对$1 \leqslant i \leqslant r$, C''至多包含两个整数$2^s - i, 2^s + i$中的一个. 因此,

$$|C''| \leqslant r.$$

若$m = 2^{s+1} - 1$, 则$r = 2^s - 1$, $C' \subseteq \{0\}$, 从而

$$|C'| \leqslant 1.$$

由此得到

$$\frac{m}{2}+1 \leqslant |C| \leqslant 1+r = 2^s = \frac{m+1}{2},$$

这是不可能的.

类似地, 若$2^s \leqslant m < 2^{s+1}-1$, 则$0 \leqslant r < 2^s-1$, $m' = 2^s-r-1 \geqslant 1$. 由于$C' \subseteq C$, 不存在2的幂在C'中或者是C'中两个不同元的和. 由归纳假设得到

$$|C'| < \frac{m'}{2}+1 = \frac{2^s-r-1}{2}+1,$$

从而

$$\frac{m}{2}+1 \leqslant |C| = |C'|+|C''| < \frac{2^s-r-1}{2}+1+r = \frac{m+1}{2},$$

这仍然是不可能的. □

定理 1.18 令$n \geqslant 1$, B为包含于区间$[1, n]$中的整数集. 若$|B| > \frac{n}{3}$, 则存在某个2的幂能写成B中至多4个元的和.

证明: 因为$B \subseteq [1, n]$, 所以$|B| > \frac{n}{3} \geqslant \frac{\max(B)}{3}$. 我们不妨假定$\max(B) = n$. 令$d$为$B$中元的最大公因子. 区间$[1, n]$中包含$d$的倍元的个数为$[\frac{n}{d}]$, 从而

$$\frac{n}{3} < |B| \leqslant \frac{n}{d}.$$

所以$d = 1$或2.

若$d = 2$, 我们考虑集合

$$B' = \{\tfrac{b}{2} | b \in B\} \subseteq [1, \tfrac{n}{2}].$$

B'中元的最大公因子为q. 集合B'也满足定理的假设. 若定理在$d = 1$时成立, 则存在整数$b'_1, \ldots, b'_h \in B' (h \leqslant 4)$使得$b'_1 + \cdots + b'_h = 2^s$. 从而存在$2b'_1, \ldots, 2b'_h \in B$使得$2b'_1 + \cdots + 2b'_h = 2^{s+1}$. 所以, 我们可以假定$d = 1$.

令$A = \{0\} \cup B$, 则$d(A) = 1$, $\max(A) = \max(B) = n$, 并且

$$k = |A| = |B| + 1 > \frac{n}{3} + 1.$$

由定理1.15得到

$$|2A| \geqslant \min(3k-3, k+n) \geqslant n+1.$$

由于$2A \subseteq [0, 2n]$, 在引理1.5中取$C = 2A, m = 2n$, 并注意到$2C = 4A$, 可知某个2的幂至多可以写成A中4个元的和. 证毕. □

我们在习题1.19构造了有限集$B \subseteq [1, n]$使得$|B| > \frac{n}{3}$, 但是不存在2的幂能写成B中三个元的和. 这就说明定理1.18的结论是最佳的.

§1.8 注记

本章的主要结果是由Freiman[49, 54, 55]证明的定理1.16得到的. Freiman在[52]中将这个结果推广到形如$A + B$的和集上. Steinig在[121]中对Freiman的证明进行了扩充. 我们在第4章给出了由Lev和Smeliansky[81]发现的一个不同证明, 其中利用了Kneser关于Abel群中和集的一个定理. Freiman在其专著[54]中论述了他在反问题方面的工作.

定理1.1是由Nathanson在[91]中证明的, 其他的结果参见Lev的论文[80]. 定理1.5这个关于hA的简单反定理可能很早就有了, 但是我在文献中没有发现. Nathanson在[95]中证明了关于集合$h^\wedge A$的反定理.

人们对Erdös猜想: $|E_2(A)| \gg_\varepsilon k^{2-\varepsilon}$知之甚少. Erdös与Szemerédi[44]证明了: 存在$\delta > 0$ 使得

$$|E_2(A)| \gg k^{1+\delta},$$

而Nathanson[97]证明了

$$|E_2(A)| \geqslant ck^{\frac{32}{31}},$$

其中$c = 0.000\,28\ldots$. Ford[47]将指数改进为$\frac{16}{15}$. Erdös与Pomerance(通过私人通信)证明了引理1.4. Nathanson与Tenenbaum[99]利用Vinogradov与Linnik的一个定理[125]加强了这个结果, 他们证明了: 若Q是长为l的等差数列, 则对所有的$m \in Q^2$, 有$d_Q(m) \ll l^2 \log^3 l$. 这就意味着: 若$|A| = k$, $|2A| \leqslant 3k-4$, 则$|A|^2 \geqslant \frac{k^2}{\log^3 k}$.

Erdös与Freud猜想: 若$A \subseteq [1, n], |A| > \frac{n}{3}$, 则某个2的幂能写成$A$中不同元的和. Erdös与Freiman[39]证明了这个结果(其中被加项数无界), Nathanson与Sárközy[98]证明了被加项数有界. Lev[79]证明的定理1.18改进了[98]与[58]中的结果.

与这个"结构性"反问题密切相关的是加性数论中另一类我们称之为识别问题或分解问题的反问题. 若A, B为从某个点开始相等的整数集, 我们记为$A \sim B$. 给定有限或无限整数集B, 我们能否确定B是否为和集或者渐进地成为和集? 它的含义如下: 令$h \geqslant 2$. 是否存在集合A使得$hA = B$? 更一般地, 是否存在集合$A_1, \ldots, A_h$使得$|A_i| \geqslant 2(1 \leqslant i \leqslant h)$, 并且$A_1 + \cdots + A_h = B$? 是否存在集合$A_1, \ldots, A_h$使得$|A_i| \geqslant 2(1 \leqslant i \leqslant h)$, 并且$A_1 + \cdots + A_h \sim B$? Ostmann在[100]中引进了这一类反问题.

能分解为和集的整数集是很少的. 我们将每个非负整数集A与实数

$$\sum_{a \in A} 2^{-a-1} \in [0, 1]$$

联系起来. Wirsing[128]证明了: 对应存在某个B和C使得$A \sim B + C$的这些集合A的实数集的Lebesgue测度为0.

下面是一个重要的分解问题: 是否存在非负整数的无限集A, B使得和集$A + B$与奇的素数集$\mathbb{P}$最终相等, 即

$$\mathbb{P} \sim A + B. \tag{1.26}$$

几乎可以肯定结论是不对的, 但是没有得到证明. Hornfeck[69, 70]证明了: 若集合A有限, 并且$|A| \geqslant 2$, 则(1.26)是不可能成立的.

还有其他种类的识别问题: 是否存在集合B包含一个和集? 给定集合A, B, 是否存在集合C使得$B+C \subseteq A$? 孪生素数猜想是这类反问题的一个特殊情形: 令$\mathbb{P}$为奇素数集, 是否存在无限集A使得

$$A+\{0,2\} \subseteq \mathbb{P}?$$

实际上人们对这些猜想一无所知.

我们在本书中不考虑“分拆问题”. 正整数N的一个分拆就是把N表示成取自一个给定的正整数集的元的和(对项数不限制). Andrews的专著[4]是一本很好的介绍分拆的经典方法的参考书. 关于分拆的反问题的有趣例子, 参见[15], [35], [41], [46].

本章早期的版本见[92].

我们在本书中只研究有限集的h重和集. 下一卷[90]考察加性数论中无限整数集的和. 例如, 本书中包含了Kneser[76]关于和集的渐进密度的一个优美深刻的反定理, 以及Bilu[10]最近关于这个结果的一个重要改进.

关于Waring问题以及Goldbach猜想的许多最重要的结果的全面探讨, 参见[96]. 近期没有其他关于加性数论方面的著作.

§1.9 习题

习题1.1 对下面的整数集计算和集$2A$:

(a) $A=\{0,1,3,4\}$.

(b) $A=\{0,1,3,7,15,31\}$.

(c) $A=\{0,1,4,9,16,25\}$.

(d) $A=\{3,5,7,11,13,17,19,23,29\}$.

(e) $A=\{2x_1+7x_2 | 0 \leqslant x_1<4, 0 \leqslant x_2<3\}$.

习题1.2 令$A=\{0,2,3,6\}$. 对所有的$h \geqslant 1$计算和集hA.

习题1.3 在定理1.1中, 证明: $c=0 \Leftrightarrow a_1=0$, $d=0 \Leftrightarrow a_{k-1}-a_{k-2}=1$.

习题1.4 令$A=\{a_0, a_1, \ldots, a_{k-1}\}$为有限整数集使得

$$0=a_0<a_1<\cdots<a_{k-1},$$

$$(a_1, \ldots, a_{k-1})=1.$$

整数h_0的定义见(1.3). 证明: 对所有的$h>h_0$, 有

$$|hA|-|(h-1)A|=a_{k-1}.$$

习题1.5 令A为整数集, $|A|=k$. 证明: 形如$a_1+\cdots+a_h, a_i \in A (1 \leqslant i \leqslant h), a_1 \leqslant \cdots \leqslant a_h$的元的个数为$\binom{k+h-1}{h}$.

习题1.6 令$A=\{a_0, a_1, \ldots, a_{k-1}\}$为整数集使得$a_i>h a_{i-1} (1 \leqslant i \leqslant k-1)$. 证明: $|hA|=\binom{k+h-1}{h}$.

习题1.7 令$a_0, a_1, \ldots, a_{k-1}$为严格单调递增的整数列, $1 \leqslant s \leqslant k-2$. 设

$$A_1 = \{a_0, a_1, \dots, a_{s-1}, a_s\},$$

$$A_2 = \{a_{s-1}, a_s, \dots, a_{k-1}\}.$$

证明:

$$2A_1 \cap 2A_2 = \{2a_{s-1}, a_{s-1} + a_s, 2a_s\}.$$

习题1.8 令$k \geqslant 3$,

$$A = [0, k-2] \cup \{k-1+r\}.$$

证明: 对$0 \leqslant r \leqslant k-4$, 有

$$|2^\wedge A| = 2k-3+r;$$

对$r \geqslant k-3$, 有

$$|2^\wedge A| = 3k-6.$$

习题1.9 令$k \geqslant 4, A = \{a_0, a_1, \dots, a_{k-1}\}$, 其中

$$0 = a_0 < a_1 < \cdots < a_{k-1} \leqslant 2k-5.$$

令$a_{k-1} = k-1+r$. 证明:

$$|2^\wedge A| = 2k-3+r.$$

习题1.10 令$k \geqslant 4, A = \{a_0, a_1, \dots, a_{k-1}\}$, 其中

$$0 = a_0 < a_1 < \cdots < a_{k-2} < a_{k-1}.$$

令$A' = A \backslash \{a_{k-1}\}$. 假设$d' = d(A') > 1, (a_{k-1}, d') = 1$. 证明:

$$|2^\wedge A| \geqslant 3k-6.$$

习题1.11 定义有限整数集A'的子集和为

$$s(A') = \sum_{a \in A'} a.$$

对于任何有限正整数集A, 定义

$$S(A) = \{s(A') | \varnothing \neq A' \subseteq A\}.$$

证明: 若A是k元正整数集, 则

$$|S(A)| \geqslant \binom{k+1}{2}.$$

习题1.12 令A为正整数集使得

$$|S(A)| = \binom{k+1}{2}.$$

证明: 存在$m \in \mathbb{N}$使得

$$A = m * [1, k] = \{m, 2m, 3m, \ldots, km\}.$$

习题1.13 对$k \geqslant 3$, 令$f_k(n)$表示满足$|A| = k, |2A| < \binom{k+1}{2}$的集合$A \subseteq [0, n-1]$的个数. 证明:

$$\lim_{n \to \infty} \frac{f_k(n)}{\binom{n}{k}} = 0.$$

习题1.14 对$\theta > 0$, $f_\theta(n)$表示满足$|A| = [n^\theta], |2A| < \binom{[n^\theta]+1}{2}$的集合$A \subseteq [0, n-1]$的个数. 证明: 存在$\theta > 0$使得

$$\lim_{n \to \infty} \frac{f_\theta(n)}{\binom{n}{[n^\theta]}} = 0.$$

提示: 利用Stirling公式.

习题1.15 确定所有满足$|A| = k, |2A| = 2k$的集合A的结构.

习题1.16 确定所有满足$|A| = k, |2A| = 2k + 1$的集合A的结构.

习题1.17 令$h \geqslant 2$, $k \geqslant 3$, $A = \{a_0, a_1, \ldots, a_{k-1}\}$为整数集使得

$$0 = a_0 < a_1 < \cdots < a_{k-1} \leqslant 2k - 3.$$

令$a_{k-1} = k - 1 + r$. 证明:

$$|hA| \geqslant hk - (h-1) + (h-1)r.$$

习题1.18 证明: $\{x, y\} = \{u, v\} \Leftrightarrow x + y = u + v, xy = uv$.

习题1.19 下面由Alon给出的构造说明定理1.18的结论是最佳的(参见[79]). 对$r \geqslant 2$, 由

$$4^r = 3\ell - 2$$

定义整数$\ell \geqslant 6$. 令$n = 3\ell + 1$,

$$B = \{3, 6, 9, \ldots, 3\ell, 3\ell + 1\} \subseteq [1, n],$$

于是

$$|B| = \ell + 1 > \tfrac{n}{3}.$$

证明: 若$t \leqslant 2r$, 则2^t不是B中任何多个元的和; 若$t \geqslant 2r + 2$, 则2^t不是B中3个元的和. 利用同余式

$$2^{2r+1} \equiv 2 \bmod 3$$

证明2^{2r+1}不是B中3个元的和.

习题1.20 一个2维整数的等差数列是如下形式的集合Q:

$$Q = Q(q_0; q_1, q_2; l_1, l_2) = \{q_0 + x_1 q_1 + x_2 q_2 | 0 \leqslant x_1 < l_1, 0 \leqslant x_2 < l_2\},$$

其中$q_0 \in \mathbb{Z}, q_1, q_2, l_1, l_2 \in \mathbb{N}$. 证明:

$$|Q| \leqslant l_1 l_2,$$

$$|2Q| \leqslant (2l_1 - 1)(2l_2 - 1).$$

习题1.21 构造2维等差数列$Q = Q(q_0; q_1, q_2; l_1, l_2)$使得

$$|Q| = l_1 l_2,$$

$$|2Q| = (2l_1 - 1)(2l_2 - 1).$$

习题1.22 构造2维等差数列$Q = Q(q_0; q_1, q_2; l_1, l_2)$使得

$$|Q| = l_1 l_2,$$

$$|2Q| < (2l_1 - 1)(2l_2 - 1).$$

习题1.23 令$k_1, k_2 \in \mathbb{N}, k = k_1 + k_2$. 对$r \in \mathbb{N}_0$, 考虑集合

$$A_r = [0, k_1 - 1] \cup [r + k_1, r + k_1 + k_2 - 1].$$

证明: $|2A| = 3k - 3 \Leftrightarrow r \geqslant \max(k_1 - 1, k_2 - 1)$.

习题1.24 令A为Abel群G的有限子集, B为Abel群H的有限子集. 称映射$\phi: A \to B$为Freiman同构, 若ϕ是A与B之间的一一对应, 映射

$$\Phi: 2A \to 2B,\ a_1 + a_2 \mapsto \phi(a_1) + \phi(a_2)$$

的定义合理, 并且是一一对应. 设$k_1, k_2 \in \mathbb{N}$. 对$r \geqslant 0$, 令A_r为上个习题定义的整数集. 定义群$\mathbb{Z}^2$的子集为

$$B = \{(i, 0) | 0 \leqslant i < k_1\} \cup \{(j, 1) | 0 \leqslant j < k_2\}.$$

证明: 存在A_r与B之间的Freiman同构当且仅当$r \geqslant \max(k_1 - 1, k_2 - 1)$.

习题1.25 给定$r \geqslant 5$, 令

$$A = \{0, 1, 2, r, r + 1, 2r\} \subseteq \mathbb{Z}.$$

证明: $|2A| = 3|A| - 3 = 15$. 令

$$B = \{(0, 0), (1, 0), (2, 0), (0, 1), (1, 1), (2, 0)\} \subseteq \mathbb{Z}^2.$$

证明: $|2B| = 3|B| - 3 = 15$. 构造A与B之间的Freiman同构.

习题1.26 令$A = \{(i, j) \in \mathbb{Z}^2 | 0 \leqslant i < l_1, 0 \leqslant j < l_2\}$, 则$A$为2维长方形$\{(x, y) | 0 \leqslant x < l_1, 0 \leqslant y < l_2\}$中的格点集. 构造$\mathbb{Z}$中的2维等差数列使得$A$与$Q$之间存在Freiman同构.

第 2 章　同余类的和

§2.1　群中的加法

令G为Abel群, A与B为G的有限子集. 和集$A+B=\{a+b\in G|a\in A,b\in B\}$. 对$g\in G$, 令$r_{A,B}(g)$为将$g$表示成$A$中的元与$B$中元的和的方法数, 即$r_{A,B}(g)$为集合$\{(a,b)\in A\times B|g=a+b\}$的基数.

群中加形正问题是用$|A|$和$|B|$得到$|A+B|$的下界. 若$|A|+|B|$较大, 我们在G为有限群的情形容易解决这个问题.

引理 2.1　令G为有限Abel群, G的子集A,B满足

$$|A|+|B|\geqslant|G|+t,$$

则对所有的$g\in G$有

$$r_{A,B}(g)\geqslant t.$$

证明: 对$g\in G$, 令$g-B=\{g-b|b\in B\}$. 因为

$$\begin{aligned}|G| &\geqslant |A\cup(g-B)| \\ &= |A|+|g-B|-|A\cap(g-B)| \\ &= |A|+|B|-|A\cap(g-B)|,\end{aligned}$$

所以

$$|A\cap(g-B)|\geqslant|A|+|B|-|G|\geqslant t,$$

从而存在t个不同的元$a_i\in A(1\leqslant i\leqslant t)$与$t$个不同的元$b_i\in B(1\leqslant i\leqslant t)$使得

$$a_i=g-b_i,$$

即

$$g=a_i+b_i\ (1\leqslant i\leqslant t).$$

因此, $r_{A,B}(g)\geqslant t$. □

引理 2.2　令G为有限Abel群, G的子集A,B满足$|A|+|B|>|G|$, 则$A+B=G$.

证明: 在引理2.1中取$t=1$, 可知对所有的$g\in G$有$r_{A,B}(g)\geqslant 1$, 所以$A+B=G$. □

从引理2.2可知, 要研究群中的加性正问题, 只需考察G的满足$|A|+|B|\leqslant|G|$的子集A,B. 我们在本章考虑模m的同余类群$\mathbb{Z}/m\mathbb{Z}$中的加性问题.

§2.2 e-变换

证明加性数论中众多结果的基本工具是对Abel群的非空子集的有序对(A,B)作e-变换. 令$e\in G$, 定义(A,B)的e-变换为G中子集的有序对$(A(e),B(e))$:

$$A(e)=A\cup(B+e),$$

$$B(e)=B\cap(A-e).$$

e变换有如下简单的性质.

引理 2.3 令A,B为Abel群G的非空子集, $e\in G$, $(A(e),B(e))$为(A,B)的e-变换, 则

$$A(e)+B(e)\subseteq A+B \tag{2.1}$$

$$A(e)\backslash A=e+B\backslash B(e). \tag{2.2}$$

若A,B为有限集, 则

$$|A(e)|+|B(e)|=|A|+|B|. \tag{2.3}$$

若$e\in A,0\in B$, 则$e\in A(e),0\in B(e)$.

证明: (2.1)中的包含关系由(A,B)的e-变换的定义即可得到. 要证明(2.2), 我们注意

$$\begin{aligned}A(e)\backslash A &= (B+e)\backslash A\\ &= \{b+e|b\in B,b+e\notin A\}\\ &= e+\{b\in B|b\notin A-e\}\\ &= e+\{b\in B|b\notin B(e)\}\\ &= e+B\backslash B(e).\end{aligned}$$

显然, $A\subseteq A(e),B(e)\subseteq B$. 若$A,B$为有限集, 则

$$\begin{aligned}|A(e)|-|A| &= |A(e)\backslash A|\\ &= |e+B\backslash B(e)|\\ &= |B\backslash |B(e)|\\ &= |B|-|B(e)|.\end{aligned}$$

这就证明了(2.3). 若$e\in A\subseteq A(e),0\in B$, 则$0\in A-e$, 从而$0\in B\cap(A-e)=B(e)$. □

§2.3 Cauchy-Davenport定理

我们在本节研究模m的同余类群$\mathbb{Z}/m\mathbb{Z}$中的加性正问题. 一个基本的结果是Cauchy-Davenport定理, 它给出了模素数p的同余类群的两个子集的和的基数的下界. 这个定理是如下关于合数模的结果的推论.

定理 2.1 (I.Chowla) 令$m\geqslant 2$, A,B为$\mathbb{Z}/m\mathbb{Z}$的非空子集. 若$0\in B$, 并且对所有的$b\in B\backslash\{0\}$, 有$(b,m)=1$, 则

$$|A+B| \geqslant \min(m, |A|+|B|-1).$$

证明: 由引理2.2, 若$|A|+|B|>m$, 则结论成立. 下面我们假设$|A|+|B| \leqslant m$, 从而

$$\min(m, |A|+|B|-1) = |A|+|B|-1 \leqslant m-1.$$

定理在$|A|=1$或$|B|=1$时也成立, 因为此时$|A+B|=|A|+|B|-1$. 如果定理不对, 则存在$A, b \subseteq \mathbb{Z}/m\mathbb{Z}$使得$|A| \geqslant 2, |B| \geqslant 2$, 并且

$$|A+B| < |A|+|B|-1.$$

特别地, $A \neq \mathbb{Z}/m\mathbb{Z}$. 选取$(A, B)$使得$|B|$最小. 由于$|B| \geqslant 2$, 存在元素$0 \neq b^* \in B$. 若对所有$a \in A$有$a+b^* \in A$, 则对所有的$j \in \mathbb{N}_0$有$a+jb^* \in A$. 因为$(b^*, m)=1$, 这就意味着

$$\mathbb{Z}/m\mathbb{Z} = \{a+jb^* | 0 \leqslant j \leqslant m-1\} \subseteq A \subseteq \mathbb{Z}/m\mathbb{Z},$$

从而$A=\mathbb{Z}/m\mathbb{Z}$, 矛盾. 所以存在元素$e \in A$使得$e+b^* \notin A$. 对(A, B)应用e-变换, 由引理2.3可知$A(e)+B(e) \subseteq A+B$, 从而

$$|A(e)+B(e)| \leqslant |A+B| < |A|+|B|-1 = |A(e)|+|B(e)|-1.$$

由于$e \in A, 0 \in B$, 故$0 \in B(e) \subseteq B$, 并且对所有的$b \in B(e) \backslash \{0\}$有$(b, m)=1$. 因为$e+b^* \notin A$, 所以$b^* \notin A-e$, 从而

$$b^* \notin B \cap (A-e) = B(e).$$

因此, $|B(e)| < |B|$, 这就与$|B|$的最小性假设矛盾, 故定理的结论成立. □

定理 2.2 (Cauchy-Davenport) 令p为素数, A, B为$\mathbb{Z}/p\mathbb{Z}$的非空子集, 则

$$|A+B| \geqslant \min(p, |A|+|B|-1).$$

证明: 令$b_0 \in B, B'=B-b_0$, 则$|B'|=|B|$, 并且

$$|A+B'| = |A+B-b_0| = |A+B|.$$

由于$0 \in B'$, 并且对所有的$b \in B' \backslash \{0\}$有$(b, p)=1$, 对$(A, B')$应用定理2.1得到

$$\begin{aligned} |A+B| &= |A+B'| \\ &\geqslant \min(p, |A|+|B'|-1) \\ &= \min(p, |A|+|B|-1). \end{aligned}$$

因此定理的结论成立. □

定理 2.3 令$h \geqslant 2$, p为素数, $A_i (1 \leqslant i \leqslant h)$为$\mathbb{Z}/p\mathbb{Z}$的非空子集, 则

$$|A_1+A_2+\cdots+A_h| \geqslant \min(p, \sum_{i=1}^{p} |A_i|-h+1).$$

证明: 对h作归纳证明. $h=2$的情形即为Cauchy-Davenport定理. 令$h \geqslant 3$, 假设结论对$\mathbb{Z}/p\mathbb{Z}$的任意$h-1$个子集成立. 设$A_1, A_2, \ldots, A_h$为$\mathbb{Z}/p\mathbb{Z}$的非空子集, $B=A_1+\cdots+A_{h-1}$. 由归纳假设可得

$$|B| = |A_1+\cdots+A_{h-1}| \geqslant \min(p, \sum_{i=1}^{h-1} |A_i|-h+2),$$

从而

$$\begin{aligned} |A_1+A_2+\cdots+A_h| &= |(A_1+\cdots+A_{h-1})+A_h| \\ &= |B+A_h| \\ &\geqslant \min(p,|B|+|A_h|-1) \\ &\geqslant \min(p,(\sum_{i=1}^{h-1}|A_i|-h+2)+|A_h|-1) \\ &\geqslant \min(p,\sum_{i=1}^{h}|A_i|-h+1). \end{aligned}$$

□

易见这个结果是最佳的. 令$h \geqslant 2$, $k_1,\ldots,k_h$为正整数使得

$$k_1+\cdots+k_h \leqslant p+h-1.$$

令$A_i=\{0,1,\ldots,k_i-1\}\subset \mathbb{Z}/p\mathbb{Z}$, 则$A_i=k_i$, 并且

$$A_1+\cdots+A_h=\{0,1,\ldots,k_1+\cdots+k_h-h\}\subset \mathbb{Z}/pZ,$$

从而

$$|A_1+A_2+\cdots+A_h|=\sum_{i=1}^{h}|A_i|-h+1.$$

定理 2.4 (Pollard) 令p为素数, A,B为$\mathbb{Z}/p\mathbb{Z}$的非空子集. 设

$$\ell=|B|\leqslant|A|=k.$$

对$1\leqslant t\leqslant \ell$, 令$N_t$为$\mathbb{Z}/p\mathbb{Z}$中至少有$t$个形如$a+b, a\in A, b\in B$的表示的同余类的个数, 则

$$N_1+N_2+\cdots+N_t \geqslant \min(tp, t(k+\ell-t)).$$

注意$t=1$的情形即为Cauchy-Davenport定理.

证明: 对$x\in\mathbb{Z}/p\mathbb{Z}$, 令$r_{A,B}(x)$表示$x=a+b, a\in A, b\in B$的解数. 显然$r_{A,B}(x)\leqslant \ell$, 并且

$$S(A,B,t):=N_1+N_2+\cdots+N_t=\sum_{x\in\mathbb{Z}/p\mathbb{Z}}\min(t,r_{A,B}(x)).$$

对$t=\ell$, 有

$$\begin{aligned} S(A,B,\ell) &= \sum_{x\in\mathbb{Z}/p\mathbb{Z}}\min(\ell,r_{A,B}(x)) \\ &= \sum_{x\in\mathbb{Z}/p\mathbb{Z}} r_{A,B}(x) \\ &= k\ell, \end{aligned}$$

从而结论成立. 因此, 我们可以假设

$$1\leqslant t<\ell. \tag{2.4}$$

我们将对ℓ作归纳证明.

若$\ell=2$, 则$t=1$, 并且

$$N_1=|A+B|=|A|=|A|+|B|-1=\min(p,k+\ell-1).$$

令$\ell>2$, 并假设定理对所有的$|B|<\ell$成立. 若$k+\ell-t>p$, 则

$$1 \leqslant t \leqslant p-k+t < \ell \leqslant p.$$

令$\ell' = p-k+t$. 选取$B' \subseteq B$使得$|B'| = \ell'$. 由归纳假设知定理对集合A, B'成立, 所以

$$\begin{aligned} S(A,B,t) &\geqslant S(A,B',t) \\ &\geqslant \min(tp, t(k+\ell'-t)) \\ &= tp \\ &= \min(tp, t(k+\ell-t)). \end{aligned}$$

因此只需在

$$k+\ell-t \leqslant p \tag{2.5}$$

的情形证明定理.

令A, B为$\mathbb{Z}/p\mathbb{Z}$的子集使得

$$\ell = |B| \leqslant |A| = k,$$

其中k, ℓ, t满足不等式(2.4)与(2.5). 由这些不等式可知$k < p$, 从而$A \neq \mathbb{Z}/p\mathbb{Z}$.

令$b \in B$, 将集合B替换为差集$B-b$, 我们可以假设$0 \in B$. 由于$\ell > 2$, 存在$0 \neq b^* \in B$. 若对所有的$a \in A$有$a+b^* \in A$, 则对所有的$j \geqslant 0$ 有$a+jb^* \in A$, 从而$A = \mathbb{Z}/p\mathbb{Z}$, 矛盾. 因此存在$a^* \in A$使得$a^*+b^* \notin A$, 或者等价地有$b^* \notin A-a^*$. 将$A$替换为$A-a^*$,我们可以假设$0 \in A$, 并且$B \backslash A \neq \varnothing$. 于是$1 \leqslant |A \cap B| < |B|$. 令

$$U = A \cup B,\ I = A \cap B,$$

则

$$|U| + |I| = k + \ell,$$

$$1 \leqslant |I| < \ell.$$

令

$$A' = A \backslash I,\ B' = B \backslash I,$$

则$U = A' \uplus B' \uplus I$.

令$x \in \mathbb{Z}/p\mathbb{Z}$, 则只有如下四种方式将$x$表示成$x = a+b, a \in A, b \in B$:

(i) $x = a'+b', a' \in A', b' \in B'$.

(ii) $x = a'+v, a' \in A', v \in I$.

(iii) $x = b'+v, b' \in B', v \in I$.

(iv) $x = v+v', v, v' \in I$.

第一种类型的表示数为$r_{A',B'}(x)$, 其他三种类型的表示总数为$r_{U,I}(x)$, 因此对所有的$x \in \mathbb{Z}/p\mathbb{Z}$有

$$r_{A,B}(x) = r_{U,I}(x) + r_{A',B'}(x) \geqslant r_{U,I}(x).$$

令$1 \leqslant t \leqslant |I|$. 由归纳假设知定理对集合对$U, I$成立, 所以

$$\begin{aligned} S(A,B,t) &= \sum_{x\in\mathbb{Z}/p\mathbb{Z}} \min(t, r_{A,B}(x)) \\ &\geqslant \sum_{x\in\mathbb{Z}/p\mathbb{Z}} \min(t, r_{U,I}(x)) \\ &= S(U,I,t) \\ &\geqslant \min(tp, t(|U|+|I|-t)) \\ &= \min(tp, t(k+\ell-t)). \end{aligned}$$

令$|I| < t < \ell, t' = t - |I|$. 由于

$$r_{A,B}(x) = r_{U,I}(x) + r_{A',B'}(x),$$

可得

$$\begin{aligned} \min(t, r_{A,B}(x)) &= \min(|I|, r_{U,I}(x)) + \min(t', r_{A',B'}(x)) \\ &= r_{U,I}(x) + \min(t', r_{A',B'}(x)). \end{aligned}$$

令$k' = |A'|, \ell' = |B'|$, 则

$$1 \leqslant t' = t - |I| < \ell - |I| = |B| - |I| = |B'| = \ell',$$

$$\begin{aligned} k' + \ell' - t' &= (k - |I|) + (\ell - |I|) - (t - |I|) \\ &= |U| - t \\ &< |U| \\ &\leqslant p. \end{aligned}$$

由归纳假设知定理对集合对A', B'成立, 因此

$$\begin{aligned} \sum_{x\in\mathbb{Z}/p\mathbb{Z}} \min(t, r_{A,B}(x)) &\geqslant \sum_{x\in\mathbb{Z}/p\mathbb{Z}} r_{U,I}(x) + \sum_{x\in\mathbb{Z}/p\mathbb{Z}} \min(t', r_{A',B'}(x)) \\ &\geqslant |U||I| + t'(k' + \ell' - t') \\ &= |U||I| + (t - |I|)(|U| - t) \\ &= t(|U| + |I| - t) \\ &= t(k + \ell - t). \end{aligned}$$

这样就完成了定理的证明. □

§2.4 Erdös-Ginzburg-Ziv定理

我们将对关于同余类相加的一个简单而重要的定理给出两个证明. 第一个证明利用了Cauchy-Davenport定理, 第二个证明利用了关于有限域上多项式组解的个数的Chevalley-Waring定理.

定理 2.5 (Erdös-Ginzburg-Ziv) 令$n \geqslant 1$. 若$a_0, a_1, \ldots, a_{2n-2}$是$2n-1$个整数(允许相同), 则存在子列$a_{i_1}, \ldots, a_{i_n}$使得

$$a_{i_1} + a_{i_2} + \cdots + a_{i_n} \equiv 0 \bmod n.$$

证明: 我们首先在$n = p$为素数的情形证明结论. 选取$a_i' \in \mathbb{Z}$使得$a_i' \equiv a_i \bmod p, 0 \leqslant a_i' < p$. 将整数$a_i$重新编号使得

$$0 \leqslant a'_0 \leqslant a'_1 \leqslant \cdots \leqslant a'_{2p-2} \leqslant p-1.$$

若存在$i \in [1, p-1]$使得$a'_i \equiv a'_{i+p-1}$, 则

$$a_i \equiv a_{i+1} \equiv \cdots \equiv a_{i+p-1} \bmod p,$$

从而

$$a_i + a_{i+1} + \cdots + a_{i+p-1} \equiv pa_i \equiv 0 \bmod p.$$

若对所有的$i \in [1, p-1]$有$a'_i \neq a'_{i+p-1}$, 令

$$A_i = \{a_i + p\mathbb{Z}, a_{i+p-1} + p\mathbb{Z}\} \subseteq \mathbb{Z}/p\mathbb{Z},$$

于是对$1 \leqslant i \leqslant p-1$有$|A_i| = 2$. 利用定理2.3形式的Cauchy-Davenport定理可知

$$|A_1 + \cdots + A_{p-1}| \geqslant \min(p, 2(p-1) - (p-1) + 1) = p,$$

从而

$$A_1 + \cdots + A_{p-1} = \mathbb{Z}/p\mathbb{Z}.$$

由此可知存在同余类$a_{j_i} + p\mathbb{Z} \in A_i (1 \leqslant i \leqslant p-1)$, 使得$j_i \in \{i, i+p-1\}$, 并且

$$-a_0 \equiv a_{j_1} + \cdots + a_{j_{p-1}} \bmod p,$$

即

$$a_0 + a_{j_1} + \cdots + a_{j_{p-1}} \equiv 0 \bmod p.$$

所以当$n = p$为素数时, 结论成立.

我们对一般的n作归纳证明. 当$n = 1$时, 结论显然成立. 假设$n > 1$, 并且结论对小于n的正整数成立. 若n是素数, 则结论已经得证. 若n是合数, 则有

$$n = uv,\ 1 < u \leqslant v < n,$$

从而结论对u, v都成立. 在长为$2n-1 = 2uv-1$的整数列$a_0, \ldots, a_{2n-2}$中存在子列$a_{1,j_1}, \ldots, a_{1,j_v}$使得

$$a_{1,j_1} + \cdots + a_{1,j_v} \equiv 0 \bmod v.$$

在原来的整数列中有$2n-1-v = (2u-1)v-1$项不在这个子列中. 因为$2u-1 \geqslant 2$, 我们能找到长为v的与这个子列不相交的子列$a_{2,j_1}, \ldots, a_{2,j_v}$使得

$$a_{2,j_1} + \cdots + a_{2,j_v} \equiv 0 \bmod v.$$

又有$2n-1-2v = (2u-2)v-1$项不在这两个已经确定的子列中. 对$j = 1, \ldots, 2u-1$重复这一做法, 我们得到$2u-1$个长为v的互不相交的子列$a_{j,i_1}, \ldots, a_{j,j_v}$使得

$$a_{j,i_1} + \cdots + a_{j,j_v} \equiv 0 \bmod v,$$

从而

$$a_{j,i_1} + \cdots + a_{j,j_v} = b_j v,$$

其中$b_j \in \mathbb{Z}$. 因为定理对u成立, 整数列$b_1, \ldots, b_{2u-1}$中存在子列$b_{j_1}, \ldots, b_{j_u}$使得

$$b_{j_1} + \cdots + b_{j_u} \equiv 0 \bmod u,$$

即存在$c \in \mathbb{Z}$使得

$$b_{j_1} + \cdots + b_{j_u} = cu.$$

所以

$$\sum_{r=1}^{u} \sum_{s=1}^{v} a_{j_r, i_s} = \sum_{r=1}^{u} b_{j_r} v = cuv \equiv cn \equiv 0 \bmod n. \qquad \square$$

定理 2.6 (Chevalley-Waring) 设p为素数, $\mathbb{F}_q$为$q = p^t$元有限域. 对$1 \leqslant i \leqslant m$, 令$f_i(x_1, \ldots, x_n)$为系数在$\mathbb{F}_q$中的$n$元$d_i$次多项式. 令$N$为多项式组

$$f_i(x_1, \ldots, x_n) = 0 (1 \leqslant i \leqslant m)$$

在$\mathbb{F}_q^n$中的零点个数. 若

$$\sum_{i=1}^{m} d_i < n,$$

则

$$N \equiv 0 \bmod p.$$

证明: 有限域的非零元构成的乘群是循环群, 从而对任意的$x \in \mathbb{F}_q$,

$$x^{q-1} = \begin{cases} 1, & 若 x \neq 0, \\ 0, & 若 x = 0. \end{cases} \tag{2.6}$$

此外, 若约定$0^0 = 1$, 则当$0 \leqslant r < q-1$时,

$$\sum_{x \in \mathbb{F}_q} x^r = 0.$$

令$x_1, \ldots, x_n \in \mathbb{F}_q$, 则

$$\prod_{i=1}^{m} (1 - f_i(x_1, \ldots, x_n)^{q-1}) = \begin{cases} 1, & 若对所有的 i, f_i(x_1, \ldots, x_n) = 0, \\ 0, & 否则, \end{cases}$$

从而

$$N = \sum_{x_1, \ldots, x_n \in \mathbb{F}_q} \prod_{i=1}^{m} (1 - f_i(x_1, \ldots, x_n)^{q-1}).$$

因为$f_i(x_1, \ldots, x_n)$的次数为d_i, 所以

$$\prod_{i=1}^{m} (1 - f_i(x_1, \ldots, x_n)^{q-1}) = \sum_{r_1, \cdots, r_n} a_{r_1, \ldots, r_n} x_1^{r_1} \cdots x_n^{r_n}$$

是系数$a_{r_1, \ldots, r_n} \in \mathbb{F}_q$, 次数最多为$(q-1) \sum_{i=1}^{m} d_i$的多项式. 于是,

$$
\begin{aligned}
N &\equiv \sum_{x_1,\ldots,x_n\in\mathbb{F}_q}\prod_{i=1}^{m}(1-f_i(x_1,\ldots,x_n)^{q-1}) \bmod p\\
&\equiv \sum_{x_1,\ldots,x_n\in\mathbb{F}_q}\sum_{r_1,\ldots,r_n} a_{r_1,\ldots,r_n}x_1^{r_1}\cdots x_n^{r_n} \bmod p\\
&\equiv \sum_{r_1,\ldots,r_n} a_{r_1,\ldots,r_n}\sum_{x_1,\ldots,x_n\in\mathbb{F}_q} x_1^{r_1}\cdots x_n^{r_n} \bmod p\\
&\equiv \sum_{r_1,\ldots,r_n} a_{r_1,\ldots,r_n}\prod_{j=1}^{n}\sum_{x_j\in\mathbb{F}_q} x_j^{r_j} \bmod p,
\end{aligned}
$$

其中和式中的$r_1,\ldots,r_n$为非负整数满足

$$\sum_{j=1}^{n} r_j \leqslant (q-1)\sum_{j=1}^{n} d_j < n(q-1).$$

这就意味着存在j使得$0\leqslant r_j < q-1$, 从而

$$\prod_{j=1}^{n}\sum_{x_j\in\mathbb{F}_q} x_j^{r_j}\equiv 0 \bmod p.$$

因此

$$N\equiv 0 \bmod p. \qquad \square$$

在$n = p$是素数的情形, Erdös-Ginzburg-Ziv定理(定理2.5)是Chevalley-Waring定理的推论. 令$a_1,\ldots,a_{2p-1}$为有限域$\mathbb{F}_p=\mathbb{Z}/p\mathbb{Z}$中不全为零的元素. 考虑多项式$f_1,f_2\in\mathbb{F}_p[x_1,\ldots,x_{2p-1}]$:

$$f_1(x_1,\ldots,x_{2p-1})=\sum_{j=1}^{2p-1}x_j^{p-1},$$

$$f_2(x_1,\ldots,x_{2p-1})=\sum_{j=1}^{2p-1}a_jx_j^{p-1}.$$

令d_i为多项式f_i的次数, 则$d_1=d_2=p-1$. 令N为这两个多项式的公共零点. 因为

$$d_1+d_2=2p-2<2p-1,$$

由定理2.6可知$N\equiv 0 \bmod p$. 因为

$$f_1(0,\ldots,0)=f_2(0,\ldots,0)=0,$$

所以$N\geqslant 1$, 从而$N\geqslant p\geqslant 2$. 由此可知, 多项式f_1,f_2有非平凡的零点, 即存在不全为零的$x_1,\ldots,x_{2p-1}\in\mathbb{Z}/p\mathbb{Z}$使得

$$f_1(x_1,\ldots,x_{2p-1})=\sum_{j=1}^{2p-1}x_j^{p-1},$$

$$f_2(x_1,\ldots,x_{2p-1})=\sum_{j=1}^{2p-1}a_jx_j^{p-1}.$$

对$x\in\mathbb{Z}/p\mathbb{Z}$, $x^{p-1}=1$当且仅当$x\neq 0$. 由此可知第一个方程恰好有p个变量$x_{j_1},\ldots,x_{j_p}$不为零. 于是由第二个方程得到

$$a_{j_1}+\cdots+a_{j_p}\equiv 0 \bmod p.$$

§2.5 Vosper定理

群中的加性反问题是在和集$A+B$的基数较小时描述子集对(A,B)的结构. 对Abel群G的大多数子集对(A,B), 和集$A+B$至少包含$|A|+|B|$个元. 最简单的反问题是给G 的有限子集对中满足$A+B\neq G, |A|+|B|$的(A,B)进行分类. 这样的子集对称为临界的. 对任意的群而言, 这个问题并没有解决. 但是, 当p为素数时, Vosper对群$\mathbb{Z}/p\mathbb{Z}$彻底解决了临界点的分类问题. 他证明了: 若$A,B\subseteq\mathbb{Z}/p\mathbb{Z}, |A+B|=|A|+|B|-1$, 则除了两种特殊情形, 集合$A,B$ 是具有相同公差的等差元列, 其中群G中的等差元列是形如

$$\{a+id|0\leqslant i\leqslant k-1\}$$

的集合. 称群中元d为等差元列的公差, k为该数列的长, G中元素d的阶一定不小于k.

Freiman利用指数和与解析的方法对$\mathbb{Z}/p\mathbb{Z}$中形如$2A=A+A$的和集推广了Vosper定理. 特别地, 他证明了: 若$A\subseteq\mathbb{Z}/p\mathbb{Z}, |A|=k\leqslant\frac{p}{35}, |2A|=2k-1+r\leqslant\frac{12}{5}k-3$, 则$A$包含于一个长为$k+r$的等差元列中.

我们在本节将S在G中的补集记为$\bar{S}$.

定理 2.7 (Vosper) 令p为素数, A,B为群$G=\mathbb{Z}/p\mathbb{Z}$中的非空子集, 满足$A+B\neq G$, 则

$$|A+B|=|A|+|B|-1$$

当且仅当下面的三个条件之一满足:

(i) $\min(|A|,|B|)=1$.

(ii) $|A+B|=p-1, B=\overline{c-A}$, 其中$\{c\}=G\backslash(A+B)$.

(iii) A,B是具有相同公差的等差元列.

证明: 由引理2.2, 若$A+B\neq G$, 则$|A|+|B|\leqslant p$. 若$\min(|A|,|B|)=|B|=1$, 则$|A+B|=|A|+|B|-1$, 从而(A,B)为临界对.

令$c\in G$, A为G的任意子集使得$1\leqslant|A|\leqslant p-1, B=\overline{c-A}$, 则$c\notin A+B$, 从而$|A+B|\leqslant p-1$. 因为

$$|B|=|\overline{c-A}|=p-|c-A|=p-|A|,$$

由Cauchy-Davenport定理可得

$$p-1=|A|+|B|-1\leqslant|A+B|\leqslant p-1,$$

从而$|A+B|=|A|+|B|-1$.

若A,B为G中具有相同公差d的等差元列, 则存在元素$a,b\in G$与满足$k+l\leqslant p$的正整数k,l, 使得

$$A=\{a+id|0\leqslant i\leqslant k-1\},$$

$$B=\{b+id|0\leqslant i\leqslant l-1\}.$$

不妨设$d\in G\backslash\{0\}$, 所以d的阶为p. 于是

$$A+B=\{a+b+id|0\leqslant i\leqslant k+l-2\},$$

从而$|A+B| = k+l-1 = |A|+|B|-1$. 因此, 若$A, B$满足条件(i), (ii)或(iii), 则$(A, B)$是临界对.

反过来, 令(A, B)为临界对, 即

$$|A+B| = |A|+|B|-1.$$

若$|A|=1$或$|B|=1$, 则(A, B)是(i)中的形式.

若$|A+B| = p-1$, 则存在$c \in G$使得$\overline{A+B} = \{c\}$. 因为$c \notin A+B$, 可得$B \cap (c-A) = \varnothing$, 从而

$$B \subseteq \overline{c-A},$$

所以

$$|B| \leqslant |\overline{c-A}| = p - |c-A| = p - |A|.$$

因为

$$p-1 = |A+B| = |A|+|B|-1 \leqslant p-1,$$

所以$|B| = p-|A|$, 从而$B = \overline{c-A}$. 因此, 此时(A, B)是(ii)中的形式.

在下面的证明中, 不妨设(A, B)是临界对使得

$$\min(|A|, |B|) \geqslant 2,$$

$$|A+B| < p-1.$$

我们要证明A, B是具有相同公差的等差元列. 为此, 我们需要后面即将证明的几个引理.

令(A, B)为临界对, 其中$|B| = \ell \geqslant 2$. 我们对l作归纳证明. 若$l=2$, 由引理2.5得到结论. 令$l \geqslant 3$, 假设结论对满足$|B| < l$的临界对(A, B)成立. 由引理2.8, 存在$e \in A$使得$A(e), B(e)$是临界对, 满足$A(e)+B(e) = A+B, 2 \leqslant |B(e)| < l$. 由归纳假设可知$A(e), B(e)$是具有相同公差的等差元列, 因此$A(e)+B(e) = A+B$是等差元列, 从而由引理2.7可知$A, B$是具有相同公差的等差元列. □

引理 2.4 令$A, B \subseteq \mathbb{Z}/p\mathbb{Z}$使得

$$\min(|A|, |B|) \geqslant 2,$$

$$|A+B| = |A|+|B|-1 < p-1.$$

若A是等差元列, 则B是具有相同公差的等差元列.

证明: 令$|A| = k, |B| = \ell$. 因为A是等差元列, 存在$d \in \mathbb{Z}/p\mathbb{Z}$使得$d \neq 0$, 并且

$$A = \{a_0 + id | 0 \leqslant i \leqslant k-1\}.$$

于是

$$A' = \{(a-a_0)d^{-1} | a \in A\} = \{i + p\mathbb{Z} | 0 \leqslant i \leqslant k-1\} \subseteq \mathbb{Z}/p\mathbb{Z}.$$

选取$b_0 \in B$, 令

$$B' = \{(b-b_0)d^{-1} | b \in B\},$$

则

$$0 \in B',$$

$$|A'| = |A| = k \geqslant 2,$$

$$|B'| = |B| = \ell \geqslant 2,$$

$$A' + B' = \{(c - a_0 - b_0)d^{-1} | c \in A + B\},$$

从而

$$|A' + B'| = |A + B| = |A'| + |B'| - 1 < p - 1.$$

因此, 不失一般性, 我们可以假设$A = A', B = B'$.下面证明存在$b \in B$使得$B = \{b, b+1, \ldots, b+\ell-1\}$.

令$B = \{b_0, b_1, \ldots, b_{\ell-1}\}$. 对$0 \leqslant j \leqslant \ell - 1$, 选取$r_j \in [0, p-1]$使得$b_j = r_j + p\mathbb{Z}$. 对这些同余类适当地重新编号, 我们可以假设

$$0 = r_0 < r_1 < \cdots < r_{\ell-1} < p.$$

令$r_\ell = p$. 因为$A + B$的每个元形如$b_j + (i + p\mathbb{Z}) = r_j + i + p\mathbb{Z}$, 其中$i \in [0, k-1], j \in [0, \ell-1]$, 所以

$$A + B = \bigcup_{j=0}^{\ell-1} [r_j, r_j + \min(k-1, r_{j+1} - r_j - 1)] + p\mathbb{Z}.$$

因为这个并集中的ℓ个集合互不相交, 所以

$$k + \ell - 1 = |A + B| = \sum_{j=0}^{\ell-1} (1 + \min(k-1, r_{j+1} - r_j - 1)) = \ell + \sum_{j=0}^{\ell-1} \min(k-1, r_{j+1} - r_j - 1).$$

若对所有的$0 \leqslant j \leqslant \ell - 1$有$r_{j+1} - r_j - 1 \leqslant k - 1$, 则

$$k + \ell - 1 = \ell + \sum_{j=0}^{\ell-1} (r_{j+1} - r_j - 1) = r_\ell - r_0 = p,$$

这是不可能的. 因此存在$j_0 \in [0, \ell-1]$使得$r_{j_0+1} - r_{j_0} - 1 > k - 1$, 从而

$$k + \ell - 1 = |A + B| = k + \ell - 1 + \sum_{\substack{j=0 \\ j \neq j_0}}^{\ell-1} \min(k-1, r_{j+1} - r_j - 1).$$

由此可知, 对所有的$j \in [0, \ell-1], j \neq j_0$有$r_{j+1} - r_j = 1$, 从而$B$是等差元列

$$[r_{j_0+1}, r_{j_0+1} + \ell - 1] + p\mathbb{Z}.$$

□

引理 2.5 设$\mathbb{Z}/p\mathbb{Z}$的子集A, B满足

$$\min(|A|, |B|) = 2,$$

$$|A + B| = |A| + |B| - 1 < p - 1,$$

则A, B是有相同公差的等差元列.

证明: 因为只有两个元素的集合是等差元列, 所以由引理2.4即得结论. □

引理 2.6 设$\mathbb{Z}/p\mathbb{Z}$的临界子集对(A, B)满足

$$\min(|A|, |B|) \geqslant 2,$$

$$|A+B| = |A| + |B| - 1 < p - 1,$$

$D = \overline{A+B}$, 则$(D, -A)$是临界对.

证明: 令$|A| = k, |B| = \ell$. 因为$k + \ell - 1 \leqslant p - 2$, 所以

$$|D| = |\overline{A+B}| = p - (k + \ell - 1) \geqslant 2.$$

我们需要证明$|D - A| = |D| + |-A| - 1 = p - \ell$. 由Cauchy-Davenport定理,

$$|D - A| \geqslant \min(p, |D| + |-A| - 1) = \min(p, (p - k - \ell + 1) + k - 1) = p - \ell.$$

因为$(A + B) \cap D = \varnothing$, 所以$B \cap (D - A) = \varnothing$, 从而$D - A \subseteq \bar{B}$. 因此,

$$|D - A| \leqslant |\bar{B}| = p - |B| = p - \ell.$$

故结论成立. □

引理 2.7 设$\mathbb{Z}/p\mathbb{Z}$的临界子集对(A, B)满足

$$\min(|A|, |B|) \geqslant 2,$$

$$|A+B| = |A| + |B| - 1 < p - 1.$$

若$A + B$是等差元列, 则A, B是具有相同公差的等差元列.

证明: 若$A + B$是等差元列, 则$D = \overline{A+B}$是有相同公差的等差元列. 由引理2.6, $(D, -A)$是临界对, 从而由引理2.4可知集合$-A$也是等差元列. 由于A是等差元列, 并且(A, B)是临界对, 故由引理2.4可知A, B是有相同公差的等差元列. □

引理 2.8 设$\mathbb{Z}/p\mathbb{Z}$的临界子集对(A, B)满足

$$|A| = k \geqslant 2,$$

$$|B| = \ell \geqslant 3,$$

$$0 \in B,$$

$$|A+B| = |A| + |B| - 1 < p - 1,$$

则存在同余类$e \in A$满足性质: e-变换$(A(e), B(e))$是临界对, 使得$A(e) + B(e) = A + B, 2 \leqslant |B(e)| < |B|$.

证明: 若$(A(e), B(e))$为临界对(A, B)的e-变换, 则由引理2.3与Cauchy-Davenport定理可知

$$|A| + |B| - 1 = |A(e)| + |B(e)| - 1 \leqslant |A(e) + B(e)| \leqslant |A + B| = |A| + |B| - 1.$$

因此,

$$|A(e)| + |B(e)| - 1 = |A(e) + B(e)| = |A + B|,$$

从而$(A(e), B(e))$也是临界对. 因为$A(e) + B(e) \subseteq A + B$, 所以$A(e) + B(e) = A + B$.

令

$$X = \{e \in A | B(e) \neq B\}.$$

因为对所有的$e \in G$有$B(e) \subseteq B$, 所以对所有的$e \in X$有$|B(e)| < |B|$.

我们将证明$|X| \geqslant 2$. 令

$$Y = A \backslash X = \{e \in A | B(e) = B\}.$$

若$Y = \varnothing$, 则$X = A$, 从而$|X| = |A| \geqslant 2$. 若$Y \neq \varnothing$, 选取$e \in Y$, 则$B = B(e) = B \cap (A - e)$, 从而$B \subseteq A - e$. 由此可知, 对所有的$e \in Y$有$e + B \subseteq A$, 因此$Y + B \subseteq A$. 由Cauchy-Davenport定理,

$$k = |A| \geqslant |Y + B| \geqslant \min(p, |Y| + \ell - 1) = |Y| + \ell - 1 = k - |X| + \ell - 1,$$

所以$|X| \geqslant \ell - 1 \geqslant 2$.

我们将证明存在$e \in X$使得$|B(e)| \geqslant 2$. 因为$e \in X \subseteq A, 0 \in B$, 所以$0 \in B(e)$. 假设对所有的$e \in X$有$B(e) = B \cap (A - e) = \{0\}$, 令$B' = B \backslash \{0\}$, 则$B' \cap (A - e) = \varnothing$, 从而对所有的$e \in X$有$(e + B') \cap A = \varnothing$. 因此, $(X + B') \cap A = \varnothing$. 因为$X + B' \subseteq A + B$, 所以

$$X + B' \subseteq (A + B) \backslash A,$$

再次利用Cauchy-Davenport定理得到

$$|X| + \ell - 2 = |X| + (\ell - 1) - 1 \leqslant |X + B'| \leqslant |A + B| - |A| = \ell - 1,$$

这就与$|X| \geqslant 2$矛盾. □

§2.6 应用: 对角型的值域

令$k \geqslant 1$, p为素数. 称系数在域$\mathbb{Z}/p\mathbb{Z}$中的多项式

$$f(x_1, \cdots, x_n) = c_1 x_1^k + \cdots + c_n x_n^k$$

为k次对角型. 我们假设对所有的i, $c_i \neq 0$. f的值域为集合

$$R(f) = \{f(x_1, \ldots, x_n) | x_1, \ldots, x_n \in \mathbb{Z}/p\mathbb{Z}\}.$$

引理 2.9 令$p \equiv 1 \bmod k$, f为域$\mathbb{Z}/p\mathbb{Z}$上的k次对角型. 若$p = ks + 1$, 则

$$R(f) \equiv 1 \bmod s.$$

证明: 令$(\mathbb{Z}/p\mathbb{Z})^*$表示$\mathbb{Z}/p\mathbb{Z}$中非零元构成的乘群, 这是个$p - 1$阶的循环群. 因为$k | p - 1$, 所以$A_k^* = \{x^k | x \in (\mathbb{Z}/p\mathbb{Z})^*\}$是$(\mathbb{Z}/p\mathbb{Z})^*$的$s$阶子群. 注意$0 = f(0, \ldots, 0) \in R(f)$. 令$R(f)^* = R(f) \backslash \{0\}$. 若$z \in R(f)^*$, 则存在$x_1, \ldots, x_n \in \mathbb{Z}/p\mathbb{Z}$使得

$$z = \sum_{i=1}^{n} c_i x_i^k,$$

从而对任意的$y^k \in A_k^*$有

$$zy^k = \sum_{i=1}^{n} c_i (x_i y)^k \in R(f)^*.$$

因此,

$$zA_k^* \subseteq R(f)^*.$$

这就意味着$R(f)^*$是A_k^*的陪集的并集, 从而

$$|R(f)^*| \equiv 0 \bmod s,$$

$$|R(f)| = |R(f)^*| + 1 \equiv 1 \bmod s. \qquad \square$$

引理 2.10 令$p > 3$为素数, $1 < s < p-1$, $A \subseteq \mathbb{Z}/p\mathbb{Z}$为$s$元集合. 若

$$\sum_{a \in A} = \sum_{a \in A} a^2 = 0,$$

则A不是等差元列.

证明: 若A是等差元列, 则存在$d \in (\mathbb{Z}/p\mathbb{Z})^*$使得

$$A = \{a_0 + id | 0 \leqslant i \leqslant s-1\}.$$

于是,

$$\sum_{a \in A} a = \sum_{i=0}^{s-1}(a_0 + id) = sa_0 + \tfrac{s(s-1)d}{2} = 0,$$

从而

$$a_0 = -\tfrac{(s-1)d}{2}.$$

由此可得

$$\begin{aligned}
\sum_{a \in A} a^2 &= \sum_{i=0}^{s-1}(a_0 + id)^2 \\
&= \sum_{i=0}^{s-1}(a_0^2 + 2a_0 id + i^2 d^2) \\
&= sa_0^2 + s(s-1)a_0 d + \tfrac{s(s-1)(2s-1)d^2}{6} \\
&= -\tfrac{s(s-1)^2 d^2}{4} + \tfrac{s(s-1)(2s-1)d^2}{6} \\
&= \tfrac{(s-1)s(s+1)d^2}{12} \\
&= 0,
\end{aligned}$$

这是不可能的. $\square$

引理 2.11 令$p > 3$为素数, $p \equiv 1 \bmod k$, 其中

$$1 < k < \tfrac{p-1}{2}.$$

令$A_k = \{x^k | x \in \mathbb{Z}/p\mathbb{Z}\}$, 则$A_k$不是$\mathbb{Z}/p\mathbb{Z}$中的等差元列.

证明: 令$p = ks + 1$. 因为$2k < p - 1$, 所以$s \geqslant 3$. 令g为模p的一个原根, 即循环群$(\mathbb{Z}/p\mathbb{Z})^*$的一个生成元. 这个群的所有$k$幂元为$1, g^k, g^{2k}, \ldots, g^{(s-1)k}$. 因为$s \geqslant 3$, 所以

$$\sum_{a \in A_k} a = \sum_{i=0}^{s-1} g^{ik} = \tfrac{g^{sk}-1}{g^k-1} = \tfrac{g^{p-1}-1}{g^k-1} = 0,$$

$$\sum_{a \in A_k} a^2 = \sum_{i=0}^{s-1} g^{2ik} = \tfrac{g^{2sk}-1}{g^{2k}-1} = \tfrac{g^{2(p-1)}-1}{g^{2k}-1} = 0.$$

由引理2.10知A_k不是等差元列. □

引理 2.12 对$k \geqslant 1$, 令$A_k = \{x^k | x \in \mathbb{Z}/p\mathbb{Z}\}$. 若$d = (k, p-1)$, 则$A_k = A_d$.

证明: 存在$u, v \in \mathbb{Z}$使得$d = uk + v(p-1)$. 设$0 \neq x \in \mathbb{Z}/p\mathbb{Z}$, 则

$$x^d = x^{uk+v(p-1)} = (x^u)^k (x^{p-1})^v = (x^u)^k \in A_k,$$

从而$A_d \subseteq A_k$.

同理, 由于$d|k$, 存在$r \in \mathbb{Z}$使得$k = rd$, 所以

$$x^k = x^{rd} = (x^r)^d \in A_d,$$

因此, $A_k \subseteq A_d$. □

定理 2.8 令$p > 3$为素数, k为正整数使得

$$1 < (k, p-1) < \tfrac{p-1}{2}.$$

令$c_1, \ldots, c_n$为域$\mathbb{Z}/p\mathbb{Z}$中的非零元,

$$f(x_1, \ldots, x_n) = c_1 x_1^k + \cdots + c_n x_n^k.$$

令$R(f)$为对角型f的值域, 则

$$R(f) \geqslant \min(p, \tfrac{(2n-1)(p-1)}{(k,p-1)} + 1).$$

证明: 令$d = (k, p-1)$, 设

$$g(x_1, \ldots, x_n) = c_1 x_1^d + \cdots + c_n x_n^d.$$

令$R(g)$为对角型g的值域, $A_k = \{x^k | x \in \mathbb{Z}/p\mathbb{Z}\}$, $A_d = \{x^d | x \in \mathbb{Z}/p\mathbb{Z}\}$. 因为由引理2.12有$A_k = A_d$, 所以$R(f) = R(g)$, 从而我们可以假设$k = (k, p-1)$. 于是,

$$p = ks + 1,$$

其中$s \geqslant 3$, $|A_k| = s + 1$. 我们需要证明

$$|R(f)| \geqslant \min(p, (2n-1)s + 1).$$

我们对n作归纳证明. 若$n = 1$, 则$f(x_1) = c_1 x_1^k$, 其中$c_1 \neq 0$, 从而

$$|R(f)| = |A_k| = s + 1 = \min(p, s+1).$$

令$n \geqslant 2$, 假设结论对$n-1$成立. 令

$$A = \{\sum_{i=1}^{n-1} c_i x_i^k | x_1, \ldots, x_{n-1} \in \mathbb{Z}/p\mathbb{Z}\},$$

$$B = \{c_n x_n^k | x_n \in \mathbb{Z}/p\mathbb{Z}\},$$

则

$$|B| = |A_k| = s + 1.$$

因为集合A是$n-1$元对角型的值域, 有归纳假设知

$$|A| \geqslant \min(p, (2n-3)s+1).$$

因为

$$R(f) = A + B,$$

所以由Cauchy-Davenport定理得到

$$|R(f)| = |A+B| \geqslant \min(p, |A|+|B|-1) \geqslant \min(p, (2n-2)s+1).$$

若$R(f) = p$, 则结论成立. 若$R(f)| \leqslant p-1$, 则

$$|R(f)| = |A+B| \geqslant |A|+|B|-1 \geqslant (2n-2)s+1.$$

若$|R(f)| = (2n-2)s+1$, 则由Vosper反定理(定理2.7)可知必然有下列三个条件之一成立:
(i) $\min(|A|, |B|) = 1$, 但这是不成立的.
(ii)

$$|R(f)| = |A+B| = p-1 = ks,$$

由引理2.9有$|R(f)| \equiv 1 \bmod s$, 所以也不成立.
(iii) A, B是有相同公差的等差元列, 这也不成立, 因为由引理2.11可知A_k, B都不是等差元列.
因此,

$$|R(f)| \geqslant (2n-2)s+2.$$

因为

$$|R(f)| \equiv 1 \bmod s,$$

所以

$$|R(f)| \geqslant (2n-1)s+1. \qquad \square$$

§2.7 指数和

令$m, x \in \mathbb{Z}, m \geqslant 2$, $a = r + m\mathbb{Z}$为模m的同余类群$\mathbb{Z}/m\mathbb{Z}$中的元素. 定义

$$\mathrm{e}^{2\pi \mathrm{i}\, ax/m} = \mathrm{e}^{2\pi \mathrm{i}\, rx/m}.$$

这个定义于$\mathbb{Z}/m\mathbb{Z}$上的函数是合理的, 因为若$r, r' \in \mathbb{Z}$满足$r \equiv r' \bmod m$, 则对每个$x \in \mathbb{Z}$有

$$\mathrm{e}^{2\pi \mathrm{i}\, rx/m} = \mathrm{e}^{2\pi \mathrm{i}\, r'x/m}.$$

令$A = \{a_0, a_1, \ldots, a_{k-1}\}$为群$\mathbb{Z}/m\mathbb{Z}$中的$k$个同余类(允许相同). 定义指数和

$$S_A(x) = \sum_{j=0}^{k-1} \mathrm{e}^{2\pi \mathrm{i}\, a_j x/m}. \tag{2.7}$$

对所有的$x \in \mathbb{Z}$有

$$|S_A(x)| \leqslant |S_A(0)| = k.$$

关于指数和的基本等式如下:

引理 2.13 令$m \geqslant 2, a \in \mathbb{Z}/m\mathbb{Z}$, 则

$$\sum_{x=0}^{m-1} \mathrm{e}^{2\pi \mathrm{i} ax/m} = \begin{cases} m, & 若a = 0, \\ 0, & 若a \neq 0. \end{cases} \tag{2.8}$$

证明: 令$a = r + m\mathbb{Z}$. 若$r \equiv 0 \bmod m$, 则

$$\sum_{x=0}^{m-1} \mathrm{e}^{2\pi \mathrm{i} rx/m} = \sum_{x=0}^{m-1} 1 = m.$$

若$r \not\equiv 0 \bmod m$, 则由有限项等比级数求和公式得到

$$\sum_{x=0}^{m-1} \mathrm{e}^{2\pi \mathrm{i} rx/m} = \frac{\mathrm{e}^{2\pi \mathrm{i} r} - 1}{\mathrm{e}^{2\pi \mathrm{i} r/m} - 1} = \frac{1-1}{\mathrm{e}^{2\pi \mathrm{i} r/m} - 1} = 0.$$

□

.

令$\bar{z}$表示复数z的复共轭, $-A = \{-a | a \in A\}$, 则

$$\overline{S_A(x)} = \overline{\sum_{j=0}^{k-1} \mathrm{e}^{2\pi \mathrm{i} a_j x/m}} = \sum_{j=0}^{k-1} \mathrm{e}^{-2\pi \mathrm{i} a_j x/m} = S_{-A}(x).$$

引理 2.14 令$A_1, \ldots, A_{n_1}, B_1, \ldots, B_{n_2}$为$\mathbb{Z}/m\mathbb{Z}$的非空子集, N为方程

$$a_1 + \cdots + a_{n_1} = b_1 + \cdots + b_{n_2}$$

在$\mathbb{Z}/m\mathbb{Z}$中满足$a_i \in A_i (1 \leqslant i \leqslant n_1), b_j \in B_j (1 \leqslant j \leqslant n_2)$的解数, 则

$$N = \frac{1}{m} \sum_{x=0}^{m-1} S_{A_1}(x) \cdots S_{A_{n_1}}(x) \overline{S_{B_1}(x)} \cdots \overline{S_{B_{n_2}}(x)}.$$

证明: 由等式(2.8)可得

$$\sum_{x=0}^{m-1} \mathrm{e}^{2\pi \mathrm{i}(a_1 + \cdots + a_{n_1} - b_1 - \cdots - b_{n_2})x/m} = \begin{cases} m, & 若a_1 + \cdots + a_{n_1} = b_1 + \cdots + b_{n_2}, \\ 0, & 若a_1 + \cdots + a_{n_1} \neq b_1 + \cdots + b_{n_2}, \end{cases}$$

从而

$$\begin{aligned} & \sum_{x=0}^{m-1} S_{A_1}(x) \cdots S_{A_{n_1}}(x) \overline{S_{B_1}(x)} \cdots \overline{S_{B_{n_2}}(x)} \\ = & \sum_{x=0}^{m-1} \sum_{a_1 \in A_1} \cdots \sum_{a_{n_1} \in A_{n_1}} \sum_{b_1 \in B_1} \cdots \sum_{b_{n_2} \in B_{n_2}} \mathrm{e}^{2\pi \mathrm{i}(a_1 + \cdots + a_{n_1} - b_1 - \cdots - b_{n_2})x/m} \\ = & \sum_{a_1 \in A_1} \cdots \sum_{a_{n_1} \in A_{n_1}} \sum_{b_1 \in B_1} \cdots \sum_{b_{n_2} \in B_{n_2}} \sum_{x=0}^{m-1} \mathrm{e}^{2\pi \mathrm{i}(a_1 + \cdots + a_{n_1} - b_1 - \cdots - b_{n_2})x/m} \\ = & Nm. \end{aligned}$$

引理得证. □

引理 2.15 令A为$\mathbb{Z}/m\mathbb{Z}$的k元非空子集, 则

$$\sum_{x=0}^{m-1} |S_A(x)|^2 = km,$$

$$\sum_{x=0}^{m-1} S_A(x)^2 \overline{S_{2A}(x)} = k^2 m.$$

证明: 由定理2.14即可得到这两个等式. 第一个等式成立是因为

$$\sum_{x=0}^{m-1} |S_A(x)|^2 = \sum_{x=0}^{m-1} S_A(x)\overline{S_A(x)},$$

而方程$a_1 = a_2$满足$a_1, a_2 \in A$的解数为$|A| = k$. 第二个等式成立是因为方程$a_1 + a_2 = b$满足$a_1, a_2 \in A, b \in 2A$的解数为$|A|^2 = k^2$. □

对$\alpha, \alpha' \in \mathbb{R}$, 若$\alpha - \alpha' \in \mathbb{Z}$, 则记

$$\alpha \equiv \alpha' \bmod 1.$$

若$r \equiv r' \bmod m$, 则对任意的$n \in \mathbb{Z}$有

$$\frac{rn}{m} \equiv \frac{r'n}{m} \bmod 1.$$

令$U \subseteq \mathbb{R}$, 若存在$\alpha' \in U$使得$\alpha \equiv \alpha' \bmod 1$, 则记

$$\alpha \in U \bmod 1.$$

这又相当于说存在$n \in \mathbb{Z}$使得$\alpha - n \in U$. 例如, 设$U = [\beta, \beta + \frac{1}{2})$为满足$\beta \leqslant r < \beta + \frac{1}{2}$的实数$t$构成的区间, 则

$$\alpha \in [\beta, \beta + \tfrac{1}{2}) \bmod 1$$

当且仅当存在$n \in \mathbb{Z}$使得

$$\beta \leqslant \alpha - n < \beta + \tfrac{1}{2}.$$

引理 2.16 令$\alpha_0, \alpha_1, \ldots, \alpha_{k-1} \in \mathbb{R}$使得

$$a \leqslant \alpha_0 \leqslant \alpha_1 \leqslant \cdots \leqslant \alpha_{k-1} < b.$$

令$\alpha_k = b$, $n(t) : [a, b] \to \mathbb{R}$为任意的函数使得

$$n(t) = \begin{cases} 0, & 若a < t < \alpha_0, \\ l+1, & 若\alpha_l < t < \alpha_{l+1}, 0 \leqslant l \leqslant k-1. \end{cases}$$

设$f \in R[a, b]$, 则

$$\sum_{a \leqslant \alpha_i < b} \int_{\alpha_j}^{b} f(t)\,\mathrm{d}\,t = \int_a^b n(t) f(t)\,\mathrm{d}\,t.$$

称$n(t)$为关于数列$\alpha_0, \alpha_1, \ldots, \alpha_{k-1}$的计数函数.

证明: 因为当$a \leqslant t < \alpha_0$时, $n(t) = 0$, 当$\alpha_l < t < \alpha_{l+1} (0 \leqslant l \leqslant k-1)$时, $n(t) = l+1$, 由简单的交换求和次序得到

$$
\begin{aligned}
\sum_{a\leqslant\alpha_i<b}\int_{\alpha_j}^{b} f(t)\,\mathrm{d}t &= \sum_{j=0}^{k-1}\int_{\alpha_j}^{b} f(t)\,\mathrm{d}t \\
&= \sum_{j=0}^{k-1}\sum_{l=j}^{k-1}\int_{\alpha_l}^{\alpha_{l+1}} f(t)\,\mathrm{d}t \\
&= \sum_{l=0}^{k-1}\sum_{j=0}^{l}\int_{\alpha_l}^{\alpha_{l+1}} f(t)\,\mathrm{d}t \\
&= \sum_{l=0}^{k-1}\int_{\alpha_l}^{\alpha_{l+1}}(l+1)f(t)\,\mathrm{d}t \\
&= \sum_{l=0}^{k-1}\int_{\alpha_l}^{\alpha_{l+1}} n(t)f(t)\,\mathrm{d}t \\
&= \int_{\alpha_0}^{\alpha_k} n(t)f(t)\,\mathrm{d}t \\
&= \int_{a}^{b} n(t)f(t)\,\mathrm{d}t.
\end{aligned}
$$

引理得证. □

定理 2.9 令$\alpha_0,\alpha_1,\cdots,\alpha_{k-1}\in\mathbb{R}$, $N(\beta)$为满足

$$\alpha_j\in[\beta,\beta+\tfrac{1}{2}) \bmod 1$$

的α_j的个数. 若存在$\theta\in(0,1)$使得

$$\Big|\sum_{j=0}^{k-1}\mathrm{e}^{2\pi\mathrm{i}\,\alpha_j}\Big|\geqslant\theta k, \tag{2.9}$$

则存在$\beta\in\mathbb{R}$使得

$$N(\beta)\geqslant\tfrac{(1+\theta)k}{2}.$$

证明: 选取$\gamma\in\mathbb{R}$使得

$$S=\sum_{j=0}^{k-1}\mathrm{e}^{2\pi\mathrm{i}\,\alpha_j}=|S|\,\mathrm{e}^{2\pi\mathrm{i}\,\gamma},$$

则

$$|S|=\sum_{j=0}^{k-1}\mathrm{e}^{2\pi\mathrm{i}(\alpha_j-\gamma)}.$$

令$\alpha_j'=\alpha_j-\gamma(0\leqslant j\leqslant k-1)$, $N'(\beta)$表示满足

$$\alpha_j'\in[\beta,\beta+\tfrac{1}{2}) \bmod 1$$

的α_j'的个数, 则对所有的$\beta\in\mathbb{R}$有$N'(\beta-\gamma)=N(\beta)$, 从而对$\beta\in\mathbb{R}$有$N(\beta)\geqslant\frac{(1+\theta)k}{2}$当且仅当对$\beta'=\beta-\gamma\in\mathbb{R}$有$N'(\beta')\geqslant\frac{(1+\theta)k}{2}$. 因此, 不失一般性,我们可以用$\alpha_j-\gamma$替换$\alpha_j$, 从而假设$|S|=S$. 因为指数函数$\mathrm{e}^{2\pi\mathrm{i}\,t}$以1为周期, 我们可以将每个实数$\alpha_j$替换为它的小数部分, 从而假设$0\leqslant\alpha_j<1(0\leqslant j<k-1)$.

假设对所有的$\beta\in\mathbb{R}$有$N(\beta)<\frac{(1+\theta)k}{2}$. 令$|X|$表示集合$X$的基数. 对$0\leqslant t<\frac{1}{4}$, 定义计数函数$n_i(t)$为

$$n_1(t)=|\{j\in[0,k-1]|0\leqslant\alpha_j<t\}|,$$

$$n_2(t)=|\{j\in[0,k-1]|\tfrac{1}{2}-t\leqslant\alpha_j<\tfrac{1}{2}\}|=|\{j\in[0,k-1]|0<\tfrac{1}{2}-\alpha_j\leqslant t\}|,$$

$$n_3(t) = |\{j \in [0, k-1] | \tfrac{1}{2} \leqslant \alpha_j < \tfrac{1}{2} + t\}| = |\{j \in [0, k-1] | 0 \leqslant \alpha_j - \tfrac{1}{2} < t\}|,$$

$$n_4(t) = |\{j \in [0, k-1] | 1 - t \leqslant \alpha_j < 1\}| = |\{j \in [0, k-1] | 0 < 1 - \alpha_j \leqslant t\}|,$$

则

$$\begin{aligned} n_1(t) + n_4(t) &= |\{j \in [0, k-1] | \alpha_j < [0, t) \cup [1-t, 1)\}| \\ &= |\{j \in [0, k-1] | \alpha_j \in [1, 1+t) \cup [1-t, 1) \bmod 1\}|, \end{aligned}$$

$$\begin{aligned} n_2(t) + n_3(t) &= |\{j \in [0, k-1] | \alpha_j < [\tfrac{1}{2} - t, \tfrac{1}{2}) \cup [\tfrac{1}{2}, \tfrac{1}{2} + t)\}| \\ &= |\{j \in [0, k-1] | \alpha_j \in [\tfrac{1}{2} - t, \tfrac{1}{2} + t)\}|. \end{aligned}$$

因此,

$$\begin{aligned} k - n_2(t) - n_3(t) &= |\{j \in [0, k-1] | \alpha_j \notin [\tfrac{1}{2} - t, \tfrac{1}{2} + t)\}| \\ &= |\{j \in [0, k-1] | \alpha_j \in [0, \tfrac{1}{2} - t,) \cup [\tfrac{1}{2} + t, 1)\}| \\ &= |\{j \in [0, k-1] | \alpha_j \in [1, \tfrac{3}{2} - t,) \cup [\tfrac{1}{2} + t, 1) \bmod 1\}|, \end{aligned}$$

从而

$$\begin{aligned} & k + n_1(t) - n_2(t) - n_3(t) + n_4(t) \\ = \ & |\{j \in [0, k-1] | \alpha_j \in [1, \tfrac{3}{2} - t,) \cup [\tfrac{1}{2} + t, 1) \bmod 1\}| + \\ & |\{j \in [0, k-1] | \alpha_j \in [1, 1+t) \cup [1-t, 1) \bmod 1\}| \\ = \ & |\{j \in [0, k-1] | \alpha_j \in [1-t, \tfrac{3}{2} - t,) \bmod 1\}| + \\ & |\{j \in [0, k-1] | \alpha_j \in [\tfrac{1}{2} + t, 1+t) \bmod 1\}| \\ = \ & N(1-t) + N(\tfrac{1}{2} + t) \\ < \ & (1+\theta)k. \end{aligned}$$

所以, 对$0 \leqslant t < \frac{1}{4}$有

$$n_1(t) - n_2(t) - n_3(t) + n_4(t) < \theta k.$$

对计数函数$n_i(t)(1 \leqslant i \leqslant 4)$应用引理2.16, 并利用$S = |S|$为实数的事实得到

$$\begin{aligned} S &= \sum_{j=0}^{k-1} \mathrm{e}^{2\pi \mathrm{i} \alpha_j} = \sum_{j=0}^{k-1} \cos 2\pi\alpha_j + \mathrm{i} \sum_{j=0}^{k-1} \sin 2\pi\alpha_j = \sum_{j=0}^{k-1} \cos 2\pi\alpha_j \\ &= \sum_{0 \leqslant \alpha_j < \frac{1}{4}} \cos 2\pi\alpha_j + \sum_{\frac{1}{4} \leqslant \alpha_j < \frac{1}{2}} \cos 2\pi\alpha_j + \sum_{\frac{1}{2} \leqslant \alpha_j < \frac{3}{4}} \cos 2\pi\alpha_j + \sum_{\frac{3}{4} \leqslant \alpha_j < 1} \cos 2\pi\alpha_j \\ &= \sum_{0 \leqslant \alpha_j < \frac{1}{4}} \cos 2\pi\alpha_j - \sum_{\frac{1}{4} \leqslant \alpha_j < \frac{1}{2}} \cos 2\pi(\tfrac{1}{2} - \alpha_j) - \\ &\quad \sum_{\frac{1}{2} \leqslant \alpha_j < \frac{3}{4}} \cos 2\pi(\alpha_j - \tfrac{1}{2}) + \sum_{\frac{3}{4} \leqslant \alpha_j < 1} \cos 2\pi(1 - \alpha_j) \\ &= 2\pi \sum_{0 \leqslant \alpha_j < \frac{1}{4}} \int_{\alpha_j}^{\frac{1}{4}} \sin 2\pi t \,\mathrm{d}t - 2\pi \sum_{\frac{1}{4} \leqslant \alpha_j < \frac{1}{2}} \int_{\frac{1}{2} - \alpha_j}^{\frac{1}{4}} \sin 2\pi t \,\mathrm{d}t - \\ &\quad 2\pi \sum_{\frac{1}{2} \leqslant \alpha_j < \frac{3}{4}} \int_{\alpha_j - \frac{1}{2}}^{\frac{1}{4}} \sin 2\pi t \,\mathrm{d}t + 2\pi \sum_{\frac{3}{4} \leqslant \alpha_j < 1} \int_{1 - \alpha_j}^{\frac{1}{4}} \sin 2\pi t \,\mathrm{d}t \\ &= 2\pi \int_0^{\frac{1}{4}} (n_1(t) - n_2(t) - n_3(t) + n_4(t)) \sin 2\pi t \,\mathrm{d}t \\ &< 2\pi \int_0^{\frac{1}{4}} \theta k \sin 2\pi t \,\mathrm{d}t \\ &= \theta k, \end{aligned}$$

这就与条件(2.9)矛盾. 因此, 存在$\beta \in \mathbb{R}$使得$N(\beta) \geqslant \frac{(1+\theta)k}{2}$. □

§2.8 Freiman-Vosper定理

我们在本节证明Freiman对Vosper关于模素数p的同余类群的反定理的推广定理. 证明的过程中用到了加性数论中的两个基本方法. 第一个方法是利用指数和的估计构造集合$A \subseteq \mathbb{Z}/p\mathbb{Z}$的“大”的子集. 第二个方法是用算术手段将同余类集合A替换为整数集T, 使得和集$2A$与$2T$之间的元素一一对应, 然后我们可以应用关于整数集的和的反定理.

定理 2.10 令$c_0, c_1 \in \mathbb{R}$使得

(2.10) $$0 < c_0 \leqslant \frac{1}{12},$$

(2.11) $$c_1 > 2,$$

(2.12) $$\frac{2c_1-3}{3} < \frac{1-c_0c_1}{c_1^{\frac{1}{2}}}.$$

令p为奇素数, $A \subseteq \mathbb{Z}/p\mathbb{Z}$为非空集合使得

(2.13) $$3 \leqslant k = |A| \leqslant c_0 p,$$

(2.14) $$|2A| \leqslant c_1 k - 3.$$

设$|2A| = 2k-1+b$, 则A包含于$\mathbb{Z}/p\mathbb{Z}$中长为$k+b$的等差元列中.

证明: 不等式(2.10), (2.11), (2.12)意味着

$$c_1(2c_1-3)^2 < 9.$$

因为多项式$x(2x-3)^2$在$x \geqslant \frac{3}{2}$时严格递增, 所以

(2.15) $$c_1 < 2.5.$$

令$|2A| = \ell$. 由不等式(2.13)和(2.10)可得

$$2k-1 < 2c_0 p \leqslant \frac{p}{6},$$

从而由Cauchy-Davenport定理得到

$$\ell = |2A| = 2k-1+b \geqslant \min(p, 2k-1) = 2k-1,$$

所以$b \geqslant 0$. 此外, 由不等式(2.14)可知

(2.16) $$\ell = |2A| < c_1 k \leqslant c_0 c_1 p.$$

由不等式(2.12), 我们可以选取$\theta > 0$使得

(2.17) $$\frac{1}{3} < \frac{2c_1-3}{3} \leqslant \theta < \frac{1-c_0c_1}{c_1^{\frac{1}{2}}}.$$

于是

$$c_1 \leqslant \tfrac{3(1+\theta)}{2}, \tag{2.18}$$

$$c_0c_1 + \theta c_1^{\frac{1}{2}} < 1. \tag{2.19}$$

令$A = \{a_0, a_1, \ldots, a_{k-1}\} \subseteq \mathbb{Z}/p\mathbb{Z}$. 选取$r_j \in \{0, 1, \ldots, p-1\}$使得$a_j = r_j + p\mathbb{Z}(0 \leqslant j \leqslant k-1)$, 令$R = \{r_0, r_1, \ldots, r_{k-1}\} \subseteq \mathbb{Z}$. 考虑指数和$S_A(x), S_{2A}(x)$:

$$S_A(x) = \sum_{a\in A} \mathrm{e}^{2\pi\mathrm{i}\,ax/p} = \sum_{j=0}^{k-1} \mathrm{e}^{2\pi\mathrm{i}\,r_jx/p},$$

$$S_{2A}(x) = \sum_{b\in 2A} \mathrm{e}^{2\pi\mathrm{i}\,bx/p}.$$

我们将证明: 存在整数$z \not\equiv 0 \bmod p$使得$|S_A(z)| > \theta k$. 若不然, 则对所有的$x \not\equiv 0 \bmod p$使得$|S_A(x)| \leqslant \theta k$. 利用引理2.15, Cauchy-Schwarz不等式以及不等式(2.17)与(2.16)得到

$$\begin{aligned}
k^2p &= \sum_{x=0}^{p-1} S_A(x)^2\overline{S_{2A}(x)} \\
&= S_A(0)^2\overline{S_{2A}(0)} + \sum_{x=1}^{p-1} S_A(x)^2\overline{S_{2A}(x)} \\
&= k^2\ell + \sum_{x=1}^{p-1} S_A(x)^2\overline{S_{2A}(x)} \\
&\leqslant k^2\ell + \sum_{x=1}^{p-1} |S_A(x)|^2|S_{2A}(x)| \\
&\leqslant k^2\ell + \theta k\sum_{x=1}^{p-1} |S_A(x)||S_{2A}(x)| \\
&< k^2\ell + \theta k\sum_{x=0}^{p-1} |S_A(x)||S_{2A}(x)| \\
&\leqslant k^2\ell + \theta k\Big(\sum_{x=0}^{p-1} |S_A(x)|^2\Big)^{\frac{1}{2}}\Big(\sum_{x=0}^{p-1} |S_{2A}(x)|^2\Big)^{\frac{1}{2}} \\
&= k^2\ell + \theta k(kp)^{\frac{1}{2}}(\ell p)^{\frac{1}{2}} \\
&= k^2\ell + \theta k^{\frac{3}{2}}\ell^{\frac{1}{2}}p \\
&< c_0c_1k^2p + \theta c_1^{\frac{1}{2}}k^2p \\
&= (c_0c_1 + \theta c_1^{\frac{1}{2}})k^2p \\
&< k^2p,
\end{aligned}$$

矛盾. 因此, 存在整数$z \not\equiv 0 \bmod p$使得

$$|S_A(z)| = \Big|\sum_{a\in A} \mathrm{e}^{2\pi\mathrm{i}\,az/p}\Big| = \Big|\sum_{j=0}^{p-1} \mathrm{e}^{2\pi\mathrm{i}\,r_jz/p}\Big| > \theta k.$$

在定理2.9中取$\alpha_j = \frac{r_jz}{p}(1 \leqslant j \leqslant k)$得到$\beta \in \mathbb{R}$和子集$R' \subseteq R$使得

$$k' = |R'| > \tfrac{(1+\theta)k}{2} \geqslant 2,$$

并且对所有的$r_j \in R'$有

$$\tfrac{r_jz}{p} \in [\beta, \beta + \tfrac{1}{2}) \bmod 1.$$

因为p是奇数, 区间$[\beta, \beta+\frac{1}{2})$包含$\frac{p\pm 1}{2}$个分母为$p$的分数, 它们的分子是连续整数. 因此存在$u_0 \in \mathbb{Z}$使得这些分数能写成$\frac{u_0+s}{p}$的形式, 其中

$$s \in \{0, 1, \ldots, \tfrac{p-1}{2}\}.$$

由此可知, 对每个$r_j \in R'$, 存在$m_j, s_j \in \mathbb{Z}$使得

$$s_j \in \{0, 1, \ldots, \tfrac{p-1}{2}\},$$

$$\beta \leqslant \frac{r_j z}{p} - m_j = \frac{u_0+s_j}{p} < \beta + \frac{1}{2},$$

从而

$$r_j z \equiv u_0 + s_j \bmod p.$$

因为$z \not\equiv 0 \bmod p$, 存在$v_1 \in \mathbb{Z}$使得$v_1 z \equiv 1 \bmod p$. 令$u_1 = v_1 u_0$, 则

$$r_j \equiv u_1 + v_1 s_j \bmod p.$$

将R中的元重新排序使得

$$R' = \{r_0, r_1, \ldots, r_{k'-1}\} \subseteq R = \{r_0, r_1, \ldots, r_{k'-1}, r_{k'}, \ldots, r_{k-1}\},$$

$$0 \leqslant s_0 < s_1 < \cdots < s_{k'-1} \leqslant \tfrac{p-1}{2}.$$

令

$$d = (s_1 - s_0, s_2 - s_0, \ldots, s_{k-1} - s_0),$$

$$t_j = \frac{s_j - s_0}{d} (0 \leqslant j \leqslant k'-1),$$

则

$$0 = t_0 < t_1 < \cdots < t_{k'-1} \leqslant \tfrac{p-1}{2},$$

$$(t_1, \ldots, t_{k'-1}) = 1.$$

集合

$$T' = \{t_0, t_1, \ldots, t_{k'-1}\}$$

是标准形. 若$r_j \in R'$, 则

$$r_j \equiv u_1 + v_1 s_j = u_1 + v_1(s_0 + dt_j) = u_2 + v_2 t_j \bmod p,$$

$$u_2 = u_1 + v_1 s_0, v_2 = v_1 d \not\equiv 0 \bmod p.$$

令

$$A' = [r_j + p\mathbb{Z} | r_j \in R'\} = \{u_2 + v_2 t_j + p\mathbb{Z} | t_j \in T'\} \subseteq A.$$

下面的将同余类的和转化为整数和的结论是定理证明的关键. 令$j_1, j_2, j_3, j_4 \in [0, k'-1]$. 因为每个$t_j \in \mathbb{Z}$都在区间$[0, \frac{p-1}{2}]$中, 所以

$$r_{j_1} + r_{j_2} \equiv r_{j_3} + r_{j_4} \bmod p$$

当且仅当

$$t_{j_1}+t_{j_2}\equiv t_{j_3}+t_{j_4} \bmod p$$

当且仅当在$\mathbb{Z}$中有

$$t_{j_1}+t_{j_2}=t_{j_3}+t_{j_4}.$$

由此可知,

$$|2T'|=|2A'|\leqslant|2A|\leqslant c_1k-3, \tag{2.20}$$

其中$2T'$是整数集, $2A', 2A$是模p的同余类集.

若$t_{k'-1}\geqslant 2k'-3$, 则由定理1.14和不等式(2.18)可知

$$|2T'|\geqslant 3k'-3>\frac{3(1+\theta)k}{2}-3\geqslant c_1k-3,$$

与不等式(2.20)矛盾. 由此可知$t_{k'-1}\leqslant 2k'-4$, 从而

$$T'\subseteq[0,2k'-4],$$

$$2T'\subseteq[0,4k'-8].$$

令

$$T=\{t\in[0,p-1]|\exists r_j\in R\text{使得}r_j\equiv u_2+v_2t \bmod p\},$$

则$T'\subseteq T$. 若存在整数$t^*\in T$使得

$$4k'-7\leqslant t^*\leqslant p-2k'+3,$$

则

$$T'+\{t^*\}\subseteq[4k'-7,p-1],$$

从而

$$2T'\cap(T'+\{t^*\})=\varnothing.$$

令$r^*\equiv u_2+v_2t^* \bmod p$. 因为

$$t^*\geqslant 4k'-7>2k'-2,$$

所以$r^*\in R\backslash R'=\{r_{k'},r_{k'+1},\ldots,r_{k-1}\}$, $a^*=r^*+p\mathbb{Z}\in A\backslash A'$. 令$0\leqslant j_1,j_2,j_3\leqslant k'-1$. 因为

$$r_{j_1}+r_{j_2}\equiv 2u_2+v_2(t_{j_1}+t_{j_2}) \bmod p,$$

$$r_{j_3}+r^*\equiv 2u_2+v_2(t_{j_3}+t) \bmod p,$$

又因为$2T'$与$T'+\{t\}$为$[0,p-1]$的互不相交的子集, 所以集合

$$2R'=\{r_{j_1}+r_{j_2}|0\leqslant j_1,j_2\leqslant k'-1\}$$

中没有整数与集合

$$R'+\{r^*\}=\{r_{j_3}+r^*|0\leqslant j_3\leqslant k'-1\}$$

中的整数模p同余. 因为$2R' \cup (R' + \{r^*\})$是

$$2A' \cup (A' + \{a^*\}) \subseteq 2A \subseteq \mathbb{Z}/p\mathbb{Z}$$

中的同余类的完全代表元系, 由Cauchy-Davenport定理以及不等式(2.18)和(2.20)得到

$$\begin{aligned}|2A| &\geqslant |2A'| + |A' + \{a^*\}| \\ &\geqslant (2k' - 1) + k' \\ &= 3k' - 1 \\ &> \tfrac{3(1+\theta)k}{2} - 1 \\ &\geqslant c_1 k - 1 \\ &> c_1 k - 3 \\ &\geqslant |2A|,\end{aligned}$$

矛盾. 因此,

$$T \subseteq [0, 4k' - 8] \cup [p - (2k' - 4), p - 1].$$

集合$[0, 4k' - 8] \cup [p - (2k' - 4), p - 1]$与区间

$$[-(2k' - 4), 4k' - 8] = -(2k' - 4) + [0, 6k' - 12]$$

恰好表示模p的相同的整数, 从而对每个$a \in A$, 存在整数$t \in T$, $w \in [0, 6k' - 12]$使得

$$a \equiv u_2 + v_2 t \equiv u_2 + v_2(-(2k' - 4) + w) \equiv u_3 + v_2 w \bmod p,$$

其中$u_3 = u_2 - v_2(2k' - 4)$. 令

$$W = \{w \in [0, 6k' - 12] | \exists a \in A \text{使得} u_3 + v_2 w \equiv a \bmod p\}.$$

因为由不等式(2.10)有$k \leqslant c_0 p \leqslant \frac{p}{12}$, 所以

$$6k' - 12 < 6k \leqslant \tfrac{p}{2}.$$

因为由不等式(2.15)有$c_1 < 2.5$, 所以

$$|2W| = |2A| = 2k - 1 + b \leqslant c_1 k - 3 < 3k - 3,$$

其中$2W$是整数的和集, $2A$为模p的同余类的和集. 由定理1.16, W包含于长为$k + b$的等差数列中, 从而A包含于$\mathbb{Z}/p\mathbb{Z}$中长为$k + b$的等差元列中. □

定理 2.11 令$A \subseteq \mathbb{Z}/p\mathbb{Z}$为非空集合使得

$$|A| = k \leqslant \tfrac{p}{35},$$

$$|2A| \leqslant \tfrac{12k}{5} - 3.$$

设$|2A| = 2k - 1 + r$, 则A包含于$\mathbb{Z}/p\mathbb{Z}$中长为$k + r$的等差元列中.

证明: 取$c_0 = \frac{1}{35}, c_1 = \frac{12}{5}$, 则

$$\tfrac{2c_1 - 3}{3} = 0.6 < 0.601 < \tfrac{1 - c_0 c_1}{c_1^{\frac{1}{2}}},$$

由定理2.10即得结论. □

§2.9 注记

Cauchy-Davenport定理是由Cauchy[16]于1813年证明的. Davenport[22]于1935年再次发现了这个结果. I. Chowla[18]很快将Cauchy-Davenport定理推广到合数模的情形. Pillai[101], Shatrovskii[117], Brakemaier[13], Hamidoune[61]得到了其他推广. 在m为合数时, Pollard[106, 107]也将定理2.4推广到$\mathbb{Z}/m\mathbb{Z}$ 的h个子集的和的情形. Davenport[25]于1947年发现Cauchy首先证明了Cauchy-Davenport定理.

Erdös-Ginzburg-Ziv定理出现在[40]中, [1], [8], [67]对这个重要的定理进行了改进. [5]对Erdös-Ginzburg-Ziv定理给出了一个不同的证明.

Vosper反定理[126]发表于1956年, Chowla, Mann与Straus[19]将该定理应用于对角型(定理2.8).

Freiman-Vosper定理(定理2.10)与定理2.9出现在[50, 51]中. [108]给出了定理2.9的证明, 这个结果被Moran与Pollington[88]推广了.

§2.10 习题

习题2.1 令G为带乘法运算的有限群(不一定为Abel群). 对G的非空子集A, B, 令

$$AB = \{ab | a \in A, b \in B\}.$$

证明: 引理2.1与引理2.2在非Abel群的情形也成立.

习题2.2 令A为$\mathbb{Z}/p\mathbb{Z}$的非空子集, $|A| = k, |2A| = 2k - 1 < p$. 证明: A是等差元列.

习题2.3 令$h \geqslant 2$, A为$\mathbb{Z}/p\mathbb{Z}$的非空子集使得$|A| = k, |hA| = hk - h + 1 < p$. 证明: A是等差元列.

习题2.4 将Chowla定理(定理2.1)推广到$\mathbb{Z}/m\mathbb{Z}$的$h \geqslant 3$个子集的和集上.

习题2.5 令$m \geqslant 2$, $u, v \in \mathbb{Z}$使得$(u - v, m) = 1$. 令$a_1, a_2, \ldots, a_{2m-2}$为$2m - 2$个整数(允许相同)使得其中恰好有$m - 1$个$a_i$满足

$$a_i \equiv u \bmod m,$$

恰好有$m - 1$个整数a_i满足

$$a_i \equiv v \bmod m.$$

证明: 不存在整数$1 \leqslant i_1 < \cdots < i_m \leqslant 2m - 2$使得

$$q_{i_1} + a_{i_2} + \cdots + a_{i_m} \equiv 0 \bmod m.$$

这个例子说明Erdös-Ginzburg-Ziv定理的结果是最佳的.

习题2.6 令p为素数, $(ab, p) = 1$. 令$f(x, y) = ax^2 + by^2$. 利用Cauchy-Davenport定理证明: 对所有的n, $f(x, y) \equiv n \bmod p$有解.

习题2.7 令p为素数, $k \geqslant 3$. 令$c_1, c_2, \ldots, c_k$为$G = \mathbb{Z}/p\mathbb{Z}$中的非零元,

$$f(x_1, x_2, \ldots, x_k) = c_1 x_1^k + c_2 x_2^k + \cdots + c_k x_k^k.$$

证明: 对所有的n, 同余式$f(x_1, x_2, \ldots, x_n) \equiv n \bmod p$有解.

习题2.8 令p为素数, $1 \leqslant k \leqslant l \leqslant p$. 令

$$A = \{0, 1, 2, \ldots, k-1\} \subseteq \mathbb{Z}/p\mathbb{Z},$$

$$B = \{0, 1, 2, \ldots, l-1\} \subseteq \mathbb{Z}/p\mathbb{Z}.$$

对$t = 1, \ldots, k$, 令N_t为$\mathbb{Z}/p\mathbb{Z}$中至少有t种方法表示成$x = a + b, a \in A, b = B$的元$x$的个数. 证明:

$$N_t = \begin{cases} p, & \text{若} 1 \leqslant t \leqslant k + l - p, \\ k + l + 1 - 2t, & \text{若} k + l + 1 - p \leqslant t \leqslant k. \end{cases}$$

习题2.9 令$p > 3$为素数, k为正整数满足$(k, p-1) < \frac{p-1}{2}$. 令

$$n \geqslant \tfrac{(k,\, p-1)+1}{2},$$

$$f(x_1, \ldots, x_n) = c_1 x_1^k + \cdots + c_n x_n^k,$$

其中$c_1, \ldots, c_n \in (\mathbb{Z}/p\mathbb{Z})^*$. 证明: $R(f) = \mathbb{Z}/p\mathbb{Z}$.

习题2.10 令$\alpha_0, \alpha_1, \ldots, \alpha_{k-1} \in \mathbb{R}$. 证明: 若

$$\Big|\sum_{j=0}^{k-1} \epsilon^{2\pi \mathrm{i}\, \alpha_j}\Big| = k,$$

则对$1 \leqslant j \leqslant k-1$有

$$\alpha_j \equiv \alpha_0 \equiv \bmod 1.$$

习题2.11 令h, m, t为正整数使得$h \geqslant 2, h | m+1$. 令$k = mt$, A为如下定义的k个实数$\alpha_0, \ldots, \alpha_{k-1}$的数列:

$$\alpha_{j-1+(l-1)m} = \tfrac{j}{m+1},$$

其中$1 \leqslant j \leqslant m, 1 \leqslant l \leqslant t$. 令$N_h(\beta)$表示满足

$$\alpha_j \in [\beta, \beta + \tfrac{1}{h}) \bmod 1$$

的α_j的个数, 令

$$S_A = \sum_{j=0}^{k-1} \mathrm{e}^{2\pi \mathrm{i}\, \alpha_j}.$$

令$\theta = \frac{1}{m}$. 证明: $|S_A| = \theta k$, 并且

$$\max_{\beta \in \mathbb{R}} N_h(\beta) = \tfrac{(1+\theta)k}{h}.$$

在$h = 2$的情形, 这个例子说明定理2.9的结果是最佳的.

第 3 章　互异同余类的和

§3.1　Erdös-Heilbronn猜想

令A为模p的k个同余类, 由Cauchy-Davenport定理可知

$$|2A| \geqslant \min(p, 2k-1),$$

更一般地, 由定理2.3可知, 对每个$h \geqslant 2$有

$$|hA| \geqslant \min(p, hk-h+1).$$

用$h^\wedge A$表示A中h个不同的元的和构成的集合, 即$h^\wedge A = \{a_1 + \cdots + a_h | a_i \in A(1 \leqslant i \leqslant h), a_i \neq a_j(i \neq j)\}$. 30多年前, Erdös与Heilbronn猜想:

$$|2^\wedge A| \geqslant \min(p, 2k-3).$$

将这个猜想从2推广到$h \geqslant 2$即为

$$|h^\wedge A| \geqslant \min(p, hk-h^2+1).$$

我们将对这个结果给出两个证明. 第一个证明利用h维投票数的组合数以及外代数的一些事实. 这些预备知识将在下面的各小节中展开. 第二个证明只用到最简单的多项式性质.

§3.2　Vandermonde行列式

集合X的一个置换是X到自身的一个双射σ. 对称群S_h是集合$\{0, 1, 2, \ldots, h-1\}$的所有置换构成的群. 令$F(x_0, x_1, \ldots, x_{h-1}\}$为系数在域$F$中的$h$元多项式环. 群$S_h$ 在$F[x_0, \ldots, x_{h-1}]$ 上的作用如下: 设$\sigma \in S_h, p \in F[x_0, \ldots, x_{h-1}]$, 定义$\sigma p \in F[x_0, \ldots, x_{h-1}]$为

$$(\sigma p)(x_0, x_1, \ldots, x_{h-1}) = p(x_{\sigma(0)}, x_{\sigma(1)}, \ldots, x_{\sigma(h-1)}). \tag{3.1}$$

于是, 对所有的$\sigma, \tau \in S_h$有

$$\sigma(\tau p) = (\sigma\tau)p \tag{3.2}$$

(见习题3.1). 函数

$$\Delta(x_0, x_1, \ldots, x_{h-1}) = \prod_{0 \leqslant i < j \leqslant h-1} (x_j - x_i)$$

是次数为$\binom{h}{2}$的齐次多项式. 定义置换$\sigma \in S_h$的符号函数sign如下:

$$\begin{aligned}(\sigma\Delta)(x_0, x_1, \ldots, x_{h-1}) &= \prod_{0 \leqslant i < j \leqslant h-1} (x_{\sigma(j)} - x_{\sigma(i)}) \\ &= \operatorname{sign}(\sigma) \prod_{0 \leqslant i < j \leqslant h-1} (x_j - x_i) \\ &= \operatorname{sign}(\sigma) \Delta(x_0, \ldots, x_{h-1}),\end{aligned}$$

从而

$$\operatorname{sign}(\sigma) = \pm 1.$$

由(3.2)可知, 对所有的$\sigma, \tau \in S_h$有

$$\operatorname{sign}(\sigma\tau) = \operatorname{sign}(\sigma) \operatorname{sign}(\tau),$$

所以

$$\operatorname{sign} : S_h \to [-1, 1]$$

是群同态. 因此, 对所有的$\sigma \in S_h$有$\operatorname{sign}(\sigma^{-1}) = \operatorname{sign}(\sigma)$.

若$\operatorname{sign}(\sigma) = 1$, 则称$\sigma$为偶置换; 若$\operatorname{sign}(\sigma) = -1$, 则称$\sigma$为奇置换. 每个对换$\tau = (i, j) \in S_h$都是奇置换(见习题3.2). 令$\sigma, \tau \in S_h$, 其中$\tau$是对换, 则$\sigma$是偶置换当且仅当$\tau\sigma$是奇置换.

令

$$A = \begin{pmatrix} a_{0,0} & a_{0,1} & a_{0,2} & \cdots & a_{0,h-1} \\ a_{1,0} & a_{1,1} & a_{1,2} & \cdots & a_{1,h-1} \\ \vdots & \vdots & \vdots & & \vdots \\ a_{h-1,0} & a_{h-1,1} & a_{h-1,2} & \cdots & a_{h-1,h-1} \end{pmatrix}$$

是元素在某个交换环中的矩阵. 定义A的行列式为

$$\sum_{\sigma \in S_h} \operatorname{sign}(\sigma) \prod_{i=0}^{h-1} a_{i,\sigma(i)}.$$

我们只需要行列式的基本性质.

引理 3.1 令$h \geqslant 2$, $x_0, x_1, \ldots, x_{h-1}$为$h$个变量, 则

$$\begin{vmatrix} 1 & x_0 & x_0^2 & \cdots & x_0^{h-1} \\ 1 & x_1 & x_1^2 & \cdots & x_1^{h-1} \\ 1 & x_2 & x_2^2 & \cdots & x_2^{h-1} \\ \vdots & \vdots & \vdots & & \vdots \\ 1 & x_{h-1} & x_{h-1}^2 & \cdots & x_{h-1}^{h-1} \end{vmatrix} = \Delta(x_0, x_1, \ldots, x_{h-1}). \tag{3.3}$$

这个多项式称为Vandermonde行列式.

证明: 对h作归纳证明. 若$h = 2$, 则

$$\begin{vmatrix} 1 & x_0 \\ 1 & x_1 \end{vmatrix} = x_1 - x_0 = \Delta(x_0, x_1).$$

假设结论对某个$h-1\geqslant 2$成立. 令A为(3.3)中的$h\times h$行列式. 从第二列减去第一列的x_0倍得到

$$\begin{vmatrix} 1 & 0 & x_0^2 & \cdots & x_0^{h-1} \\ 1 & x_1-x_0 & x_1^2 & \cdots & x_1^{h-1} \\ 1 & x_2-x_0 & x_2^2 & \cdots & x_2^{h-1} \\ \vdots & \vdots & \vdots & & \vdots \\ 1 & x_{h-1}-x_0 & x_{h-1}^2 & \cdots & x_{h-1}^{h-1} \end{vmatrix}.$$

我们从这个新的行列式中的第三列减去第一列的x_0^2倍得到

$$\begin{vmatrix} 1 & 0 & 0 & x_0^3 & \cdots & x_0^{h-1} \\ 1 & x_1-x_0 & x_1^2-x_0^2 & x_1^3 & \cdots & x_1^{h-1} \\ 1 & x_2-x_0 & x_2^2-x_0^2 & x_2^3 & \cdots & x_2^{h-1} \\ \vdots & \vdots & \vdots & \vdots & & \vdots \\ 1 & x_{h-1}-x_0 & x_{h-1}^2-x_0^2 & x_{n-1}^3 & \cdots & x_{h-1}^{h-1} \end{vmatrix}.$$

从第j列减去第一列的x_0^{j-1}倍$(j=2,3,\ldots,h)$后得到行列式

$$\begin{vmatrix} 1 & 0 & 0 & \cdots & 0 \\ 1 & x_1-x_0 & x_1^2-x_0^2 & \cdots & x_1^{h-1}-x_0^{h-1} \\ 1 & x_2-x_0 & x_2^2-x_0^2 & \cdots & x_2^{h-1}-x_0^{h-1} \\ \vdots & \vdots & \vdots & & \vdots \\ 1 & x_{h-1}-x_0 & x_{h-1}^2-x_0^2 & \cdots & x_{h-1}^{h-1}-x_0^{h-1} \end{vmatrix},$$

它等于

$$\begin{vmatrix} x_1-x_0 & x_1^2-x_0^2 & \cdots & x_1^{h-1}-x_0^{h-1} \\ x_2-x_0 & x_2^2-x_0^2 & \cdots & x_2^{h-1}-x_0^{h-1} \\ \vdots & \vdots & & \vdots \\ x_{h-1}-x_0 & x_{h-1}^2-x_0^2 & \cdots & x_{h-1}^{h-1}-x_0^{h-1} \end{vmatrix}.$$

对$j=1,\ldots,h-1$, 第j行的每个多项式有因子x_j-x_0, 所以该行列式等于

$$\prod_{j=1}^{h-1}(x_j-x_0)\begin{vmatrix} 1 & x_1+x_0 & x_1^2+x_1x_0+x_0^2 & \cdots & x_1^{h-2}+x_1^{h-3}x_0+\cdots+x_0^{h-2} \\ 1 & x_2+x_0 & x_2^2+x_2x_0+x_0^2 & \cdots & x_2^{h-2}+x_2^{h-3}x_0+\cdots+x_0^{h-2} \\ \vdots & \vdots & \vdots & & \vdots \\ 1 & x_{h-1}+x_0 & x_{h-1}^2+x_{h-1}x_0+x_0^2 & \cdots & x_{h-1}^{h-2}+x_{h-1}^{h-3}x_0+\cdots+x_0^{h-2} \end{vmatrix}.$$

继续从这个行列式的第二列开始, 从各列减去第一列合适的倍数得到

$$\begin{aligned} \prod_{j-1}^{h-1}(x_j-x_0)\begin{vmatrix} 1 & x_1 & x_1^2 & \cdots & x_1^{h-2} \\ 1 & x_2 & x_2^2 & \cdots & x_2^{h-2} \\ \vdots & \vdots & \vdots & & \vdots \\ 1 & x_{h-1} & x_{h-1}^2 & \cdots & x_{h-1}^{h-2} \end{vmatrix} &= \prod_{j-1}^{h-1}(x_j-x_0)\prod_{1\leqslant i<j\leqslant h-1}(x_j-x_i) \\ &= \prod_{0\leqslant i<j\leqslant h-1}(x_j-x_i) \\ &= \Delta(x_0,x_1,\ldots,x_{h-1}). \end{aligned}$$

引理得证. □

令$[x]_0=1$. 对$r\geqslant 1$, 令$[x]_r$为如下定义的r次多项式:

$$[x]_r=x(x-1)(x-2)\cdots(x-r+1).$$

引理 3.2 令$h\geqslant 2$, $x_0,x_1,\ldots,x_{h-1}$为h个变量, 则

$$\begin{vmatrix} 1 & [x_0]_1 & [x_0]_2 & \cdots & [x_0]_{h-1} \\ 1 & [x_1]_1 & [x_1]_2 & \cdots & [x_1]_{h-1} \\ \vdots & \vdots & \vdots & & \vdots \\ 1 & [x_{h-1}]_1 & [x_{h-1}]_2 & \cdots & [x_{h-1}]_{h-1} \end{vmatrix}=\Delta(x_0,x_1,\ldots,x_{h-1}).$$

证明: 由初等行变换与列变换, 该行列式可以化为Vandermonde行列式, 从而得到结论. □

引理 3.3 令A为域F的非空有限子集, 设$|A|=k$. 对每个$m\geqslant 0$, 存在次数不超过$k-1$的多项式$g_m(x)\in F[x]$, 使得对所有的$a\in A$有

$$g_m(a)=a^m.$$

证明: 令$A=\{a_0,a_1,\ldots,a_{k-1}\}$. 我们要证明存在多项式$u(x)=u_0+u_1x+\cdots+u_{k-1}x^{k-1}\in F[x]$使得对$0\leqslant i\leqslant k-1$有

$$u(a_i)=u_0+u_1a_i+\cdots+u_{k-1}a_i^{k-1}=a_i^m.$$

这是一个关于k个未定元$u_0,u_1,\ldots,u_{k-1}$的k个线性方程组, 若未定元的系数行列式不为零, 则方程组有解. 注意到这个系数行列式为Vandermonde行列式

$$\begin{vmatrix} 1 & a_0 & a_0^2 & \cdots & a_0^{h-1} \\ 1 & a_1 & a_1^2 & \cdots & a_1^{h-1} \\ \vdots & \vdots & \vdots & & \vdots \\ 1 & a_{h-1} & a_{h-1}^2 & \cdots & a_{h-1}^{h-1} \end{vmatrix}=\prod_{0\leqslant i<j\leqslant h-1}(a_j-a_i)\neq 0,$$

因此引理中的结论成立. □

§3.3 多维投票数

$\mathbb{R}^n$中的标准基为向量组$\{\boldsymbol{e}_1,\ldots,\boldsymbol{e}_h\}$, 其中

$$\begin{aligned} \boldsymbol{e}_1 &= (1,0,0,0,\ldots,0) \\ \boldsymbol{e}_2 &= (0,1,0,0,\ldots,0) \\ &\vdots \\ \boldsymbol{e}_h &= (0,0,0,0,\ldots,1). \end{aligned}$$

$\mathbb{R}^h$的格$\mathbb{Z}^h$是$\{\boldsymbol{e}_1,\ldots,\boldsymbol{e}_h\}$生成的子群, 即$\mathbb{Z}^h$是$\mathbb{R}^h$中坐标为整数的向量集. 令

$$\boldsymbol{a}=(a_0,a_1,\ldots,a_{h-1})\in\mathbb{Z}^h,$$

$$\boldsymbol{b}=(b_0,b_1,\ldots,b_{h-1})\in\mathbb{Z}^h.$$

$\mathbb{Z}^h$中的一条道路是有限个格点

$$\boldsymbol{a}=\boldsymbol{v}_0,\boldsymbol{v}_1,\ldots,\boldsymbol{v}_m=\boldsymbol{b},$$

使得

$$\boldsymbol{v}_j-\boldsymbol{v}_{j-1}\in\{\boldsymbol{e}_1,\ldots,\boldsymbol{e}_h\}\ (1\leqslant j\leqslant m).$$

令$\boldsymbol{v}_{j-1},\boldsymbol{v}_j$为道路上的相邻点, 若

$$\boldsymbol{v}_j=\boldsymbol{v}_{j-1}+\boldsymbol{e}_i,$$

则称$\boldsymbol{v}_{j-1},\boldsymbol{v}_j$为沿$\boldsymbol{e}_i$方向的一个阶梯. 称向量$\boldsymbol{a}$非负, 如果对$0\leqslant i\leqslant h-1$有$a_i\geqslant 0$. 若$\boldsymbol{b}-\boldsymbol{a}$为非负向量, 则记为

$$\boldsymbol{a}\leqslant\boldsymbol{b}.$$

令$\boldsymbol{P}(\boldsymbol{a},\boldsymbol{b})$表示从$\boldsymbol{a}$到$\boldsymbol{b}$的道路数. 道路函数$\boldsymbol{P}(\boldsymbol{a},\boldsymbol{b})$是平移不变的, 意思是: 对所有的$\boldsymbol{a},\boldsymbol{b},\boldsymbol{c}\in\mathbb{Z}^h$有

$$\boldsymbol{P}(\boldsymbol{a}+\boldsymbol{c},\boldsymbol{b}+\boldsymbol{c})=\boldsymbol{P}(\boldsymbol{a},\boldsymbol{b}).$$

特别地,

$$\boldsymbol{P}(\boldsymbol{a},\boldsymbol{b})=\boldsymbol{P}(\boldsymbol{0},\boldsymbol{b}-\boldsymbol{a}).$$

道路函数满足边界条件

$$\boldsymbol{P}(\boldsymbol{a},\boldsymbol{a})=1,$$

$$\boldsymbol{P}(\boldsymbol{a},\boldsymbol{b})>\boldsymbol{0}\Leftrightarrow\boldsymbol{a}\leqslant\boldsymbol{b}.$$

若$\boldsymbol{a}=\boldsymbol{v}_0,\boldsymbol{v}_1,\ldots,\boldsymbol{v}_m=\boldsymbol{b}(m\geqslant 1)$为一条道路, 则存在$1\leqslant i\leqslant h$使得

$$\boldsymbol{v}_{m-1}=\boldsymbol{b}-\boldsymbol{e}_i,$$

并且从$\boldsymbol{b}-\boldsymbol{e}_i$到$\boldsymbol{b}$有唯一的道路. 由此可知道路计数函数$\boldsymbol{P}(\boldsymbol{a},\boldsymbol{b})$还满足差分方程

$$\boldsymbol{P}(\boldsymbol{a},\boldsymbol{b})=\sum_{i=1}^{h}\boldsymbol{P}(\boldsymbol{a},\boldsymbol{b}-\boldsymbol{e}_i).$$

令$\boldsymbol{a}\leqslant\boldsymbol{b}$. 对$0\leqslant i\leqslant k-1$, 从$\boldsymbol{a}$到$\boldsymbol{b}$的每条道路恰好包含$b_i-a_i$个沿$\boldsymbol{e}_{i+1}$ 方向的阶梯. 令

$$m=\sum_{i=0}^{h-1}(b_i-a_i).$$

从$\boldsymbol{a}$到$\boldsymbol{b}$每条道路恰好有m个阶梯, 而不同的道路数是多项式系数

$$\boldsymbol{P}(\boldsymbol{a},\boldsymbol{b})=\frac{\left(\sum\limits_{i=0}^{h-1}(b_i-a_i)\right)!}{\prod\limits_{i=0}^{h-1}(b_i-a_i)!}=\frac{m!}{\prod\limits_{i=0}^{h-1}(b_i-a_i)!}.\tag{3.4}$$

令$h\geqslant 2$. 假设一场选举中有h个候选人, 用整数$0,1,\ldots,h-1$标记这些候选人. 若已经投出了m_0张选票, 而候选人i收到了a_i张选票, 则

$$m_0 = a_0 + a_1 + \cdots + a_{h-1}.$$

我们称

$$\boldsymbol{v}_0 = \boldsymbol{a} = (a_0, a_1, \cdots, a_{h-1})$$

为初始投票向量. 假设还有m个选举人, 每人一张选票, 并且这些选票将被依次投出. 令$v_{i,k}$表示第i个候选人在增投k张选票后所获得的票数. 我们将第k步的票数分布用向量

$$\boldsymbol{v}_k = (v_{0,k}, v_{1,k}, \ldots, v_{h-1,k})$$

表示, 则对$k = 0, 1, \ldots, m$有

$$v_{0,k} + v_{1,k} + \cdots + v_{h-1,k} = k + m_0.$$

令

$$\boldsymbol{v}_m = \boldsymbol{b} = (b_0, b_1, \ldots, b_{h-1})$$

最终的投票向量. 由投票向量的定义可知, 对$1 \leqslant k \leqslant m$有

$$\boldsymbol{v}_k - \boldsymbol{v}_{k-1} \in \{\boldsymbol{e}_1, \ldots, \boldsymbol{e}_h\},$$

从而

$$\boldsymbol{a} = \boldsymbol{v}_0, \boldsymbol{v}_1, \ldots, \boldsymbol{v}_m = \boldsymbol{b}$$

为$\mathbb{Z}^h$中从$\boldsymbol{a}$到$\boldsymbol{b}$的一条道路. 因此, 导致从初始投票向量$\boldsymbol{a}$到最终投票向量$\boldsymbol{b}$的m张选票的不同走向数等于

$$\frac{\left(\sum\limits_{i=0}^{h-1}(b_i - a_i)\right)!}{\prod\limits_{i=0}^{h-1}(b_i - a_i)!} = \frac{m!}{\prod\limits_{i=0}^{h-1}(b_i - a_i)!}.$$

令$\boldsymbol{v} = (v_1, \ldots, v_h), \boldsymbol{w} = (w_1, \ldots, w_h) \in \mathbb{R}^h$. 称向量$\boldsymbol{v}$为递增的, 如果

$$v_1 \leqslant v_2 \leqslant \cdots \leqslant v_h;$$

称向量$\boldsymbol{v}$为严格递增的, 如果

$$v_1 < v_2 < \cdots < v_h.$$

现在假设初始向量为

$$\boldsymbol{a} = (0, 0, 0, \ldots, 0),$$

最终向量为

$$\boldsymbol{b} = (b_0, b_1, \ldots, b_{h-1}).$$

设

$$m = b_0 + b_1 + \cdots + b_{h-1}.$$

令$B(b_0,b_1,\ldots,b_{n-1})$表示所投的$m$张选票使得每次的投票向量都非负递增的方法数，称之为经典的h维投票数. 注意

$$B(0,0,\ldots,0)=1,$$

并且

$$B(b_0,b_1,\ldots,b_{n-1})>0$$

当且仅当$(b_0,b_1,\cdots,b_{h-1})$是非负的递增向量. 这些边界条件与差分方程

$$B(b_0,b_1,\ldots,b_{h-1})=\sum_{i=0}^{h-1}B(b_0,\cdots,b_{i-1},b_i-1,b_{i+1},\ldots,b_{h-1})$$

完全确定了函数$B(b_0,b_1,\ldots,b_{h-1})$.

下面是一个等价的组合问题. 设初始投票向量为

$$\boldsymbol{a}^*=(0,1,2,\ldots,h-1),$$

最终投票向量为

$$\boldsymbol{b}=(b_0,b_1,\ldots,b_{h-1}).$$

令$\tilde{B}(b_0,b_1,\ldots,b_{h-1})$表示所投的$m$张选票使得每个投票向量$\boldsymbol{v}_k$都非负且严格递增的方法数，称之为严格的$h$维投票数.

称$\mathbb{Z}^h$中的道路$\boldsymbol{v}_0,\boldsymbol{v}_1,\ldots,\boldsymbol{v}_m$为严格递增的道路，若道路上的每个格点$\boldsymbol{v}_k$是严格递增的. 于是$\tilde{B}(b_0,b_1,\ldots,b_{h-1})$是从$\boldsymbol{a}^*$到$\boldsymbol{b}$的严格递增的道路数.

严格的h维投票数满足边界条件

$$\tilde{B}(0,1,\ldots,h-1)=1,$$

$$\tilde{B}(b_0,b_1,\ldots,b_{h-1})>0$$

当且仅当$(b_0,b_1,\ldots,b_{h-1})$是非负且严格递增的向量. 这些边界条件与差分方程

$$\tilde{B}(b_0,b_1,\ldots,b_{h-1})=\sum_{i=0}^{h-1}\tilde{B}(b_0,\cdots,b_{i-1},b_i-1,b_{i+1},\ldots,b_{h-1})$$

完全确定了函数$\tilde{B}(b_0,b_1,\ldots,b_{h-1})$.

在$B(b_0,b_1,\ldots,b_{h-1})$与$\tilde{B}(b_0,b_1,\ldots,b_{h-1})$之间有一个简单的关系. 格点

$$\boldsymbol{v}=(v_0,v_1,\ldots,v_{h-1})$$

非负且严格递增当且仅当格点

$$\boldsymbol{v}'=\boldsymbol{v}-(0,1,2,\ldots,h-1)=\boldsymbol{v}-\boldsymbol{a}^*$$

非负递增. 由此可知

$$\boldsymbol{a}^*=\boldsymbol{v}_0,\boldsymbol{v}_2,\ldots,\boldsymbol{v}_m=\boldsymbol{b}$$

是从$\boldsymbol{a}^*$到$\boldsymbol{b}$的严格递增向量的道路当且仅当

$$0, \boldsymbol{v}_1 - \boldsymbol{a}^*, \boldsymbol{v}_2 - \boldsymbol{a}^*, \ldots, \boldsymbol{b} - \boldsymbol{a}^*$$

是从$\mathbf{0}$到$\boldsymbol{b} - \boldsymbol{a}^*$的递增向量的道路. 因此

$$\tilde{B}(b_0, b_1, \ldots, b_{h-1}) = B(b_0, b_1 - 1, b_2 - 2, \ldots, b_{h-1} - (h-1)).$$

对$1 \leqslant i < j \leqslant h$, 令$H_{i,j}$为$\mathbb{R}^h$中由所有满足$x_i = x_j$的向量$(x_1, \ldots, x_h)$构成的超平面, 这样的超平面有$\binom{h}{2}$个. 称道路

$$\boldsymbol{a} = \boldsymbol{v}_0, \boldsymbol{v}_1, \boldsymbol{v}_2, \ldots, \boldsymbol{v}_m = \boldsymbol{b}$$

为相交的, 如果在道路上至少存在向量$\boldsymbol{v}_k$使得对某个超平面$H_{i,j}$有$\boldsymbol{v}_k \in H_{i,j}$.

对称群S_h在$\mathbb{R}^h$上的作用如下: 对$\sigma \in S_h, \boldsymbol{v} = (v_0, v_1, \ldots, v_{h-1}) \in \mathbb{R}^h$, 令

$$\sigma \boldsymbol{v} = (v_{\sigma(0)}, v_{\sigma(1)}, \ldots, v_{\sigma(h-1)}).$$

一条道路是相交的当且仅当存在对换$\tau = (i, j) \in S_h$使得对道路上的某个格点$\boldsymbol{v}_k$有$\tau \boldsymbol{v}_k = \boldsymbol{v}_k$.

令$\boldsymbol{I}(\boldsymbol{a}, \boldsymbol{b})$表示从$\boldsymbol{a}$到$\boldsymbol{b}$的相交道路数, $\boldsymbol{J}(\boldsymbol{a}, \boldsymbol{b})$表示从$\boldsymbol{a}$到$\boldsymbol{b}$的道路中不与任何的超平面$H_{i,j}$相交的条数, 则

$$\boldsymbol{P}(\boldsymbol{a}, \boldsymbol{b}) = \boldsymbol{I}(\boldsymbol{a}, \boldsymbol{b}) + \boldsymbol{J}(\boldsymbol{a}, \boldsymbol{b}). \tag{3.5}$$

引理 3.4 令$\boldsymbol{a}$为$\mathbb{Z}^h$中的格点, $\boldsymbol{b} = (b_0, \ldots, b_{h-1})$为$\mathbb{Z}^h$中严格递增的格点. 从$\boldsymbol{a}$到$\boldsymbol{b}$的道路是严格递增的当且仅当它不与任何的超平面$H_{i,j}$相交, 并且有

$$\tilde{B}(b_0, \ldots, b_{h-1}) = \boldsymbol{J}(\boldsymbol{a}^*, \boldsymbol{b}).$$

证明: 令$\boldsymbol{a} = \boldsymbol{v}_0, \boldsymbol{v}_1, \ldots, \boldsymbol{v}_m = \boldsymbol{b}$为一条道路, 对$k = 0, 1, \ldots, m$, 令

$$\boldsymbol{v}_k = (v_{0,k}, v_{1,k}, \ldots, v_{h-1,k}).$$

若道路是严格递增的, 则该道路上的每个向量是严格递增的, 从而道路不与任何的超平面$H_{i,j}$相交. 反之, 设道路不是严格递增的, 则存在最大的整数k使得格点$\boldsymbol{v}_{k-1}$不是严格递增的. 于是$1 \leqslant k \leqslant m$, 并且存在$1 \leqslant j \leqslant h-1$ 使得

$$v_{j,k-1} \leqslant v_{j-1,k-1}.$$

因为向量$\boldsymbol{v}_k$是严格递增的, 所以

$$v_{j-1,k} \leqslant v_{j,k} - 1.$$

由于$\boldsymbol{v}_{k-1}$与$\boldsymbol{v}_k$为道路上的相邻向量, 可知

$$v_{j-1,k-1} \leqslant v_{j-1,k},$$

$$v_{j,k} - 1 \leqslant v_{j,k-1}.$$

综合以上不等式即得

$$v_{j,k-1} \leqslant v_{j-1,k-1} \leqslant v_{j-1,k} \leqslant v_{j,k} - 1 \leqslant v_{j,k-1}.$$

这就意味着

$$v_{j,k-1} = v_{j-1,k-1},$$

从而向量$\boldsymbol{v_{k-1}}$在超平面$H_{j-1,j}$上. 因此, 若$\boldsymbol{b}$是严格递增的向量, 则从$\boldsymbol{a}$到$\boldsymbol{b}$的道路严格递增当且仅当它不是相交的. 由此可知, $\boldsymbol{J}(\boldsymbol{a},\boldsymbol{b})$等于从$\boldsymbol{a}$到$\boldsymbol{b}$的严格递增的道路数, 从而$\boldsymbol{J}(\boldsymbol{a}^*,\boldsymbol{b})$等于严格的投票数$\tilde{B}(b_0,\ldots,b_{h-1})$. □

引理 3.5 令$\boldsymbol{a}$与$\boldsymbol{b}$为严格递增向量, 则对每个$\mathrm{id} \neq \sigma \in S_h$有

$$\boldsymbol{P}(\sigma\boldsymbol{a},\boldsymbol{b}) = \boldsymbol{I}(\sigma\boldsymbol{a},\boldsymbol{b}).$$

证明: 若a严格递增, $\mathrm{id} \neq \sigma \in S_h$, 则$\sigma a$不是严格递增的, 从而每条从$\sigma\boldsymbol{a}$到$\boldsymbol{b}$的道路至少与某个超平面$H_{i,j}$相交, 所以$\boldsymbol{P}(\sigma\boldsymbol{a},\boldsymbol{b}) \leqslant \boldsymbol{I}(\sigma\boldsymbol{a},\boldsymbol{b})$. 另一方面, 由(3.5)有$\boldsymbol{I}(\sigma\boldsymbol{a},\boldsymbol{b}) = \boldsymbol{P}(\sigma\boldsymbol{a},\boldsymbol{b})$. □

引理 3.6 令$\boldsymbol{a},\boldsymbol{b}$为严格递增的格点, 则

$$\sum_{\sigma\in S_h} \mathrm{sign}(\sigma)\boldsymbol{I}(\sigma\boldsymbol{a},\boldsymbol{b}) = 0.$$

证明: 因为$\boldsymbol{a}$严格递增, 所以形如$\sigma\boldsymbol{a}(\sigma \in S_h)$的不同格点有$h!$个, 并且它们都不在超平面$H_{i,j}$上. 令$\Omega$为从这$h!$个格点$\sigma\boldsymbol{a}$中的任何一个到$\boldsymbol{b}$的相交道路的集合. 我们将构造从这个集合$\Omega$到自身的一个对合映射.

令$\sigma \in S_h$,

$$\sigma\boldsymbol{a} = \boldsymbol{v}_0, \boldsymbol{v}_1, \ldots, \boldsymbol{v}_m = \boldsymbol{b}$$

为至少与一个超平面$H_{i,j}$相交的道路. 令k为使得对某对整数$i < j$满足$\boldsymbol{v}_k \in H_{i,j}$的最小整数, 则由于$\boldsymbol{a}$严格递增知$k \geqslant 1$, 又由于$\boldsymbol{v}_k$在道路上, 超平面$H_{i,j}$是唯一确定的. 考虑对换$\tau = (i,j) \in S_h$, 则

$$\tau\boldsymbol{v}_k = \boldsymbol{v}_k \in H_{i,j},$$

$$\tau\sigma\boldsymbol{a} \neq \sigma\boldsymbol{a}.$$

此外,

$$\tau\sigma\boldsymbol{a} = \tau\boldsymbol{v}_0, \tau\boldsymbol{v}_1, \ldots, \tau\boldsymbol{v}_k = \boldsymbol{v}_k, \boldsymbol{v}_{k+1}, \ldots, \boldsymbol{v}_m = \boldsymbol{b}$$

是Ω中从$\tau\sigma\boldsymbol{a}$到$\boldsymbol{b}$的相交道路. 对$i = 0,1,\ldots,k-1$, 向量$\tau\boldsymbol{v}_0, \tau\boldsymbol{v}_1, \ldots, \tau\boldsymbol{v}_{k-1}$中的任何一个都不在超平面上, 并且$H_{i,j}$仍然是包含$\boldsymbol{v}_k$的唯一超平面. 因为对每个对换$\tau$, τ^2是恒等映射, 所以我们将τ作用于这条从$\sigma\tau\boldsymbol{a}$到$\boldsymbol{b}$的道路, 我们就回到了原来从$\sigma\boldsymbol{a}$到$\boldsymbol{b}$的道路. 因此, 映射τ是从$h!$个格点$\sigma\boldsymbol{a}$中的一个到$\boldsymbol{b}$的相交道路的集合Ω上的对合. 此外, 若σ是偶(奇)置换, 则对换τ相应地将从$\sigma\boldsymbol{a}$出发的相交道路映到从$\tau\sigma\boldsymbol{a}$出发的相交道路, 此时$\tau\sigma$是奇(偶)置换. 所以, 从$\boldsymbol{a}$的偶置换开始的相交道路数等于从$\boldsymbol{a}$的奇置换开始的相交道路数, 从而

$$\sum_{\substack{\sigma\in S_h\\ \mathrm{sign}(\sigma)=1}} \boldsymbol{I}(\sigma\boldsymbol{a},\boldsymbol{b}) = \sum_{\substack{\sigma\in S_h\\ \mathrm{sign}(\sigma)=-1}} \boldsymbol{I}(\sigma\boldsymbol{a},\boldsymbol{b}).$$

这个结论等价于引理3.6中的结果. □

回顾$[x]_r$表示多项式$x(x-1)\cdots(x-r+1)$. 若b_i与$\sigma(i)$是非负整数, 则

$$[b_i]_{\sigma(i)} = b_i(b_i-1)\cdots(b_i-\sigma(i)+1) = \begin{cases} \frac{b_i!}{(b_i-\sigma(i))!}, & \text{若}\sigma(i)\leqslant b_i, \\ 0, & \text{若}\sigma(i) > b_i. \end{cases}$$

定理 3.1 令$h \geqslant 2$, $b_0, b_1, \ldots, b_{h-1} \in \mathbb{Z}$使得

$$0 \leqslant b_0 < b_1 < \cdots < b_{h-1},$$

则

$$\tilde{B}(b_0, b_1, \ldots, b_{h-1}) = \frac{(b_0+b_1+\cdots+b_{h-1}-\binom{h}{2})!}{b_0!b_1!\cdots b_{h-1}!} \prod_{0\leqslant i<j\leqslant h-1}(b_j-b_i).$$

证明: 令$\boldsymbol{a}^* = (0,1,2,\ldots,h-1)$, $\boldsymbol{b} = (b_0, b_1, \ldots, b_{h-1}) \in \mathbb{Z}^h$. 利用上述几个引理得到

$$\begin{aligned}
&\tilde{B}(b_0, b_1, \ldots, b_{h-1}) \\
= \ & \boldsymbol{J}(\boldsymbol{a}^*, \boldsymbol{b}) \\
= \ & \boldsymbol{P}(\boldsymbol{a}^*, \boldsymbol{b}) - \boldsymbol{I}(\boldsymbol{a}^*, \boldsymbol{b}) \\
= \ & \boldsymbol{P}(\boldsymbol{a}^*, \boldsymbol{b}) + \sum_{\substack{\sigma\in S_h \\ \sigma\neq \mathrm{id}}} \mathrm{sign}(\sigma)\boldsymbol{I}(\boldsymbol{\sigma a}^*, \boldsymbol{b}) \\
= \ & \boldsymbol{P}(\boldsymbol{a}^*, \boldsymbol{b}) + \sum_{\substack{\sigma\in S_h \\ \sigma\neq \mathrm{id}}} \mathrm{sign}(\sigma)\boldsymbol{P}(\boldsymbol{\sigma a}^*, \boldsymbol{b}) \\
= \ & \sum_{\sigma\in S_h} \mathrm{sign}(\sigma)\boldsymbol{P}(\boldsymbol{\sigma a}^*, \boldsymbol{b}) \\
= \ & \sum_{\substack{\sigma\in S_h \\ \boldsymbol{\sigma a}^*\leqslant \boldsymbol{b}}} \mathrm{sign}(\sigma) \frac{(b_0+b_1+\cdots+b_{h-1}-\binom{h}{2})!}{\prod_{i=0}^{h-1}(b_i-\sigma(i))!} \\
= \ & \frac{(b_0+b_1+\cdots+b_{h-1}-\binom{h}{2})!}{b_0!b_1!\cdots b_{h-1}!} \sum_{\substack{\sigma\in S_h \\ \boldsymbol{\sigma a}^*\leqslant \boldsymbol{b}}} \mathrm{sign}(\sigma)[b_0]_{\sigma(0)}[b_1]_{\sigma(1)}\cdots[b_{h-1}]_{\sigma(h-1)} \\
= \ & \frac{(b_0+b_1+\cdots+b_{h-1}-\binom{h}{2})!}{b_0!b_1!\cdots b_{h-1}!} \sum_{\sigma\in S_h} \mathrm{sign}(\sigma)[b_0]_{\sigma(0)}[b_1]_{\sigma(1)}\cdots[b_{h-1}]_{\sigma(h-1)} \\
= \ & \frac{(b_0+b_1+\cdots+b_{h-1}-\binom{h}{2})!}{b_0!b_1!\cdots b_{h-1}!} \begin{vmatrix} 1 & [b_0]_1 & [b_0]_2 & \cdots & [b_0]_{h-1} \\ 1 & [b_1]_1 & [b_1]_2 & \cdots & [b_1]_{h-1} \\ \vdots & \vdots & \vdots & & \vdots \\ 1 & [b_{h-1}]_1 & [b_{h-1}]_2 & \cdots & [b_{h-1}]_{h-1} \end{vmatrix} \\
= \ & \frac{(b_0+b_1+\cdots+b_{h-1}-\binom{h}{2})!}{b_0!b_1!\cdots b_{h-1}!} \prod_{0\leqslant i<j\leqslant h-1}(b_j-b_i).
\end{aligned}$$

定理得证. □

下面的结果将用于证明Erdös-Heilbronn猜想.

定理 3.2 令$h \geqslant 2$, p为素数, 设$i_0, i_1, \ldots, i_{h-1} \in \mathbb{Z}$满足

$$0 \leqslant i_0 < i_1 < \cdots < i_{h-1} < p,$$

$$i_0 + i_1 + \cdots + i_{h-1} < \binom{h}{2} + p,$$

则

$$\tilde{B}(i_0, i_1, \ldots, i_{h-1}) \equiv 0 \bmod p.$$

证明: 由定理3.1即得结果. □

§3.4 线性代数回顾

令V为域F上的有限维向量空间, $T: V \to V$为线性算子. 令$I: V \to V$为恒等映射. 对每个非负整数i, 定义$T^i: V \to V$: 对所有的$\boldsymbol{v} \in V$有

$$T^0(\boldsymbol{v}) = I(\boldsymbol{v}) = \boldsymbol{v},$$

$$T^i(\boldsymbol{v}) = T(T^{i-1}(\boldsymbol{v}))\ (i \geqslant 1).$$

对每个多项式

$$p(x) = c_n x^n + c_{n-1}x^{n-1} + \cdots + c_1 x + c_0 \in F[x],$$

定义线性算子$p(T): V \to V$为

$$p(T) = c_n T^n + c_{n-1}T^{n-1} + \cdots + c_1 T + c_0 I.$$

所有满足$p(T) = 0$的多项式$p(x)$构成多项式环$F[x]$的一个非零的真理想J. 因为$F[x]$的每个理想是主理想, 存在唯一的首一多项式$p_T(x) = p_{T,V}(x) \in J$使得$p_T(x)$整除$J$中其他的每个多项式, 称这个多项式为$T$在向量空间$V$上的极小多项式.

称V的子空间W关于T不变, 如果$T(W) \subseteq W$, 即对所有的$\boldsymbol{w} \in W$有$T(\boldsymbol{w}) \in W$. 于是当T限制到子空间W时是W上的线性算子, 并且有极小多项式$p_{T,W}(x)$. 因为对所有的$\boldsymbol{w} \in W$ 有$p_{T,W}(\boldsymbol{w}) = \boldsymbol{0}$, 所以$p_{T,W}(x) | p_{T,V}(x)$, 从而

$$\deg p_{T,W}(x) \leqslant \deg p_{T,V}(x), \tag{3.6}$$

其中$\deg p(x)$表示多项式$p(x)$的次数.

对$\boldsymbol{v} \in V$, 由$\boldsymbol{v}$生成的关于T的循环子空间是V的包含$\boldsymbol{v}$且在算子T作用下不变的最小子空间, 我们将它记为$\mathcal{C}_T(\boldsymbol{v})$. 令$\boldsymbol{v_i} = T^i(\boldsymbol{v})(i \geqslant 0)$, 则$\mathcal{C}_T(\boldsymbol{v})$即为向量集

$$\{\boldsymbol{v}, T(\boldsymbol{v}), T^2(\boldsymbol{v}), T^3(\boldsymbol{v}), \ldots\} = \{\boldsymbol{v}_0, \boldsymbol{v}_1, \boldsymbol{v}_2, \boldsymbol{v}_3, \ldots\}$$

生成的子空间, 并且

$$\dim \mathcal{C}_T(\boldsymbol{v}) = l,$$

其中l为使得$\boldsymbol{v_0}, \boldsymbol{v_1}, \cdots, \boldsymbol{v_l}$线性相关的最小整数. 这就相当于说存在$c_0, c_1, \ldots, c_{l-1} \in F$使得

$$\boldsymbol{v}_l + c_{l-1}\boldsymbol{v}_{l-1} + \cdots + c_1\boldsymbol{v}_1 + c_0\boldsymbol{v}_0 = \boldsymbol{0}.$$

令

$$p(x) = x^l + c_{l-1}x^{l-1} + c_1 x + c_0,$$

则

$$\begin{aligned} p(T)(\boldsymbol{v}_0) &= T^l(\boldsymbol{v}_0) + c_{l-1}T^{l-1}(\boldsymbol{v}_0) + \cdots + c_1 T(\boldsymbol{v}_0) + c_0 I(\boldsymbol{v}_0) \\ &= \boldsymbol{v}_l + c_{l-1}\boldsymbol{v}_{l-1} + \cdots + c_1\boldsymbol{v}_1 + c_0\boldsymbol{v}_0 \\ &= \boldsymbol{0}, \end{aligned}$$

从而对$i \geqslant 0$有

$$p(T)(\boldsymbol{v_i}) = p(T)(T^i(\boldsymbol{v}_0)) = T^i(p(T)(\boldsymbol{v}_0)) = T^i(\mathbf{0}) = \mathbf{0}.$$

因此, 在循环子空间$\mathcal{C}_T(\boldsymbol{v}) = \mathcal{C}$上有$p(T) = 0$, 所以$p(x)$被极小多项式$p_{T,\mathcal{C}}(x)$整除, 从而

$$m = \deg p_{T,\mathcal{C}}(x) \leqslant \deg p(x) = l.$$

另一方面, 因为

$$p_{T,\mathcal{C}}(\boldsymbol{v}) = \mathbf{0},$$

可知向量$\boldsymbol{v}_0, \boldsymbol{v}_1, \ldots, \boldsymbol{v}_m$线性相关, 所以

$$l \leqslant m.$$

这就意味着$l = m$, 从而由不等式(3.6)可知对所有的$\boldsymbol{v} \in V$有

$$\dim \mathcal{C}_T(\boldsymbol{v}) = \deg p_{T,\mathcal{C}}(x) \leqslant \deg p_{T,V}(x).$$

若存在$a \in F$与某个非零向量$\boldsymbol{f} \in V$使得$T(\boldsymbol{f}) = a\boldsymbol{f}$, 则称$a$为$T$的一个特征值, $\boldsymbol{f}$为关于特征值a的一个特征向量. 称T的所有特征值的集合为T的谱, 即为$\sigma(T)$. 若V有一组完全由T的特征向量组成的基, 则称T为对角算子.

下面的不等式在Erdös-Heilbronn猜想的证明中起到关键的作用.

引理 3.7 令T为有限维向量空间V上的对角线性算子, $\sigma(T)$为T的谱, 则对每个$\boldsymbol{v} \in V$有

$$\dim \mathcal{C}_T(\boldsymbol{v}) \leqslant |\sigma(T)|. \tag{3.7}$$

证明: 令$a \in \sigma(T)$, $\boldsymbol{f}$为关于特征值a的特征向量. 令W为$\boldsymbol{f}$生成的1维子空间, 则W在T的作用下不变, 并且$p_{T,W}(x) = x - a$. 由此可知$x - a | p_{T,V}(x)$, 从而

$$\prod_{a\in\sigma(T)} (x-a) | p_{T,V}(x).$$

令$\dim V = k$. 若T是对角线性算子, 则V有一组特征向量组成的基$\{\boldsymbol{f}_0, \boldsymbol{f}_1, \ldots, \boldsymbol{f}_{k-1}\}$, 并且

$$\prod_{a\in\sigma(T)} (T-a)(\boldsymbol{f_i}) = 0 \ (0 \leqslant i \leqslant k-1).$$

因此, 对所有的$\boldsymbol{v} \in V$有 $\prod_{a\in\sigma(T)} (T-a)(\boldsymbol{v}) = \mathbf{0}$, 从而

$$p_{T,V}(x) = \prod_{a\in\sigma(T)} (x-a).$$

特别地, $p_{T,V}(x)$的次数等于T的不同特征值的个数. 由此可知, 若T是有限维线性空间V上的对角算子, 则对每个$\boldsymbol{v} \in V$有

$$\dim \mathcal{C}_T(\boldsymbol{v}) \leqslant \deg P_{T,V}(x) = |\sigma(T)|.$$ □

引理 3.8 令$T: V \to V$为线性空间V上的线性算子, $\boldsymbol{f}_0, \boldsymbol{f}_1, \ldots, \boldsymbol{f}_{k-1}$为$T$的关于不同特征值的特征向量. 令

$$\boldsymbol{v}_0 = \boldsymbol{f}_0 + \cdots + \boldsymbol{f}_{k-1},$$

$\mathcal{C}_T(\boldsymbol{v}_0)$为$v_0$生成的循环子空间, 则

$$\dim \mathcal{C}_T(\boldsymbol{v}_0) = k,$$

并且

$$\{\boldsymbol{v}_0, T(\boldsymbol{v}_0), T^2(\boldsymbol{v}_0), \ldots, T^{k-1}(\boldsymbol{v}_0)\}$$

为$\mathcal{C}_T(\boldsymbol{v}_0)$的一组基. 若$\dim V = k$, 则$\mathcal{C}_T(\boldsymbol{v}_0) = V$.

证明: 我们首先证明向量$\boldsymbol{f}_0, \boldsymbol{f}_1, \ldots, \boldsymbol{f}_{k-1}$是线性无关的. 若它们线性相关, 则存在$\{\boldsymbol{f}_0, \boldsymbol{f}_1, \ldots, \boldsymbol{f}_{k-1}\}$的极小线性相关子集, 设为、$\{\boldsymbol{f}_0, \boldsymbol{f}_1, \ldots, \boldsymbol{f}_{l-1}\}$. 此外, 由于$\boldsymbol{f}_i \neq \boldsymbol{0}(0 \leqslant i \leqslant k-1)$, 所以$l \geqslant 2$. 设全不为零的$c_i \in F(0 \leqslant i \leqslant l-1)$使得$\sum\limits_{i=0}^{l-1} c_i \boldsymbol{f}_i = \boldsymbol{0}$. 设$a_i \in \sigma(T)$对对应特征向量$\boldsymbol{f}_i$的特征值, 则

$$T(\sum_{i=0}^{l-1} c_i \boldsymbol{f}_i) = \sum_{i=0}^{l-1} c_i T(\boldsymbol{f}_i) = \sum_{i=0}^{l-1} c_i a_i \boldsymbol{f}_i = \boldsymbol{0}.$$

因为

$$\sum_{i=0}^{l-1} c_i a_{l-1} \boldsymbol{f}_i = a_{l-1} \sum_{i=0}^{l-1} c_i \boldsymbol{f}_i = \boldsymbol{0},$$

所以

$$\sum_{i=0}^{l-1} c_i (a_i - a_{l-1}) \boldsymbol{f}_i = \sum_{i=0}^{l-2} c_i (a_i - a_{l-1}) \boldsymbol{f}_i = \boldsymbol{0}.$$

因为对$i < l-1$有$c_i(a_i - a_{i-1}) \neq 0$, 这就与$l$的极小性矛盾. 此外, 因为$W$有一组由$T$的特征向量组成的基, 所以它是不变子空间. 又因为

$$\boldsymbol{v}_0 = \boldsymbol{f}_0 + \cdots + \boldsymbol{f}_{k-1} \in W,$$

可知

$$\mathcal{C}_T(\boldsymbol{v}_0) \subseteq W,$$

从而

$$\dim \mathcal{C}_T(\boldsymbol{v}_0) \leqslant \dim W = k.$$

对每个非负整数i有$T^i(\boldsymbol{v}_0) \subseteq \mathcal{C}_T(\boldsymbol{v}_0)$. 因为

$$T^i(\boldsymbol{v}_0) = a_0^i \boldsymbol{f}_0 + a_1^i \boldsymbol{f}_1 + \cdots + a_{k-1}^i \boldsymbol{f}_{k-1},$$

向量集$\{\boldsymbol{v}_0, T(\boldsymbol{v}_0), T^2(\boldsymbol{v}_0), \ldots, T^{k-1}(\boldsymbol{v}_0)\}$关于基$\{\boldsymbol{f}_0, \ldots, \boldsymbol{f}_{k-1}\}$的矩阵为

$$\begin{pmatrix} 1 & a_0 & a_0^2 & \cdots & a_0^{k-1} \\ 1 & a_1 & a_1^2 & \cdots & a_1^{k-1} \\ 1 & a_2 & a_2^2 & \cdots & a_2^{k-1} \\ \vdots & \vdots & \vdots & & \vdots \\ 1 & a_{k-1} & a_{k-1}^2 & \cdots & a_{k-1}^{k-1} \end{pmatrix},$$

它的行列式为Vandermonde行列式

$$\prod_{0\leqslant i<j\leqslant k-1}(a_j-a_i)\neq 0.$$

由此可知$\{\boldsymbol{v}_0,T(\boldsymbol{v}_0),T^2(\boldsymbol{v}_0),\ldots,T^{k-1}(\boldsymbol{v}_0)\}$是一组线性无关的向量, 从而

$$\dim \mathcal{C}_T(\boldsymbol{v}_0)\geqslant k=\dim W.$$

因此, $\dim \mathcal{C}_T(\boldsymbol{v}_0)=k$. 若$\dim V=k$, 则$\dim V=k$, 则$\mathcal{C}_T(\boldsymbol{v}_0)=V$. □

§3.5 交错积

令$\bigwedge^h V$表示向量空间V的交错积, 则$\bigwedge^h V$是元素为形如

$$\boldsymbol{v}_0\wedge\boldsymbol{v}_1\wedge\cdots\wedge\boldsymbol{v}_{h-1}$$

的式子的线性组合组成的向量空间, 其中$\boldsymbol{v}_0,\boldsymbol{v}_1,\ldots,\boldsymbol{v}_{h-1}\in V$. 这些楔积满足性质: 若存在$i\neq j$使得$\boldsymbol{v}_i=\boldsymbol{v}_j$, 则

$$\boldsymbol{v}_0\wedge\boldsymbol{v}_1\wedge\cdots\wedge\boldsymbol{v}_{h-1}=\mathbf{0},$$

并且对所有的$\sigma\in S_h$有

$$\boldsymbol{v}_{\sigma(0)}\wedge\boldsymbol{v}_{\sigma(1)}\wedge\cdots\wedge\boldsymbol{v}_{\sigma(h-1)}=\operatorname{sign}(\sigma)\boldsymbol{v}_0\wedge\boldsymbol{v}_1\wedge\cdots\wedge\boldsymbol{v}_{h-1}.$$

若$\dim V=k$, $\{\boldsymbol{e}_0,\ldots,\boldsymbol{e}_{k-1}\}$为$V$的一组基, 则形如

$$\boldsymbol{e}_{i_0}\wedge\boldsymbol{e}_{i_1}\wedge\cdots\wedge\boldsymbol{e}_{i_{h-1}}$$

的所有向量是$\bigwedge^h V$的一组基, 其中

$$0\leqslant i_0<i_1<\cdots<i_{h-1}\leqslant k-1,$$

从而

$$\dim\bigwedge^h V=\tbinom{k}{h}.$$

每个线性算子$T:V\to V$诱导线性算子

$$DT:\bigwedge^h V\to\bigwedge^h V,$$

它在楔积上的作用满足规则:

$$DT(\boldsymbol{v}_0\wedge\boldsymbol{v}_1\wedge\cdots\wedge\boldsymbol{v}_{h-1})=\sum_{j=0}^{h-1}\boldsymbol{v}_0\wedge\cdots\wedge\boldsymbol{v}_{j-1}\wedge T(\boldsymbol{v}_j)\wedge\boldsymbol{v}_{j+1}\wedge\cdots\wedge\boldsymbol{v}_{h-1}.\tag{3.8}$$

称算子DT为T的导子.

回顾: $h^\wedge A$为A中h个不同元的和的集合.

引理 3.9 令T为V上的对角线性算子, $\sigma(T)$为T的谱. 令$h\geqslant 2$, $DT:\bigwedge^h V\to\bigwedge^h V$为$T$的导子. 若$T$的特征值都不同, 即$|\sigma(T)|=\dim V$, 则

$$\sigma(DT)=h^\wedge\sigma(T),$$

并且对每个$\boldsymbol{w} \in \bigwedge^h V$有

$$|h^\wedge \sigma(T)| \geqslant \dim \mathcal{C}_{DT}(\boldsymbol{w}).$$

证明: 令$\sigma(T) = \{a_0, a_1, \ldots, a_{k-1}\}$, $\{\boldsymbol{f}_0, \boldsymbol{f}_1, \ldots, \boldsymbol{f}_{k-1}\}$为$V$的特征向量组成的基, 其中$T(\boldsymbol{f}_i) = a_i \boldsymbol{f}_i (0 \leqslant i \leqslant k-1)$. 由(3.8)可知

$$DT(\boldsymbol{f}_{i_0} \wedge \cdots \wedge \boldsymbol{f}_{i_{h-1}}) = (a_{i_0} + \cdots + a_{i_{h-1}})(\boldsymbol{f}_{i_0} \wedge \cdots \wedge \boldsymbol{f}_{i_{h-1}}),$$

所以DT是$\bigwedge^h V$上的对角线性算子, 它的谱$\sigma(DT)$由所有h个T的不同特征值的和组成, 即

$$\sigma(DT) = h^\wedge \sigma(T).$$

将不等式(3.7)应用于向量空间$\bigwedge^h V$和算子DT可知, 对每个$\boldsymbol{w} \in \bigwedge^h V$有

$$|h^\wedge V\sigma(T)| = |\sigma(DT)| \geqslant \dim \mathcal{C}_{DT}(\boldsymbol{w}).$$ □

定理 3.3 令T为有限维向量空间V上的线性算子, $h \geqslant 2$, $DT: \bigwedge^h V \to \bigwedge^h V$为$T$的导子. 设$\boldsymbol{v}_0 \in V$, 对$i \geqslant 1$定义

$$\boldsymbol{v}_i = T^i(\boldsymbol{v}_0) \in V.$$

令

$$\boldsymbol{w} = \boldsymbol{v}_0 \wedge \boldsymbol{v}_1 \wedge \cdots \wedge \boldsymbol{v}_{h-1} \in \bigwedge^h V,$$

则对每个$r \geqslant 0$有

$$(DT)^r(\boldsymbol{w}) = (DT)^r(\boldsymbol{v}_0 \wedge \boldsymbol{v}_1 \wedge \cdots \wedge \boldsymbol{v}_{h-1}) = \sum \tilde{B}(i_0, i_1, \ldots, i_{h-1}) \boldsymbol{v}_{i_0} \wedge \boldsymbol{v}_{i_1} \wedge \cdots \wedge \boldsymbol{v}_{i_{h-1}},$$

其中和式中的格点$(i_0, i_1, \ldots, i_{h-1}) \in \mathbb{Z}^h$满足:

$$0 \leqslant i_0 < i_1 < \cdots < i_{h-1} \leqslant r + h - 1,$$

$$i_0 + i_1 + \cdots + i_{h-1} = \binom{h}{2} + r,$$

$\tilde{B}(i_0, i_1, \ldots, i_{h-1})$是对应格点$(i_0, i_1, \ldots, i_{h-1})$的严格$h$维投票数.

证明: 对r作归纳证明. 若$r = 0$, 则由$\tilde{B}(0, 1, 2, \ldots, h-1) = 1$可知

$$(DT)^0(\boldsymbol{w}) = \boldsymbol{w} = \boldsymbol{v}_0 \wedge \boldsymbol{v}_1 \wedge \cdots \wedge \boldsymbol{v}_{h-1} = \tilde{B}(0, 1, 2, \ldots, h-1) \boldsymbol{v}_0 \wedge \boldsymbol{v}_1 \wedge \cdots \wedge \boldsymbol{v}_{h-1}.$$

假设结论对整数$r \geqslant 0$成立, 则

$$\begin{aligned}
& (DT)^{r+1}(\boldsymbol{w}) \\
= \ & DT((DT)^r(\boldsymbol{w})) \\
= \ & DT(\sum \tilde{B}(i_0, i_1, \ldots, i_{h-1}) \boldsymbol{v}_{i_0} \wedge \boldsymbol{v}_{i_1} \wedge \cdots \wedge \boldsymbol{v}_{i_{h-1}}) \\
= \ & \sum \tilde{B}(i_0, i_1, \ldots, i_{h-1}) DT(\boldsymbol{v}_{i_0} \wedge \boldsymbol{v}_{i_1} \wedge \cdots \wedge \boldsymbol{v} i_{h-1}) \\
= \ & \sum \tilde{B}(i_0, i_1, \ldots, i_{h-1}) \sum_{j=0}^{h-1} \boldsymbol{v}_{i_0} \wedge \boldsymbol{v}_{i_1} \wedge \cdots \wedge \boldsymbol{v}_{i_{j-1}} \wedge T(\boldsymbol{v}_{i_j}) \wedge \boldsymbol{v}_{i_{j+1}} \wedge \cdots \wedge \boldsymbol{v}_{i_{h-1}} \\
= \ & \sum \tilde{B}(i_0, i_1, \ldots, i_{h-1}) \sum_{j=0}^{h-1} \boldsymbol{v}_{i_0} \wedge \boldsymbol{v}_{i_1} \wedge \cdots \wedge \boldsymbol{v}_{i_{j-1}} \wedge \boldsymbol{v}_{i_j+1} \wedge \boldsymbol{v}_{i_{j+1}} \wedge \cdots \wedge \boldsymbol{v}_{i_{h-1}} \\
= \ & \sum C(i_0, i_1, \ldots, i_{h-1}) \boldsymbol{v}_{i_0} \wedge \boldsymbol{v}_{i_1} \wedge \cdots \wedge \boldsymbol{v}_{i_{h-1}},
\end{aligned}$$

其中最后一个和式过所有满足

$$0 \leqslant i_0 < i_1 < \cdots < i_{h-1} \leqslant r+h,$$

$$i_0 + i_1 + \cdots + i_{h-1} = \binom{h}{2} + r + 1$$

的格点$(i_0, i_1, \ldots, i_{h-1}) \in \mathbb{Z}^h$, 并且整数$C(i_0, i_1, \ldots, i_{h-1})$满足差分方程

$$C(i_0, i_1, \ldots, i_{h-1}) = \sum_{j=0}^{h-1} \tilde{B}(i_0, i_1, \ldots, i_{j-1}, i_j - 1, i_{j+1}, \ldots, i_{h-1}).$$

这个差分方程确定严格h维投票数, 所以

$$C(i_0, i_1, \ldots, i_{h-1}) = \tilde{B}(i_0, i_1, \ldots, i_{h-1}).$$

因此, 结论对$r+1$成立. □

§3.6 完成Erdös-Heilbronn猜想的证明

定理 3.4 (Dias da Silva-Hamidoune) 令p为素数, $A \subseteq \mathbb{Z}/p\mathbb{Z}$, 其中$|A| = k$. 令$2 \leqslant h \leqslant k$, 则

$$|h^\wedge A| \geqslant \min(p, hk - h^2 + 1).$$

证明: 令$A = \{a_0, a_1, \ldots, a_{k-1}\}$. 令$V$为域$\mathbb{Z}/p\mathbb{Z}$上$k$维向量空间, $\{\boldsymbol{f}_0, \boldsymbol{f}_1, \ldots, \boldsymbol{f}_{k-1}\}$为$V$的一组基. 定义对角线性算子$T: V \to V$ 为

$$T(\boldsymbol{f}_i) = a_i \boldsymbol{f}_i \ (0 \leqslant i \leqslant k-1).$$

T的谱为

$$\sigma(T) = A.$$

令

$$\boldsymbol{v}_0 = \boldsymbol{f}_0 + \boldsymbol{f}_1 + \cdots + \boldsymbol{f}_{h-1},$$

对$i \geqslant 0$定义

$$\boldsymbol{v}_{i+1} = T(\boldsymbol{v}_i) = T^i(\boldsymbol{v}_0).$$

由引理3.8, 由$\boldsymbol{v}_0$生成的循环子空间$\mathcal{C}_T(\boldsymbol{v}_0)$为$V$, 向量集$\{\boldsymbol{v}_0, \boldsymbol{v}_1, \ldots, \boldsymbol{v}_{k-1}\}$是$V$的一组基. 交错积$\bigwedge^h V$是一个向量空间, 它的一组基由$\binom{k}{h}$个形如

$$\boldsymbol{v}_{i_0} \wedge \boldsymbol{v}_{i_1} \wedge \cdots \wedge \boldsymbol{v}_{i_{h-1}}$$

的楔积组成, 其中

$$0 \leqslant i_0 < i_1 < \cdots < i_{h-1} \leqslant k-1.$$

令

$$\boldsymbol{w} = \boldsymbol{v}_0 \wedge \boldsymbol{v}_1 \wedge \cdots \wedge \boldsymbol{v}_{k-1} \in \bigwedge^h V.$$

由引理3.9有

$$|h^\wedge A| = |\sigma(DT)| \geqslant \dim \mathcal{C}_{DT}(\boldsymbol{w}).$$

因此, 只需证明

$$\dim \mathcal{C}_{DT}(\boldsymbol{w}) \geqslant \min(p, hk - h^2 + 1),$$

这又相当于证明下列向量

$$\boldsymbol{w}, (DT)(\boldsymbol{w}), (DT)^2(\boldsymbol{w}), \ldots, (DT)^n(\boldsymbol{w})$$

在交错积$\bigwedge^h V$中线性无关, 其中

$$n = \min(p, hk - h^2 + 1) - 1 = \min(p - 1, hk - h^2).$$

令$0 \leqslant r \leqslant n$.由定理3.3, 向量$(DT)^r(\boldsymbol{w})$是下列形式的向量的线性组合:

$$\boldsymbol{v}_{i_0} \wedge \boldsymbol{v}_{i_1} \wedge \cdots \wedge \boldsymbol{v}_{i_{h-1}},$$

其中

(3.9) $$0 \leqslant i_0 < i_1 < \cdots < i_{h-1} \leqslant r + h - 1,$$

(3.10) $$i_0 + i_1 + \cdots + i_{h-1} = \binom{h}{2} + r.$$

令i为整数区间$[0, k-1]$. 因为

$$h^\wedge I = [\tbinom{h}{2}, hk - \tbinom{h+1}{2}] = \tbinom{h}{2} + [0, hk - h^2],$$

所以在$(DT)^r(\boldsymbol{w})$的展开式中至少有一个基向量$\boldsymbol{v}_{i_0} \wedge \boldsymbol{v}_{i_1} \wedge \cdots \wedge \boldsymbol{v}_{i_{h-1}}$满足:

(3.11) $$0 \leqslant i_0 < i_1 < \cdots < i_{h-1} \leqslant k - 1 < p,$$

$$i_0 + i_1 + \cdots + i_{h-1} = \tbinom{h}{2} + r \leqslant \tbinom{h}{2} + n < \tbinom{h}{2} + p.$$

由定理3.3, 这个基向量的系数是严格h维投票数$\tilde{B}(i_0, \ldots, i_{h-1})$. 由定理3.2,

$$\tilde{B}(i_0, \ldots, i_{h-1}) \not\equiv 0 \bmod p.$$

因为$V = \mathcal{C}_T(\boldsymbol{v}_0)$是$k$维循环空间, 每个满足$\ell \geqslant k$的向量$\boldsymbol{v}_\ell \in V$是$\boldsymbol{v}_0, \boldsymbol{v}_1, \ldots, \boldsymbol{v}_{k-1}$的线性组合. 令$\boldsymbol{v}_{i_0} \wedge \boldsymbol{v}_{i_1} \wedge \cdots \wedge \boldsymbol{v}_{i_{h-1}}$为满足(3.9)与(3.10)的向量. 若存在$\ell \in [0, h-1]$使得$i_\ell \geqslant k$, 则$\boldsymbol{v}_{i_0} \wedge \boldsymbol{v}_{i_1} \wedge \cdots \wedge \boldsymbol{v}_{i_{h-1}}$是形如$\boldsymbol{v}_{j_0} \wedge \boldsymbol{v}_{j_1} \wedge \cdots \wedge \boldsymbol{v}_{j_{h-1}}$的基向量的线性组合, 其中

$$0 \leqslant j_0 < j_1 < \cdots < j_{h-1} \leqslant k - 1,$$

$$j_0 + j_1 + \cdots + j_{h-1} < \tbinom{h}{2} + r.$$

由此可知$(DT)^r(\boldsymbol{w})$是基向量$\boldsymbol{v}_{i_0} \wedge \boldsymbol{v}_{i_1} \wedge \cdots \wedge \boldsymbol{v}_{i_{h-1}}$的线性组合, 其中

$$0 \leqslant i_0 < i_1 < \cdots < i_{h-1} \leqslant k - 1,$$

并且满足

$$i_0 + i_1 + \cdots + i_{h-1} < \tbinom{h}{2} + r$$

或者

$$i_0+i_1+\cdots+i_{h-1}=\binom{h}{2}+r.$$

此外, 第二种情形的基向量的系数$\tilde{B}(i_0,i_1,\ldots,i_{h-1})\not\equiv 0 \bmod p$. 若向量$\boldsymbol{w},(DT)(\boldsymbol{w}),(DT)^2(\boldsymbol{w}),\ldots,(DT)^n(\boldsymbol{w})$在循环空间$\mathcal{C}_{DT}(\boldsymbol{w})$中线性相关, 则存在正整数$m\leqslant n$使得

$$(DT)^m(\boldsymbol{w})=\sum_{r=0}^{m-1}c_r(DT)^r(\boldsymbol{w}),$$

其中$c_r\in\mathbb{Z}/p\mathbb{Z}(0\leqslant r\leqslant m-1)$. 上述线性相关的式子的右边是满足(3.11)和

$$i_0+i_1+\cdots+i_{h-1}\leqslant\binom{h}{2}+m-1$$

的基向量$\boldsymbol{v}_{i_0}\wedge\boldsymbol{v}_{i_1}\wedge\cdots\wedge\boldsymbol{v}_{i_{h-1}}$的线性组合, 而左边是满足(3.11)和

$$i_0+i_1+\cdots+i_{h-1}\leqslant\binom{h}{2}+m$$

的基向量的线性组合, 并且其中至少有一个基向量满足

$$i_0+i_1+\cdots+i_{h-1}=\binom{h}{2}+m,$$

这是不可能的. □

注记: 证明的过程中只需要A是一个域的子集, 并不需要这个域是$\mathbb{Z}/p\mathbb{Z}$. 令K是任意的域, 若K的特征为正数, 取p为K的特征, 否则取$p=+\infty$, 则我们事实上证明了: 若$A\subseteq K,|A|=k\leqslant p$, 则对所有的$h\geqslant 1$有$|h^\wedge A|\geqslant\min(p,hk-h^2+1)$.

§3.7 多项式方法

在下面的两节中, 我们仅使用多项式的初等运算给出Erdös-Heilbronn猜想的第二个证明. 为了更清楚地了解方法, 我们先对$h=2$的情形证明猜想. 我们只需要系数在域中的多项式的简单性质.

引理 3.10 令$A_0,A_1,\ldots,A_{h-1}(h\geqslant 1)$为域$X$的非空子集, $|A_i|=k_i(0\leqslant i\leqslant h-1)$, $f(x_0,x_1,\ldots,x_{h-1})$是系数在$K$中, 且关于$x_i$的次数不超过$k_i-1(0\leqslant i\leqslant h-1)$的多项式. 若对所有的

$$(a_0,a_1,\ldots,a_{h-1})\in A_0\times A_1\times\cdots\times A_{h-1}$$

有

$$f(a_0,a_1,\ldots,a_{h-1})=0,$$

则$f(x_0,x_1,\ldots,x_{h-1})$是零多项式.

证明: 对h作归纳. 若$h=1$, 由$K[x]$中次数不超过$k-1$的非零多项式不可能有k个不同的根的事实即得结论.

若$h\geqslant 2$, 假设结论对至多$h-1$元的多项式成立. 我们可以写成

$$f(x_0,x_1,\ldots,x_{h-1})=\sum_{j=0}^{k_0-1}f_j(x_1,\ldots,x_{h-1})x_0^j,$$

其中$f_j(x_1,\ldots,x_{h-1})$是关于$h-1$个变量$x_1,\ldots,x_{h-1}$的多项式, 并且关于x_i的次数不超过$k_i-1(1\leqslant i\leqslant h-1)$. 固定

$$(a_1,\ldots,a_{h-1})\in A_1\times\cdots\times A_{h-1},$$

则

$$g(x_0)=f(x_0,a_1,\ldots,a_{h-1})=\sum_{j=0}^{k_0-1}f_j(a_1,\ldots,a_{h-1})x_0^j$$

是关于x_0的次数不超过k_0-1的多项式, 并且对所有的$a_0\in A_0$有$g(a_0)=0$. 因为$g(x)$至少有k_0个不同的根, 所有$g(x)$是零多项式, 从而对所有的

$$(a_1,\ldots,a_{h-1})\in A_1\times\cdots\times A_{h-1},$$

有

$$f_j(a_1,\ldots,a_{h-1})=0(0\leqslant j\leqslant k_0-1).$$

由归纳假设这些多项式$f_j(x_1,\ldots,x_{h-1})$为零多项式, 从而$f(x_0,x_1,\ldots,x_{h-1})$为零多项式. □

定理 3.5 令p为素数, A,B为$\mathbb{Z}/p\mathbb{Z}$的非空子集使得$|A|\neq|B|$. 令

$$A\hat{+}B=\{a+b|a\in A,b\in B,a\neq b\},$$

则

$$|A\hat{+}B|\geqslant\min(p,|A|+|B|-2).$$

注记: 由该定理即得$h=2$时的Erdös-Heilbronn猜想: 令$A\subseteq\mathbb{Z}/p\mathbb{Z},|A|\geqslant2$. 选取$a\in A$, 令$B=A\backslash\{a\}$, 则$|B|=|A|-1$, $2^\wedge A=A\hat{+}B$. 由定理3.5,

$$|2^\wedge A|=|A\hat{+}B|\geqslant\min(p,|A|+|B|-2)=\min(p,2k-3).$$

证明: 令$|A|=k,|B|=l$. 我们不妨假设

$$1\leqslant l<k\leqslant p.$$

若$k+l-2>p$, 令$l'=p-k+2$, 则

$$2\leqslant l'<l<k,$$

$$k+l'-2=p.$$

选取$B'\subseteq B$使得$|B'|=l'$. 若定理对集合A,B'成立, 则

$$|A\hat{+}B|\geqslant|A\hat{+}B'|\geqslant\min(p,k+l'-2)=p=\min(p,|A|+|B|-2).$$

所以, 我们不妨设

$$k+l-2\leqslant p.$$

令$C=A\hat{+}B$. 我们需要证明$|C|\geqslant k+l-2$. 若

$$|C|\leqslant k+l-3,$$

则选取$r \geqslant 0$使得

$$r + |C| = k + l - 3.$$

我们构造三个多项式$f_0, f_1, f \in \mathbb{Z}/p\mathbb{Z}[x, y]$如下: 令

$$f_0(x, y) = \prod_{c \in C}(x + y - c),$$

则$\deg(f_0) = |C| \leqslant k + l - 3$, 并且对所有的$a \in A, b \in B, a \neq b$, 有

$$f_0(a, b) = 0.$$

令

$$f(x, y) = (x - y)f_0(x, y),$$

则$\deg(f_1) = 1 + |C| \leqslant k + l - 2$, 并且对所有的$a \in A, b \in B$, 有

$$f_1(a, b) = 0.$$

将$f_1(x, y)$乘以$(x + y)^r$得到次数为$1 + r + |C| = k + l - 2$的多项式

$$f(x, y) = (x - y)(x + y)^r \prod_{c \in C}(x + y - c)$$

使得对所有的$a \in A, b \in B$, 有

$$f(a, b) = 0.$$

存在系数$u_{m,n} \in \mathbb{Z}/p\mathbb{Z}$使得

$$\begin{aligned} f(x, y) &= \sum_{\substack{m,n \geqslant 0 \\ m+n \leqslant k+l-2}} u_{m,n} x^m y^n \\ &= (x - y)(x + y)^r \prod_{c \in C}(x + y - c) \\ &= (x - y)(x + y)^{k+l-3} + \text{低次项}. \end{aligned}$$

因为$1 \leqslant l < k \leqslant p, 1 \leqslant k + l - 3 < p$, 所以$f(x, y)$中单项式$x^{k-1}y^{l-1}$的系数$u_{k-1,l-1}$为

$$\binom{k+l-3}{k-2} - \binom{k+l-3}{k-1} = \frac{(k-l)(k+l-3)!}{(k-1)!(l-1)!} \not\equiv 0 \bmod p.$$

由引理3.3, 对每个$m \geqslant k$, 存在次数不超过$k-1$的多项式$g_m(x)$使得对所有的$a \in A$有$g_m(a) = a^m$; 对每个$n \geqslant l$, 存在次数$\leqslant l - 1$的多项式$h_n(y)$使得对所有的$b \in B$有$h_n(b) = b^n$. 我们利用多项式$g_m(x), h_n(y)$从$f(x, y)$构造新的多项式$f^*(x, y)$如下. 若$x^m y^n$是$f(x, y)$中满足$m \geqslant k$ 的单项式, 则用$g_m(x)y^n$替代$x^m y^n$. 因为$\deg(f(x, y)) = k + l - 2$, 所以若$m \geqslant k$, 则$n \leqslant l - 2$, 从而$g_m(x)y^n$是满足$i \leqslant k-1, j \leqslant l-2$的单项式$x^i y^j$的和. 同理, 若$x^m y^n$是$f(x, y)$中满足$n \geqslant l$的单项式, 则用$x^m h_n(y)$替代$x^m y^n$. 若$n \geqslant l$, 则$m \leqslant k - 2$, 从而$x^m h_n(y)$是满足$i \leqslant k - 2, j \leqslant l - 1$的单项式$x^i y^j$的和.

这样就确定了一个关于x的次数为$k - 1$, 关于y的次数为$l - 1$的多项式$f^*(x, y)$. 因为单项式$x^{k-1}y^{l-1}$没有出现在多项式$g_m(x)y^n$或$x^m h_n(y)$ 中, 上述从$f(x, y)$构造$f^*(x, y)$的过程不会改变$x^{k-1}y^{l-1}$ 的系数$u_{k-1,l-1}$. 另一方面, 对所有的$a \in A, b \in B$有

$$f^*(a, b) = f(a, b) = 0.$$

由引理3.10可知$f^*(x, y)$为零多项式. 这就与$f^*(x, y)$中$x^{k-1}y^{l-1}$的系数$u_{k-1,l-1}$非零矛盾. □

§3.8 Erdös-Heilbronn猜想证明的多项式方法

我们将再次利用$\binom{h}{2}$次的多项式

$$\Delta(x_0,x_1,\ldots,x_{h-1})=\prod_{0\leqslant i<j\leqslant h-1}(x_j-x_i).$$

定理 3.6 设K为域. 当K的特征为素数时, 令p为K的特征, 否则令$p=+\infty$. 令$h\geqslant 2, l\geqslant 0$为整数使得

$$m=l+\binom{h}{2}<p,$$

则

$$(x_0+\cdots+x_{h-1})^r\Delta(x_0,x_1,\ldots,x_{h-1})=\sum\tilde{B}(b_0,b_1,\ldots,b_{h-1})x_0^{b_0}\cdots x_{h-1}^{b_{h-1}},$$

其中和式过所有满足

$$b_0+b_1+\cdots+b_{h-1}=m$$

的h元非负整数组$(b_0,b_1,\ldots,b_{h-1})$, 系数为严格投票数

$$\tilde{B}(b_0,b_1,\ldots,b_{h-1})=\frac{(b_0+b_1+\cdots+b_{h-1}-\binom{h}{2})!}{b_0!b_1!\cdots b_{h-1}!}\prod_{0\leqslant i<j\leqslant h-1}(b_j-b_i).$$

证明: 回顾S_h为$\{0,1,\ldots,h-1\}$的所有置换构成的对称群, $\mathrm{sign}(\sigma)=\pm1$为置换$\sigma\in S_h$的符号. 利用Vandermonde行列式(引理3.1与引理3.2)通过如下的计算得到关于多项式的系数的公式:

$$\begin{aligned}
&(x_0+\cdots+x_{h-1})^t\Delta(x_0,x_1,\ldots,x_{h-1})\\
=\ &(x_0+\cdots+x_{h-1})^t\prod_{0\leqslant i<j\leqslant h-1}(x_j-x_i)\\
=\ &(x_0+\cdots+x_{h-1})^t\begin{vmatrix}1 & x_0 & x_0^2 & \cdots & x_0^{h-1}\\ 1 & x_1 & x_1^2 & \cdots & x_1^{h-1}\\ 1 & x_2 & x_2^2 & \cdots & x_2^{h-1}\\ \vdots & \vdots & \vdots & & \vdots\\ 1 & x_{h-1} & x_{h-1}^2 & \cdots & x_{h-1}^{h-1}\end{vmatrix}\\
=\ &(x_0+\cdots+x_{h-1})^t\sum_{\sigma\in S_h}\mathrm{sign}(\sigma)\prod_{i=0}^{h-1}x_i^{\sigma(i)}\\
=\ &\sum_{\substack{t_i\geqslant 0\\ t_0+t_1+\cdots+t_{h-1}=t}}\frac{t!}{\prod_{i=0}^{h-1}t_i!}\prod_{i=0}^{h-1}x_i^{t_i}\sum_{\sigma\in S_h}\mathrm{sign}(\sigma)\prod_{i=0}^{h-1}x_i^{\sigma(i)}\\
=\ &t!\sum_{\sigma\in S_h}\mathrm{sign}(\sigma)\sum_{\substack{t_i\geqslant 0\\ t_0+t_1+\cdots+t_{h-1}=t}}\frac{1}{\prod_{i=0}^{h-1}t_i!}\prod_{i=0}^{h-1}x_i^{t_i+\sigma(i)}\\
=\ &t!\sum_{\sigma\in S_h}\mathrm{sign}(\sigma)\sum_{\substack{t_i\geqslant 0\\ t_0+t_1+\cdots+t_{h-1}=t}}\prod_{i=0}^{h-1}\frac{[t_i+\sigma(i)]_{\sigma(i)}}{(t_i+\sigma(i))!}x_i^{t_i+\sigma(i)}\\
=\ &t!\sum_{\sigma\in S_h}\mathrm{sign}(\sigma)\sum_{\substack{b_i\geqslant\sigma(i)\\ b_0+b_1+\cdots+b_{h-1}=m}}\prod_{i=0}^{h-1}\frac{[b_i]_{\sigma(i)}}{b_i!}x_i^{b_i}
\end{aligned}$$

$$= t! \sum_{\sigma \in S_h} \mathrm{sign}(\sigma) \sum_{\substack{b_i \geqslant 0 \\ b_0+b_1+\cdots+b_{h-1}=m}} \prod_{i=0}^{h-1} \frac{[b_i]_{\sigma(i)}}{b_i!} x_i^{b_i}$$

$$= \sum_{\substack{b_i \geqslant 0 \\ b_0+b_1+\cdots+b_{h-1}=m}} t! \sum_{\sigma \in S_h} \mathrm{sign}(\sigma) \prod_{i=0}^{h-1} \frac{[b_i]_{\sigma(i)}}{b_i!} x_i^{b_i}$$

$$= \sum_{\substack{b_i \geqslant 0 \\ b_0+b_1+\cdots+b_{h-1}=m}} \frac{t!}{\prod_{i=0}^{h-1} b_i!} \prod_{0 \leqslant i < j \leqslant h-1} (b_j - b_i) \prod_{i=0}^{h-1} x_i^{b_i}$$

$$= \sum_{\substack{b_i \geqslant 0 \\ b_0+b_1+\cdots+b_{h-1}=m}} \frac{(b_0+b_1+\cdots+b_{h-1}-\binom{h}{2})!}{b_0!b_1!\cdots b_{h-1}!} \prod_{0 \leqslant i < j \leqslant h-1} (b_j - b_i) x_0^{b_0} \cdots x_{h-1}^{b_{h-1}}.$$

由定理3.1, 单项式$x_0^{b_0} \cdots x_{h-1}^{b_{h-1}}$的系数是严格投票数$\tilde{B}(b_0, b_1, \ldots, b_{h-1})$. □

定理 3.7 (Alon-Nathanson-Ruzsa) 设K为域. 当K的特征为素数时, 令p为K的特征, 否则令$p = +\infty$. 令$h \geqslant 2$, A_i 为K的非空有限子集, 设$|A_i| = k_i (0 \leqslant i \leqslant h-1)$. 假设$i \neq j$时, $k_i \neq k_j$. 令

$$C = \{a_0 + a_1 + \cdots + a_{i-1} | a_i \in A(0 \leqslant i \leqslant h-1), a_i \neq a_j (i \neq j)\},$$

则

$$|C| \geqslant \min(p, \sum_{i=0}^{h-1} k_i - \binom{h+1}{2} + 1).$$

证明: 不失一般性, 我们可以假设

$$1 \leqslant k_0 < k_1 < \cdots < k_{h-1},$$

则对$0 \leqslant i \leqslant h-1$有$k_i \geqslant i+1$. 令$\ell_i = k_i - i - 1 (0 \leqslant i \leqslant h-1)$, 则

$$0 \leqslant \ell_0 \leqslant \ell_1 \leqslant \cdots \leqslant \ell_{h-1},$$

$$t = \sum_{i=0}^{h-1} k_i - \binom{h+1}{2} = \sum_{i=0}^{h-1} (k_i - i - 1) = \sum_{i=0}^{h-1} \ell_i.$$

我们将证明若定理的结论对$t < p$成立, 则对$t \geqslant p$也成立. 若

$$t = \sum_{i=0}^{h-1} \ell_i \geqslant p,$$

则选取整数$\ell_i' \leqslant \ell_i$使得

$$0 \leqslant \ell_0' \leqslant \ell_1' \leqslant \cdots \leqslant \ell_{h-1}',$$

$$\sum_{i=0}^{h-1} \ell_i' = p - 1.$$

令

$$k_i' = \ell_i' + i + 1 \ (0 \leqslant i \leqslant h-1),$$

则$i + 1 \leqslant k_i' \leqslant k_i$, 并且

$$\sum_{i=0}^{h-1} k_i' - \binom{h+1}{2} = \sum_{i=0}^{h-1} (k_i' - i - 1) = \sum_{i=0}^{h-1} \ell_i' = p - 1.$$

选取$A_i' \subseteq A_i$使得$|A_i'| = k_i' (0 \leqslant i \leqslant h-1)$, 令

$$C' = \{a_0 + \cdots + a_{h-1} | a_i \in A'_i (0 \leqslant i \leqslant h-1, a_i \neq a_j (i \neq j)\},$$

则$C' \subseteq C$, 并且

$$|C| \geqslant |C'| \geqslant \min(p, \sum_{i=0}^{h-1} k'_i - \binom{h+1}{2} + 1) = p = \min(p, t+1) = \min(p, \sum_{i=0}^{h-1} k_i - \binom{h+1}{2} + 1).$$

因此, 我们可以假设

$$t = \sum_{i=0}^{h-1} k_i - \binom{h+1}{2} < p.$$

我们需要证明$|C| \geqslant t+1$.

假设

$$|C| \leqslant t = \sum_{i=0}^{h-1} k_i - \binom{h+1}{2}.$$

选择非负整数r使得

$$r + |C| = \sum_{i=0}^{h-1} k_i - \binom{h+1}{2} = t.$$

定义多项式$f \in K[x_0, x_1, \ldots, x_{h-1}]$为

$$f(x_0, x_1, \ldots, x_{h-1}) = \Delta(x_0, x_1, \ldots, x_{h-1})(x_0 + \cdots + x_{h-1})^r \prod_{c \in C}(x_0 + \cdots + x_{h-1} - c).$$

多项式f的次数为

$$m = \binom{h}{2} + r + |C| = t + \binom{h}{2} = \sum_{i=0}^{h-1} k_i - \binom{h+1}{2} + \binom{h}{2} = \sum_{i=0}^{h-1} k_i - h = \sum_{i=0}^{h-1}(k_i - 1).$$

此外, 对所有的

$$(a_0, a_1, \ldots, a_{h-1}) \in A_0 \times A_1 \times \cdots \times A_{h-1}$$

有

$$f(a_0, a_1, \ldots, a_{h-1}) = 0.$$

因为

$$f(x_0, x_1, \ldots, x_{h-1}) = (x_0 + \cdots + x_{h-1})^t \Delta(x_0, x_1, \ldots, x_{h-1}) + \text{低次项},$$

由定理3.6可知单项式

$$x_0^{k_0-1} x_1^{k_1-1} \cdots x_{h-1}^{k_{h-1}-1}$$

的系数为

$$\begin{aligned} \tilde{B}(k_0-1, k_1-1, \ldots, k_{h-1}-1) &= \frac{(k_0+k_1+\cdots+k_{h-1}-h-\binom{h}{2})!}{(k_0-1)!(k_1-1)!\cdots(k_{h-1}-1)!} \prod_{0 \leqslant i < j \leqslant h-1}(k_j - k_i) \\ &= \frac{t!}{(k_0-1)!(k_1-1)!\cdots(k_{h-1}-1)!} \prod_{0 \leqslant i < j \leqslant h-1}(k_j - k_i), \end{aligned}$$

并且它是域K中的非零元.

由引理3.3, 对$0 \leqslant i \leqslant h-1$和每个$m \geqslant k$, 存在次数$\leqslant k_i - 1$的多项式$g_{i,m}(x_i)$, 使得对所有的$a_i \in A_i$有$g_{i,m}(a_i) = a_i^m$. 就像定理3.5的证明中做的那样, 我们利用这些多项式$g_{i,m}(x_i)$从$f(x_0, x_1, \ldots, x_{h-1})$构造新的多项式$f^*(x_0, \ldots, x_{h-1})$. 若$x_0^{b_0} x_1^{b_1} \cdots x_{h-1}^{b_{h-1}}$是$f(x_0, \ldots, x_{h-1})$中的一个单项式, 则在$b_i \geqslant k_i$时用$g_{i,b_i}(x_i)$替代$x_i^{b_i}$. 因为$\deg f = \sum_{i=0}^{h-1}(k_i - 1)$, 所以若在给定的单项式中存在$i$使得$b_i \geqslant k_i$, 则在同一个单项式中存在$j \neq i$使得$b_j < k_j - 1$. 因此, 单项式$x_0^{k_0-1} x_1^{k_1-1} \cdots x_{h-1}^{k_{h-1}-1}$在$f$与$f^*$中的系数不变, 这个系数为

$$\tilde{B}(k_0 - 1, k_1 - 1, \ldots, k_{h-1} - 1) \neq 0.$$

另一方面, 多项式f^*关于变量x_i的次数为$k_i - 1$, 并且对所有的$(a_0, \ldots, a_{h-1}) \in A_0 \times \cdots \times A_{h-1}$有

$$f^*(a_0, \ldots, a_{h-1}) = f(a_0, \ldots, a_{h-1}) = 0.$$

由引理3.10, f^*为零多项式. 我们得到矛盾, 所以$|C| \geqslant t+1$. □

定理 3.8 设K为域. 当K的特征为素数时, 令p为K的特征, 否则令$p = +\infty$. 令$h \geqslant 2$, A为K的非空有限子集使得$|A| = k \geqslant h$, 则

$$|h^\wedge A| \geqslant \min(p, hk - h^2 + 1).$$

证明: 令A_i为A的子集使得

$$|A_i| = k_i = k - i \ (0 \leqslant i \leqslant h-1),$$

则

$$\sum_{i=0}^{h-1} k_i = hk - \binom{h}{2}.$$

令

$$C = \{a_0 + \cdots + a_{h-1} | a_i \in A_i (0 \leqslant i \leqslant h-1), a_i \neq a_j (i \neq j)\},$$

则

$$C \subseteq h^\wedge A.$$

由定理3.7可知

$$\begin{aligned} |h^\wedge A| &\geqslant |C| \\ &\geqslant \min(p, \sum_{i=0}^{h-1} k_i - \binom{h+1}{2} + 1) \\ &= \min(p, hk - \binom{h}{2} - \binom{h+1}{2} + 1) \\ &= \min(p, hk - h^2 + 1). \end{aligned}$$

Erdös-Heilbronn猜想得证. □

§3.9 注记

Erdös-Heibronn猜想是20世纪60年代提出的. 这个猜想并没有放在Erdös与Heilbronn合作的关于同余类的集合的和的论文[43]中, 而是由Erdös(见[36]的pp.16-17)在1963年于Colorado大学举行的一个数论会议上陈述了这一猜想, 并且在他以后的讲义和论文中经常提到这个问题(见[37]和[42], p.95). [110], [85], [111], [109], [59]中得到了这个猜想的部分结果.

Dias da Silva与Hamidoune[29]利用表示论与线性代数的结果给出了猜想的完整证明, 他们此前[28]已经将这种代数技巧用于加性数论. Spigler[120] 早就利用线性代数解决加性数论中的问题.

Nathanson[93]用简单的投票数性质替代表示论简化了Dias da Silva-Hamidoune的方法. 关于引理3.1中严格投票数$\tilde{B}(b_0, \ldots, b_{h-1})$的公式的证明采用了Zeilberger的论文[129]中的方法. 关于投票数与其他格点道路计数问题有大量的相关文献(参见[87], [89]).

Erdös-Heilbronn猜想的多项式证明归功于Alon, Nathanson与Ruzsa[2, 3].

§3.10 习题

习题3.1 令$\sigma, \tau \in S_h$, $f, g \in F[x_0, x_1, \ldots, x_{h-1}], c \in F$, 则

$$(\sigma\tau)f = \sigma(\tau f),$$

$$\sigma(f+g) = \sigma(f) + \sigma(g),$$

$$\sigma(cf) = c\sigma(f),$$

$$\sigma(fg) = \sigma(f)\sigma(g).$$

习题3.2 令$\tau \in S_h$为一个对换, 证明: $\mathrm{sign}(\tau) = -1$.

习题3.3 利用多项式方法证明Cauchy-Davenport定理.

习题3.4 令A, B为$\mathbb{Z}/p\mathbb{Z}$的非空子集,

$$C = \{a+b | a \in A, b \in B, ab \neq 1\}.$$

证明:

$$|C| \geqslant \min(p, |A| + |B| - 3).$$

习题3.5 关于系数在域F中的多项式的辗转相除法指出: 若$u(x), v(x) \in F[x], v(x) \neq 0$, 则存在$g(x), h(x) \in F[x]$使得

$$u(x) = h(x)v(x) + g(x),$$

其中$\deg(g(x)) < \deg(v(x))$. 利用辗转相除法证明引理3.3.

提示: 令$v(x) = \prod_{a \in A}(x-a)$.

习题3.6 令$A=\{a_0,a_1,\ldots,a_{k-1}\}$为域$F$中的$k$元集, $b_0,b_1,\ldots,b_{k-1}$为F中的k元列(允许相同). 考虑多项式

$$g(x)=\sum_{i=0}^{k-1} b_i \prod_{\substack{j=0\\ j\neq i}}^{k-1}\left(\frac{x-a_j}{a_i-a_j}\right)\in F[x].$$

验证$\deg(g(x))=k-1, g(a_i)=b_i(0\leqslant i\leqslant k-1)$. 我们将这个等式称为Lagrange插值公式. 利用这个公式给出引理3.3的另一个证明.

第 4 章　群的Kneser定理

§4.1　周期子集

本章的主要目的是证明Kneser关于Abel群G的有限子集的和的一个很漂亮的定理. 我们需要以下定义.

令S为Abel群G的非空子集, 定义S的稳定化子为集合

$$H(S) = \{g \in G | g + S = S\},$$

显然$0 \in H(S)$, 并且$H(S)$是G的使得

$$H(S) + S = S$$

的最大子群. 特别地, $H(S) = G$当且仅当$S = G$. 称$g \in H(S)$为S的周期元, 若$H(S) \neq \{0\}$, 则称S为周期集合. 例如, 若S为$\mathbb{Z}$中以d为公差的无限等差数列, 则$H(S) = d\mathbb{Z}$.

Kneser证明了: 若A, B是Abel群G的非空有限子集, 则$|A + B| \geqslant |A| + |B|$, 或者

$$|A + B| = |A + H| + |B + H| - |H|,$$

其中$H = H(A + B)$为$A + B$的稳定化子. 在G是有限循环群的特殊情形, Kneser定理意味着Cauchy-Davenport定理与I. Chowla定理成立(见习题3.5和3.6).

Kneser定理在加性数论中有许多应用. 我们将利用它将形如$2A$的和集的反定理(定理1.16)推广到形如$A + B$的和集的反定理, 其中A, B为非空有限的整数集. 我们还将利用Kneser 定理得到关于σ-有限的Abel群的加性基的阶的密度判别法.

§4.2　加法定理

我们首先证明主定理的一个特殊情形. 这个简单的结果在许多应用中都能胜任.

定理 4.1 (Kneser)　令G为Abel群, $G \neq \{0\}$, A, B为G的非空有限子集. 若$|A| + |B| \leqslant |G|$, 则存在G的真子群H使得

$$|A + B| \geqslant |A| + |B| - |H|.$$

证明: 对$|B|$作归纳. 若$|B| = 1$, 则对每个子群H都有

$$|A + B| = |A| = |A| + |B| - 1 \geqslant |A| + |B| - |H|.$$

令$|B| > 1$, 假设定理对G的所有满足$|B'| < |B|$的非空有限子集对A', B'成立. 我们分两种情形讨论:

情形1. 假设对所有的$a_1 \in A, b_1, b_2 \in B$有

$$a_1 + b_2 - b_1 \in A,$$

则对所有的$b_1, b_2 \in B$有

$$A + b_2 - b - 1 = A.$$

令H为所有形如$b_2 - b_1(b_1, b_2 \in B)$的元素生成的$G$的子群, 则

$$|B| \leqslant |H|,$$

$$A + H = A \neq G.$$

因此, H为G的真子群, 并且

$$|A + B| \geqslant |A| \geqslant |A| + |B| - |H|.$$

情形2. 假设存在$a_1 \in A, b_1, b_2 \in B$使得

$$a_1 + b_2 - b_1 \notin A.$$

令

$$e = a_1 - b_1,$$

则

$$b_2 \notin A - (a_1 - b_1) = A - e, \tag{4.1}$$

但由于$0 \in A - a_1$,

$$b_1 \in A - (a_1 - b_1) = A - e. \tag{4.2}$$

对集合对(A, B)用§2.2中的e-变换得到G的一个新的集合对

$$A(e) = A \cup (B + e),$$

$$B(e) = B \cap (A - e).$$

由(4.1)可知$b_2 \notin B(e)$,所以$B(e)$是B的真子集. 又由(4.2)可知$b_1 \in B(e)$, 所以$B(e)$是B的非空子集. 因此, 可以对$(A(e), B(e))$应用归纳假设. 利用e 变换的性质(2.1)与(2.3), 我们可知存在G的真子群H使得

$$|A + B| \geqslant |A(e) + B(e)| \geqslant |A(e)| + |B(e)| - |H| = |A| + |B| - |H|. \qquad \square$$

定理4.2的证明需要下面的三个引理.

引理 4.1 令G为Abel群, $C = C_1 \cup C_2$为G的有限子集, 其中C_1, C_2为非空真子集, 则

$$|C_i| + |H(C_i)| \leqslant |C| + |H(C)| \ (i = 1, 2).$$

证明: 若对$i=1$或2有$|C_i|+|H(C_i)|\leqslant|C|$, 则结论显然成立. 因此, 我们可以假设对$i=1,2$都有

$$|C|<|C_i|+|H(C_i)|. \tag{4.3}$$

令$H(C_i)=H_i$, 记$m_i=[H_1+H_2:H_i](i=1,2)$. 设$H=H_1\cap H_2, |H|=h$. 由标准的群同构定理得到

$$(H_1+H_2)/H_1\cong H_2/H,$$

$$(H_1+H_2)/H_2\cong H_1/H.$$

于是, $|H_1|=m_2h, |H_2|=m_1h, |H_1+H_2|=m_1m_2h$. 因为$H\subseteq H_i$, 所以$H+C_i=C_i$, 从而$C_i$是$H$在$G$中的陪集的并集. 因此, $C_1\backslash C_2$与$C_2\backslash C_1$是$H-$陪集的并集, 从而

$$|C_1|\equiv|C_2|\equiv|C_1\backslash C_2|\equiv|C_2\backslash C_1|\equiv 0 \bmod h.$$

因为C是真子集C_1与C_2的并集, 所以$C_1\backslash C_2$与$C_2\backslash C_1$非空. 由(4.3)可知

$$0<|C_1\backslash C_2|=|C\backslash C_2|=|C|-|C_2|<|H_2|=m_1h,$$

从而

$$h\leqslant|C_1\backslash C_2|\leqslant(m_1-1)h. \tag{4.4}$$

同理

$$h\leqslant|C_2\backslash C_1|\leqslant(m_2-1)h. \tag{4.5}$$

选取$c^*\in C_1\backslash C_2$, 令

$$D=c^*+H_1+H_2,$$

则D是形如

$$D_1=c^*+h_2+H_1 \tag{4.6}$$

的H_1-陪集的并集, 其中$h_2\in H_2$. D也是形如

$$D_2=c^*+h_1+H_2 \tag{4.7}$$

的H_2-陪集的并集, 其中$h_1\in H_1$. 设D_1为(4.6)中的一个H_1-陪集, D_2为(4.7)中的一个H_2-陪集. 因为$h_2+H\subseteq H_2, h_1+H\subseteq H_1$, 所以

$$c^*+h_1+h_2\subseteq D_1\cap D_2.$$

反之, 若$g\in D_1\cap D_2$, 则存在$h_1'\in H_1, h_2'\in H_2$使得

$$g=c^*+h_1+h_2'=c^*+h_1'+h_2.$$

这就意味着

$$g-(c^*+h_1+h_2)=h_1'-h_1\in H_1,$$

$$g-(c^*+h_1+h_2)=h_2'-h_2\in H_2,$$

从而

$$g-(c^*+h_1+h_2)\in H_1\cap H_2=H.$$

由此得到

$$g\in c^*+h_1+h_2+H,$$

从而

$$D_1\cap D_2\subseteq c^*+h_1+h_2+H.$$

因此,

$$D_1\cap D_2=c^*+h_1+h_2+H,$$

也就是说D中的一个H_1-陪集与一个H_2-陪集的交集是一个H-陪集.

由于$[H_1+H_2:H_i]=m_i$, 子群H_1+H_2是m_i个互不相交的H_i-陪集的并集, 从而$D=c^*+H_1+H_2$也是m_i个互不相交的H_i-陪集的并集. 因为$H_i+C_i=C_i$是H_i-陪集的并集, 所以$C_i\cap D$是互不相交的H_i-陪集的并集, 设陪集的个数为u_i, 从而$\bar{C}_i\cap D$是m_i-u_i个互不相交的H_i-陪集的并集. 因为D中的一个H_1-陪集与一个H_2-陪集的交集是一个H-陪集, 所以

$$(C_2\backslash C_1)\cap D=(C_2\cap D)\cap(\bar{C}_1\cap D)$$

是$u_2(m_1-u_1)$个互不相交的H-陪集的并集, 从而

$$|(C_2\backslash C_1)\cap D|=u_2(m_1-u_1)h. \tag{4.8}$$

同理,

$$(C_1\backslash C_2)\cap D=(C_1\cap D)\cap(\bar{C}_2\cap D)$$

是$u_1(m_2-u_2)$个互不相交的H-陪集的并集, 从而

$$|(C_1\backslash C_2)\cap D|=u_1(m_2-u_2)h. \tag{4.9}$$

因为

$$c^*\in(C_1\backslash C_2)\cap D\subseteq C_1\backslash C_2,$$

所以

$$0<|(C_1\backslash C_2)\cap D|=u_1(m_2-u_2)h\leqslant|C_1\backslash C_2|\leqslant(m_1-1)h.$$

由此得到$1\leqslant u_1(m_2-u_2)\leqslant m_1-1$, 从而

$$1\leqslant u_1\leqslant m_1-1,$$

$$1\leqslant u_2\leqslant m_2-1.$$

综合(4.4), (4.5), (4.8), (4.9)可得

$$
\begin{aligned}
0 &\leqslant (m_1-u_1-1)(u_2-1)h+(m_2-u_2-1)(u_1-1)h\\
&= u_2(m_1-u_1)h-(m_2-1)h+u_1(m_2-u_2)h-(m_1-1)h\\
&= |(C_2\backslash C_1)\cap D|-(m_2-1)h+|(C_1\backslash C_2)\cap D|-(m_1-1)h\\
&= |C_2\backslash C_1|-(m_2-1)h-|(C_2\backslash C_1)\cap \bar{D}|+|C_1\backslash C_2|-(m_1-1)h-|(C_1\backslash C_2)\cap \bar{D}|\\
&\leqslant 0,
\end{aligned}
$$

从而$|C_2\backslash C_1|=(m_2-1)h, |C_1\backslash C_2|=(m_1-1)h$. 因为$H=H_1\cap H_2$, 所以

$$H+C=H+(C_1\cup C_2)=(H+C_1)\cup(H+C_2)=C_1\cup C_2=C,$$

从而$H\subseteq H(C)$. 因此,

$$|C|-|C_2|=|C\backslash C_2|=|C_1\backslash C_2|=m_1h-h=|H_2|-|H|\geqslant |H_2|-|H(C)|.$$

同理,

$$|C|-|C_1|\geqslant |H_1|-|H(C)|,$$

所以对$i=1,2$有

$$|C_i|+|H(C_i)|\leqslant |C|+|H(C)|. \qquad \square$$

引理 4.2 设$n\geqslant 2$, G为Abel群, C为G的有限子集满足

$$C=C_1\cup C_2\cup\cdots\cup C_n,$$

其中$C_1,\ldots,C_n$为C的非空真子集, 则存在$1\leqslant i\leqslant n$使得

$$|C_i|+|H(C_i)|\leqslant |C|+|H(C)|.$$

证明: 对n作归纳. $n=2$的情形即为引理4.1. 设$n\geqslant 3$, 假设结论对$n-1$成立. 若存在i使得$|C_i|+|H(C_i)|\leqslant |C|$, 则$|C_i|+|H(C_i)|\leqslant |C|<|C|+|H(C)|$, 结论得证. 否则, 对所有的$1\leqslant i\leqslant n$有

$$|C|<|C_i|+|H(C_i)|.$$

若C是$C_1,\ldots,C_n$中的$n-1$个集合的并集, 则由归纳假设知结论成立. 因此, 我们可以假设C不是$C_1,\ldots,C_n$ 中的$n-1$个集合的并集. 令

$$C'=C_1\cup C_2\cup\cdots\cup C_{n-1},$$

则$C_1,\ldots,C_{n-1}$是C'的真子集, C'是C的真子集. 由归纳假设知, 存在$1\leqslant i\leqslant n-1$使得

$$|C_i|+|H(C_i)|\leqslant |C'|+|H(C')|. \tag{4.10}$$

因为

$$C=C'\cup C_n,$$

由引理4.1可知有

$$|C_n|+|H(C_n)|\leqslant |C|+|H(C)|,$$

或者

$$|C'| + |H(C')| \leqslant |C| + |H(C)|,$$

此时由(4.10)知结论成立. □

引理 4.3 设$C_i(1 \leqslant i \leqslant n)$为Abel群$G$的非空有限子集,

$$C = C_1 \cup C_2 \cup \cdots \cup C_n,$$

则

$$\min\{|C_i| + |H(C_i)| | 1 \leqslant i \leqslant n\} \leqslant |C| + |H(C)|.$$

证明: 若存在$1 \leqslant i \leqslant n$使得$C_i = C$, 则结论成立. 否则, 每个集合$C_i$是$C$的非空真子集, 从而由引理4.2知存在$1 \leqslant i \leqslant n$使得

$$|C_i| + |H(C_i)| \leqslant |C| + |H(C)|.$$ □

定理 4.2 (Kneser) 令G为Abel群, A, B为G的非空有限子集. 设

$$H = H(A + B) = \{g \in G | g + A + B = A + B\}$$

为$A + B$的稳定化子. 若

$$|A + B| < |A| + |B|, \tag{4.11}$$

则

$$|A + B| = |A + H| + |B + H| - |H|. \tag{4.12}$$

证明: 令$C = A + B$满足不等式(4.11). 设$B = \{b_1, \ldots, b_n\}$. 对每个$b_i \in B$, 我们考虑G的满足如下条件的有限子集对(A_i, B_i)的集合:

$$A \subseteq A_i,$$

$$b_i \in B_i,$$

$$A_i + B_i \subseteq A + B,$$

$$|A_i| + |B_i| = |A + H| + |B + H|.$$

这个集合非空, 因为$A_i = A + H, B_i = B + H$满足上述条件. 固定一个集合对(A_i, B_i)使得$|A_i|$极大, 令$C_i = A_i + B_i$, 则$|A_i| \leqslant |C_i|$, 并且

$$A + b_i \subseteq A_i + B_i = C_i \subseteq C. \tag{4.13}$$

令$a \in A_i, e = a - b_i$. 对集合A_i, B_i应用e-变换得到

$$A_i(e) = A_i \cup (B_i + e) = A_i \cup (a + B_i - b_i),$$

$$B_i(e) = B_i \cap (A_i - e) = B_i \cap (-a + A_i + b_i).$$

于是, $A_i \subseteq A_i(e), b_i \in B_i(e)$. 由引理2.3,

$$A_i(e) + B_i(e) \subseteq A_i + B_i \subseteq C = A + B,$$

$$|A_i(e)| + |B_i(e)| = |A_i| + |B_i| = |A + H| + |B + H|.$$

由$|A_i|$的极大性可知$A_i(e) = A_i$, 从而对每个$a \in A_i$有

$$a \in a + B_i - b_i \subseteq A_i.$$

因此,

$$A_i \subseteq A_i + B_i - b_i = C_i - b_i \subseteq A_i,$$

即得$A_i = C_i - b_i$. 由此得到$|A_i| = |C_i|, H(A_i) = H(C_i)$, 从而

$$B_i - b_i \subseteq H(A_i) = H(C_i),$$

因此$|B_i| \leqslant |H(C_i)|$. 由此可知, 对$1 \leqslant i \leqslant n$有

$$|A + H| + |B + H| = |A_i| + |B_i| \leqslant |C_i| + |H(C_i)|.$$

因为由(4.13)有

$$\bigcup_{i=1}^{n} C_i = C = A + B,$$

所以由引理4.3得到

$$|A + H| + |B + H| \leqslant \min(|C_i| + |H(C_i)|) \leqslant |C| + |H(C)| = |A + B| + |H|.$$

因为整数$|A + H|, |B + H|, |A + B|$都是$|H|$的倍数, 所以若有

$$|A + H| + |B + H| < |A + B| + |H|,$$

则

$$|A| + |B| \leqslant |A + H| + |B + H| \leqslant |A + B|,$$

与(4.11)矛盾. 因此, $|A + H| + |B + H| = |A + B| + |H|$. □

定理 4.3 令G为Abel群, A, B为G的非空有限子集, $H = H(A + B)$, 则

$$|A + B| \geqslant |A + H| + |B + H| - |H|. \tag{4.14}$$

证明: 对集合$A + H, B + H$应用Kneser定理, 则有

$$|A + B| = |(A + H) + (B + H)| \geqslant |A + H| + |B + H| \geqslant |A + H| + |B + H| - |H|,$$

或者

$$|(A + H) + (B + H)| < |A + H| + |B + H|,$$

此时有

$$|A + B| = |(A + H) + (B + H)| = |A + H| + |B + H| - |H|.$$

因此(4.14)成立. □

定理 4.4 令$h \geqslant 2, A_i(1 \leqslant i \leqslant h)$为Abel群$G$的非空有限子集, $H = H(A_1 + \cdots + A_h)$, 则

$$|A_1 + \cdots + A_h| \geqslant |A_1| + \cdots + |A_h| - (h-1)|H|.$$

证明: 对h作归纳. $h = 2$的情形即为不等式(4.14).

令$h \geqslant 3$, 假设结论对$h-1$成立. 令$H' = H(A_1 + \cdots + A_{h-1})$. 由习题4.1可知$H' \subseteq H$, 所以

$$\begin{aligned} |A_1 + \cdots + A_h| &\geqslant |A_1 + \cdots + A_{h-1}| + |A_h| - |H| \\ &\geqslant |A_1| + \cdots + |A_{h-1}| - (h-2)|H'| + |A_h| - |H| \\ &\geqslant |A_1| + \cdots + |A_{h-1}| + |A_h| - (h-1)|H|. \end{aligned}$$

定理得证. □

定理 4.5 令G为Abel群, A为G的非空有限子集, hA为A的h重和集,

$$H_h = H(hA) = \{g \in G | g + hA = hA\}$$

为hA的稳定化子, 则对所有的$h \geqslant 1$有

$$|hA| \geqslant h|A + H_h| - (h-1)|H_h|.$$

证明: $h = 1$时, 结论显然成立. 由定理4.4, 对群G的任意非空有限子集B,

$$|hB| \geqslant h|B| - (h-1)|H(h(B)|$$

对所有的$h \geqslant 2$成立. 令

$$B = A + H_h,$$

则

$$hB = h(A + H_h) = hA,$$

从而$H(hB) = H(hA) = H_h$. 因此,

$$|hA| = |hB| \geqslant h|A + H_h| - (h-1)|H_h|.$$ □

§4.3 应用: 两个整数集的和

令A, B为非空有限的整数集, 则$|A+B| \geqslant |A| + |B| - 1$. 由定理1.3, $|A+B| = |A| + |B| - 1$当且仅当A, B是有相同公差的等差数列.我们在本节的目的是证明: 若$|A+B|$"较小", 则A, B是有相同公差的等差数列的"大"子集. 这个关于和集$A+B$的反定理是定理1.16的推广.

定理 4.6 令$k, \ell \geqslant 2, A = \{a_0, a_1, \ldots, a_{k-1}\}, B = \{b_0, b_1, \ldots, b_{\ell-1}\}$为非空有限的整数集使得

$$0 \leqslant a_0 < a_1 < \cdots < a_{k-1},$$

$$0 = b_0 < b_1 < \cdots < b_{\ell-1},$$

并且

$$(a_1, a_2, \dots, a_{k-1}) = 1.$$

令

$$\delta = \begin{cases} 0, & 若 b_{\ell-1} < a_{k-1}, \\ 1, & 若 b_{\ell-1} = a_{k-1}, \end{cases}$$

则

$$|A+B| \geqslant \min(a_{k-1}+\ell, k+2\ell-\delta-2).$$

证明: 若$|A+B| \geqslant k+2\ell-\delta-2$, 结论成立. 因此, 我们不妨假设

$$|A+B| \leqslant k+2\ell-\delta-3. \tag{4.15}$$

我们要证明

$$|A+B| \geqslant a_{k-1}+\ell.$$

令$G = \mathbb{Z}/a_{k-1}\mathbb{Z}$,

$$\pi : \mathbb{Z} \to G$$

为$\mathbb{Z}$到循环群G的典型满同态, 则

$$\pi(A+B) = \pi(A) + \pi(B),$$

并且由于$\pi(a_0) = \pi(a_{k-1}) = 0$,

$$|\pi(A)| = k-1.$$

又因为$\pi(b_{\ell-1}) = 0$当且仅当$b_{\ell-1} = a_{k-1}$,

$$|\pi(B)| = \ell - \delta.$$

我们将(4.15)改写成

$$|A+B| \leqslant |\pi(A)| + |\pi(B)| + \ell - 2. \tag{4.16}$$

我们将证明$A+B$中至少有ℓ个整数与$A+B$的其他整数处于模a_{k-1}的同一个同余类中. 若$b_{\ell-1} < a_{k-1}$, 则对$0 \leqslant i \leqslant \ell-1$有

$$\pi(a_0+b_i) = \pi(a_{k-1}+b_i),$$

并且

$$a_0+b_0 < a_0+b_1 < \cdots < a_0+b_{\ell-1} < a_{k-1}+b_0 < a_{k-1}+b_1 < \cdots < a_{k-1}+b_{\ell-1}.$$

若$b_{\ell-1} = a_{k-1}$, 则

$$a_0+b_0 < a_0+b_1 < \cdots < a_0+b_{\ell-2} < a_0+b_{\ell-1} = a_{k-1}+b_0$$

$$< a_{k-1}+b_1 < \cdots < a_{k-1}+b_{\ell-2} < a_{k-1}+b_{\ell-1},$$

此时有

$$\pi(a_0+b_0)=\pi(a_0+b_{\ell-1})=\pi(a_{k-1}+b_{\ell-1}),$$

并且对$1\leqslant i\leqslant \ell-2$有

$$\pi(a_0+b_0)=\pi(a_{k-1}+b_{\ell}).$$

因此, 由不等式(4.16)有

$$|\pi(A)+\pi(B)|\leqslant |A+B|-\ell\leqslant |\pi(A)|+|\pi(B)|-2. \tag{4.17}$$

我们能够对群G中的和集$\pi(A)+\pi(B)$应用Kneser定理. 令$H=H(\pi(A)+\pi(B))$为$\pi(A)+\pi(B)$的稳定化子. 由定理4.2得到

$$|\pi(A)+\pi(B)|=|\pi(A)+H|+|\pi(B)+H|-|H|. \tag{4.18}$$

因为循环群的子群是循环群, 所以存在$d|a_{k-1}$使得$H=dG=d\mathbb{Z}/a_{k-1}\mathbb{Z}$. 我们将证明$d=1$.

令$\sigma:G\to G/H$为G到商群G/H的典型同态. 将$A+B$分成两部分:

$$A+B=C_1\cup C_2,$$

其中

$$C_1=\{c\in A+B|\sigma\pi(c)\in\sigma\pi(B)\}=\{c\in A+B|\pi(c)\in\pi(B)+H\},$$

$$C_2=\{c\in A+B|\sigma\pi(c)\in\sigma\pi(A+B)\backslash\sigma\pi(B)\}=\{c\in A+B|\pi(c)\notin\pi(B)+H\},$$

则$C_1\cap C_2=\varnothing$, 并且

$$|A+B|=|C_1|+|C_2|.$$

我们来估计集合C_1,C_2的基数. 因为

$$\pi(B)+H\subseteq\pi(A)+\pi(B)+H=\pi(A+B),$$

$$\pi(a_0+b_i)=\pi(a_{k-1}+b_i)=\pi(b_i)\in\pi(B)\subseteq\pi(B)+H\ (0\leqslant i\leqslant \ell-1),$$

所以利用与推导(4.17)时同样的方法可得

$$\begin{aligned}|C_1| &= |\{c\in A+B|\pi(c)\in\pi(B)+H\}|\\ &\geqslant \ell+|\{\pi(c)\in\pi(A+B)|\pi(c)\in\pi(B)+H\}|\\ &= \ell+|\pi(B)+H|\\ &= \ell+|\sigma\pi(B)||H|.\end{aligned}$$

接下来估计$|C_2|$. 令

$$r=|\sigma\pi(A+B)\backslash\sigma\pi(B)|.$$

由(4.18)可知

$$|\sigma\pi(A+B)|=|\sigma\pi(A)|+|\sigma\pi(B)|-1,$$

所以

$$r=|\sigma\pi(A)|-1.$$

选取$c_1, \ldots, c_r \in C_2$使得

$$\sigma\pi(A+B)\backslash\sigma\pi(B) = \{\sigma\pi(c_1), \ldots, \sigma\pi(c_r)\},$$

选取$a_i \in A, b_i \in B$使得

$$a_i + b_i = c_i \ (1 \leqslant i \leqslant r).$$

对每个$1 \leqslant i \leqslant r$有

$$\begin{aligned} & |\{c \in A+B|\sigma\pi(c) = \sigma\pi(c_i)\}| \\ \geqslant\ & |\{a \in A|\sigma\pi(a) = \sigma\pi(a_i)\}| + |\{b \in B|\sigma\pi(b) = \sigma\pi(b_i)\}| \\ \geqslant\ & |\{a \in A|\sigma\pi(a) = \sigma\pi(a_i)\}| + |\{b \in B|\sigma\pi(b) = \sigma\pi(b_i)\}| - 1. \end{aligned}$$

因为

$$\begin{aligned} & |\{a \in A|\sigma\pi(a) = \sigma\pi(a_i)\}| \\ \geqslant\ & |(\pi(a_i) + H) \cap \pi(A)| \\ =\ & |\pi(a_i) + H| + |\pi(A)| - |(\pi(a_i) + H) \cup \pi(A)| \\ \geqslant\ & |H| + |\pi(A)| - |\pi(A) + H|, \end{aligned}$$

$$\{b \in B|\sigma\pi(b) = \sigma\pi(b_i)\}| \geqslant |H| + |\pi(B)| - |\pi(B) + H|,$$

所以由(4.18)得到

$$\begin{aligned} & |\{c \in A+B|\sigma\pi(c) = \sigma\pi(c_i)\}| \\ \geqslant\ & 2|H| + |\pi(A)| + |\pi(B)| - |\pi(A) + H| - |\pi(B) + H| - 1 \\ =\ & |H| + |\pi(A)| + |\pi(B)| - |\pi(A+B)| - 1, \end{aligned}$$

从而

$$\begin{aligned} |C_2| &= \sum_{i=1}^{r} |\{c \in A+B|\sigma\pi(c) = \sigma\pi(c_i)\}| \\ &= r(|H| + |\pi(A)| + |\pi(B)| - |\pi(A+B)| - 1). \end{aligned}$$

利用对$|C_1|, |C_2|$的估计得到

$$\begin{aligned} |A+B| &= |C_1| + |C_2| \\ &\geqslant \ell + |\sigma\pi(B)||H| + r(|H| + |\pi(A)| + |\pi(B)| - |\pi(A+B)| - 1) \\ &= \ell + |\sigma\pi(B)||H| + (|\sigma\pi(A)| - 1)|H| + r(|\pi(A)| + |\pi(B)| - |\pi(A+B)| - 1) \\ &= \ell + |\sigma\pi(A+B)||H| + r(|\pi(A)| + |\pi(B)| - |\pi(A+B)| - 1) \\ &= \ell + |\pi(A+B)| + r(|\pi(A)| + |\pi(B)| - |\pi(A+B)| - 1). \end{aligned}$$

另一方面, 由(4.16)可得

$$|A+B| \leqslant |\pi(A)| + |\pi(B)| + \ell - 2.$$

综合$|A+B|$的上界和下界得到

$$\begin{aligned} & \ell + |\pi(A+B)| + r(|\pi(A)| + |\pi(B)| - |\pi(A+B)| - 1) \\ \leqslant\ & |A+B| \\ \leqslant\ & |\pi(A)| + |\pi(B)| + \ell - 2, \end{aligned}$$

从而

$$(r-1)(|\pi(A)|+|\pi(B)|-|\pi(A+B)|)\leqslant r-2.$$

由(4.17)有

$$|\pi(A+B)|\leqslant|\pi(A)|+|\pi(B)|-2,$$

所以

$$2(r-1)\leqslant r-2,$$

从而

$$r=|\sigma\pi(A)|-1=0.$$

于是$\sigma\pi(A)=H$(因为$0\in A$), 从而$\pi(A)\subseteq H$, 即对每个$a_i\in A$有

$$a_i\equiv 0 \bmod d.$$

因为$(a_1,\dots,a_{k-1})=1$, 所以$d=1$, 从而$H=\mathbb{Z}/a_{k-1}\mathbb{Z}=G$, 并且

$$\pi(A+B)=\pi(A+B)+H=\mathbb{Z}/a_{k-1}\mathbb{Z}.$$

假设$\delta=0$, 则对$0\leqslant i\leqslant \ell-1$, 同余类$\pi(a_0+b_i)$互不相同. 因为$\pi(a_0+b_i)=\pi(a_{k-1}+b_i)(0\leqslant i\leqslant \ell-1)$, 可知$A+B$中至少有两个不同的整数属于每个同余类$\pi(a_0+b_i)$中, $A+B$ 中至少有一个整数在$\mathbb{Z}/a_{k-1}\mathbb{Z}$中剩余的$a_{k-1}-\ell$个同余类中. 因此

$$|A+B|\geqslant 2\ell+(a_{k-1}-\ell)=a_{k-1}+\ell.$$

同理, 若$\delta=1$, 则对$0\leqslant i\leqslant \ell-2$, 同余类$\pi(a_0+b_i)$互不相同. 因为$\pi(a_0+b_i)=\pi(a_{k-1}+b_i)(0\leqslant i\leqslant \ell-2)$, 并且有

$$\pi(a_0+b_0)=\pi(a_{k-1}+b_0)=\pi(a_{k-1}+b_{\ell-1})=\pi(0),$$

所以$A+B$中至少有两个不同的整数属于每个同余类$\pi(a_0+b_i)$中, $A+B$中至少有三个整数在同余类$\pi(0)$中, $A+B$ 中至少有一个整数在剩余的$a_{k-1}-\ell+1$个同余类中. 因此

$$|A+B|\geqslant 2(\ell-2)+3+(a_{k-1}-\ell+1)=a_{k-1}+\ell.$$

定理证毕. □

定理 4.7 令$k,\ell\geqslant 2$, $A=\{a_0,a_1,\dots,a_{k-1}\}, B=\{b_0,b_1,\dots,b_{\ell-1}\}$为非空有限的整数集使得

$$0\leqslant a_0<a_1<\cdots<a_{k-1},$$

$$0=b_0<b_1<\cdots<b_{\ell-1},$$

$$b_{\ell-1}\leqslant a_{k-1},$$

(4.19) $$(a_1,\dots,a_{k-1},b_1,\dots,b_{\ell-1})=1.$$

令

$$\delta = \begin{cases} 0, & 若 b_{\ell-1} < a_{k-1}, \\ 1, & 若 b_{\ell-1} = a_{k-1}, \end{cases}$$

$$m = \min(k, \ell - \delta),$$

则

(4.20) $$|A + B| \geqslant \min(a_{k-1} + \ell, k + \ell + m - 2).$$

证明: 若$(a_1, \ldots, a_{k-1}) = 1$, 则由定理4.6即得不等式(4.20).

令

$$d = (a_1, \ldots, a_{k-1}) \geqslant 2.$$

对$0 \leqslant i \leqslant d-1$, 令

$$B_i = \{b \in B | b \equiv i \bmod d\},$$

令

$$\ell_i = |B_i| = |[0, a_{k-1} - 1] \cap B_i| + \delta_i,$$

其中$\delta_i = 0 (i \neq 0), \delta_0 = \delta$. 由于$0 \in B$, $B \neq \varnothing$. 令s表示非空集合B_i的个数, 或者等价地说, s表示至少包含B中一个元的模d的同余类的个数. 于是(4.19)意味着存在$i \neq 0$使得$B_i \neq \varnothing$, 从而$2 \leqslant s \leqslant d$. 若$c \in A + B_i$, 则$c \equiv i \bmod d$, 从而和集$A + B_i (0 \leqslant i \leqslant d-1)$互不相交. 此外,

$$A + B = \bigcup_{\substack{i=0 \\ B_i \neq \varnothing}}^{d-1} (A + B_i).$$

由此可知,

$$\begin{aligned} |A + B| &= \sum_{\substack{i=0 \\ B_i \neq \varnothing}}^{d-1} |A + B_i| \\ &\geqslant \sum_{\substack{i=0 \\ B_i \neq \varnothing}}^{d-1} (k + \ell_i - 1) \\ &= s(k-1) + \ell \\ &\geqslant 2k + \ell - 2 \\ &\geqslant k + \ell + m - 2 \\ &\geqslant \min(a_{k-1} + \ell, k + \ell + m - 2). \end{aligned}$$

不等式(4.20)得证. □

回顾集合A的直径为

$$\operatorname{diam}(A) = \sup\{|a - a'| \,|\, a, a' \in A\}.$$

若A是有限集, 并且$A = \{a_0, a_1, \ldots, a_{k-1}\}$, 其中$a_0 < a_1 < \cdots < a_{k-1}$, 则$\operatorname{diam}(A) = a_{k-1} - a_0$.

定理 4.8 令A, B为非空有限整数集使得

$$\operatorname{diam}(B) \leqslant \operatorname{diam}(A).$$

令

$$\delta = \begin{cases} 0, & 若\operatorname{diam}(B) < \operatorname{diam}(A), \\ 1, & 若\operatorname{diam}(B) = \operatorname{diam}(A). \end{cases}$$

令$|A| = k, |B| = \ell, m = \min(k, \ell - \delta)$. 若

$$|A + B| = k + \ell - 1 + b \leqslant k + \ell + m - 3,$$

则A, B是有相同公差的长度$\leqslant k + b$的等差数列.

证明: 令$A = \{a_0, a_1, \ldots, a_{k-1}\}, B = \{b_0, b_1, \ldots, b_{\ell-1}\}$, 其中

$$a_0 < a_1 < \cdots < a_{k-1},$$

$$b_0 < b_1 < \cdots < b_{\ell-1}.$$

令

$$d = (a_1 - a_0, a_2 - a_0, \ldots, a_{k-1} - a_0, b_1 - b_0, \ldots, b_{k-1} - b_0).$$

设

$$a_i^{(N)} = \tfrac{a_i - a_0}{d} \ (0 \leqslant i \leqslant k-1),$$

$$b_j^{(N)} = \tfrac{b_j - b_0}{d} \ (0 \leqslant j \leqslant \ell-1).$$

设

$$A^{(N)} = \{a_i^{(N)} | 0 \leqslant i \leqslant k-1\},$$

$$B^{(N)} = \{b_j^{(N)} | 0 \leqslant j \leqslant \ell-1\},$$

则

$$\min(A^{(N)}) = \min(B^{(N)}) = 0,$$

并且

$$(a_1^{(N)}, \ldots, a_{k-1}^{(N)}, b_1^{(N)}, \ldots, b_{\ell-1}^{(N)}) = 1.$$

因为$\operatorname{diam}(B) \leqslant \operatorname{diam}(A)$, 所以

$$b_{\ell-1}^{(N)} \leqslant a_{k-1}^{(N)}.$$

集合$A^{(N)}, B^{(N)}$是分别从A, B通过仿射变换构造出来的, 并且

$$|A^{(N)} + B^{(N)}| = |A + B| \leqslant k + \ell + m - 3.$$

由定理4.7可知

$$|A^{(N)} + B^{(N)}| \geqslant a_{k-1}^{(N)} + \ell,$$

或者等价地有

$$b_{\ell-1}^{(N)} \leqslant a_{k-1}^{(N)} \leqslant |A^{(N)} + B^{(N)}| - \ell = k - 1 + b.$$

因为$a_i = a_0 + a_i^{(N)}(0 \leqslant i \leqslant k-1)$, 所以

$$A \subseteq \{a_0 + xd | 0 \leqslant x \leqslant a_{k-1}^{(N)}\} \subseteq \{a_0 + xd | 0 \leqslant x \leqslant k - 1 + b\}.$$

同理,

$$B \subseteq \{b_0 + yd | 0 \leqslant y \leqslant b_{\ell-1}^{(N)}\} \subseteq \{b_0 + yd | 0 \leqslant y \leqslant k - 1 + b\}.$$

定理得证. □

定理 4.9 令$k, \ell \geqslant 2$, $A = \{a_0, a_1, \ldots, a_{k-1}\}, B = \{b_0, b_1, \ldots, b_{\ell-1}\}$为非空有限的整数集使得

$$0 = a_0 < a_1 < \cdots < a_{k-1},$$

$$0 = b_0 < b_1 < \cdots < b_{\ell-1},$$

$$b_{\ell-1} \leqslant a_{k-1},$$

$$d = (a_0, \ldots, a_{k-1}) > 1,$$

$$(a_0, \ldots, a_{k-1}, b_1, \ldots, b_{\ell-1}) = 1.$$

令

$$\delta = \begin{cases} 0, & 若 b_{\ell-1} < a_{k-1}, \\ 1, & 若 b_{\ell-1} = a_{k-1}. \end{cases}$$

若

(4.21) $$a_{k-1} \leqslant k + \ell - \delta - 2,$$

则

(4.22) $$|A + B| \geqslant a_{k-1} + \ell.$$

证明: 因为$d | a_i (1 \leqslant i \leqslant k-1)$, 所以

$$d(k-1) \leqslant a_{k-1}.$$

区间$[0, a_{k-1} - 1]$恰好包含每个模d的同余类中的$\frac{a_{k-1}}{d}$个整数. 令s表示至少包含B中一个元的模d的同余类的个数. 由于

$$B \subseteq [0, a_{k-1} - 1 + \delta],$$

可知

$$\ell = |B| \leqslant \frac{s a_{k-1}}{d} + \delta.$$

不等式(4.21)和(4.22)意味着

$$a_{k-1} \leqslant k + \ell - \delta - 2 \leqslant k + \frac{s a_{k-1}}{d} - 2,$$

从而

$$d(k-1)(d-s) \leqslant a_{k-1}(d-s) \leqslant d(k-2).$$

由此得到

$$s = d,$$

即B与每个模d的同余类相交. 令

$$B_i = \{b \in B | b \equiv i \bmod d\},$$

$$\ell_i = |B_i| = |[0, a_{k-1}-1] \cap B_i| + \delta_i,$$

其中$\delta_i = 0 (i \neq 0), \delta_0 = \delta$. 由(4.21),

$$|[0, a_{k-1}-1] \backslash B| = a_{k-1} - \ell + \delta \leqslant k-2,$$

从而

$$\ell_i = |[0, a_{k-1}-1] \cap B_i| + \delta_i \geqslant \tfrac{a_{k-1}}{d} - |[0, a_{k-1}-1] \backslash B| + \delta_i \geqslant \tfrac{a_{k-1}}{d} - k + 2 + \delta_i.$$

因此, 对$0 \leqslant i \leqslant d-1$有

$$\min\left(\tfrac{a_{k-1}}{d}, k + \ell_i - \delta_i - 2\right) = \tfrac{a_{k-1}}{d}. \tag{4.23}$$

令$b_{i,0} = \min B_i (0 \leqslant i \leqslant d-1)$. 设

$$A^{(N)} = \{\tfrac{a}{d} | a \in A\},$$

$$B_i^{(N)} = \{\tfrac{b - b_{i,0}}{d} | b \in B_i\}.$$

因为$A^{(N)}$中的元素互素, 并且

$$\min(A_i^{(N)} \cup B_i^{(N)}) = 0,$$

$$\max(A_i^{(N)} \cup B_i^{(N)}) = \tfrac{a_{k-1}}{d},$$

由定理4.6与(4.23)可知

$$|A + B_i| = |A^{(N)} + B_i^{(N)}| \geqslant \min\left(\tfrac{a_{k-1}}{d}, k + \ell_i - \delta_i - 2\right) + \ell_i = \tfrac{a_{k-1}}{d} + \ell_i.$$

因为$A + B_i (0 \leqslant i \leqslant d-1)$是互不相交的集合, 并且$A + B = \bigcup\limits_{i=0}^{d-1} (A + B_i)$, 所以

$$|A + B| = \sum_{i=0}^{d-1} |A + B_i| \geqslant \sum_{i=0}^{d-1} \left(\tfrac{a_{k-1}}{d} + \ell_i\right) = a_{k-1} + \ell.$$

定理得证. □

§4.4 应用: 有限群与σ-有限群的基

令G为Abel群(写成加的形式), $A \subseteq G$, 若$hA = G$, 则称A为G的一个h阶基.

定理 4.10 设G为有限Abel群, A为G的非空子集. 令G'为A生成的G的子群, 则A是G'的阶不超过

$$\max(2, \frac{2|G'|}{|A|} - 1)$$

的基.

证明: 不失一般性, 我们可以假设$G' = G$. 因为对任意的$g_0 \in G$有$h(A - \{g_0\}) = hA - \{hg_0\}$, 可知$hA = G$当且仅当$h(A - \{g_0\}) = G$, 所以不妨假设$0 \in A$.

因为A生成G, 并且G是有限Abel群, 所以A是G的有限阶基. 令h为使得$hA = G$的最小正整数. 若$h = 1$或2, 结论成立. 假设

$$h \geqslant 3,$$

则

$$(h-1)A = A + (h-2)A \neq G,$$

从而由引理2.2可知

$$|G| \geqslant |A| + |(h-2)A|.$$

令$H_{h-2} = H((h-2)A)$为$(h-2)A$的稳定化子, 则H_{h-2}为G的使得

$$(h-2)A + H_{h-2} = (h-2)A$$

的最大子群.

存在$r \geqslant 1$使得$A + H_{h-2}$是r个互不相交的H_{h-2}的陪集的并集. 因为$0 \in A \cap H_{h-2}$, 所以

$$H_{h-2} \subseteq A + H_{h-2},$$

$$A \subseteq A + H_{h-2},$$

因此,

$$|A| \leqslant |A + H_{h-2}| = r|H_{h-2}|. \tag{4.24}$$

若$r = 1$, 则

$$A + H_{h-2} = H_{h-2}.$$

因为H_{h-2}是子群, 所以

$$G = hA \subseteq H_{h-2} \subseteq G,$$

从而$H_{h-2} = G$. 这就意味着$(h-2)A = G$, 与h的极小性矛盾. 因此,

$$r \geqslant 2.$$

由定理4.5与(4.24)得到

$$\begin{aligned}|(h-2)A| &\geqslant (h-2)|A+H_{h-2}|-(h-3)|H_{h-2}|\\ &\geqslant (h-2)r|H_{h-2}|-(h-3)|H_{h-2}|\\ &\geqslant ((h-2)-\tfrac{h-3}{r})r|H_{h-2}|\\ &\geqslant ((h-2)-\tfrac{h-3}{r})|A|\\ &\geqslant ((h-2)-\tfrac{h-3}{2})|A|\\ &\geqslant \tfrac{h-1}{2}|A|,\end{aligned}$$

所以

$$|G| \geqslant |A|+|(h-2)A| \geqslant \tfrac{h+1}{2}|A|.$$

解关于h的不等式得

$$h \leqslant \tfrac{2|G|}{|A|}-1.$$

定理得证. □

习题4.10说明定理4.10中的上界是最佳的.

令G为可数Abel挠群, $G_1 \subseteq G_2 \subseteq \cdots$为$G$的有限子群的递增列, 称$G$关于子群列$\{G_n\}$为$\sigma$-有限的, 如果

$$G=\bigcup_{n=1}^{\infty} G_n.$$

令A为G的子集, 定义$A_n = A\cap G_n$, 则$A=\bigcup\limits_{n=1}^{\infty} A_n$. 称集合$A$为$G$的关于子列$\{G_n\}$的$h$阶$\sigma$-基, 如果对所有的$n \geqslant 1$ 有$hA_n = G_n$. 显然, G的每个h阶σ-基是G的h阶基. 反之, 结论不对(见习题4.11).

令$G=\bigcup\limits_{n=1}^{\infty} G_n$为$\sigma$-有限Abel群, A为G的子集. 令$A_n = A\cap G_n$. 定义集合A的上渐近密度为

$$d_U^{(G)}(A)=d_U(A)=\limsup_{n\to\infty}\tfrac{A_n}{G_n}.$$

显然, 对G的每个子集A有$0 \leqslant d_U(A) \leqslant 1$.

定理 4.11 设$G=\bigcup\limits_{n=1}^{\infty} G_n$为$\sigma$-有限Abel群, A为G的子集使得$0\in A$, G'为A生成的G的子群. 若$d_U(A)>0$, 则A是G的阶不超过

$$\max(2, \tfrac{2}{d_U(A)}-1)$$

的基.

证明: 令$A_n = A\cap G_n (n\geqslant 1)$, G'_n为A_n生成的子群, 则

$$A_n \subseteq G'_n \subseteq G'\cap G_n,$$

$$A\cap G'_n = A\cap(G'_n\cap G_n) = (A\cap G_n)\cap G'_n = A_n\cap G'_n = A_n.$$

若$g\in G'$, 则g由A的某个有限子集生成. 因为这个有限子集包含于某个A_n中, 所以$g\in G'_n$, 从而

$$G'=\bigcup_{n=1}^{\infty} G'_n.$$

因此, G'是关于子群列$\{G'_n\}$的σ-有限群. 令

$$d_U^{(G)}(A) = \limsup_{n\to\infty} \frac{|A_n|}{|G_n|},$$

$$d_U^{(G')}(A) = \limsup_{n\to\infty} \frac{|A_n|}{|G'_n|}.$$

因为$G'_n \subseteq G_n$, 所以

$$0 < d_U^{(G)}(A) \leqslant d_U^{(G')}(A).$$

取ε满足

$$0 < \varepsilon < d_U^{(G')}(A).$$

由上渐近密度的定义可知, 存在无限长正整数列$n_1 < n_2 < \cdots$使得

$$\frac{|A_{n_i}|}{|G'_{n_i}|} > d_U^{(G')}(A) - \varepsilon > 0(i \geqslant 1).$$

此外,

$$G' = \bigcup_{i=1}^{\infty} G'_{n_i}.$$

若$g \in G'$, 则存在i使得$g \in G'_{n_i}$. 由定理4.10可知, 存在h满足

$$h \leqslant \max(2, \frac{2|G_{n'_i}|}{|A_{n_i}|} - 1) \leqslant \max(2, \frac{2}{d_U^{(G)}(A) - \varepsilon} - 1)$$

使得

$$g \in hA_n \subseteq hA.$$

因此, 存在

$$h \leqslant \max(2, \frac{2}{d_U^{(G)}(A) - \varepsilon} - 1)$$

使得

$$hA = G'.$$

由于上述结论对充分小的正数ε都成立, 所以A是G的h阶基, 其中

$$h \leqslant \max(2, \frac{2}{d_U^{(G')}(A)} - 1) \leqslant \max(2, \frac{2}{d_U^{(G)}(A)} - 1).$$

定理得证. □

习题4.12说明定理4.11中的上界是最佳的.

§4.5 注记

§4.2中关于Abel群的Kneser定理[76]的证明是属于Kemperman[74]的. Mann[84]对这个结果给出了一个压缩证明.

若A, B是Abel群的非空有限子集使得$|A + B| < |A| + |B|$, 则称(A, B)为临界对. Vosper(定理2.7)将有限循环群$\mathbb{Z}/p\mathbb{Z}$的临界对分类, 其中p为素数. 对任意的Abel群中的临界子集对进行分类是一个未解决的问题. Kemperman[74]得到了重要的部分结果, 他利用Kneser关于Abel群的加性定理研究这个问题, Hamidoune[65, 66]利用图论研究也得到了重要的部分结果.

关于非Abel群中的临界对有一些结果. Diderrich[30]将Kneser定理推广到非Abel群的某些特殊的子集对上. Hamidoune[62]证明Diderrich的结果可以由Kneser定理得到. Brailovsky与Freiman[12]对任意的无扭群中的临界对进行了完全分类. Hamidoune[63]对一个能将Brailovsky-Freiman结果看成特殊情形的定理给出了简短证明.

§4.3中关于形如$A+B$的反定理的结果首先由Freiman[52]得到. Freiman证明的另一个版本由Steinig[121]给出. 本章的证明用的是Kneser定理, 这些证明归功于Lev 和Smeliansky[81]. Hamidoune[64]给出了类似的证明. 最近, 定理4.9被用于数论中的其他问题, 例如无和集的结构理论(见[26]与[57]).

Lev[80]利用Kneser定理还证明了: 若$A=\{a_0,a_1,\ldots,a_{k-1}\}$是标准型的有限整数集, 则对所有的$k\geqslant 2$有

$$|hA|\geqslant|(h-1)A|+\min(a_{k-1},h(k-2)+1).$$

对$h=2$, 这就是定理1.15. 对大的h, 这个结果比定理1.1弱.

定理4.11在[27]与[68]中被独立地证明, 它推广了[73]中关于任意的σ-有限Abel群的一个结果, 在有限域上的多项式组成的σ-有限群$\mathbb{F}_q[x]$的特殊情形也推广了[17]中的一个结果. Hamidoune与Rödseth[68]对不一定为Abel群的σ-有限群证明了他们的定理.

§4.6 习题

习题4.1 令A,B为Abel群G的子集. 证明: $H(A)\subseteq H(A+B)$.

习题4.2 令A为Abel群G的非空子集. 证明: A是G的子群当且仅当$H(A)=A$.

习题4.3 令G为Abel群, $A_i(1\leqslant i\leqslant h)$为$G$的非空有限子集. 证明: 若$A_1+\cdots+A_h$不是周期集, 则

$$|A_1+\cdots+A_h|\geqslant|A_1|+\cdots+|A_h|-(h-1).$$

习题4.4 令G为Abel群. 对G的任意子群和G的任意子集, 定义

$$S/H=\{s+H|s\in S\}\subseteq G/H.$$

令A,B为G的子集, 令$H=H(A+B)$. 证明: 两个关系式$|A+B|\geqslant|A|+|B|$与

$$|(A+B)/H|=|A/H|+|B/H|-1$$

至少有一个成立.

习题4.5 证明: 由定理4.1可以推出Cauchy-Davenport定理.

习题4.6 证明: 由Kneser定理(定理4.2)可以推出Chowla定理(定理2.1).

习题4.7 令G为Abel群. 对$A,B\subseteq G$, 令$H(A+B)$为和集$A+B$在G中的稳定化子. 证明: 若

$$|A+B|\geqslant|A|+|B|-|H(A+B)|$$

对G的所有非空有限子集A,B成立, 则Kneser定理(定理4.2)成立.

习题4.8 证明: 由定理4.6可以推出定理1.16.

习题4.9 令A, B为非空有限的整数集, $|A| = k, |B| = \ell$. 证明: 若

$$|A + B| \leqslant k + \ell + \min(k, \ell) - 4,$$

则A, B是具有相同公差的长度$\leqslant |A + B| - \min(k, \ell) + 1$的等差数列.

习题4.10 设$h \geqslant 2$, $m = h + 1$. 令$G = \mathbb{Z}/m\mathbb{Z}, A = \{0, 1\} \subset G$. 证明: A是G的阶为

$$h = \tfrac{2|G|}{|A|} - 1$$

的基. 这个例子说明定理4.10中的上界是最佳的.

习题4.11 令q为素数p的幂, $G = \mathbb{F}_q[x]$为系数在有限域$\mathbb{F}_q$中的多项式环$\mathbb{F}_q[x]$. 设G_n为$\mathbb{F}_q[x]$中次数$\leqslant n$的所有多项式组成的子群, 则$\mathbb{F}_q[x] = \bigcup\limits_{n=1}^{\infty} G_n$. 令$N \geqslant 2$,

$$A = \{0\} \cup \{f \in \mathbb{F}_q[x] | \deg f \geqslant N\}.$$

证明: A是G的2阶基, 但不是G的2阶σ-基.

习题4.12 令$m \geqslant 3$, $G = \mathbb{Z}_m[x]$为系数在模m的剩余类环$\mathbb{Z}_m$的多项式组成的加性Abel群, 则$G = \bigcup\limits_{n=1}^{\infty} G_n$, 其中$G_n$为次数$\leqslant n$的所有多项式组成的子群. 令$A$为$G$中由常数项为0或1的所有多项式组成的子集. 证明: $d_U(A) = \frac{2}{n}$, A是G的阶为

$$h = m - 1 = \tfrac{2}{d_U(A)} - 1$$

的σ-基. 这个例子说明定理4.11中的上界是最佳的.

习题4.13 证明: 存在$\mathbb{Z}$的2阶基使得每个整数能唯一地表示成A中两个元的和.

提示：归纳地构造集合A. 令$a_1 = 0$. 假设已经选择整数$a_1, \ldots, a_k$使得$\frac{k(k+1)}{2}$个和$a_i + a_j (1 \leqslant i < j \leqslant k)$不同. 选择$n$ 使得$n \neq a_i + a_j$且$|n|$最小. 令$a_{k+1} = n + b, a_{k+2} = -b$, 则$n = (n + b) - b = a_{k+1} + a_{k+2}$. 证明: 可以选取足够大的$b$使得$\frac{(k+2)(k+3)}{2}$个和$a_i + a_j (1 \leqslant i < j \leqslant k + 2)$都不同.

第 5 章　Euclid空间中的向量和

§5.1　小和集与超平面

反问题的“思想”是: 若有限集A有小的和集$2A$, 则A一定具有某种“结构”. 我们已经得到这一类的简单结果, 例如定理1.16和定理2.7. 我们在第8章将证明Freiman定理, 该定理指出若有限集满足$|2A| \leqslant c|A|$, 则A一定具有算术结构, 意思是A是多维等差数列的大子集. 我们在本章将证明: 若A是Euclid空间$\mathbb{R}^n$的有限向量集, 并且和集$2A$的基数很小, 则A具有几何结构. 说得更准确些, 若$|2A| \leqslant c|A|$, 其中$1 < c < 2^n$, 则A中一个正数比例的元素一定在某个超平面上, 这相当于说, A是数量有限的平行超平面的子集. 这个结果不依赖Freiman定理, 实际上它在后者最初的证明中起到关键的作用.

令$n \geqslant 2$, V是具有内积$(\ ,\ )$的n维Euclid空间. 令$\boldsymbol{h}$为V中的非零向量, $\gamma \in \mathbb{R}$, 由$\boldsymbol{h}, \gamma$定义的超平面H为

$$H = \{\boldsymbol{v} \in V | (\boldsymbol{h}, \boldsymbol{v}) = \gamma\}.$$

称向量$\boldsymbol{h}$为超平面H的标准向量. 设A为V的有限子集, $|A|$表示A的基数. 定义h重和集hA为

$$hA = \{a_1 + a_2 + \cdots + a_h | a_i \in A (1 \leqslant i \leqslant h)\}.$$

定理 5.1　设$n \geqslant 2$, 令

$$1 < c < 2^n,$$

存在常数$k_0^* = k_0^*(n, c), \varepsilon_0^* = \varepsilon_0^*(n, c) > 0$使得: 若$A$是$n$维Euclid空间$V$的有限子集, 并且满足

$$|A| \geqslant k_0^*,$$

$$|2A| \leqslant c|A|,$$

则存在V中的超平面H使得

$$|A \cap H| > \varepsilon_0^* |A|.$$

下面的例子(在$h = 2$的情形)说明定理5.1关于c的上界是最佳的.

定理 5.2　令$n \geqslant 2$, V是n维Euclid空间. 设$h \geqslant 2$. 对任意的k_0与$\varepsilon_0 > 0$, 存在V的有限集A使得

$$|A| \geqslant k_0,$$

$$|hA| < h^n|A|,$$

而对于V中的每个超平面H都有

$$|A \cap H| \leqslant \varepsilon_0|A|.$$

证明: 选取V的一组正交基$\{\boldsymbol{e}_1, \ldots, \boldsymbol{e}_n\}$. 对于$\boldsymbol{u}, \boldsymbol{v} \in V$, 其中$\boldsymbol{u} = \sum_{i=1}^{n} u_i\boldsymbol{e}_i, \boldsymbol{v} = \sum_{i=1}^{n} v_i\boldsymbol{e}_i$, 则$(\boldsymbol{u}, \boldsymbol{v}) = \sum_{i=1}^{n} u_iv_i$是$\boldsymbol{u}, \boldsymbol{v}$在$V$上的内积. 选定$k_0, \varepsilon_0 > 0$, 令$t \in \mathbb{Z}$满足

$$t \geqslant \max(k_0^{\frac{1}{n}}, \varepsilon_0^{-1}).$$

令

$$A = \Big\{ \sum_{i=1}^{n} v_i\boldsymbol{e}_i \in V | v_i \in \{0, 1, \ldots, t-1\}(1 \leqslant i \leqslant n)\Big\},$$

则

$$|A| = t^n \geqslant k_0,$$

$$hA = \Big\{ \sum_{i=1}^{n} v_i\boldsymbol{e}_i \in V | v_i \in \{0, 1, \ldots, ht-h\}(1 \leqslant i \leqslant n)\Big\},$$

从而

$$|hA| = (ht - h + 1)^n < h^nt^n = h^n|A|.$$

令$\boldsymbol{h} = \sum_{i=1}^{n} h_i\boldsymbol{e}_i \neq \boldsymbol{0}$, 则存在$j$使得$h_j \neq 0$. 令$\gamma \in \mathbb{R}$, H为$\boldsymbol{h}, \gamma$定义的超平面. 若$v = \sum_{i=1}^{n} v_i\boldsymbol{e}_i \in A \cap H$, 则$\sum_{i=1}^{n} h_iv_i = \gamma$, v_j 由$n-1$ 个整数$v_1, \ldots, v_{j-1}, v_{j+1}, \ldots, v_n$唯一确定的. 因为$v_i \in \{0, 1, \ldots, t-1\}(1 \leqslant i \leqslant n)$, 所以

$$|A \cap H| \leqslant t^{n-1} \leqslant \varepsilon_0t^n = \varepsilon_0|A|. \qquad \square$$

§5.2 线性无关的超平面

令$n \geqslant 2$, V是具有内积$(\ ,\ )$的n维Euclid空间. 令$\boldsymbol{h}$为V中的非零向量, $\gamma \in \mathbb{R}$. 定义$H, H^{(+1)}, H^{(-1)}$如下:

$$\begin{aligned} H &= \{v \in V | (h, v) = \gamma\} \\ H^{(+1)} &= \{v \in V | (h, v) > \gamma\} \\ H^{(-1)} &= \{v \in V | (h, v) < \gamma\}. \end{aligned}$$

集合$H^{(+1)}, H^{(-1)}$分别为H确定的上半开空间与下半开空间, 称向量$\boldsymbol{h}$为超平面H的标准向量. 若$\boldsymbol{0} \in H$, 则H是V的$n-1$维子空间. 注意$\boldsymbol{0} \in H$当且仅当$\gamma = 0$.

称$\mathbb{R}^n$中的集合K为凸集, 若$\boldsymbol{a}, \boldsymbol{b} \in K$, 则对任意的$t \in [0, 1]$有$t\boldsymbol{a} + (1-t)\boldsymbol{b} \in K$. 集合$H, H^{(+1)}, H^{(-1)}$为凸集. 对Euclid空间$V$的任意子集$S$, S的凸包是V的包含S的最小凸集, 记为$\mathrm{conv}(S)$. 因为凸集的交集是凸集, 可知S的凸包即为包含S的所有凸集的交集. 这个交集非空, 因为Euclid空间V是凸集且包含S.

令$H_1, \ldots, H_m$为超平面, $H^* = \bigcup_{i=1}^{m} H_i$. 令$\{-1, 1\}^m = \{(\mu_1, \ldots, \mu_m) | \mu_i \in \{-1, 1\}(1 \leqslant i \leqslant m)\}$. 对$(\mu_1, \ldots, \mu_m) \in \{-1, 1\}^m$, 令

$$H(\mu_1, \ldots, \mu_m) = \bigcap_{i=1}^{m} H_i^{(\mu_i)}.$$

这2^m个集合$H(\mu_1, \ldots, \mu_m)$互不相交, 并且

$$V \backslash H^* = \bigcup_{(\mu_1, \ldots, \mu_m) \in \{1,-1\}^m} H(\mu_1, \ldots, \mu_m).$$

令V为n维Euclid空间, $H_1, \ldots, H_m$分别为以$\boldsymbol{h}_1, \ldots, \boldsymbol{h}_m$为标准向量的超平面. 称超平面$H_1, \ldots,$ H_m线性无关, 如果向量$\boldsymbol{h}_1, \ldots, \boldsymbol{h}_m$线性无关. 称超平面$H_1, \ldots, H_m$线性相关, 如果向量$\boldsymbol{h}_1, \ldots, \boldsymbol{h}_m$线性相关.

引理 5.1 令$H_1, \ldots, H_m$为n维Euclid空间V中的超平面. 假设对所有的$1 \leqslant i \leqslant m$有$\mathbf{0} \in H_i$, 则超平面$H_1, \ldots, H_m$线性无关当且仅当对所有的$(\mu_1, \ldots, \mu_m) \in \{1, -1\}^m$有

$$H(\mu_1, \ldots, \mu_m) \neq \varnothing.$$

证明: 存在V中的非零向量$\boldsymbol{h}_1, \ldots, \boldsymbol{h}_m \in V$使得

$$H_i = \{\boldsymbol{v} \in V | (\boldsymbol{h}_i, \boldsymbol{v}) = 0\} \ (1 \leqslant i \leqslant m).$$

假设$H_1, \ldots, H_m$为线性无关的超平面, 则向量$\boldsymbol{h}_1, \ldots, \boldsymbol{h}_m$线性无关, 从而存在对偶向量$\boldsymbol{h}_1^*, \ldots, \boldsymbol{h}_m^*$使得对$1 \leqslant i, j \leqslant m$有

$$(\boldsymbol{h}_i, \boldsymbol{h}_j^*) = \delta_{i,j} = \begin{cases} 1, & 若 i = j, \\ 0, & 若 i \neq j. \end{cases}$$

令$(\mu_1, \ldots, \mu_m) \in \{1, -1\}^m$,

$$\boldsymbol{v} = \sum_{j=1}^{m} \mu_j \boldsymbol{h}_j^* \in V,$$

则

$$(\boldsymbol{h}_i, \boldsymbol{v}) = \sum_{j=1}^{m} \mu_j (\boldsymbol{h}_i, \boldsymbol{h}_j^*) = \mu_i,$$

从而对所有的$1 \leqslant i \leqslant m$有

$$\boldsymbol{v} \in H_i^{(\mu_i)}.$$

因此, $H(\mu_1, \ldots, \mu_m) \neq \varnothing$.

假设$H_1, \ldots, H_m$为线性相关的超平面, 则$\boldsymbol{h}_1, \ldots, \boldsymbol{h}_m$线性相关, 从而存在不全为零的数$\alpha_1, \ldots, \alpha_m$使得$\sum_{i=1}^{m} \alpha_i \boldsymbol{h}_i = 0$. 定义$(\mu_1, \ldots, \mu_m) \in \{1, -1\}^m$为

$$\mu_i = \begin{cases} 1, & 若 \alpha_i > 0, \\ -1, & 若 \alpha_i \leqslant 0, \end{cases}$$

则对所有的$1 \leqslant i \leqslant m$有$\mu_i \alpha_i \geqslant 0$, 并且存在$j$使得$\mu_j \alpha_j > 0$.

我们来证明$H(\mu_1, \ldots, \mu_m) = \varnothing$. 若不然, 存在$v \in H(\mu_1, \ldots, \mu_m)$. 由$v \in H_i^{(\mu_i)}$可知

$$\alpha_i (\boldsymbol{h}_i, \boldsymbol{v}) \geqslant 0 \ (1 \leqslant i \leqslant m),$$

并且

$$\alpha_j(\boldsymbol{h}_j, \boldsymbol{v}) > 0.$$

由此得到

$$0 = (\mathbf{0}, \boldsymbol{v}) = (\sum_{i=1}^{m} \alpha_i \boldsymbol{h}_i, \boldsymbol{v}) = \sum_{i=1}^{m} \alpha_i (\boldsymbol{h}_i, \boldsymbol{v}) > 0,$$

矛盾. 因此, $H(\mu_1, \ldots, \mu_m) = \varnothing$. □

引理 5.2 令V为n维Euclid空间, $H_1, \ldots, H_r$为V中线性无关的超平面使得对所有的$1 \leqslant i \leqslant m$有$\mathbf{0} \in H_i$, 则

$$\dim(\bigcap_{i=1}^{r} H_i) = n - r.$$

特别地, 若$r = n$, 则

$$\bigcap_{i=1}^{n} H_i = \{\mathbf{0}\}.$$

证明: 令$\boldsymbol{h}_1, \ldots, \boldsymbol{h}_r$分别为超平面$H_1, \ldots, H_r$的标准向量, 则$\boldsymbol{h}_1, \ldots, \boldsymbol{h}_r$为线性无关的向量组, 并且对所有的$\boldsymbol{v} \in H_i$有$(\boldsymbol{h}_i, \boldsymbol{v}) = 0$. 令$W = \bigcap_{i=1}^{r} H_i$,

$$W^{\perp} = \{\boldsymbol{v} \in V | (\boldsymbol{v}, \boldsymbol{w}) = 0, \forall \boldsymbol{w} \in W\}.$$

因为$h_i \in W^{\perp} (1 \leqslant i \leqslant r)$, 所以$\dim W^{\perp} \geqslant r$, 从而

$$\dim W = n - \dim W^{\perp} \leqslant n - r.$$

我们对r作归纳证明$\dim W \geqslant n - r$. 若$r = 1$, 则$W = H_1, \dim W = \dim H_1 = n - 1$. 令$2 \leqslant r \leqslant n$, 假设结论对$r - 1$成立. 令$W' = \bigcap_{i=1}^{r-1} H_i$, 则$\dim W' \geqslant n - r + 1$. 因为$W = W' \cap H_r$, 所以

$$\begin{aligned}
\dim W &= \dim(W' \cap H_r) \\
&= \dim W' + \dim H_r - \dim(W' + H_r) \\
&\geqslant \dim W' + \dim H_r - \dim V \\
&\geqslant (n - r + 1) + (n - 1) - n \\
&= n - r.
\end{aligned}$$

因此, $\dim W = n - r$. 若$r = n$, 则$\dim(\bigcap_{i=1}^{n} H_i) = 0$, 从而$\bigcap_{i=1}^{n} H_i = \{\mathbf{0}\}$. □

引理 5.3 令V为n维Euclid空间, $H_1, \ldots, H_m$为V中线性无关的超平面, 使得对所有的$1 \leqslant i \leqslant m$有$0 \in H_i$. 令$S$为$V$的子集使得对所有的$(\mu_1, \ldots, \mu_m) \in \{1, -1\}^m$有

$$S \cap H(\mu_1, \ldots, \mu_m) \neq \varnothing, \tag{5.1}$$

则

$$\text{conv}(S) \cap (\bigcap_{i=1}^{m} H_i) \neq \varnothing.$$

证明: 对m作归纳. 设$m = 1$, $\boldsymbol{h}_1$为H_1的标准向量. 由(5.1)可知存在$s_1 \in S \cap H_1^{(+1)}, s_2 \in S \cap H_1^{(-1)}$使得

$$(\boldsymbol{h}_1, \boldsymbol{s}_1) = \alpha_1 > 0,$$

$$(\boldsymbol{h}_1, \boldsymbol{s}_2) = -\alpha_2 < 0,$$

从而

$$s = \frac{\alpha_2}{\alpha_1+\alpha_2} s_1 + \frac{\alpha_1}{\alpha_1+\alpha_2} s_2 \in \mathrm{conv}(S).$$

因为

$$(\boldsymbol{h}_1, \boldsymbol{s}) = \frac{\alpha_2(\boldsymbol{h}_1,\boldsymbol{s}_1)}{\alpha_1+\alpha_2} + \frac{\alpha_1(\boldsymbol{h}_1,\boldsymbol{s}_2)}{\alpha_1+\alpha_2} = \frac{\alpha_2\alpha_1-\alpha_1\alpha_2}{\alpha_1+\alpha_2} = 0,$$

所以$s \in H_1$, 从而

$$\mathrm{conv}(S) \cap H_1 \neq \varnothing.$$

令$m \geqslant 2$, 假设结论对$m-1$成立. 定义$S^{(+1)}, S^{(-1)}$为

$$S^{(+1)} = S \cap H_m^{(+1)},$$

$$S^{(-1)} = S \cap H_m^{(-1)},$$

则由(5.1)可知对所有的$(\mu_1, \ldots, \mu_{m-1}) \in \{1,-1\}^{m-1}$有

$$S^{(+1)} \cap (\bigcap_{i=1}^{m-1} H_i^{(\mu_i)}) = S \cap H(\mu_1, \ldots, \mu_{m-1}, +1) \neq \varnothing,$$

$$S^{(-1)} \cap (\bigcap_{i=1}^{m-1} H_i^{(\mu_i)}) = S \cap H(\mu_1, \ldots, \mu_{m-1}, -1) \neq \varnothing.$$

由归纳假设, 引理的结论对$m-1$个超平面$H_1, \ldots, H_{m-1}$成立, 从而

$$\mathrm{conv}(S^{(+1)}) \cap (\bigcap_{i=1}^{m-1} H_i) \neq \varnothing.$$

这就意味着存在向量$\boldsymbol{s}_1, \ldots, \boldsymbol{s}_k \in S^{(+1)}$以及$\alpha_1, \ldots, \alpha_k \in \mathbb{R}$满足$\alpha_i \geqslant 0 (1 \leqslant i \leqslant k), \alpha_1 + \cdots + \alpha_k = 1$使得

$$\boldsymbol{s}^{(+1)} = \sum_{i=1}^{k} \alpha_i \boldsymbol{s}_i \in \mathrm{conv}(S^{(+1)}) \cap (\bigcap_{i=1}^{m-1} H_i) \subseteq \mathrm{conv}(S) \cap (\bigcap_{i=1}^{m-1} H_i).$$

此外, 因为$\boldsymbol{s}_i \in H_m^{(+1)} (1 \leqslant i \leqslant k)$, 并且$H_m^{(+1)}$是凸集, 所以$\boldsymbol{s}^{(+1)} \in H_m^{(+1)}$. 同理, 存在

$$\boldsymbol{s}^{(-1)} \in \mathrm{conv}(S^{(-1)}) \cap (\bigcap_{i=1}^{m-1} H_i) \subseteq \mathrm{conv}(S) \cap (\bigcap_{i=1}^{m-1} H_i),$$

并且$\boldsymbol{s}^{(-1)} \in H_m^{(-1)}$.

令$T = \{\boldsymbol{s}^{(+1)}, \boldsymbol{s}^{(-1)}\}$, 则

$$T \subseteq \mathrm{conv}(S) \cap (\bigcap_{i=1}^{m-1} H_i),$$

从而

$$\mathrm{conv}(T) \subseteq \mathrm{conv}(S) \cap (\bigcap_{i=1}^{m-1} H_i).$$

因为对$\mu_m \in \{-1,1\}$有$T \cap H_m^{(\mu_m)} \neq \varnothing$, 所以存在

$$s \in \mathrm{conv}(T) \cap H_m \subseteq \mathrm{conv}(S) \cap (\bigcap_{i=1}^{m} H_i). \qquad \square$$

引理 5.4 令V为n维Euclid空间, $H_1, \ldots, H_n$为V中线性无关的超平面使得对所有的$1 \leqslant i \leqslant n$有$0 \in H_i$. 令$S$为$V$的子集, 使得对所有的$(\mu_1, \ldots, \mu_m) \in \{1,-1\}^m$有

$$S \cap H(\mu_1, \ldots, \mu_m) = S \cap (\bigcap_{i=1}^{m} H_i^{(\mu_i)}) \neq \varnothing,$$

则

$$\mathbf{0} \in \mathrm{conv}(S).$$

证明: 由引理5.1可知超平面$H_1, \ldots, H_n$线性无关, 所以由引理5.2与引理5.3得到

$$\mathrm{conv}(S) \cap \{\mathbf{0}\} = \mathrm{conv}(S) \cap (\bigcap_{i=1}^{n} H_i) \neq \varnothing. \qquad \square$$

引理 5.5 令V为n维Euclid空间, $H_1, \ldots, H_n$为V中线性无关的超平面, 其标准向量分别为$\boldsymbol{h}_1, \ldots, \boldsymbol{h}_n$, 并且对所有的$1 \leqslant i \leqslant n$有$\mathbf{0} \in H_i$. 对$1 \leqslant j \leqslant n$, 令

$$L_j = \bigcap_{\substack{i=1 \\ i \neq j}}^{n} H_i,$$

则对$1 \leqslant j \leqslant n$有

$$V = H_j \oplus L_j.$$

此外, 存在V的对偶基$\{\boldsymbol{h}_1^*, \ldots, \boldsymbol{h}_n^*\}$使得

$$(\boldsymbol{h}_i, \boldsymbol{h}_j^*) = \delta_{i,j} = \begin{cases} 1, & 若 i = j, \\ 0, & 若 i \neq j, \end{cases}$$

并且H_j是由$\boldsymbol{h}_1^*, \ldots, \boldsymbol{h}_{j-1}^*, \boldsymbol{h}_{j+1}^*, \ldots, \boldsymbol{h}_n^*$张成的$n-1$维子空间, L_j 是$\boldsymbol{h}_j^*$张成的1维子空间.

证明: 由引理5.2可知$\dim L_j = 1$. 令$\boldsymbol{f}_j^*$为L_j的基向量, 则对所有的$i \neq j$有$\boldsymbol{f}_j^* \in H_i$, 从而$(\boldsymbol{h}_i, \boldsymbol{f}_j^*) = 0$. 此外,

$$(\boldsymbol{h}_i, \boldsymbol{f}_j^*) = 0$$

当且仅当

$$\boldsymbol{f}_j^* \in H_j \cap L_j = \bigcap_{i=1}^{n} H_i = \{\mathbf{0}\}.$$

这是不可能的, 因为$\boldsymbol{f}_j^* \neq \mathbf{0}$. 因此, $(\boldsymbol{h}_j, \boldsymbol{f}_j^*) \neq 0$, 并且

$$\boldsymbol{h}_j^* = \frac{\boldsymbol{f}_j^*}{(\boldsymbol{h}_j, \boldsymbol{f}_j^*)} \in L_j \backslash H_j.$$

于是, $(\boldsymbol{h}_i, \boldsymbol{h}_j^*) = \delta_{i,j} (1 \leqslant i, j \leqslant n)$, L_j由$\boldsymbol{h}_j^*$张成. 因为$\sum\limits_{j=1}^{n} x_j \boldsymbol{h}_j^* = \mathbf{0}$意味着

$$0 = (\boldsymbol{h}_i, \mathbf{0}) = (\boldsymbol{h}_i, \sum_{j=1}^{n} x_j \boldsymbol{h}_j^*) = \sum_{j=1}^{n} x_j (\boldsymbol{h}_i, \boldsymbol{h}_j^*) = x_i \ (1 \leqslant i \leqslant n),$$

所以$\boldsymbol{h}_1^*,\ldots,\boldsymbol{h}_n^*$线性无关. 因为$H_j$是$n-1$维向量空间, 所以$\{\boldsymbol{h}_1^*,\ldots,\boldsymbol{h}_{j-1}^*,\boldsymbol{h}_{j+1}^*,\ldots,\boldsymbol{h}_n^*\}$是$H_j$的一组基, 从而$V=H_j\oplus L_j$. □

引理 5.6 令V为n维向量空间, $H_1,\ldots,H_n$为V中线性无关的超平面, $\mathbf{0}\in H_i(1\leqslant i\leqslant n)$. 令$\mathcal{Q}_i=H_i\cap H_n(1\leqslant i\leqslant n-1)$, 则$\dim\mathcal{Q}_i=n-2$, 并且$\mathcal{Q}_1,\ldots,\mathcal{Q}_{n-1}$是$H_n$中线性无关的超平面. 令

$$L_n=\bigcap_{i=1}^{n-1}H_i,$$

$\pi:V\to H_n$为对应直和分解

$$V=H_n\oplus L_n$$

的射影. 令$(\mu_1,\ldots,\mu_{n-1})\in\{1,-1\}^{n-1}$, $\boldsymbol{v}\in V$. 若

$$\boldsymbol{v}\in\bigcap_{i=1}^{n-1}H_i^{(\mu_i)},$$

则

$$\pi(\boldsymbol{v})\in\bigcap_{i=1}^{n-1}\mathcal{Q}_i^{(\mu_i)}.$$

令S为V的子集, $\pi(S)=\{\pi(\boldsymbol{s})|\boldsymbol{s}\in S\}\subseteq H_n$. 若对所有的$(\mu_1,\mu_{n-1})\in\{1,-1\}^{n-1}$有

$$S\cap(\bigcap_{i=1}^{n-1}H_i^{(\mu_i)})\neq\varnothing,$$

则

$$\mathbf{0}\in\operatorname{conv}(\pi(S)).$$

存在L_n的基向量$\boldsymbol{h}_n^*$使得若$S\subseteq H_n^{(+1)}$, 则对某个$\alpha>0$有

$$\alpha\boldsymbol{h}_n^*\in\operatorname{conv}(S).$$

证明: 由引理5.2可知$\dim(\mathcal{Q}_i)=n-2$, 所以$\mathcal{Q}_i(1\leqslant i\leqslant n-1)$是$H_n$中的超平面. 令$\boldsymbol{h}_1,\ldots,\boldsymbol{h}_n$分别为$H_1,\ldots,H_n$的标准向量, 令

$$\boldsymbol{q}_i=\boldsymbol{h}_i-\frac{(\boldsymbol{h}_n,\boldsymbol{h}_i)}{(\boldsymbol{h}_n,\boldsymbol{h}_n)\boldsymbol{h}_n}.$$

因为$\boldsymbol{h}_1,\ldots,\boldsymbol{h}_n$线性无关, 所以$\boldsymbol{q}_1,\ldots,\boldsymbol{q}_n$线性无关. 此外, 由于$(\boldsymbol{h}_n,\boldsymbol{q}_i)=0$, 所以$\boldsymbol{q}_i\in H_n(1\leqslant i\leqslant n-1)$.

令$w\in H_n$, 则$(\boldsymbol{q}_i,\boldsymbol{w})=(\boldsymbol{h}_i,\boldsymbol{w})$, 所以$\boldsymbol{w}\in\mathcal{Q}_i$当且仅当$(\boldsymbol{q}_i,\boldsymbol{w})=0$. 因此, $\boldsymbol{q}_i$是$\mathcal{Q}_i$在向量空间H_n中的标准向量, 并且超平面$\mathcal{Q}_1,\ldots,\mathcal{Q}_{n-1}$在$H_n$中线性无关.

由引理5.5, 存在L_n的基向量$\boldsymbol{h}_n^*$使得$(\boldsymbol{h}_i,\boldsymbol{h}_n^*)=\delta_{i,n}$. 若$\boldsymbol{v}\in V$, 则

$$\boldsymbol{v}=\pi(\boldsymbol{v})+\varphi(\boldsymbol{v})\boldsymbol{h}_n^*,$$

其中$\pi(\boldsymbol{v})\in H_n$, $\varphi(\boldsymbol{v})\in\mathbb{R}$. 此外, 对$1\leqslant i\leqslant n-1$有

$$\begin{aligned}(\boldsymbol{q}_i,\pi(\boldsymbol{v}))&=(\boldsymbol{h}_i,\pi(\boldsymbol{v}))-\frac{\boldsymbol{h}_n,\boldsymbol{h}_i)}{(\boldsymbol{h}_n,\boldsymbol{h}_n)}(\boldsymbol{h}_n,\pi(\boldsymbol{v}))\\&=(\boldsymbol{h}_i,\pi(\boldsymbol{v}))\\&=(\boldsymbol{h}_i,v)-\varphi(\boldsymbol{v})(\boldsymbol{h}_i,\boldsymbol{h}_n^*)\\&=(\boldsymbol{h}_i,\boldsymbol{v}).\end{aligned}$$

由此可知

$$\boldsymbol{v} \in \bigcap_{i=1}^{n-1} H_i^{(\mu_i)}$$

当且仅当

$$\pi(\boldsymbol{v}) \in \bigcap_{i=1}^{n-1} \mathcal{Q}_i^{(\mu_i)}.$$

若对所有的$(\mu_1, \ldots, \mu_{n-1}) \in \{1, -1\}^{n-1}$有

$$S \cap (\bigcap_{i=1}^{n-1} H_i^{(\mu_i)}) \neq \varnothing,$$

则由引理5.4得到

$$\mathbf{0} \in \operatorname{conv}(\pi(S)).$$

这就意味着存在向量$\boldsymbol{s}_1, \ldots, \boldsymbol{s}_k \in S$满足性质

$$\sum_{i=1}^{k} \alpha_i \pi(\boldsymbol{s}_i) = \mathbf{0},$$

其中$\alpha_1, \ldots, \alpha_k$为非负数使得$\alpha_1 + \cdots + \alpha_k = 1$. 令

$$\boldsymbol{s}_i = \pi(\boldsymbol{s}_i) + \varphi(\boldsymbol{s}_i)\boldsymbol{h}_n^*,$$

$$\alpha = \sum_{i=1}^{n} \alpha_i \varphi(\boldsymbol{s}_i),$$

则

$$\sum_{i=1}^{n} \alpha_i \boldsymbol{s}_i = \sum_{i=1}^{n} \alpha_i \pi(\boldsymbol{s}_i) + \sum_{i=1}^{k} \alpha_i \varphi(\boldsymbol{s}_i)\boldsymbol{h}_n^* = \alpha \boldsymbol{h}_n^* \in \operatorname{conv}(S).$$

若$S \subseteq H_n^{(+1)}$, 则对所有的$1 \leqslant i \leqslant k$有

$$(\boldsymbol{h}_n, \boldsymbol{s}_i) = (\boldsymbol{h}_n, \pi(\boldsymbol{s}_i)) + \varphi(\boldsymbol{s}_i)(\boldsymbol{h}_n, \boldsymbol{h}_n^*) = \varphi(\boldsymbol{s}_i) > 0,$$

从而$\alpha > 0$, 并且$\alpha \boldsymbol{h}_n^* \in \operatorname{conv}(S)$. □

§5.3 块集

令V为n维Euclid空间. 设$\boldsymbol{e_0} \in V$, $\{\boldsymbol{e}_1, \ldots, \boldsymbol{e}_n\}$为$V$的一组基. 定义以$\boldsymbol{e_0}$为中心, $\{\boldsymbol{e}_1, \ldots, \boldsymbol{e}_n\}$为基的块集为

$$B(\boldsymbol{e}_0; \boldsymbol{e}_1, \ldots, \boldsymbol{e}_n) = \{\boldsymbol{e}_0 + \sum_{i=1}^{n} x_i \boldsymbol{e}_i | -1 \leqslant x_i \leqslant 1 (1 \leqslant i \leqslant n)\}.$$

称V的子集B是块集, 如果存在向量$\boldsymbol{e}_0 \in V$与V的一组基$\{\boldsymbol{e}_0, \ldots, \boldsymbol{e}_n\}$使得$B = B(\boldsymbol{e}_0; \boldsymbol{e}_1, \ldots, \boldsymbol{e}_n)$.

令$B = B(\boldsymbol{e}_0; \boldsymbol{e}_1, \ldots, \boldsymbol{e}_n)$, B的顶点是集合

$$\operatorname{vert}(B) = \{\boldsymbol{e}_0 + \sum_{i=1}^{n} \mu_i \boldsymbol{e}_i | (\mu_1, \ldots, \mu_n) \in \{1, -1\}^n\}$$

中的2^n个向量. 块集B是它的顶点集的凸包. B的内部是集合

$$\operatorname{int}(B) = \{\boldsymbol{e}_0 + \sum_{i=1}^{n} x_i \boldsymbol{e}_i | -1 < x_i < 1 (1 \leqslant i \leqslant n)\}.$$

每个块集对应$2n$个面超平面

$$F_{j,\mu_j} = \{\boldsymbol{e}_0 + \mu_j \boldsymbol{e}_j + \sum_{\substack{i=1 \\ i \neq j}} x_i \boldsymbol{e}_i | x_i \in \mathbb{R}(i \neq j)\},$$

其中$1 \leqslant j \leqslant n, \mu_j \in \{1, -1\}$.

令$\{0,1,-1\}^n = \{(\lambda_1, \dots, \lambda_n) \in \mathbb{R}^n | \lambda_i \in \{0,1,-1\}(1 \leqslant i \leqslant n)\}$. 每个$(\lambda_1, \dots, \lambda_n) \in \{0,1,-1\}^n$对应集合$D(\lambda_1, \dots, \lambda_n) = \{\boldsymbol{e}_0 + \sum_{i=1}^{n} x_i \boldsymbol{e}_i \in V\}$, 其中

$$\begin{cases} x_i > 1, & 若\lambda_i = 1, \\ -1 < x_i < 1, & 若\lambda_i = 0, \\ x_i < -1, & 若\lambda_i = -1. \end{cases}$$

令$F^* = \bigcup_{j=1}^{n} \bigcup_{\mu_j = \pm 1} F_{j,\mu_j}$, 则$V \backslash F^*$是$3^n$个凸开集$D(\lambda_1, \dots, \lambda_n)$的互不相交的集合的并集. 特别地,

$$D(0, \dots, 0) = \text{int}(B).$$

例如, 在向量空间$\mathbb{R}^2$中, 令$\boldsymbol{e}_1 = (4,1), \boldsymbol{e}_2 = (2,-2)$, $B = B(\boldsymbol{0}; \boldsymbol{e}_1, \boldsymbol{e}_2)$, 则

$$\text{vert}(B) = \{\pm(2,3), \pm(6,-1)\}.$$

下面的图中标注了块集B, 它的4个面(均为超平面), 9个凸集$D(\lambda_1, \lambda_2)$:

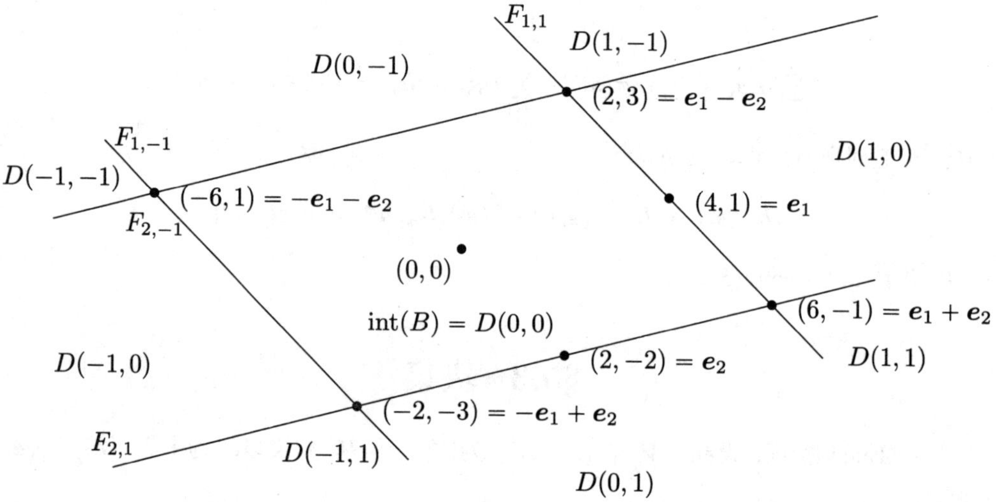

令$\boldsymbol{f}, \boldsymbol{a}$为$V$中的向量, 则

$$\boldsymbol{a} = \boldsymbol{f} + (\boldsymbol{a} - \boldsymbol{f}).$$

$\boldsymbol{a}$通过$\boldsymbol{f}$的反射向量为

$$2\boldsymbol{f} - \boldsymbol{a} = \boldsymbol{f} - (\boldsymbol{a} - \boldsymbol{f}).$$

例如, 若$\boldsymbol{f} = (3,2), \boldsymbol{a} = (4,1)$, 则$\boldsymbol{a}$通过$\boldsymbol{f}$的反射向量是$2\boldsymbol{f} - \boldsymbol{a} = (2,3)$, 如下图所见:

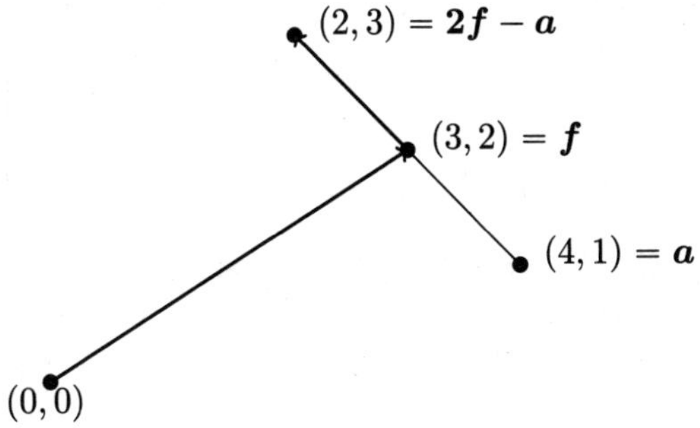

若$S \subseteq V$, S通过$\boldsymbol{f}$的反射集为

$$\{2\boldsymbol{f}\} - S = \{2\boldsymbol{f} - \boldsymbol{s} | \boldsymbol{s} \in S\}.$$

令$\boldsymbol{f}_0, \boldsymbol{f}_1, \ldots, \boldsymbol{f}_{n-1}$为$V$中的$n$个向量. 对$V$中的任意向量$\boldsymbol{f}$, 我们考虑通过连续反射变换得到的有限集$S_n, S_{n-1}, \ldots, S_0$: $S_n = \{\boldsymbol{f_n}\}$, 当$1 \leqslant k \leqslant n$时

$$S_{k-1} = S_k \cup (\{2\boldsymbol{f}_{k-1}\} - S_k).$$

因此,

$$\begin{aligned} S_n &= \{\boldsymbol{f}_n\}, \\ S_{n-1} &= \{\boldsymbol{f}_n, 2\boldsymbol{f}_{n-1} - \boldsymbol{f}_n\}, \\ S_{n-2} &= \{\boldsymbol{f}_n, 2\boldsymbol{f}_{n-1} - \boldsymbol{f}_n, 2\boldsymbol{f}_{n-2} - \boldsymbol{f}_n, 2\boldsymbol{f}_{n-2} - 2\boldsymbol{f}_{n-1} + \boldsymbol{f}_n\}, \end{aligned}$$

等等. 例如, 在向量空间$V = \mathbb{R}^2$中, 令$\boldsymbol{f}_0 = (0,0), \boldsymbol{f}_1 = (4,1), \boldsymbol{f}_2 = (6,-1)$, 则

$$\begin{aligned} S_2 &= \{(6,-1)\}, \\ S_1 &= \{(2,3),(6,-1)\}, \\ S_0 &= \{\pm(2,3), \pm(6,-1)\}, \end{aligned}$$

$\mathrm{conv}(S_0)$是此前构造的块集B.

引理 5.7 令V为n维Euclid空间, 令$\{\boldsymbol{f}_0, \boldsymbol{f}_1, \ldots, \boldsymbol{f}_n\} \subseteq V$, 其中$\boldsymbol{f}_0 = \boldsymbol{0}$. 令

$$S_n \subseteq S_{n-1} \subseteq \cdots \subseteq S_0$$

为归纳构造的集合列:

$$S_n = \{\boldsymbol{f}_n\},$$

$$S_{k-1} = S_k \cup \{2\boldsymbol{f}_{k-1}\} - S_k) \ (1 \leqslant k \leqslant n).$$

令$\boldsymbol{e}_i = \boldsymbol{f}_i - \boldsymbol{f}_{i-1} (1 \leqslant i \leqslant n)$, 则

$$S_0 = \{ \sum_{i=1}^{n} \mu_i \boldsymbol{e}_i | (\mu_1, \ldots, \mu_n) \in \{1,-1\}^n \}.$$

令$B = \mathrm{conv}(S_0)$, 若向量$\boldsymbol{f}_1, \ldots, \boldsymbol{f}_n$线性无关, 则

(i) 向量$\boldsymbol{e}_1, \ldots, \boldsymbol{e}_n$线性无关;

(ii) $B = \mathrm{conv}(S_0) = B(\boldsymbol{0}; \boldsymbol{e}_1, \ldots, \boldsymbol{e}_n)$;

(iii) $\mathrm{vert}(B) = S_0$;

(iv) $|S_k| = 2^{n-k} \ (0 \leqslant k \leqslant n)$.

证明: 我们将归纳地证明对$0 \leqslant k \leqslant n$有

$$\begin{aligned} S_k &= \{\boldsymbol{f}_k\} + \{\sum_{i=k+1}^{n} \mu_i \boldsymbol{e}_i | \mu_i \in \{1,-1\}, k+1 \leqslant i \leqslant n\} \\ &= \{\boldsymbol{f}_{k-1}\} + \{\boldsymbol{e}_k\} + \{\sum_{i=k+1}^{n} \mu_i \boldsymbol{e}_i | \mu_i \in \{1,-1\}, k+1 \leqslant i \leqslant n\}. \end{aligned}$$

当$k = n$时, 等式显然成立, 因为$S_n = \{\boldsymbol{f}_n\}$. 假设关系式对$k$成立, 则

$$\begin{aligned} \{2\boldsymbol{f}_{k-1}\} - S_k &= \{2\boldsymbol{f}_{k-1} - \boldsymbol{f}_k\} - \{\sum_{i=k+1}^{n} \mu_i \boldsymbol{e}_i | \mu_i \in \{1,-1\}, k+1 \leqslant i \leqslant n\} \\ &= \{\boldsymbol{f}_{k-1} - \boldsymbol{e}_k\} - \{\sum_{i=k+1}^{n} \mu_i \boldsymbol{e}_i | \mu_i \in \{1,-1\}, k+1 \leqslant i \leqslant n\} \\ &= \{\boldsymbol{f}_{k-1}\} + \{-\boldsymbol{e}_k\} + \{\sum_{i=k+1}^{n} \mu_i \boldsymbol{e}_i | \mu_i \in \{1,-1\}, k+1 \leqslant i \leqslant n\}. \end{aligned}$$

由此可得

$$S_{k-1} = S_k \cup (\{2\boldsymbol{f}_{k-1}\} - S_k) = \{\boldsymbol{f}_{k-1}\} + \{\sum_{i=k}^{n} \mu_i \boldsymbol{e}_i | \mu_i \in \{1,-1\}^n, k \leqslant i \leqslant n\}.$$

这就完成了归纳证明. 当$k = 0$时有

$$S_0 = \{\sum_{i=1}^{n} \mu_i \boldsymbol{e}_i | (\mu_1, \ldots, \mu_n) \in \{1,-1\}^n\}.$$

若$(\boldsymbol{f}_1, \ldots, \boldsymbol{f}_n)$是$V$的一组基, 则$(\boldsymbol{e}_1, \ldots, \boldsymbol{e}_n)$也是$V$的一组基, 并且对$0 \leqslant k \leqslant n$有

$$|S_k| = 2^{n-k}.$$

特别地, $|S_0| = 2^n$. 显然,

$$\operatorname{conv}(S_0) = B(\mathbf{0}; \boldsymbol{e}_1, \ldots, \boldsymbol{e}_n) = B,$$

$$\operatorname{vert}(B) = S_0.$$

□

引理 5.8 令V为n维Euclid空间, $H_1, \ldots, H_n$为V中的超平面, $\{\boldsymbol{f}_0, \boldsymbol{f}_1, \ldots, \boldsymbol{f}_n\} \subseteq V$, 其中$\boldsymbol{f}_0 = \mathbf{0}$. 若

$$\boldsymbol{f}_i \in H_j \ (0 \leqslant i < j \leqslant n),$$

$$\boldsymbol{f}_i \in H_j^{(+1)} \ (1 \leqslant j \leqslant i \leqslant n),$$

则向量$\boldsymbol{f}_1, \ldots, \boldsymbol{f}_n$线性无关. 令$S_n \subseteq S_{n-1} \subseteq \cdots \subseteq S_0$为从$\{\boldsymbol{f}_0, \boldsymbol{f}_1, \ldots, \boldsymbol{f}_n\}$归纳构造的$V$的有限子集列:

$$S_n = \{\boldsymbol{f}_n\},$$

$$S_{k-1} = S_k \cup (\{2\boldsymbol{f}_{k-1}\} - S_k) \ (1 \leqslant k \leqslant n).$$

假设对$1 \leqslant k \leqslant n$有

$$S_k \subseteq \bigcap_{j=1}^{k} H_j^{(+1)},$$

则对所有的$(\mu_1, \ldots, \mu_n) \in \{1,-1\}^n$有

$$S_0 \cap H(\mu_1, \ldots, \mu_n) \neq \varnothing,$$

并且超平面$H_1,\ldots,H_n$线性无关. 令$\boldsymbol{s}\in S_0\bigcap H(\mu_1,\ldots,\mu_n), S_{n+1}=\varnothing$, 则$\boldsymbol{s}\in S_k\backslash S_{k+1}$当且仅当$\mu_i=1(1\leqslant i\leqslant k),\mu_{k+1}=-1$.

证明: 若向量$\boldsymbol{f}_1,\ldots,\boldsymbol{f}_n$线性相关, 则存在$k\geqslant 1$以及$x_1,\ldots,x_{k-1}\in\mathbb{R}$使得

$$\boldsymbol{f}_k=\sum_{i=1}^{k-1}x_i\boldsymbol{f}_i.$$

因为$\boldsymbol{f}_1,\ldots,\boldsymbol{f}_{k-1}\subseteq H_k$, 并且超平面$H_k$是子空间(因为$\mathbf{0}=\boldsymbol{f}_0\in H_k$), 所以$\boldsymbol{f}_k\in H_k$, 这是不可能的, 因为$\boldsymbol{f}_k\in H_k^{(+1)}, H_k\cap H_k^{(+1)}=\varnothing$. 因此, $\boldsymbol{f}_1,\ldots,\boldsymbol{f}_n$线性相关. 由引理5.7, 对$0\leqslant k\leqslant n$有

$$|S_k|=2^{n-k}.$$

我们对k作归纳证明: 对所有的$(\mu_{k+1},\ldots,\mu_n)\in\{1,-1\}^{n-k}$有

$$S_k\cap H(1,\ldots,1,\mu_{k+1},\ldots,\mu_n)\neq\varnothing. \tag{5.2}$$

设$k=n$. 因为对所有的$j=1,\ldots,n$有$\boldsymbol{f}_n\in H_j^{(+1)}$, 并且$S_n=\{\boldsymbol{f}_n\}$, 所以

$$S_n\cap H(1,\ldots,1)\neq\varnothing.$$

假设(5.2)对某个$k\in\{1,\ldots,n\}$成立, 则对每个$(\mu_{k+1},\ldots,\mu_n)\in\{1,-1\}^{n-k}$, 存在

$$\boldsymbol{s}\in S_k\cap H_k^{(+1)}\cap(\bigcap_{j=k+1}^{n}H_j^{(\mu_j)}).$$

因为$2\boldsymbol{f}_{k-1}-\boldsymbol{s}\in S_{k-1},\boldsymbol{f}_{k-1}\in H_j(k\leqslant j\leqslant n)$, 所以$2\boldsymbol{f}_{k-1}-\boldsymbol{s}\in H_k^{(-1)},2\boldsymbol{f}_{k-1}-\boldsymbol{s}\in H_j^{(-\mu_j)}(k+1\leqslant j\leqslant n)$. 因此, 对所有的$(\mu_{k+1},\ldots,\mu_n)\in\{1,-1\}^{N-k}$有

$$(\{2\boldsymbol{f}_{k-1}\}-S_k)\cap H_k^{(-1)}\cap(\bigcap_{j=k+1}^{n}H_j^{(\mu_j)})\neq\varnothing.$$

因为$S_{k-1}=S_k\cup(\{2\boldsymbol{f}_{k-1}\}-S_k)$, $S_{k-1}\subseteq\bigcap_{j=1}^{k-1}H_j^{(+1)}$, 所以

$$S_{k-1}\cap H(1,\ldots,1,\mu_k,\mu_{k+1},\ldots,\mu_n)=S_{k-1}\cap(\bigcap_{j=1}^{k-1}H_j^{(+1)})\cap(\bigcap_{j=k}^{n}H_j^{(\mu_j)})\neq\varnothing.$$

这样就完成了归纳证明.

特别地, 对所有的$(\mu_1,\ldots,\mu_n)\in\{1,-1\}^n$有

$$S_0\cap H(\mu_1,\ldots,\mu_n)\neq\varnothing.$$

从而由引理5.1可知V中的超平面$H_1,\ldots,H_n$线性无关.

因为$|S_k|=2^{n-k}$, 对每个$0\leqslant k\leqslant n$和$(\mu_{k+1},\ldots,\mu_n)\in\{1,-1\}^n$有$S_k\cap H(1,\ldots,1,\mu_{k+1},\ldots,\mu_n)\neq\varnothing$, 所以对每个$0\leqslant k\leqslant n$和$(\mu_{k+1},\ldots,\mu_n)\in\{1,-1\}^n$有

$$|S_k\cap H(1,\ldots,1,\mu_{k+1},\ldots,\mu_n)|=1.$$

因为2^n个集合$H(\mu_1,\ldots,\mu_n)$中的每一个恰好包含S_0中的一个元素, 所以若

$$s\in S_0\cap H(\mu_1,\ldots,\mu_n),$$

并且$\mu_i=1(1\leqslant i\leqslant k)$, 则$s\in S_k$. 若$\mu_{k+1}=-1$, 则$s\notin S_{k+1}$. 因此,

$$S_0 \cap H(1,\ldots,1,-1,\mu_{k+2},\ldots,\mu_n) \subseteq S_k \backslash S_{k+1}.$$

因为

$$|S_0 \cap H(1,\ldots,1,-1,\mu_{k+2},\ldots,\mu_n)| = |S_k \backslash S_{k+1}| = 2^{n-k-1},$$

所以

$$S_0 \cap H(1,\ldots,1,-1,\mu_{k+2},\ldots,\mu_n) = S_k \backslash S_{k+1}.$$

□

引理 5.9 令n维向量空间V, 超平面$H_1,\ldots,H_n$以及集合$F = \{\boldsymbol{f}_0, \boldsymbol{f}_1, \ldots, \boldsymbol{f}_{n-1}\}$满足引理5.8的条件. 对$\boldsymbol{a} \in H(1,\ldots,1)$, 令$\{S_k(\boldsymbol{a})\}_{k=0}^n$为通过引理5.7中的方法从$F \cup \{\boldsymbol{a}\}$归纳构造的$V$的子集列. 若$\boldsymbol{a}, \boldsymbol{a}' \in H(1,\ldots,1), \boldsymbol{a} \neq \boldsymbol{a}'$, 则

$$S_0(\boldsymbol{a}) \cap S_0(\boldsymbol{a}') = \varnothing.$$

证明: 令$\boldsymbol{a} \neq \boldsymbol{a}'$, 则$S_n(\boldsymbol{a}) = \{\boldsymbol{a}\}, S_n(\boldsymbol{a}') = \{\boldsymbol{a}'\}$, 从而$S_n(\boldsymbol{a}) \cap S_n(\boldsymbol{a}') = \varnothing$. 假设$S_0(\boldsymbol{a}) \cap S_0(\boldsymbol{a}') \neq \varnothing$. 令$k$为使得$S_k(\boldsymbol{a}) \cap S_k(\boldsymbol{a}') \neq \varnothing$的最大整数, 则$0 \leqslant k \leqslant n-1$. 选取

$$\boldsymbol{s} \in S_k(\boldsymbol{a}) \cap S_k(\boldsymbol{a}'),$$

则

$$\boldsymbol{s} \notin S_{k+1}(\boldsymbol{a}) \cap S_{k+1}(\boldsymbol{a}') = \varnothing.$$

若$s \notin S_{k+1}(\boldsymbol{a})$, 则

$$\boldsymbol{s} \in S_k(\boldsymbol{a}) \backslash S_{k+1}(\boldsymbol{a}) = \{2\boldsymbol{f}_k\} - S_{k+1}(\boldsymbol{a}).$$

由引理5.8得到

$$\boldsymbol{s} \in H(1,\ldots,1,-1,\mu_{k+2},\ldots,\ mu_n),$$

从而再次利用引理5.8得到

$$\boldsymbol{s} \in S_k(\boldsymbol{a}') \backslash S_{k+1}(\boldsymbol{a}') = \{2\boldsymbol{f}_k\} - S_{k+1}(\boldsymbol{a}').$$

因此, 存在向量$\boldsymbol{v} \in S_{k+1}(\boldsymbol{a}), \boldsymbol{v}' \in S_{k+1}(\boldsymbol{a}')$使得

$$\boldsymbol{s} = 2\boldsymbol{f}_k - \boldsymbol{v} = 2\boldsymbol{f}_k - \boldsymbol{v}',$$

从而

$$\boldsymbol{v} = \boldsymbol{v}' \in S_{k+1}(\boldsymbol{a}) \cap S_{k+1}(\boldsymbol{a}'),$$

这就与k的极大性矛盾. □

引理 5.10 令$\{\boldsymbol{e}_1,\ldots,\boldsymbol{e}_n\}$为$n$维向量空间$V$的一组基. 考虑块集$B = B(\boldsymbol{0}; \boldsymbol{e}_1,\ldots,\boldsymbol{e}_n)$. 令$\boldsymbol{u}, \boldsymbol{v} \in V$. 若

$$\boldsymbol{0} \in B(\boldsymbol{u}; \boldsymbol{e}_1,\ldots,\boldsymbol{e}_n) = B + \{\boldsymbol{u}\},$$

则对所有的$t \in [0,1]$有

$$\boldsymbol{0} \in B + \{t\boldsymbol{u}\}.$$

若

$$(B+\{\boldsymbol{u}\})\cap(B+\{\boldsymbol{v}\})\neq\varnothing,$$

则

$$(\mathrm{vert}(B)+\{\boldsymbol{u}\})\cap(B+\{\boldsymbol{v}\})\neq\varnothing.$$

证明: 若$\mathbf{0}\in B+\{\boldsymbol{u}\}$, 则存在$\boldsymbol{b}\in B$使得$\mathbf{0}=\boldsymbol{b}+\boldsymbol{u}$. 令$t\in[0,1]$, 则因为$B$是凸集可知$t\boldsymbol{b}\in B$, 从而

$$\mathbf{0}=\boldsymbol{b}+\boldsymbol{u}=t\boldsymbol{b}+t\boldsymbol{u}\in B+\{t\boldsymbol{u}\}.$$

令$\boldsymbol{u}=\sum\limits_{i=1}^{n}u_i\boldsymbol{e}_i, \boldsymbol{v}=\sum\limits_{i=1}^{n}v_i\boldsymbol{e}_i$. 若$(B+\{\boldsymbol{u}\})\cap(B+\{\boldsymbol{v}\})\neq\varnothing$, 则存在$x_i,y_i\in[-1,1](1\leqslant i\leqslant n)$使得$\sum\limits_{i=1}^{n}x_i\boldsymbol{e}_i\in B$, $\sum\limits_{i=1}^{n}y_i\boldsymbol{e}_i\in B$,

$$\sum_{i=1}^{n}(u_i+x_i)\boldsymbol{e}_i=\sum_{i=1}^{n}(v_i+y_i)\boldsymbol{e}_i,$$

从而对$1\leqslant i\leqslant n$有

$$u_i+x_i=v_i+y_i.$$

于是

$$v_i-1\leqslant v_i+y_i=u_i+x_i\leqslant u_i+1.$$

若$u_i\leqslant v_i$, 则

$$v_i-1\leqslant u_i+1\leqslant v_i+1,$$

此时取$\mu_i=1$. 若$v_i<u_i$, 则

$$v_i-1<u_i-1\leqslant u_i+x_i=v_i+y_i\leqslant v_i+1,$$

此时取$\mu_i=-1$. 在这两种情形, 对$1\leqslant i\leqslant n$都有

$$v_i-1\leqslant u_i+\mu_i\leqslant v_i+1.$$

因此,

$$\sum_{i=1}^{n}(u_i+\mu_i)\boldsymbol{e}_i=u+\sum_{i=1}^{n}\mu_i\boldsymbol{e}_i\in(\mathrm{vert}(B)+\{\boldsymbol{u}\})\cap(B+\{\boldsymbol{v}\})\neq\varnothing.$$ □

定理 5.3 令V为n维向量空间, $H_1,\ldots,H_n$为V中的超平面, $\{\boldsymbol{f}_0,\boldsymbol{f}_1,\ldots,\boldsymbol{f}_{n-1}\}\subseteq V$. 假设$\boldsymbol{f}_0=\mathbf{0}$,

$$\boldsymbol{f}_j\in H_j\ (0\leqslant i<j\leqslant n),$$

$$\boldsymbol{f}_i\in H_j^{(+1)}\ (1\leqslant j\leqslant i\leqslant n-1).$$

令A_n为$H(1,\ldots,1)$的有限子集. 对每个$\boldsymbol{a}\in A_n$, 令$S_0(\boldsymbol{a})$为从$\{\boldsymbol{f}_0,\boldsymbol{f}_1,\ldots,\boldsymbol{f}_{n-1},\boldsymbol{a}\}$归纳构造的集合: 令$S_n(\boldsymbol{a})=\{\boldsymbol{a}\}$, 当$1\leqslant k\leqslant n$时,

$$S_{k-1}(\boldsymbol{a})=S_k(\boldsymbol{a})\cup(\{2\boldsymbol{f}_{k-1}\}-S_k(\boldsymbol{a})).$$

令$B(\boldsymbol{a})$表示块集

$$B(\boldsymbol{a}) = \text{conv}(S_0(\boldsymbol{a})).$$

假设对$1 \leqslant k \leqslant n$以及所有的$\boldsymbol{a} \in A_n$有

$$S_k(\boldsymbol{a}) \subseteq \bigcap_{j=1}^{k} H_j^{(+1)},$$

则存在向量$\boldsymbol{a}^* \in A_n$使得对所有的$\boldsymbol{a} \in A_n$有

$$S_0(\boldsymbol{a}) \cap B(\boldsymbol{a}^*) \neq \varnothing,$$

并且

$$|(\bigcup_{\boldsymbol{a} \in A_n} S_0(\boldsymbol{a})) \cap B(\boldsymbol{a}^*)| \geqslant |A_n|.$$

证明: 令$\boldsymbol{e}_i = \boldsymbol{f}_i - \boldsymbol{f}_{i-1} (1 \leqslant i \leqslant n-1)$. 对$a \in A_n$, 令

$$\boldsymbol{e}_n(\boldsymbol{a}) = \boldsymbol{a} - \boldsymbol{f}_{n-1}.$$

由引理5.8, 向量$\boldsymbol{f}_1, \ldots, \boldsymbol{f}_{n-1}$线性无关, 从而$\boldsymbol{e}_1, \ldots, \boldsymbol{e}_{n-1}, \boldsymbol{e}_n(\boldsymbol{a})$也线性无关. 因为

$$\{\boldsymbol{e}_1, \ldots, \boldsymbol{e}_{n-1}\} \subseteq H_n,$$

所以$\{\boldsymbol{e}_1, \ldots, \boldsymbol{e}_{n-1}\}$是$H_n$的一组基. 此外,

$$B = B(\boldsymbol{0}; \boldsymbol{e}_1, \ldots, \boldsymbol{e}_{n-1})$$

与

$$B(\boldsymbol{a}) = B(\boldsymbol{0}; \boldsymbol{e}_1, \ldots, \boldsymbol{e}_{n-1}, \boldsymbol{e}_n(\boldsymbol{a})) = \bigcup_{t \in [-1,1]} (B + t\boldsymbol{e}_n(\boldsymbol{a}))$$

分别是H_n, V中的块集. 由引理5.7有

$$\text{vert}(B(\boldsymbol{a})) = \{\sum_{i=1}^{n-1} \mu_i \boldsymbol{e}_i + \mu_n \boldsymbol{e}_n(\boldsymbol{a}) | (\mu_1, \ldots, \mu_n) \in \{1, -1\}^n\} = S_0(\boldsymbol{a}),$$
$$B(\boldsymbol{a}) = \text{conv}(\text{vert}(B(\boldsymbol{a})) = \text{conv}(S_0(\boldsymbol{a})).$$

对$\mu_n \in \{1, -1\}$, 令

$$S_0^{(\mu_n)}(\boldsymbol{a}) = \{\sum_{i=1}^{n-1} \mu_i \boldsymbol{e}_i + \mu_n \boldsymbol{e}_{\boldsymbol{n}}(\boldsymbol{a}) | (\mu_1, \ldots, \mu_{n-1}) \in \{1, -1\}^{n-1}\},$$

则

$$S_0^{(+1)}(\boldsymbol{a}) = \text{vert}(B) + \{\boldsymbol{e}_n(\boldsymbol{a})\},$$

从而

$$\text{conv}(S_0^{(+1)}(\boldsymbol{a})) = B + \{\boldsymbol{e}_n(\boldsymbol{a})\} \subseteq B(\boldsymbol{a}).$$

同理,

$$\text{conv}(S_0^{(-1)}(\boldsymbol{a})) = B - \{\boldsymbol{e}_n(\boldsymbol{a})\} \subseteq B(\boldsymbol{a}).$$

令$\boldsymbol{h}_1, \ldots, \boldsymbol{h}_n$分别为超平面$H_1, \ldots, H_n$的标准向量. 令$L_n = \bigcap_{i=1}^{n-1} H_i$, $\boldsymbol{h}_n^*$为L_n的对偶基向量使得$(\boldsymbol{h}_i, \boldsymbol{h}_n^*) = 0 (i \neq n), (\boldsymbol{h}_n, \boldsymbol{h}_n^*) = 1$. 令$\pi : V \to H_n$ 为对应直和分解

$$V = H_n \oplus L_n$$

的射影. 令$\boldsymbol{a} \in A_n \subseteq H_n^{(+1)}$. 因为$\boldsymbol{f}_{n-1} \in H_n$, 所以$\boldsymbol{e}_n(\boldsymbol{a}) = \boldsymbol{a} - \boldsymbol{f}_{n-1} \in H_n^{(+1)}$, 从而$\boldsymbol{e}_n(\boldsymbol{a})$能够唯一地写成

$$\boldsymbol{e}_n(\boldsymbol{a}) = \pi(\boldsymbol{e}_n(\boldsymbol{a})) + \varphi(\boldsymbol{a})\boldsymbol{h}_n^*,$$

其中

$$(\boldsymbol{h}_n, \boldsymbol{e}_n(a)) = (\boldsymbol{h}_n, \pi(\boldsymbol{e}_n(\boldsymbol{a}))) + \varphi(\boldsymbol{a})(\boldsymbol{h}_n, \boldsymbol{h}_n^*) = \varphi(\boldsymbol{a}) > 0.$$

由引理5.8, 对所有的$(\mu_1, \ldots, \mu_{n-1}) \in \{1, -1\}^{n-1}$有

$$S_0(\boldsymbol{a}) \cap H(\mu_1, \ldots, \mu_{n-1}, 1) = S_0^{(+1)}(\boldsymbol{a}) \cap (\bigcap_{j=1}^{n-1} H_j^{(\mu_j)}) \neq \varnothing.$$

由引理5.6, 对所有的$\boldsymbol{a} \in A_n$有

$$\mathbf{0} \in \operatorname{conv}(\pi(S_0^{(+1)}(\boldsymbol{a}))) = \pi(\operatorname{conv}(S_0^{(+1)}(\boldsymbol{a}))) = \pi(B + \boldsymbol{e}_n(\boldsymbol{a})) = B + \pi(\boldsymbol{e}_n(\boldsymbol{a})).$$

因为A_n是有限集, 我们可以选取$\boldsymbol{a}^* \in A_n$使得

$$\varphi(\boldsymbol{a}^*) = \max\{\varphi(\boldsymbol{a}) | \boldsymbol{a} \in A_n\}.$$

令$\boldsymbol{a} \in A_n$, $t = \frac{\varphi(\boldsymbol{a})}{\varphi(\boldsymbol{a}^*)}$, 则$0 < t \leqslant 1$, 并且

$$t\boldsymbol{e}_n(\boldsymbol{a}^*) = \pi(t\boldsymbol{e}_n(\boldsymbol{a}^*)) = t\varphi(\boldsymbol{a}^*)\boldsymbol{h}_n^* = \pi(t\boldsymbol{e}_n(\boldsymbol{a}^*)) + \varphi(\boldsymbol{a})\boldsymbol{h}_n^*.$$

因为$\mathbf{0} \in B + \pi(\boldsymbol{e}_n(\boldsymbol{a}^*))$, 由引理5.10可知

$$\mathbf{0} \in B + t\pi(\boldsymbol{e}_n(\boldsymbol{a}^*)) = B + \pi(t\boldsymbol{e}_n(\boldsymbol{a}^*)).$$

于是

$$\mathbf{0} \in (B + \pi(\boldsymbol{e}_n(\boldsymbol{a}^*))) \cap (B + t\pi(\boldsymbol{e}_n(\boldsymbol{a}^*))) \neq \varnothing,$$

从而由引理5.10得到

$$(\operatorname{vert}(B) + \pi(\boldsymbol{e}_n(\boldsymbol{a}))) \cap (B + \pi(t\boldsymbol{e}_n(\boldsymbol{a}^*))) \neq \varnothing.$$

因此存在$(\mu_1, \ldots, \mu_{n-1}) \in \{1, -1\}^{n-1}$使得

$$\sum_{i=1}^{n-1} \mu_i \boldsymbol{e}_i + \pi(\boldsymbol{e}_n(\boldsymbol{a})) \in B + \pi(t\boldsymbol{e}_n(\boldsymbol{a}^*)).$$

于是,

$$\sum_{i=1}^{n-1} \mu_i \boldsymbol{e}_i + \pi(\boldsymbol{e}_n(\boldsymbol{a})) + \varphi(\boldsymbol{a})\boldsymbol{h}_n^* = \sum_{i=1}^{n-1} \mu_i \boldsymbol{e}_i + \boldsymbol{e}_n(\boldsymbol{a}) \in S_0^{(+1)}(a),$$

$$\sum_{i=1}^{n-1} \mu_i \boldsymbol{e}_i + \boldsymbol{e}_n(\boldsymbol{a}) \in B + t\pi(\boldsymbol{e}_n(\boldsymbol{a}^*)) + \varphi(\boldsymbol{a})\boldsymbol{h}_n^* = B + t\boldsymbol{e}_n(\boldsymbol{a}^*) \subseteq B(\boldsymbol{a}^*).$$

这就证明了对所有的$a \in A_n$,

$$S_0^{(+1)}(\boldsymbol{a}) \cap B(\boldsymbol{a}^*) \neq \varnothing,$$

从而

$$S_0(\boldsymbol{a}) \cap B(\boldsymbol{a}^*) \neq \varnothing.$$

由引理5.9可知, 若$\boldsymbol{a}, \boldsymbol{a}' \in A_n, \boldsymbol{a} \neq \boldsymbol{a}'$, 则$S_0(\boldsymbol{a}) \cap S_0(\boldsymbol{a}') = \varnothing$. 这就意味着

$$|(\bigcup_{\boldsymbol{a} \in A_n} S_0(\boldsymbol{a})) \cap B(\boldsymbol{a}^*)| \geqslant |A_n|. \qquad \square$$

§5.4 定理的证明

令A_1, A_2, A为V的子集. 定义A_1, A_2的中点集为

$$\mathrm{mid}(A_1, A_2) = \{\tfrac{a_1+a_2}{2} | a_1 \in A_1, a_2 \in A_2\}.$$

若K是凸集, $A_1, A_2 \subseteq K$, 则$\mathrm{mid}(A_1, A_2) \subseteq K$. 令

$$\mathrm{mid}(A) = \{\tfrac{a+a'}{2} | a, a' \in A\}$$

表示A的中点集, 则$A \subseteq \mathrm{mid}(A), |2A| = |\mathrm{mid}(A)|$.

引理 5.11 令V为n维Euclid空间, B为V中的块集, $W \subseteq \mathrm{int}(B)$, 则

$$\mathrm{mid}(W, \mathrm{vert}(B)) \subseteq \mathrm{int}(B),$$

$$|\mathrm{mid}(W, \mathrm{vert}(B))| = 2^n |W|.$$

证明: 令$B = B(\boldsymbol{e}_0; \boldsymbol{e}_1, \ldots, \boldsymbol{e}_n)$. 对$j = 1, 2$, 令

$$\boldsymbol{w}_j = \boldsymbol{e}_0 + \sum_{i=1}^{n} x_{ij} \boldsymbol{e}_i \in W \subseteq \mathrm{int}(B),$$

$$\boldsymbol{b}_j = \boldsymbol{e}_0 + \sum_{i=1}^{n} \mu_{ij} \boldsymbol{e}_i \in \mathrm{vert}(B),$$

则对$1 \leqslant i \leqslant n, j = 1, 2$有$-1 < x_{ij} < 1, \mu_{ij} \in \{1, -1\}$. 若

$$\tfrac{\boldsymbol{w}_1 + \boldsymbol{b}_1}{2} = \tfrac{\boldsymbol{w}_2 + \boldsymbol{b}_2}{2},$$

则

$$\sum_{i=1}^{n} (x_{i1} + \mu_{i1}) \boldsymbol{e}_i = \sum_{i=1}^{n} (x_{i2} + \mu_{i2}) \boldsymbol{e}_i,$$

从而对$1 \leqslant i \leqslant n$有

$$x_{i1} - x_{i2} = \mu_{i2} - \mu_{i1}.$$

因为

$$-2 < x_{i1} - x_{i2} < 2,$$

$$\mu_{i2} - \mu_{i1} \in \{0, 2, -2\},$$

所以对$1 \leqslant i \leqslant n$有

$$x_{i1} - x_{i2} = \mu_{i2} - \mu_{i1} = 0,$$

从而$\boldsymbol{w}_1 = \boldsymbol{w}_2, \boldsymbol{b}_1 = \boldsymbol{b}_2$. 因此,

$$|\operatorname{mid}(W, \operatorname{vert}(B))| = |W||\operatorname{vert}(B)| = 2^n|W|.$$

又因为对$1 \leqslant i \leqslant n$有$\frac{x_{ij}+\mu_{ij}}{2} \in (-1,1)$, 所以$\frac{\boldsymbol{w}_j+\boldsymbol{b}_j}{2} \in \operatorname{int}(W)$, 因此$\operatorname{mid}(W, \operatorname{vert}(B)) \subseteq \operatorname{int}(B)$. □

引理 5.12 令$n \geqslant 2, 1 < c < 2^n$. 定义$\varepsilon_0 = \varepsilon_0(n,c) > 0, k^* = k^*(n,c)$为

$$\varepsilon_0 = \frac{2^n - c}{4n(3^n c + 2nc + 1)(4c)^{2^n-1}},$$

$$k^* = (4c)^{2^n-1}.$$

若V是n维向量空间, $A \subseteq V$满足

$$|A| \geqslant k^*,$$

$$|2A| \leqslant c|A|,$$

并且对V中的每个超平面H有

$$|A \cap H| \leqslant \varepsilon_0|A|,$$

则存在$W \subseteq A$使得

$$|W| \geqslant \varepsilon_0|A|,$$

$$|2W| \leqslant (c - c_0)|W|.$$

证明: 对任意的集合$W \subseteq V$, 定义

$$\operatorname{mid}(W) = \{\tfrac{\boldsymbol{w}_1+\boldsymbol{w}_2}{2} | \boldsymbol{w}_1, \boldsymbol{w}_2 \in W\} = \{\tfrac{\boldsymbol{v}}{2} | \boldsymbol{v} \in 2W\},$$

从而$|\operatorname{mid}(W)| = |2W|$. 令$r_W(\boldsymbol{v})$表示满足$\frac{\boldsymbol{w}_1+\boldsymbol{w}_2}{2} = \boldsymbol{v}$的集合$\{\boldsymbol{w}_1, \boldsymbol{w}_2\} \subseteq W$的个数, 则

$$\frac{|W|^2}{2} < \frac{|W|(|W|+1)}{2} = \sum_{\boldsymbol{v} \in \operatorname{mid}(W)} r_W(\boldsymbol{v}) \leqslant |\operatorname{mid}(W)| \max\{r_w(\boldsymbol{v}) | \boldsymbol{v} \in \operatorname{mid}(W)\}.$$

令$A \subseteq V$满足引理的三个条件. 我们通过归纳证明存在V中的超平面$H_1, \ldots, H_n$, 向量$\boldsymbol{f}_0, \boldsymbol{f}_1, \ldots, \boldsymbol{f}_{n-1} \in V$, 其中$\boldsymbol{f}_0 = \boldsymbol{0}$, 以及集合$A_1, \ldots, A_n$使得

(i) $\boldsymbol{f}_i \in H_j (0 \leqslant i < j \leqslant n)$;

(ii) $\boldsymbol{f}_i \in H_j^{(+1)} (1 \leqslant j \leqslant i \leqslant n-1)$;

(iii) $A_n \subseteq A_{n-1} \subseteq \cdots \subseteq A_1 \subseteq A_0 = A$;

(iv) $k_j = |A_j| > \frac{k_0}{(4c)^{2^j-1}} (1 \leqslant j \leqslant n)$;

(v) $A_j \subseteq \bigcap_{i=1}^{j} H_i^{(+1)} (1 \leqslant j \leqslant n)$;

(vi) $A_{j+1} \cup (\{2\boldsymbol{f}_j\} - A_{j+1}) \subseteq A_j (0 \leqslant j \leqslant n-1)$.

我们作归纳证明. 令$A_0 = A, k_0 = |A_0|$. 选取$\boldsymbol{f}_0 \in A_0$使得

$$r_{A_0}(\boldsymbol{f}_0) = \max\{r_{A_0}(\boldsymbol{v} | \boldsymbol{v} \in \operatorname{mid}(A_0)\},$$

则

$$\frac{k_0^2}{2} < \sum_{\boldsymbol{v}\in \text{mid}(A_0)} r_{A_0}(\boldsymbol{v}) \leqslant r_{A_0}(\boldsymbol{f}_0)|\operatorname{mid}(A_0)| = r_{A_0}(\boldsymbol{f}_0)|2A_0| \leqslant r_{A_0}(\boldsymbol{f}_0)ck_0,$$

从而

$$r_{A_0}(\boldsymbol{f}_0) > \frac{k_0}{2c}.$$

用$A - \{\boldsymbol{f}_0\}$替代A, 我们不妨假设$\boldsymbol{f}_0 = \mathbf{0}$.

令H_1为V中的超平面使得$\mathbf{0} = \boldsymbol{f}_0 \in H_1$. 若$\frac{\boldsymbol{w}_1+\boldsymbol{w}_2}{2} = \boldsymbol{f}_0$, 则有$\{\boldsymbol{w}_1, \boldsymbol{w}_2\} \subseteq H_1$, 或者

$$|\{\boldsymbol{w}_1, \boldsymbol{w}_2\} \cap H_1^{(+1)}| = |\{\boldsymbol{w}_1, \boldsymbol{w}_2\} \cap H_1^{(-1)}| = 1.$$

令

$$A_1 = \{\boldsymbol{w} \in A_0 | \boldsymbol{w} \in H_1^{(+1)}, 2\boldsymbol{f}_0 - \boldsymbol{w} \in A_0\},$$

则

$$A_1 \subseteq A_0 \cap H_1^{(+1)} \subseteq H_1^{(+1)},$$

$$A_1 \cup (\{2\boldsymbol{f}_0\} - A_1) \subseteq A_0.$$

因为$|A_0 \cap H_1| \leqslant \varepsilon_0 k_0$, 且

$$\varepsilon_0 < \frac{1}{(4c)^{2^n-1}} \leqslant \frac{1}{4c},$$

所以,

$$k_1 = |A_1| \geqslant r_{A_0}(\boldsymbol{f}_0) - |A_0 \cap H_1| > \frac{k_0}{2c} - \varepsilon_0 k_0 > \frac{k_0}{4c}.$$

因此, $H_1, \boldsymbol{f}_0, A_1$满足条件(i)~(vi).

假设我们对$1 \leqslant m \leqslant n-1$已经构造了满足条件(i)~(vi)的超平面$H_1, \ldots, H_m$, 向量$\boldsymbol{f}_0, \boldsymbol{f}_1, \ldots, \boldsymbol{f}_{m-1} \in V$, 以及集合$A_1, \ldots, A_m$. 因为$A_m \subseteq \bigcap\limits_{i=1}^{m} H_i^{(+1)}$, 并且$\bigcap\limits_{i=1}^{m} H_i^{(+1)}$是凸集, 所以

$$\operatorname{mid}(A_m) \subseteq \bigcap_{i=1}^{m} H_i^{(+1)}.$$

选取$\boldsymbol{f}_m \in \operatorname{mid}(A_m)$使得

$$r_{A_m}(\boldsymbol{f}_m) = \max\{r_{A_m}(\boldsymbol{v}) | \boldsymbol{v} \in \operatorname{mid}(A_m)\},$$

则

$$\frac{1}{2}\left(\frac{k_0}{(4c)^{2^m-1}}\right)^2 < \frac{k_m^2}{2} < r_{A_m}(\boldsymbol{f}_m)|\operatorname{mid}(A_m)| \leqslant r_{A_m}(\boldsymbol{f}_m)|\operatorname{mid}(A_0)| \leqslant r_{A_m}(\boldsymbol{f}_m)ck_0,$$

从而

$$r_{A_m}(\boldsymbol{f}_m) > \frac{2k_0}{(4c)^{2^{m+1}-1}}.$$

令H_{m+1}为V中的任意超平面使得

$$\{\boldsymbol{f}_0, \boldsymbol{f}_1, \ldots, \boldsymbol{f}_m\} \subseteq H_{m+1}.$$

令

$$A_{m+1} = \{\boldsymbol{w} \in A_m | \boldsymbol{w} \in H_{m+1}^{(+1)}, 2\boldsymbol{f}_m - \boldsymbol{w} \in A_m\},$$

则

$$A_{m+1} \subseteq A_m \cap H_{m+1}^{(+1)} \subseteq \bigcap_{i=1}^{m+1} H_i^{(+1)},$$

$$A_{m+1} \cup (\{2\boldsymbol{f}_m\} - A_{m+1}) \subseteq A_m.$$

因为

$$|A_m \cap H_{m+1}| \leqslant |A_0 \cap H_{m+1}| \leqslant \varepsilon_0 k_0,$$

$$\varepsilon_0 < \tfrac{1}{(4c)^{2^{m+1}-1}},$$

所以,

$$k_{m+1} = |A_{m+1}| \geqslant r_{A_m}(\boldsymbol{f}_m) - |A_m \cap H_{m+1}| > \tfrac{2k_0}{(4c)^{2^{m+1}-1}} - \varepsilon_0 k_0 > \tfrac{k_0}{(4c)^{2^{m+1}-1}}.$$

因此, 超平面$H_1, \ldots, H_{m+1}$, 向量$\boldsymbol{f}_0, \boldsymbol{f}_1, \ldots, \boldsymbol{f}_m \in V$, 以及集合$A_1, \ldots, A_{m+1}$满足条件(i)~(vi). 这样就完成了归纳证明.

令$\boldsymbol{a} \in A_n$. 构造集合

$$S_n(\boldsymbol{a}) \subseteq S_{n-1}(\boldsymbol{a}) \subseteq \cdots \subseteq S_0(\boldsymbol{a}) \subseteq A$$

如下: 令$S_n(\boldsymbol{a}) = \{\boldsymbol{a}\}$, 当$0 \leqslant j \leqslant n-1$时, 令

$$S_m(\boldsymbol{a}) \subseteq A_m \subseteq \bigcap_{i=1}^{m} H_i^{(+1)}.$$

我们用归纳法证明

$$S_m(\boldsymbol{a}) \subseteq A_m \subseteq \bigcap_{i=1}^{m} H_i^{(+1)} (0 \leqslant m \leqslant n).$$

显然,

$$S_n(\boldsymbol{a}) = \{\boldsymbol{a}\} \subseteq A_n \subseteq \bigcap_{i=1}^{m} H_i^{(+1)}.$$

假设

$$S_{m+1}(\boldsymbol{a}) = \{\boldsymbol{a}\} \subseteq A_{m+1} \subseteq \bigcap_{i=1}^{m+1} H_i^{(+1)},$$

其中$0 \leqslant m \leqslant n-1$, 则

$$\{2\boldsymbol{f}_m\} - S_{m+1}(\boldsymbol{a}) \subseteq \{2\boldsymbol{f}_m\} - A_{m+1} \subseteq A_m \subseteq \bigcap_{i=1}^{m} H_i^{(+1)},$$

从而

$$S_m(\boldsymbol{a}) = S_{m+1}(\boldsymbol{a}) \cup S_{m+1}(\boldsymbol{a}) \subseteq \{2\boldsymbol{f}_m\} - A_{m+1} \subseteq A_m \subseteq \bigcap_{i=1}^{m} H_i^{(+1)}.$$

这就完成了归纳证明.

我们已经证明了超平面$H_1, \ldots, H_n$, 向量$\boldsymbol{f}_0, \boldsymbol{f}_1, \ldots, \boldsymbol{f}_{n-1}$, 集合$A_n \subseteq H(1, \ldots, 1)$,

$$\{S_k(\boldsymbol{a}) | \boldsymbol{a} \in A_n\} (0 \leqslant k \leqslant n)$$

满足定理5.3的假设. 因此, 存在向量$\boldsymbol{a}^* \in A_n$使得块集

$$B(\boldsymbol{a}^*) = \mathrm{conv}(S_0(\boldsymbol{a}^*))$$

满足性质:

$$|A\cap B(\boldsymbol{a}^*)|\geqslant|(\bigcup_{\boldsymbol{a}\in A_n}S_0(\boldsymbol{a}))\cap B(\boldsymbol{a}^*)|\geqslant|A_n|=k_n>\tfrac{k_0}{(4c)^{2^n-1}}.$$

块集$B(\boldsymbol{a}^*)$确定$2n$个面超平面$F_{j,\mu_j}(1\leqslant j\leqslant n)$, 其中$\mu_i\in\{1,-1\}$. 令

$$F^*=\bigcup_{j=1}^{n}\bigcup_{\mu_j=\pm1}F_{j,\mu_j},$$

$W_0=A\cap\operatorname{int}(B(\boldsymbol{a}^*))$. 因为对每个超平面$H$与

$$\varepsilon_0<\tfrac{1}{4n(4c)^{2^n-1}}$$

有$|A\cap H|\leqslant\varepsilon_0k_0$, 所以

$$|A\cap F^*|\leqslant 2n\varepsilon_0k_0,$$

从而

$$|W_0|=|A\cap\operatorname{int}(B(\boldsymbol{a}^*)|\geqslant|A\cap B(\boldsymbol{a}^*)|-|A\cap F^*|>\tfrac{k_0}{(4c)^{2^n-1}}-2n\varepsilon_0k_0>\tfrac{k_0}{2(4c)^{2^n-1}}.$$

因为

$$\operatorname{vert}(B(\boldsymbol{a}^*))=S_0(\boldsymbol{a}^*)\subseteq A,$$

由引理5.1可知

$$\operatorname{mid}(W_0,S_0(\boldsymbol{a}^*))=\{\tfrac{\boldsymbol{w}+\boldsymbol{s}}{2}|\boldsymbol{w}\in W_0,\boldsymbol{s}\in S_0(\boldsymbol{a}^*)\}\subseteq\operatorname{int}(B(\boldsymbol{a}^*))\cap\operatorname{mid}(A),$$

$$|\operatorname{mid}(W_0,S_0(\boldsymbol{a}^*))|=2^n|W_0|.$$

$2n$个面超平面F_{j,μ_j}将$V\backslash F^*$分成3^n个互不相交的凸开集$D(\lambda_1,\ldots,\lambda_n)$, 其中$(\lambda_1,\ldots,\lambda_n)\in\{0,1,-1\}^n$,

$$D(0,\ldots,0)=\operatorname{int}(B(\boldsymbol{a}^*)).$$

于是

$$W_0=A\cap\operatorname{int}(B(\boldsymbol{a}^*))=A\cap D(0,\ldots,0),$$

$$\operatorname{mid}(W_0,S_0(\boldsymbol{a}^*))\subseteq\operatorname{int}(B(\boldsymbol{a}^*))\cap\operatorname{mid}(A)=D(0,\ldots,0)\cap\operatorname{mid}(A).$$

令$W_1,\ldots,W_{3^n-1}$为互不相交的集合

$$A\cap D(\lambda_1,\ldots,\lambda_n),$$

其中$(\lambda_1,\ldots,\lambda_n)\in\{0,1,-1\}^n\backslash\{(0,\ldots,0)\}$. 因为$D(\lambda_1,\ldots,\lambda_n)$是凸集, 所以对$1\leqslant i<j\leqslant 3^n-1$有

$$\operatorname{mid}(W_i)\cap\operatorname{mid}(W_j)=\varnothing,$$

并且对$1\leqslant i\leqslant 3^n-1$有

$$\operatorname{mid}(W_0,S_0(\boldsymbol{a}^*))\cap\operatorname{mid}(W_i)=\varnothing.$$

我们将证明存在$1\leqslant i\leqslant 3^n-1$使得$W_i$满足条件

$$|W_i|\geqslant\varepsilon_0|A|=\varepsilon_0k_0,$$

$$|2W_i| = |\operatorname{mid}(W_i)| \leqslant (c-\varepsilon_0)|W_i|.$$

假设不存在这样的W_i, 则对每个满足$|W_i| \geqslant \varepsilon_0 k_0$的集合$W_i$有$|\operatorname{mid}(W_i)| > (c-\varepsilon_0)|W_i|$. 令$\sum'$表示对满足$|W_i| \geqslant \varepsilon_0 k_0$的$i \in [1, 3^n-1]$求和, 则

$$\begin{aligned}
ck_0 &= |2A| \\
&= |\operatorname{mid}(A)| \\
&\geqslant |\operatorname{mid}(W_0, S(\boldsymbol{a}^*))| + \sum_{i=1}^{3^n-1} |\operatorname{mid}(W_i)| \\
&\geqslant 2^n|W_0| + \sum{}' |\operatorname{mid}(W_i)| \\
&\geqslant 2^n|W_0| + (c-\varepsilon_0)\sum{}' |W_i| \\
&> 2^n|W_0| + c\sum{}' |W_i| - \varepsilon_0 k_0 \\
&> 2^n|W_0| + c\sum_{i=1}^{3^n-1} |W_i| - 3^n c\varepsilon_0 k_0 - \varepsilon_0 k_0 \\
&= (2^n-c)|W_0| + c\sum_{i=0}^{3^n-1} |W_i| - 3^n c\varepsilon_0 k_0 - \varepsilon_0 k_0 \\
&= (2^n-c)|W_0| + c(k_0 - |A \cap F^*|) - 3^n c\varepsilon_0 k_0 - \varepsilon_0 k_0 \\
&\geqslant (2^n-c)|W_0| + ck_0 - (3^n c + 2nc + 1)\varepsilon_0 k_0.
\end{aligned}$$

这就意味着

$$(3^n c + 2nc + 1)\varepsilon_0 k_0 > (2^n - c)|W_0| > \tfrac{(2^n-c)k_0}{2(4c)^{2^n-1}},$$

从而

$$\varepsilon_0 > \tfrac{2^n-c}{2(3^n c+2nc+1)(4c)^{2^n-1}} = 2n\varepsilon_0 > \varepsilon_0,$$

矛盾. 因此, 存在集合$W = W_i \subseteq A$使得$|W| \geqslant \varepsilon_0|A|$, $|2W| \leqslant (c-\varepsilon_0)|W|$. □

定理5.1的证明: 对$1 < c < 2^n$, 令

$$\varepsilon_0 = \varepsilon_0(n,c) = \tfrac{2^n-c}{4n(3^n c+2nc+1)(4c)^{2^n-1}}$$

为引理5.12中定义的正实数. 令$t = t(n,c)$为唯一的正整数使得

$$t - 1 < \tfrac{c-1}{\varepsilon_0} \leqslant t.$$

令

$$\varepsilon_0^* = \varepsilon_0^t,$$

$$k^* = k^*(n,c) = (4c)^{2^n-1},$$

$$k_0^* = k_0^*(n,c) = \varepsilon_0^{-t} k^*.$$

若$1 < c' < c$, 则

$$\varepsilon_0(n,c) < \varepsilon_0(n,c'),$$

$$k^*(n,c) > k^*(n,c').$$

令A为V的子集使得

$$|A| \geqslant k_0^* \geqslant k_0,$$

$$|2A| \leqslant c|A|.$$

假设对V中的每个超平面有

$$|A \cap H| \leqslant \varepsilon_0^*|A| \leqslant \varepsilon_0|A|.$$

由引理5.12可知, 存在集合$W \subseteq A$使得

$$|W| \geqslant \varepsilon_0|A| \geqslant \varepsilon_0 k_0^* = \varepsilon_0^{-(t-1)}k^* \geqslant k^*,$$

$$|2W| \leqslant (c-\varepsilon_0)|W|.$$

此外, 对V的每个超平面H有

$$|W \cap H| \leqslant |A \cap H| \leqslant \varepsilon_0^t|A| \leqslant \varepsilon_0^{t-1}|W| \leqslant \varepsilon_0|W|^{\dagger}.$$

定义$A_1' = W, A_0' = A$. 令$1 \leqslant j \leqslant t-1, c' = c - j\varepsilon_0$, 则$j \leqslant t-1$意味着

$$1 < c' = c - j\varepsilon_0 < c.$$

假设我们已经构造了集合

$$A_j' \subseteq A_{j-1}' \subseteq \cdots \subseteq A_1' \subseteq A_0' = A$$

使得

$$|A_j'| \geqslant \varepsilon_0^j|A| \geqslant \varepsilon_0^j k_0^* = \varepsilon_0^{-(j-1)}k^* \geqslant k^*,$$

$$|2A_j'| \leqslant (c - j\varepsilon_0)|A_j| = c'|A_j|.$$

此外, 对V的每个超平面H有

$$|A_j' \cap H| \leqslant |A \cap H| \leqslant \varepsilon_0^*|A| \leqslant \varepsilon_0^{t-j}|A_j'| \leqslant \varepsilon_0|A_j'| = \varepsilon_0(n,c)|A_j'| < \varepsilon_0(n,c')|A_j'|.$$

因为

$$|A_j'| \geqslant k^* = k^*(n,c) > k^*(n,c'),$$

$$|2A_j'| \leqslant (c - j\varepsilon_0)|A_j'| = c'|A_j'|,$$

由引理5.12可知, 存在集合$A_{j+1}' \subseteq A_j'$使得

$$|A_{j+1}'| \geqslant \varepsilon_0(n,c')|A_j'| > \varepsilon_0(n,c)|A_j'| \geqslant \varepsilon_0^{j+1}|A| \geqslant \varepsilon_0^{j+1}k_0^* = \varepsilon_0^{-(t-j-1}k^* \geqslant k^*,$$

$$|2A_{j+1}'| \leqslant (c' - \varepsilon_0(n,c'))|A_{j+1}'| \leqslant (c' - \varepsilon_0(n,c))|A_{j+1}'| = (c-(j+1)\varepsilon_0)|A_{j+1}'|.$$

特别地, 当$j = t$时, 我们得到集合A_t'使得

† 译者注: 这里假定$t \geqslant 2$. 若$t = 1$, 令$\varepsilon_0^* = \varepsilon_0^2$即可.

$$|A'_t| \geqslant k^* > 1,$$

$$|2A'_t| \leqslant (c - t\varepsilon_0)|A'_t| \leqslant |A'_t|.$$

由于$|A'_t| > 1$意味着

$$|2A'_t| > |A'_t|,$$

我们得到矛盾. 因此, 一定存在V的超平面H使得$|A \cap H| > \varepsilon_0^*|A|$. □

定理 5.4 令$n \geqslant 2$,

$$1 < c < 2^n,$$

且存在常数$k_0^* = k_0^*(n,c)$与$\ell = \ell(n,c)$使得: 若A是n维Euclid空间V的有限子集, 且满足

$$|A| \geqslant k_0^*,$$

$$|2A| \leqslant c|A|,$$

则存在V中ℓ个平行的超平面$H_1, \ldots, H_\ell$使得

$$A \subseteq \bigcup_{i=1}^{\ell} H_i.$$

证明: 由定理5.1, 存在V中的超平面H和常数$\varepsilon_0^* = \varepsilon_0^*(n,c)$使得$|A \cap H| > \varepsilon_0^*|A|$. 设$H = \{\boldsymbol{v} \in V | (\boldsymbol{h}, \boldsymbol{v}) = \gamma\}$, 其中$\boldsymbol{h}$是$V$中非零向量, $\gamma \in \mathbb{R}$. 若$\boldsymbol{a}' \in A$, 则$\boldsymbol{a}' \in H = \{\boldsymbol{v} \in V | (\boldsymbol{h}, \boldsymbol{v}) = \gamma'\}$, 其中$(\boldsymbol{h}, \boldsymbol{a}') = \gamma'$. H'与H平行. 设$H = H_1, H_2, \ldots, H_\ell$为一组与$H$平行的互不相交的超平面, 满足$A \cap H_i \neq \varnothing (1 \leqslant i \leqslant \ell)$, 并且

$$A \subseteq \bigcup_{i=1}^{\ell} H_i.$$

令

$$H_i = \{\boldsymbol{v} \in V | (\boldsymbol{h}, \boldsymbol{v}) = \gamma_i\}.$$

选取$a_i \in A \cap H_i (1 \leqslant i \leqslant \ell)$, 则

$$\bigcup_{i=1}^{\ell} (\boldsymbol{a}_i + (A \cap H)) \subseteq 2A,$$

$$|\boldsymbol{a}_i + (A \cap H)| = |A \cap H| > \varepsilon_0^*|A|.$$

若$\boldsymbol{b} \in \boldsymbol{a}_i + (A \cap H)$, 则$(\boldsymbol{h}, \boldsymbol{b}) = \gamma_i + \gamma$, 从而当$i \neq j$时,

$$(\boldsymbol{a}_i + (A \cap H)) \cap (\boldsymbol{a}_j + (A \cap H)) = \varnothing.$$

由此可得

$$\ell\varepsilon_0^*|A| < \sum_{i=1}^{\ell} |\boldsymbol{a}_i + (A \cap H)| \leqslant |2A| \leqslant c|A|,$$

因此,

$$\ell < \frac{c}{\varepsilon_0^*}.$$ □

§5.5 注记

不知道是否存在$\delta > 0$, 使得在定理5.1中将条件$|2A| \leqslant c|A|$改为$|2A| \leqslant c|A|^{1+\delta}$后, 结论仍然成立. 也不知道如何将定理5.1推广到h-重和集上.

在A为整数格点的有限集时, 定理5.1即为Freiman的专著[54]中的引理2.12, 但该书中的证明不容易理解. Fishburn[45]在$n = 2$这一特殊情形给出了一个不同的证明, 但这个证明无法推广到$n > 2$的情形. 本章中对所有的$n \geqslant 2$以及V的任意有限子集给出的证明来自[94], 该文还包含了Freiman的推理所需要的各种几何结果的完整证明.

§5.6 习题

习题5.1 令H为超平面, $\boldsymbol{v} \in H$. 证明: $H - \boldsymbol{v}$是$n-1$维子空间.

习题5.2 令$\boldsymbol{h}_1, \boldsymbol{h}_2$为超平面的标准向量. 证明: 存在$\theta \neq 0$使得$\boldsymbol{h}_1 = \theta \boldsymbol{h}_2$.

习题5.3 称集合E在向量空间V中与H平行, 若存在向量$\boldsymbol{v} \in V$使得$E + \boldsymbol{v} \subseteq H$. 令$H_1, H_2$是分别以$\boldsymbol{h}_1, \boldsymbol{h}_2$为标准向量的超平面. 证明: H_1与H_2平行当且仅当存在$0 \neq \theta \in \mathbb{R}$使得$\boldsymbol{h}_1 = \theta \boldsymbol{h}_2$.

习题5.4 令$H = \{\boldsymbol{v} \in V | (\boldsymbol{h}, \boldsymbol{v}) = \gamma\}$是以$\boldsymbol{h}$为标准向量的超平面. 证明: $\boldsymbol{h}$与H中的每个向量垂直.

习题5.5 令$f: V \to W$为向量空间之间的线性映射. 证明: 若$K \subseteq V$为凸集, 则$f(K)$是凸集; 若$L \subseteq W$是凸集, 则$f^{-1}(L)$是凸集.

习题5.6 令$\mathbf{0} \neq \boldsymbol{h} \in V$. 定义$f: V \to \mathbb{R}$为$f(\boldsymbol{v}) = (\boldsymbol{h}, \boldsymbol{v})$. 利用映射$f$证明超平面$H = \{\boldsymbol{v} \in V | (\boldsymbol{h}, \boldsymbol{v}) = 0\}$与半开空间$H^{(+1)}, H^{(-1)}$是凸集.

习题5.7 令V为有内积$(\ ,\ )$的n维Euclid空间, $(\boldsymbol{v}_1, \boldsymbol{v}_2, \ldots, \boldsymbol{v}_m) \subseteq V$. 证明: 向量$\boldsymbol{v}_1, \boldsymbol{v}_2, \ldots, \boldsymbol{v}_m$线性无关当且仅当存在$V$中的向量$\boldsymbol{v}_1^*, \boldsymbol{v}_2^*, \ldots, \boldsymbol{v}_m^*$使得$(\boldsymbol{v}_i, \boldsymbol{v}_j^*) = \delta_{i,j} (1 \leqslant i, j \leqslant m)$.

习题5.8 证明: 块集是其顶点集的凸包.

习题5.9 在向量空间$V = \mathbb{R}^2$中, 令$\boldsymbol{h}_1 = (3, 1), \boldsymbol{h}_2 = (1, 2)$. 令$H_1 = \{\boldsymbol{v} \in V | (\boldsymbol{h}, \boldsymbol{v}) = 5\}, H_2 = \{\boldsymbol{v} \in V | (\boldsymbol{h}_2, \boldsymbol{v}) = 4\}$. 画出超平面$H_1, H_2$的图像, 并标注4个凸集$H(\pm 1, \pm 1)$.

习题5.10 在向量空间$V = \mathbb{R}^2$中, 令$\boldsymbol{f}_0 = (0, 0), \boldsymbol{f}_1 = (1, 2), \boldsymbol{f}_3 = (3, 1)$. 令

$$
\begin{aligned}
S_2 &= \{\boldsymbol{f}_2\}, \\
S_2 &= S_2 \cup (\{2\boldsymbol{f}_1\} - S_2), \\
S_2 &= S_1 \cup (\{2\boldsymbol{f}_0\} - S_1).
\end{aligned}
$$

画出块集$B = \mathrm{conv}(S_0)$的图像, 并标明$\mathrm{vert}(B)$中的点, 4个面超平面$F_{1,\pm 1}, F_{2,\pm 1}$, 以及9个区域$D(\lambda_1, \lambda_2)$, 其中$(\lambda_1, \lambda_2) \in \{0, \pm 1\}^2$.

习题5.11 在向量空间$V = \mathbb{R}^3$中, 令$\boldsymbol{e}_1 = (4, 0, 0), \boldsymbol{e}_2 = (0, 3, 0), \boldsymbol{e}_3 = (1, 1, 1)$. 画出块集$B(\mathbf{0}; \boldsymbol{e}_1, \boldsymbol{e}_2, \boldsymbol{e}_3)$的图像. 求出$(\lambda_1, \lambda_2, \lambda_3) \in \{0, \pm 1\}^3$使得$(3, 4, -2) \in D(\lambda_1, \lambda_2, \lambda_3)$.

习题5.12 在向量空间$V = \mathbb{R}^3$中, 令$\boldsymbol{h}_1 = (1, 0, 0), \boldsymbol{h}_2 = (-1, 1, 0), \boldsymbol{h}_3 = (1, 2, 0)$. 考虑3个超平面

$$\begin{aligned} H_1 &= \{\boldsymbol{v} \in V | (\boldsymbol{h}_1, \boldsymbol{v}) = 1\}, \\ H_2 &= \{\boldsymbol{v} \in V | (\boldsymbol{h}_2, \boldsymbol{v}) = 2\}, \\ H_3 &= \{\boldsymbol{v} \in V | (\boldsymbol{h}_3, \boldsymbol{v}) = -2\}. \end{aligned}$$

证明: H_1, H_2, H_3不是线性无关的, 并求出使得$H(\mu_1, \mu_2, \mu_3) = \varnothing$的所有的三元数组$(\mu_1, \mu_2, \mu_3) \in \{\pm 1\}^3$.

习题5.13 令$H_1, \ldots, H_n$为n维向量空间V中的n个线性无关的超平面. 证明: 存在向量$\boldsymbol{v}_0 \in V$使得$\bigcap\limits_{i=1}^{n} H_i = \{\boldsymbol{v}_0\}$.

习题5.14 令$H_1, \ldots, H_r$为n维向量空间V中的r个线性无关的超平面. 证明: 存在向量$\boldsymbol{v}_0 \in V$与$n-r$维子空间W使得$\bigcap\limits_{i=1}^{r} H_i = \{\boldsymbol{v}_0\} + W$.

习题5.15 证明: 从定理5.4能够推出定理5.1.

习题5.16 令A为向量空间V的有限子集. 证明: 若$|A| > 1$, 则$|2A| > |A|$.

习题5.17 令A为向量空间V的有限子集. 证明: $|2A| \geqslant 2|A| - 1$.

习题5.18 令V为向量空间. 对$\lambda \in \mathbb{R}, A \subseteq V$, 令

$$\lambda * A = \{\lambda a | a \in A\}.$$

证明: $h(\lambda * A) = \lambda * (hA)$, 并且有

$$\operatorname{conv}(hA) = h * \operatorname{conv}(A) = h \operatorname{conv}(A).$$

习题5.19 令A为实向量空间的有限子集, $|A| = k$. 证明: 对所有的$h \geqslant k$有

$$h \operatorname{conv}(A) = k \operatorname{conv}(A) + (h-k)A.$$

习题5.20 令V为向量空间, $\boldsymbol{a}_1, \ldots, \boldsymbol{a}_r$为$V$中$r$个线性无关的向量. 设$A = \{\boldsymbol{0}, \boldsymbol{a}_1, \ldots, \boldsymbol{a}_t\}$. 证明:

$$|hA| = \frac{h^r}{r!} + O(h^{r-1}).$$

习题5.21 令$\mathbb{Z}^n$为$\mathbb{R}^n$中的整数格点集, A为$\mathbb{Z}^n$的有限子集, 并且$0 \in A$. 证明: 存在常数$c = c(A)$使得

$$|hA| \leqslant ch^n + O(h^{n-1}).$$

习题5.22 令A为$\mathbb{Z}^n$的有限子集, $0 \in A$, 并且A包含n个线性无关的向量. 证明: 存在常数$c_1 = c_1(A) > 0, c_2 = c_2(A) > 0$使得

$$c_1 h^n + O(h^{n-1}) \leqslant |hA| \leqslant c_2 h^n + O(h^{n-1}).$$

习题5.23 令$A = \{\boldsymbol{a}_0, \boldsymbol{a}_1, \ldots, \boldsymbol{a}_{k-1}\}$为一个向量空间中的有限子集. 定义$A$的仿射维数为集合$\{\boldsymbol{a}_1 - \boldsymbol{a}_0, \ldots, \boldsymbol{a}_{k-1} - \boldsymbol{a}_0\}$中最大的线性无关向量个数. 证明: 若$A \subseteq \mathbb{Z}^n$, 并且$A$ 的仿射维数为r, 则存在常数$c_1 = c_1(A) > 0, c_2 = c_2(A) > 0$使得

$$c_1 h^r + O(h^{r-1}) \leqslant |hA| \leqslant c_2 h^r + O(h^{r-1}).$$

第 6 章　数的几何

但是说到Minkowski, 就让人想起Saul†, 他去寻找父亲失散的驴群, 最终却建立了一个王国.

H. Weyl[127].

§6.1　格与行列式

Minkowski创立的数的几何理论是一个能用于解决数论中许多问题的精妙而强大的工具. 例如, 我们将在§6.3给出Lagrange的四平方定理的一个几何证明. 本章的目的是为证明定理6.12发展足够多的数的几何理论, 在第8章证明Freiman定理是要用到该定理.

令$\{\boldsymbol{a}_1, \cdots, \boldsymbol{a}_n\}$为Euclid空间$\mathbb{R}^n$的一组基. 由这$n$个线性无关的向量生成的Abel群为

$$\{u_1\boldsymbol{a}_1 + \cdots + u_n\boldsymbol{a}_n | u_1, \ldots, u_n \in \mathbb{Z}\}.$$

$\mathbb{R}^n$中的格Λ为n个线性无关的向量生成的Abel群. 称Λ的n个生成元为这个格的一组基. 例如, $\mathbb{R}^n$的标准基为向量$\{\boldsymbol{e}_1, \ldots, \boldsymbol{e}_n\}$, 其中

$$\begin{aligned}
\boldsymbol{e}_1 &= (1, 0, 0, 0, \ldots, 0)\\
\boldsymbol{e}_2 &= (0, 1, 0, 0, \ldots, 0)\\
&\vdots\\
\boldsymbol{e}_n &= (0, 0, 0, \ldots, 0, 1).
\end{aligned}$$

整数格$\mathbb{Z}^n$为有一组基$\{\boldsymbol{e}_1, \ldots, \boldsymbol{e}_n\}$的格. $\mathbb{Z}^n$中的元素为形如$\boldsymbol{u} = (u_1, \ldots, u_n), u_i \in \mathbb{Z}(1 \leqslant i \leqslant n)$的向量.

记$\mathbb{R}^n$中的集合X的闭包为$\overline{X}$. 若$\boldsymbol{x} \in \mathbb{R}^n$, 令$B(\boldsymbol{x}, \varepsilon)$表示以$\boldsymbol{x}$为心, $\varepsilon > 0$为半径的开球. 称$\mathbb{R}^n$中的群G为离散的, 如果对每个$\boldsymbol{u} \in G$, 存在$\varepsilon > 0$使得$B(\boldsymbol{u}, \varepsilon) \cap G = \{\boldsymbol{u}\}$.

定理 6.1　设$\Lambda \subseteq \mathbb{R}^n$, 则$\Lambda$是格当且仅当$\Lambda$是包含$n$个线性无关向量的离散子群.

定理 6.2　设Λ是$\mathbb{R}^n$中的格, $\boldsymbol{b}_1, \ldots, \boldsymbol{b}_n$为$\Lambda$中$n$个线性无关的向量, 则存在$\Lambda$的一组基$\{\boldsymbol{a}_1, \ldots, \boldsymbol{a}_n\}$使得每个向量$\boldsymbol{b}_j$可以写成

$$\boldsymbol{b}_j = \sum_{i=1}^{j} u_{i,j}\boldsymbol{a}_i,$$

其中$u_{i,j} \in \mathbb{Z}(1 \leqslant j \leqslant n, 1 \leqslant i \leqslant j)$.

†译者注: Saul是以色列的第一个国王.

证明: 我们将同时证明两个定理.

设Λ为$\mathbb{R}^n$中的格, 则Λ包含n个线性无关的向量. 因为对所有的$\boldsymbol{g} \in \mathbb{Z}^n$有$B(\boldsymbol{g},1) \cap \mathbb{Z}^n = \{\boldsymbol{g}\}$, 整数格$\mathbb{Z}^n$是离散的. 令$\{\boldsymbol{a}_1, \ldots, \boldsymbol{a}_n\}$为格$\Lambda$的一组基, $T : \mathbb{R}^n \to \mathbb{R}^n, \boldsymbol{a}_i \mapsto \boldsymbol{e}_i (1 \leqslant i \leqslant n)$为线性映射, 则$T$是同构, 并且$T(\lambda) = \mathbb{Z}^n$. 令$U = T^{-1}(B(\mathbf{0}, 1))$. 因为$T$连续, U是$\mathbb{R}^n$中的开集, 从而存在$\varepsilon > 0$使得

$$\mathbf{0} \in B(\mathbf{0}, \varepsilon) \subseteq U.$$

若$\boldsymbol{u} \in B(\mathbf{0}, \varepsilon) \cap U$, 则

$$T(\boldsymbol{u}) \in B(\mathbf{0}, 1) \cap \mathbb{Z}^n,$$

从而$T(\boldsymbol{u}) = \mathbf{0}$, 因此$\boldsymbol{u} = \mathbf{0}$, 所以$B(\mathbf{0}, \varepsilon) \cap \Lambda = \{\mathbf{0}\}$.

设$\boldsymbol{u}, \boldsymbol{u}' \in \Lambda$, 则$\boldsymbol{u} - \boldsymbol{u}' \in \Lambda$. 若$\boldsymbol{u}' \in B(\boldsymbol{u}, \varepsilon)$, 则$|\boldsymbol{u} - \boldsymbol{u}'| < \varepsilon$, 所以

$$\boldsymbol{u} - \boldsymbol{u}' \in B(\mathbf{0}, \varepsilon) \cap \Lambda = \{\mathbf{0}\},$$

即$\boldsymbol{u} - \boldsymbol{u}' = \mathbf{0}$. 因此, 对所有的$\boldsymbol{u} \in \Lambda$有

$$B(\boldsymbol{u}, \varepsilon) \cap \Lambda = \{\boldsymbol{u}\}.$$

这就证明了Λ是离散群.

反过来, 令$\Lambda \neq \{\mathbf{0}\}$为$\mathbb{R}^n$的离散子群, 令$\{\boldsymbol{b}_1, \cdots, \boldsymbol{b}_r\}$为$\Lambda$中的极大线性无关向量组, 则$1 \leqslant r \leqslant n$. 固定$k \in [1, r]$, 令$\Lambda_k$为$\Lambda$中具有如下形式的向量$\boldsymbol{u}$的集合:

$$\Lambda_k = \{\boldsymbol{u} = x_1 \boldsymbol{b}_1 + \cdots + x_k \boldsymbol{b}_k | x_k > 0, 0 \leqslant x_i < 1 (1 \leqslant i \leqslant k-1)\}.$$

注意$\boldsymbol{b}_k \in \Lambda_k$, 所以$\Lambda_k \neq \varnothing$. 令$C_k$为$\Lambda_k$中所有向量的第$k$个坐标$x_k$的集合, 设$c_{k,k} = \inf C_k$, 则存在一列向量

$$\boldsymbol{u}_{\boldsymbol{s}} = x_{1,s} \boldsymbol{b}_1 + \cdots + x_{k-1,s} \boldsymbol{b}_{k-1} + x_{k,s} \boldsymbol{b}_k \in \Lambda_k,$$

使得$\lim\limits_{s \to \infty} x_{k,s} = c_{k,k}$. 因为$0 \leqslant x_{i,s} < 1 (1 \leqslant i \leqslant k-1, s \geqslant 1)$, 存在子列$\{\boldsymbol{u}_{\boldsymbol{s}_j}\} \subseteq \Lambda_k$收敛于向量

$$\boldsymbol{u}_k = c_{1,k} \boldsymbol{b}_1 + \cdots + c_{k-1,k} \boldsymbol{b}_{k-1} + c_{k,k} \boldsymbol{b}_k \in \mathbb{R}^n.$$

因为Λ是$\mathbb{R}^n$的离散子集, $\{\boldsymbol{u}_{\boldsymbol{s}_j}\}$最终为常值, 从而$\boldsymbol{u}_k \in \Lambda_k$, 所以$c_{k,k} > 0$. 因为向量$\boldsymbol{b}_1, \ldots, \boldsymbol{b}_r$线性无关, 所以$\boldsymbol{a}_1, \ldots, \boldsymbol{a}_r$也线性无关.

我们来证明Λ中的每个元素是$\boldsymbol{a}_1, \ldots, \boldsymbol{a}_r$的整系数线性组合. 设$\boldsymbol{u} \in \Lambda$, 由于向量$\boldsymbol{b}_1, \ldots, \boldsymbol{b}_r$张成$\Lambda$生成的线性子空间, 所以存在$u_1, \ldots, u_r \in \mathbb{R}$使得

$$\boldsymbol{u} = u_1 \boldsymbol{a}_1 + \cdots + u_r \boldsymbol{a}_r.$$

假设存在$j \in [1, r]$使得$u_j \notin \mathbb{Z}$. 令k为使得$u_j \notin \mathbb{Z}$的最大整数, $u_k = g_k + x_k$, 其中$g_k \in \mathbb{Z}, 0 < x_k < 1$. 由于向量

$$g_k \boldsymbol{a}_k + u_{k+1} \boldsymbol{a}_{k+1} + \cdots + u_r \boldsymbol{a}_r$$

是$\boldsymbol{a}_1, \ldots, \boldsymbol{a}_r$的整系数线性组合, 它属于群$\Lambda$. 于是

$$\boldsymbol{u}' = \boldsymbol{u} - (g_k \boldsymbol{a}_k + u_{k+1} \boldsymbol{a}_{k+1} + \cdots + u_r \boldsymbol{a}_r) = u_1 \boldsymbol{a}_1 + \cdots + u_{k-1} \boldsymbol{a}_{k-1} + x_k \boldsymbol{a}_k.$$

也属于Λ. 因为$\boldsymbol{a}_j = \sum\limits_{i=1}^{j} c_{i,j}\boldsymbol{b}_j (1 \leqslant j \leqslant k)$, 所以$\boldsymbol{u}'$能够写成向量$\boldsymbol{b}_1, \ldots, \boldsymbol{b}_k$的线性组合:

$$\boldsymbol{u}' = u_1'\boldsymbol{b}_1 + \cdots + u_{k-1}'\boldsymbol{b}_{k-1} + x_k c_{k,k}\boldsymbol{b}_k.$$

令$u_i' = g_i' + x_i (1 \leqslant i \leqslant k-1)$, 其中$g_i' \in \mathbb{Z}, 0 \leqslant x_i < 1$, 则$g_i'\boldsymbol{b}_1 + \cdots + g_{k-1}'\boldsymbol{b}_{k-1} \in \Lambda$, 从而

$$\boldsymbol{u}'' = \boldsymbol{u}' - (g_1'\boldsymbol{b}_1 + \cdots + g_{k-1}'\boldsymbol{b}_{k-1}) = x_1\boldsymbol{b}_1 + \cdots + x_{k-1}\boldsymbol{b}_{k-1} + x_k c_{k,k}\boldsymbol{b}_k \in \Lambda.$$

因为$0 \leqslant x_i < 1, c_k c_{k,k} > 0$, 可知$\boldsymbol{u}'' \in \Lambda_k$, 这是不可能的, 因为不等式

$$0 < x_k c_{k,k} < c_{k,k}$$

与$c_{k,k}$的极小性矛盾. 因此, 每个向量$\boldsymbol{u} \in \Lambda$是线性无关向量$\boldsymbol{a}_1, \ldots, \boldsymbol{a}_r$的整系数线性组合. 若$\Lambda$包含$n$个线性无关的向量, 则$r = n$, 从而$\Lambda$是格. 这就证明了定理6.1.

要证明定理6.2, 令$\boldsymbol{b}_1, \ldots, \boldsymbol{b}_n$为格$\Lambda$中的$n$个线性无关向量. 因为$\Lambda$离散, 由上述证明可知存在$\Lambda$的一组基$\{\boldsymbol{a}_1, \ldots, \boldsymbol{a}_n\}$使得每个向量$\boldsymbol{a}_j$形如

$$\boldsymbol{a}_j = \sum_{i=1}^{j} c_{i,j}\boldsymbol{b}_i,$$

其中$c_{i,j} \in \mathbb{R} (1 \leqslant i \leqslant j, 1 \leqslant j \leqslant n), c_{j,j} > 0$. 解关于$\boldsymbol{b}_1, \ldots, \boldsymbol{b}_n$的方程组可得实数$u_{i,j}$满足

$$\boldsymbol{b}_j = \sum_{i=1}^{j} u_{i,j}\boldsymbol{a}_i (1 \leqslant j \leqslant n).$$

因为$\{\boldsymbol{a}_1, \ldots, \boldsymbol{a}_n\}$是$\Lambda$的一组基, 所以$v_{i,j} \in \mathbb{Z}$, 并且$v_{j,j} = \frac{1}{c_{j,j}} \geqslant 1$. □

一个格的基不是由这个格唯一确定的. 例如, 设Λ为$\mathbb{Z}^2$中由向量$\boldsymbol{a}_1 = (7,5), \boldsymbol{a}_2 = (4,3)$生成的基. 因为$\boldsymbol{a}_1, \boldsymbol{a}_2 \in \mathbb{Z}^2$, 所以$\Lambda \in \mathbb{Z}^2$. 反过来, 因为

$$\boldsymbol{e}_1 = 3\boldsymbol{a}_1 - 5\boldsymbol{a}_2 \in \Lambda,$$

$$\boldsymbol{e}_2 = -4\boldsymbol{a}_1 + 7\boldsymbol{a}_2 \in \Lambda,$$

所以$\mathbb{Z}^2 \subseteq \Lambda$. 因此, $\mathbb{Z}^2 = \Lambda$, 集合$\{(1,0),(0,1)\}, \{(7,5),(4,3)\}$是$\mathbb{Z}^2$的两组不同的基. 注意$\boldsymbol{a}_1 = 7\boldsymbol{e}_1 + 5\boldsymbol{e}_2, \boldsymbol{a}_2 = 4\boldsymbol{e}_1 + 3\boldsymbol{e}_2$, 行列式

$$\begin{vmatrix} 7 & 4 \\ 5 & 3 \end{vmatrix} = 1.$$

我们可以将这个例子推广. 令$\boldsymbol{U} = (u_{i,j})$为$n \times n$酉模矩阵, 即行列式$\det(\boldsymbol{U}) = \pm 1$的整数矩阵, 则其逆矩阵$\boldsymbol{U}^{-1} = \boldsymbol{V} = (v_{i,j})$也是行列式$\det(\boldsymbol{V}) = \det(\boldsymbol{U}) = \pm 1$的整数矩阵. 因为$\boldsymbol{UV} = \boldsymbol{VU} = \boldsymbol{I}$, 其中$\boldsymbol{I}$是单位矩阵, 即

$$\sum_{k=1}^{n} u_{ik}v_{kj} = \sum_{k=1}^{n} v_{ik}u_{kj} = \delta_{ij} = \begin{cases} 1, & 若 i = j, \\ 0, & 若 i \neq j. \end{cases}$$

令$\boldsymbol{a}_1, \ldots, \boldsymbol{a}_n$为$\mathbb{R}^n$中的格$\Lambda$的一组基. 我们用矩阵$\boldsymbol{U}$构造$\Lambda$的另一组基. 对$1 \leqslant j \leqslant n$, 令

$$\boldsymbol{a}_j' = \sum_{i=1}^{n} u_{ij}\boldsymbol{a}_i \in \Lambda.$$

设Λ'为n个向量$\{\boldsymbol{a}_1', \ldots, \boldsymbol{a}_n'\}$在$\mathbb{R}^n$中生成的群. 因为$\boldsymbol{a}_j' \in \Lambda (1 \leqslant j \leqslant n)$, 所以$\Lambda' \subseteq \Lambda$. 因为$\boldsymbol{V} = \boldsymbol{U}^{-1}$,

$$
\begin{aligned}
\sum_{i=1}^{n} v_{ki}\boldsymbol{a}'_k &= \sum_{i=1}^{n} v_{ki}\sum_{j=1}^{n} u_{jk}\boldsymbol{a}_j \\
&= \sum_{j=1}^{n}(\sum_{i=1}^{n} u_{jk}v_{ki})\boldsymbol{a}_j \\
&= \sum_{j=1}^{n} \delta_{ji}\boldsymbol{a}_j \\
&= \boldsymbol{a}_i \in \Lambda',
\end{aligned}
$$

所以$\Lambda' \subseteq \Lambda'$, 因此$\Lambda = \Lambda'$, 从而向量$\boldsymbol{a}_1, \dots, \boldsymbol{a}_n$与$\boldsymbol{a}'_1, \dots, \boldsymbol{a}'_n$都是格$\Lambda$的基.

反过来, 设$\boldsymbol{a}_1, \dots, \boldsymbol{a}_n$与$\boldsymbol{a}'_1, \dots, \boldsymbol{a}'_n$是格$\Lambda$的两组基, 则存在$u_{ij}, v_{ij} \in \mathbb{Z}(1 \leqslant i, j \leqslant n)$使得

$$
\boldsymbol{a}'_j = \sum_{i=1}^{n} u_{ij}\boldsymbol{a}_j,
$$

$$
\boldsymbol{a}_j = \sum_{i=1}^{n} v_{ij}\boldsymbol{a}'_j.
$$

于是

$$
\begin{aligned}
\boldsymbol{a}_j &= \sum_{k=1}^{n} v_{kj}\boldsymbol{a}'_k \\
&= \sum_{k=1}^{n} v_{kj}\sum_{i=1}^{n} u_{ik}\boldsymbol{a}_i \\
&= \sum_{i=1}^{n}(\sum_{k=1}^{n} u_{ik}v_{kj})\boldsymbol{a}_i.
\end{aligned}
$$

因此, 对$1 \leqslant i, j \leqslant n$有

$$
\sum_{k=1}^{n} u_{ik}v_{kj} = \delta_{ij}.
$$

同理有

$$
\sum_{k=1}^{n} v_{ik}u_{kj} = \delta_{ij}.
$$

令$\boldsymbol{U} = (u_{ij}), \boldsymbol{V} = (v_{ij})$, 则$\boldsymbol{V} = \boldsymbol{U}^{-1}$, 并且由于$u_{ij}, v_{ij} \in \mathbb{Z}$, 所以$\det(\boldsymbol{U}) = \det(\boldsymbol{V}) = \pm 1$. 因此, 对$\mathbb{R}^n$中的格$\Lambda$的任何两组基之间的过渡矩阵为酉模矩阵.

令$\boldsymbol{a}_1, \dots, \boldsymbol{a}_n \in \mathbb{R}^n$, 设

$$
\boldsymbol{a}_j = \sum_{i=1}^{n} a_{ij}\boldsymbol{e}_i (1 \leqslant j \leqslant n),
$$

其中a_{ij}为$\boldsymbol{a}_j$关于标准基向量$\boldsymbol{e}_1, \dots, \boldsymbol{e}_n$的坐标. 称$n \times n$矩阵$\boldsymbol{A} = (a_{ij})$为向量$\boldsymbol{a}_1, \dots, \boldsymbol{a}_n$的矩阵. 向量$\boldsymbol{a}_1, \dots, \boldsymbol{a}_n$线性无关当且仅当$\det(A) \neq 0$.

格Λ的行列式$\det(\Lambda)$在数的几何中起到重要的作用, 它的定义为

$$
\det(\Lambda) = |\det(A)|,
$$

其中A是关于Λ的基$\boldsymbol{a}_1, \dots, \boldsymbol{a}_n$的矩阵. 因为格的一组基是$\mathbb{R}^n$中的$n$个线性无关的向量, 所以$\det(\Lambda) \neq 0$. 我们将证明$\det(\Lambda)$与格$\Lambda$的基的选择无关.

设$\boldsymbol{a}_1, \dots, \boldsymbol{a}_n$与$\boldsymbol{a}'_1, \dots, \boldsymbol{a}'_n$为格$\Lambda$的两组基, $\boldsymbol{U} = (u_{ij})$为酉模矩阵使得

$$
\boldsymbol{a}'_j = \sum_{i=1}^{n} u_{ij}\boldsymbol{a}_i.
$$

令

$$\boldsymbol{a}_j = \sum_{i=1}^n a_{ij}\boldsymbol{e}_i,$$

$$\boldsymbol{a}'_j = \sum_{i=1}^n a'_{ij}\boldsymbol{e}_i,$$

其中a_{ij}, a'_{ij}分别是$\boldsymbol{a}_j, \boldsymbol{a}'_j$关于标准基$\{\boldsymbol{e}_1, \ldots, \boldsymbol{e}_n\}$的坐标. 由之前所得结论可知$\det(\boldsymbol{U}) = \pm 1$. 令$\boldsymbol{A} = (a_{ij}), \boldsymbol{A}' = (a'_{ij})$分别为基$\boldsymbol{a}_1, \ldots, \boldsymbol{a}_n$与$\boldsymbol{a}'_1, \ldots, \boldsymbol{a}'_n$的矩阵. 我们下面证明$\boldsymbol{A}' = \boldsymbol{A}\boldsymbol{U}$. 注意

$$\begin{aligned}\sum_{i=1}^n a'_{ij}\boldsymbol{e}_i &= \boldsymbol{a}'_j \\ &= \sum_{k=1}^n u_{kj}\boldsymbol{a}_k \\ &= \sum_{k=1}^n u_{kj}\sum_{i=1}^n a_{ik}\boldsymbol{e}_i \\ &= \sum_{i=1}^n\Big(\sum_{k=1}^n a_{ik}u_{kj}\Big)\boldsymbol{e}_i,\end{aligned}$$

所以, 对$1 \leqslant i, j \leqslant n$有

$$a'_{ij} = \sum_{k=1}^n a_{ik}u_{kj}.$$

这就等价于矩阵方程

$$\boldsymbol{A}' = \boldsymbol{A}\boldsymbol{U}.$$

由此可得

$$|\det(\boldsymbol{A}')| = |\det(\boldsymbol{A}\boldsymbol{U})| = |\det(\boldsymbol{A})||\det(\boldsymbol{U})| = |\det(\boldsymbol{A})|. \tag{6.1}$$

因此, $\det(\Lambda)$的定义合理.

格Λ关于基$\{\boldsymbol{a}_1, \ldots, \boldsymbol{a}_n\}$的基本平行多面体为集合

$$F(\Lambda) = F(\Lambda; \boldsymbol{a}_1, \ldots, \boldsymbol{a}_n) = \{\sum_{i=1}^n x_i\boldsymbol{a}_i | 0 \leqslant x_i < 1 (1 \leqslant i \leqslant n)\} \subseteq \mathbb{R}^n.$$

若$\boldsymbol{a}_j = \sum\limits_{i=1}^n a_{ij}\boldsymbol{e}_i$, 则基本平行多面体的体积为

$$\begin{aligned}\mathrm{vol}(F(\Lambda; \boldsymbol{a}_1, \ldots, \boldsymbol{a}_n)) &= \int\cdots\int_{F(\Lambda; \boldsymbol{a}_1, \ldots, \boldsymbol{a}_n)} \mathrm{d}\, V \\ &= \int_0^1\cdots\int_0^1 |\det(a_{ij})|\,\mathrm{d}\, x_1\cdots\mathrm{d}\, x_n \\ &= |\det(a_{ij})| \\ &= \det(\Lambda).\end{aligned}$$

因此, 尽管$\mathbb{R}^n$中的格Λ的基本平行多面体是依赖于基的选择的集合, 但它的体积与基的选择无关.

定理 6.3 令Λ为$\mathbb{R}^n$中的基, $F(\Lambda)$为Λ关于基$\{\boldsymbol{a}_1, \ldots, \boldsymbol{a}_n\}$的基本平行多面体, 则$\mathbb{R}^n$中的每个向量可以唯一地写成格$\Lambda$中的一个元素与基本平行多面体中的一个元素的和.

证明: 令$v \in \mathbb{R}^n$. 因为$\{\boldsymbol{a}_1, \ldots, \boldsymbol{a}_n\}$是$\mathbb{R}^n$的一组基, 存在$v_1, \ldots, v_n$使得

$$\boldsymbol{v} = \sum_{i=1}^n v_i\boldsymbol{a}_i.$$

令$v_i = u_i + x_i$, 其中$u_i \in \mathbb{Z}, x_i \in [0,1)$, 则

$$\sum_{i=1}^n u_i \boldsymbol{a}_i \in \Lambda,$$

$$\sum_{i=1}^n x_i \boldsymbol{a}_i \in F(\Lambda),$$

所以

$$\boldsymbol{v} = \sum_{i=1}^n v_i \boldsymbol{a}_i = \sum_{i=1}^n u_i \boldsymbol{a}_i + \sum_{i=1}^n x_i \boldsymbol{a}_i \in \Lambda + F(\lambda),$$

因此, $\mathbb{R}^n = \Lambda + F(\Lambda)$. 若

$$\boldsymbol{v} = \sum_{i=1}^n u_i \boldsymbol{a}_i + \sum_{i=1}^n x_i \boldsymbol{a}_i = \sum_{i=1}^n u_i' \boldsymbol{a}_i + \sum_{i=1}^n x_i' \boldsymbol{a}_i,$$

其中$u_i, u_i' \in \mathbb{Z}, x_i, x_i' \in [0,1)$, 则由向量$\boldsymbol{a}_1, \ldots, \boldsymbol{a}_n$的线性无关性可知$u_i + x_i = u_i' + x_i'$, 所以对$1 \leqslant i \leqslant n$有$u_i - = u_i' = x_i' - x_i \in (-1,1)$. 由于$u_i - u_i' \in \mathbb{Z}$, 可知$u_i = u_i', x_i = x_i'$. □

§6.2 凸体与Minkowski第一定理

设$\boldsymbol{a}, \boldsymbol{b}$为$\mathbb{R}^n$中的向量, 记$\boldsymbol{a}$到$\boldsymbol{b}$的线段为向量的集合$\{(1-t)\boldsymbol{a} + t\boldsymbol{b} | 0 \leqslant t \leqslant 1\}$. 称$\mathbb{R}^n$中的集合$K$为凸集, 若$\boldsymbol{a}, \boldsymbol{b}$是$K$中的任意两点, 则$\boldsymbol{a}$到$\boldsymbol{b}$的线段也在$K$ 中. 称$\mathbb{R}^n$中的有界开集为体. 我们以后只考虑具有有限Jordan体积vol(K)的非空凸体K. 对$\lambda \in \mathbb{R}, \lambda \geqslant 0$, 定义

$$\lambda * K = \{\lambda \boldsymbol{a} | \boldsymbol{a} \in K\},$$

则$\mathrm{vol}(\lambda * K) = \lambda^n \mathrm{vol}(K)$.

令$r, r_1, \ldots, r_n$为正实数. 以下是$\mathbb{R}^n$中凸体的简单例子:

(i) 开球$B(\mathbf{0}, r) = \{(x_1, \ldots, x_n) | x_1^2 + \cdots + x_n^2 < r^2\}$.

(ii) 椭球$\{(x_1, \ldots, x_n) | \frac{x_1^2}{r_1^2} + \cdots + \frac{x_n^2}{r_n^2} < 1\}$.

(iii) 方体$\{(x_1, \ldots, x_n) | \max(|x_1|, \ldots, |x_n|) < r\}$.

(iv) 箱体$\{(x_1, \ldots, x_n) || x_i| < r_i (1 \leqslant i \leqslant n)\}$.

(v) 块集B的内部$\mathrm{int}(B) = \{x_1 \boldsymbol{a}_1 + \cdots + x_n \boldsymbol{a}_n || x_i| < 1 (1 \leqslant i \leqslant n)\}$, 其中$\boldsymbol{a}_1, \ldots, \boldsymbol{a}_n$为线性无关的向量.

(vi) 八面体$\{(x_1, \ldots, x_n) || x_1| + \cdots + |x_n| < r\}$.

(vii) 单形$\{(x_1, \ldots, x_n) | 0 < x_i < r_i (1 \leqslant i \leqslant n), x_1 + \cdots + x_n < r\}$.

称K为对称集, 如果$\boldsymbol{a} \in K$时, 有$-\boldsymbol{a} \in K$. 若K是对称凸体, $\boldsymbol{a} \in K$, 则$-\boldsymbol{a} \in K$, 从而$\mathbf{0} = \frac{1}{2}\boldsymbol{a} + \frac{1}{2}(-\boldsymbol{a}) \in K$. 单形不是对称的. 上面的例(i)~(vi)是对称凸体.

引理 6.1 (Blichfeld) 令Λ为$\mathbb{R}^n$中的格, K为$\mathbb{R}^n$中的体, 满足$\mathrm{vol}(K) > \det(\Lambda)$, 则存在向量$\boldsymbol{a}, \boldsymbol{b} \in K$使得$\boldsymbol{a} - \boldsymbol{b} \in \Lambda\{\mathbf{0}\}$.

证明: 固定格Λ的一组基, 令$F = F(\lambda)$为格Λ的关于这组基的基本平行多面体, 则$\mathrm{vol}(F) = \det(\Lambda)$. 因为$K$有界, Λ离散, 只有有限多个格点$\boldsymbol{u} \in \Lambda$使得$K \cap (\boldsymbol{u} + F) \neq \varnothing$. 因为

$$\mathbb{R}^n = \bigcup_{\boldsymbol{u} \in \Lambda} (\boldsymbol{u} + F),$$

所以

$$K=\bigcup_{\boldsymbol{u}\in\Lambda}(K\cap(\boldsymbol{u}+F)),$$

$$\mathrm{vol}(K)=\sum_{\boldsymbol{u}\in\Lambda}\mathrm{vol}(K\cap(\boldsymbol{u}+F))=\sum_{\boldsymbol{u}\in\Lambda}\mathrm{vol}((K-\boldsymbol{u})\cap F)>\mathrm{vol}(F).$$

因为对所有格点$\boldsymbol{u}$有$(K-\boldsymbol{u})\cap F\subseteq F$, 所以这些集合$(K-\boldsymbol{u})\cap F$不可能互不相交, 从而存在不同的格点$\boldsymbol{u}_1,\boldsymbol{u}_2\in\Lambda$使得$(K-\boldsymbol{u}_1)\cap(K-\boldsymbol{u}_2)\neq\varnothing$. 这就意味着存在不同的向量$\boldsymbol{a},\boldsymbol{b}\in K$使得$\boldsymbol{a}-\boldsymbol{u}_1=\boldsymbol{b}-\boldsymbol{u}_2$, 从而$\boldsymbol{a}-\boldsymbol{b}=\boldsymbol{u}_1-\boldsymbol{u}_2$是$\Lambda$中的非零向量. □

定理 6.4 (Minkowski第一定理) 令Λ为$\mathbb{R}^n$中的格, K为$\mathbb{R}^n$中的对称凸体, 满足$\mathrm{vol}(K)>2^n\det(\Lambda)$, 则$K$包含格$\Lambda$中的非零元素.

证明: 令$K'=\frac{1}{2}K$, 则K'是对称凸体, 并且

$$\mathrm{vol}(K')=\frac{\mathrm{vol}(K)}{2^n}>\det(\Lambda).$$

从引理6.1可知存在向量$\boldsymbol{a}',\boldsymbol{b}'\in K'$使得$\boldsymbol{a}'-\boldsymbol{b}'$是$\Lambda$中的非零向量, 其中$\boldsymbol{a}'=\frac{1}{2}\boldsymbol{a},\boldsymbol{b}'=\frac{1}{2}\boldsymbol{b}$, $\boldsymbol{a},\boldsymbol{b}\in K$. 因为$K$是对称集, $-\boldsymbol{b}\in K$, K是凸集,

$$\frac{1}{2}\boldsymbol{a}+\frac{1}{2}(-\boldsymbol{b})=\boldsymbol{a}'-\boldsymbol{b}'\in K.$$

因此, K中包含非零格点$\boldsymbol{a}'-\boldsymbol{b}'$. □

推论 6.1 令K为$\mathbb{R}^n$中的对称凸体, 满足$\mathrm{vol}(K)>2^n$, 则K包含格$\mathbb{Z}^n$中的非零元.

证明: 因为$\det(\mathbb{Z}^n)=1$, 由定理6.4即得结论. □

推论 6.2 令Λ为$\mathbb{R}^n$中的格, K为$\mathbb{R}^n$中的对称凸体. 令

$$\lambda_1=\inf\{\lambda>0|(\lambda*K)\cap(\Lambda\backslash\{\mathbf{0}\}\neq\varnothing\},\tag{6.2}$$

则

$$\lambda_1^n\,\mathrm{vol}(K)\leqslant 2^n\det(\Lambda).\tag{6.3}$$

证明: 因为格Λ是离散的, 所以存在$\varepsilon>0$使得开球$B(\mathbf{0},\varepsilon)$不包含非零的格点. 因为凸体$K$有界, 存在$\mu>0$使得$\mu*K\subseteq B(\mathbf{0},\varepsilon)$. 于是

$$(\mu*K)\cap\Lambda\subseteq B(\mathbf{0},\varepsilon)\cap\Lambda=\{\mathbf{0}\},$$

从而$\lambda_1\geqslant\mu>0$. 假设存在非零格点$\boldsymbol{u}$使得$\boldsymbol{u}\in\lambda_1*K$, 则存在$\boldsymbol{x}\in K$使得$\boldsymbol{u}=\lambda_1*\boldsymbol{x}$. 因为$K$是开集, 存在$\delta\in(0,1)$ 使得$B(\boldsymbol{x},\delta)\subseteq K$. 令$\delta'=\frac{\delta}{2|\boldsymbol{x}|}$, 则

$$\boldsymbol{x}'=\boldsymbol{x}+\delta'\boldsymbol{x}=(1+\delta')\boldsymbol{x}\in K.$$

这就意味着

$$\boldsymbol{u}=\lambda_1\boldsymbol{x}=\frac{\lambda_1}{1+\delta'}\boldsymbol{x}'\in(\frac{\lambda_1}{1+\delta'}*K)\cap(\lambda\backslash\{\mathbf{0}\}),$$

这是不可能的, 因为

$$0 < \frac{\lambda_1}{1+\delta'} < \lambda_1.$$

因此,

$$(\lambda_1 * K) \cap (\Lambda \backslash \{\mathbf{0}\}) = \varnothing.$$

由Minkowski第一定理可知

$$\lambda_1^n \operatorname{vol}(K) = \operatorname{vol}(\lambda_1 * K) \leqslant 2^n \det(\Lambda). \qquad \square$$

易见由不等式(6.3)可以推出Minkowski第一定理. 假设$\operatorname{vol}(K) > 2^n \det(\Lambda)$, 则由(6.3)可知$\lambda_1 < 1$. 选择$\lambda \in \mathbb{R}$使得$\lambda_1 < \lambda < 1$, 则$\lambda * K$包含$\Lambda$ 中的一个非零元, 并且$\lambda * K \subseteq K$.

§6.3 应用: 四平方和

我们将利用Minkowski第一定理给出Lagrange的著名定理: 每个非负整数能表示成四个平方数的和的一个简单证明. 我们需要三个简单的引理.

引理 6.2 令m为正奇数, 存在$a, b \in \mathbb{Z}$使得

$$a^2 + b^2 + 1 \equiv 0 \bmod m.$$

证明: 证明分三步.

第一步. 设$m = p$为奇素数. 令

$$A = \{a^2 | a = 0, 1, \ldots, \tfrac{p-1}{2}\},$$

$$B = \{-b^2 - 1 | b = 0, 1, \ldots, \tfrac{p-1}{2}\}.$$

因为$|A| = |B| = \frac{p+1}{2}$, 并且$A$与$B$都是由模$p$互不同余的元素组成, 由鸽笼原理知存在$a, b \in [0, \frac{p-1}{2}]$使得

$$a^2 \equiv -b^2 - 1 \bmod p.$$

第二步. 设$m = p^k$, 其中p为奇素数, $k \geqslant 1$. 我们通过对k作归纳来证明同余式

$$a^2 + b^2 + 1 \equiv 0 \bmod p^k$$

可解.刚才已经对$k = 1$的情形证明过了. 假设同余式对某个$k \geqslant 1$成立, 则整数a, b中至少有一个不被p整除, 设$p \nmid a$, 从而存在$s \in \mathbb{Z}$使得

$$a^2 = -b^2 - 1 + sp^k.$$

因为$(2a, p) = 1$, 存在$t \in \mathbb{Z}$使得

$$s + 2at \equiv 0 \bmod p.$$

令$a_1 = a + tp^k$, 则

$$\begin{aligned} a_1^2 &= (a+tp^k)^2 \\ &= a^2+2atp^k+t^2p^{2k} \\ &\equiv -b^2-1+sp^k+2atp^k \bmod p^{k+1} \\ &\equiv -b^2-1+(s+2at)p^k \bmod p^{k+1} \\ &\equiv -b^2-1 \bmod p^{k+1}. \end{aligned}$$

这就完成了归纳法.

第三步. 令m为正奇数. 当$m=1$时, 结果显然成立, 所以我们可以假定$m \geqslant 3$. 令

$$m=\prod_{i=1}^{r} p_i^{k_i},$$

其中$p_1,\ldots,p_r$是不同的奇素数, 并且$k_i \geqslant 1(1 \leqslant i \leqslant r)$. 对$r$个素幂$p_i^{k_i}$, 存在$a_i, b_i \in \mathbb{Z}$使得

$$a_i^2+b_i^2+1 \equiv 0 \bmod p_i^{k_i}.$$

由中国剩余定理, 存在$a, b \in \mathbb{Z}$使得对$1 \leqslant i \leqslant r$有

$$a \equiv a_i \bmod p_i^{k_i},$$

$$b \equiv b_i \bmod p_i^{k_i}.$$

因此

$$a^2+b^2+1 \equiv 0 \bmod m.$$

引理得证. □

引理 6.3 若每个正奇数是四平方和, 则每个正整数是四平方和.

证明: 若n是四平方和, 例如

$$n=a^2+b^2+c^2+d^2,$$

则

$$2n=(a+b)^2+(a-b)^2+(c+d)^2+(c-d)^2,$$

从而$2n$也是四平方和. 反复利用这个方法可知: 对每个$k \geqslant 0$, $2^k n$是四平方和. 由于每个正整数形如$2^k n$, 其中n为奇数, 所以引理成立. □

引理 6.4 令$B(\mathbf{0}, r)$为$\mathbb{R}^4$中半径为r的开球, 则$\operatorname{vol}(B(\mathbf{0}, r))=\frac{\pi^2 r^4}{2}$.

证明: $B(\mathbf{0}, r)$的体积为重积分

$$\int_{-r}^{r} \int_{-\sqrt{r^2-x_1^2}}^{\sqrt{r^2-x_1^2}} \int_{-\sqrt{r^2-x_1^2-x_2^2}}^{\sqrt{r^2-x_1^2-x_2^2}} \int_{-\sqrt{r^2-x_1^2-x_2^2-x_3^2}}^{\sqrt{r^2-x_1^2-x_2^2-x_3^2}} \mathrm{d}\, x_4 \,\mathrm{d}\, x_3 \,\mathrm{d}\, x_2 \,\mathrm{d}\, x_1$$

的值. 具体的计算留给读者(见习题6.15). □

定理 6.5 (Lagrange) 每个正整数是四平方和.

证明: 由引理6.3, 只需对级数证明结论. 设m为正奇数. 由引理6.2, 存在$a, b \in \mathbb{Z}$使得$a^2+b^2+1 \equiv 0 \bmod m$. 令$\Lambda$为$\mathbb{R}^4$中的格, 其基向量为

$$\begin{aligned}\boldsymbol{a}_1 &= (m,0,0,0),\\ \boldsymbol{a}_2 &= (0,m,0,0),\\ \boldsymbol{a}_3 &= (a,b,1,0),\\ \boldsymbol{a}_4 &= (b,-a,0,1).\end{aligned}$$

于是$\Lambda \subseteq \mathbb{Z}^4$, $\det(\Lambda) = m^2$, 并且Λ由如下形式的向量组成:

$$\boldsymbol{u} = u_1\boldsymbol{a}_1 + u_2\boldsymbol{a}_2 + u_3\boldsymbol{a}_3 + u_4\boldsymbol{a}_4 = (u_1m + u_3a + u_4b, u_2m + u_3b - u_4a, u_3, u_4),$$

其中$u_1, u_2, u_3, u_4 \in \mathbb{Z}$. 由关于$a, b$的同余条件可知: 对所有的格点$\boldsymbol{u} \in \Lambda$有

$$\begin{aligned}|\boldsymbol{u}|^2 &= (u_1m + u_3a + u_4b)^2 + (u_2m + u_3b - u_4a)^2 + u_3^2 + u_4^2\\ &\equiv (u_3^2 + u_4^2)(a^2 + b^2 + 1) \bmod m\\ &\equiv 0 \bmod m.\end{aligned}$$

令$K = B(\boldsymbol{0}, \sqrt{2m})$为$\mathbb{R}^4$中半径为$\sqrt{2m}$的开球, 则$K$为对称凸体, 从而由引理6.4得到

$$\operatorname{vol}(K) = \tfrac{\pi^2(\sqrt{2m})^4}{2} = 2\pi^2m^2 > 16m^2 = 2^4\det(\Lambda).$$

由Minkowski第一定理(定理6.4)可知K包含非零格点

$$\boldsymbol{u} = u_1\boldsymbol{a}_1 + u_2\boldsymbol{a}_2 + u_3\boldsymbol{a}_3 + u_4\boldsymbol{a}_4 = v_1\boldsymbol{e}_1 + v_2\boldsymbol{e}_2 + v_3\boldsymbol{e}_3 + v_4\boldsymbol{e}_4,$$

其中$u_1, u_2, u_3, u_4, v_1, v_2, v_3, v_4 \in \mathbb{Z}$. 因为

$$|\boldsymbol{u}|^2 = v_1^2 + v_2^2 + v_3^2 + v_4^2 \equiv 0 \bmod m,$$

$$0 < |\boldsymbol{u}|^2 = v_1^2 + v_2^2 + v_3^2 + v_4^2 < (\sqrt{2m})^2 = 2m,$$

所以

$$v_1^2 + v_2^2 + v_3^2 + v_4^2 = m.$$

定理得证. □

§6.4 逐次极小值与Minkowski第二定理

对向量$\boldsymbol{x}, \boldsymbol{y} \in \mathbb{R}^n$, 令$d(\boldsymbol{x}, \boldsymbol{y}) = |\boldsymbol{x} - \boldsymbol{y}|$表示通常的从$\boldsymbol{x}$到$\boldsymbol{y}$的Euclid距离. 对$\mathbb{R}^n$中的任意非空紧子集$L$与向量$\boldsymbol{x}$, 定义$\boldsymbol{x}$到$L$的距离为

$$d(\boldsymbol{x}, L) = \inf\{d(\boldsymbol{x}, \boldsymbol{y}) | \boldsymbol{y} \in L\}.$$

令L_1, L_2为$\mathbb{R}^n$中的非空紧子集, 定义

$$d(L_1, L_2) = \sup\{d(\boldsymbol{x}_1, L_2) | \boldsymbol{x}_1 \in L_1\} + \sup\{d(\boldsymbol{x}_2, L_1) | \boldsymbol{x}_2 \in L_2\}. \tag{6.4}$$

给定$\mathbb{R}^n$中的紧子集X, 令$\Omega(X)$为X的所有非空紧子集的集合. 对$L_1, L_2 \in \Omega(X)$, 若由(6.4)定义L_1与L_2之间的距离, 则$\Omega(X)$是一个距离空间(见习题6.22). $\Omega(X)$中的紧集列$\{L_i\}_{i=1}^{\infty}$收敛于$L \in \Omega(X)$当且仅当$\lim\limits_{i\to\infty} d(L_i, L) = 0$.

利用$\Omega(X)$的距离拓扑可以构造一些将用于证明Minkowski第二定理的连续函数. 令$\mathbb{R}^n = V \oplus W$, 其中$V, W$为向量空间, $\dim V = r, \dim W = n - r$. 令$\pi : \mathbb{R}^n \to W$为到$W$上的典型射影. 设$X$为$\mathbb{R}^n$中的任意非空紧集, 令$X' = \pi(X) \subseteq W$. 由于映射

$$X' \to \Omega(X),\ \boldsymbol{x}' \mapsto \pi^{-1}(\boldsymbol{x}') \cap X$$

连续, 所以X到$\Omega(X)$的映射

$$\sigma : X \to \Omega(X),\ \boldsymbol{x} \mapsto \pi^{-1}(\pi(\boldsymbol{x})) \cap X = \sigma(\boldsymbol{x}) = (V + \boldsymbol{x}) \cap X$$

连续. 此外, $\sigma(\boldsymbol{x})$在r为仿射子空间$V + \{\pi(\boldsymbol{x})\} = V + \{\boldsymbol{x}\}$中.

令$X = \overline{K}$, 其中K是$\mathbb{R}^n$中的凸体, 则$\overline{K}$是内部非空的紧凸集. 若$\boldsymbol{x} \in \overline{K}$, 则$\sigma(\boldsymbol{x})$是$V + \{\pi(\boldsymbol{x})\}$的紧凸子集. 令$\mathrm{vol}_r(\boldsymbol{x}), c(\boldsymbol{x})$分别表示$\sigma(\boldsymbol{x})$的$r$维体积和质心, 则$\mathrm{vol}_r : \overline{K} \to \mathbb{R}, c : \overline{K} \to \overline{K}$为连续函数(见习题6.25与习题6.27).

令K为$\mathbb{R}^n$中的凸体. 对$\lambda \in \mathbb{R}, \lambda \geqslant 0$, 令

$$\lambda * K = \{\lambda \boldsymbol{u} | \boldsymbol{u} \in K\},$$

则$\lambda * \overline{K} = \overline{\lambda * K}$. 若$\mathbf{0} \in K, \lambda \leqslant \mu$, 则$\lambda * K \subseteq \mu * K$.

令Λ为$\mathbb{R}^n$中的格, $\{\boldsymbol{a}_1, \ldots, \boldsymbol{a}_n\}$为$\Lambda$的一组基. 因为$K$是开集, 若$\mathbf{0} \in K$, 则存在$\varepsilon > 0$使得

$$\mathbf{0} \in B(\mathbf{0}, \varepsilon) \subseteq K,$$

从而对所有的$\lambda \geqslant 0$有

$$B(\mathbf{0}, \lambda\varepsilon) \subseteq \lambda * K.$$

特别地, 对充分大的λ有$\{\boldsymbol{a}_1, \ldots, \boldsymbol{a}_n\} \subseteq \lambda * K$. 因为$K$有界, Λ离散, 存在充分小的$\lambda > 0$使得$(\lambda * K) \cap \Lambda = \{\mathbf{0}\}$.

凸体K关于格Λ的逐次极小值为如下定义的实数$\lambda_1, \ldots, \lambda_n$:

$$\lambda_k = \inf\{\lambda > 0 | \lambda * K \text{包含}\Lambda\text{中}k\text{个线性无关的向量}\}.$$

易知$0 < \lambda_1 \leqslant \lambda_2 \leqslant \cdots \leqslant \lambda_n$, 并且$\lambda_1$的定义与(6.2)等价.

因为K是开集, 可知$\lambda_k * K$最多包含Λ中$k-1$个线性无关的向量, $\lambda_k * \overline{K}$至少包含Λ中k个线性无关的向量.

还有一种等价的方式定义逐次极小值, 并且同时给出格Λ的线性无关向量集$\{\boldsymbol{b}_1, \ldots, \boldsymbol{b}_n\}$使得每个向量$\boldsymbol{u} \in (\lambda_k * K) \cap \Lambda$是$\boldsymbol{b}_1, \ldots, \boldsymbol{b}_{k-1}$的线性组合. 令

$$\lambda_1 = \inf\{\lambda > 0 | \lambda * \overline{K} \text{包含一个非零向量}\boldsymbol{b}_1 \in \Lambda\},$$

对$2 \leqslant k \leqslant n$有

$$\lambda_k = \inf\{\lambda > 0 | \lambda * \overline{K} \text{包含一个与}\boldsymbol{b}_1, \ldots, \boldsymbol{b}_{k-1}\text{线性无关的向量}\boldsymbol{b}_k \in \Lambda\}.$$

例如, 令$\Lambda = \mathbb{Z}^n$, 箱体

$$K = \{(x_1, \ldots, x_n) \in \mathbb{R}^n \big| |x_i| < r_i (1 \leqslant i \leqslant n)\},$$

其中$0 < r_n \leqslant r_{n-1} \leqslant \cdots \leqslant r_2 \leqslant r_1 \leqslant 1$, 则$(\frac{1}{r_1} * K) \cap \mathbb{Z}^n = \{\mathbf{0}\}$, 对所有的$\lambda > \frac{1}{r_1}$有$\pm \boldsymbol{e}_i \in (\lambda * K) \cap \mathbb{Z}^n$, 因此$\lambda_1 = \frac{1}{r_1}$. 同理, $\lambda_i = \frac{1}{r_i}(2 \leqslant i \leqslant n)$. 因为$\mathrm{vol}(K) = 2^n r_1 r_2 \cdots r_n$, $\det(\Lambda) = 1$, 可知

$$\lambda_1 \cdots \lambda_n \,\mathrm{vol}(K) = 2^n \det(\Lambda).$$

这个简单的例子说明下面的定理是最佳的.

定理 6.6 (Minkowski第二定理) 令K为$\mathbb{R}^n$中的对称凸体, Λ为$\mathbb{R}^n$中的格. 设$\lambda_1, \ldots, \lambda_n$为$K$的关于格$\Lambda$的逐次极小值, 则

$$\lambda_1 \cdots \lambda_n \,\mathrm{vol}(K) \leqslant 2^n \det(\Lambda).$$

证明: 对应逐次极小值$\lambda_1, \ldots, \lambda_n$的是格$\Lambda$中$n$个线性无关的向量$\boldsymbol{b}_1, \ldots, \boldsymbol{b}_n$使得对$1 \leqslant k \leqslant n$, $(\lambda_k * K) \cap \Lambda$中的每个向量是$\boldsymbol{b}_1, \ldots, \boldsymbol{b}_{k-1}$的线性组合, 并且

$$\{\boldsymbol{b}_1, \ldots, \boldsymbol{b}_k\} \subseteq \lambda_k * \overline{K}.$$

我们将利用基$\{\boldsymbol{b}_1, \boldsymbol{b}_2, \ldots, \boldsymbol{b}_n\}$构造连续映射

$$\varphi : \overline{K} \to \lambda_n * \overline{K}$$

使得

$$\varphi(K) \subseteq \lambda_n * K.$$

对$1 \leqslant j \leqslant n$, 令$V_j$为$\{\boldsymbol{b}_1, \boldsymbol{b}_2, \ldots, \boldsymbol{b}_{j-1}\}$生成的$\mathbb{R}^n$的子空间, W_j为$\{\boldsymbol{b}_j, \boldsymbol{b}_{j+1}, \ldots, \boldsymbol{b}_n\}$生成的$\mathbb{R}^n$的子空间, 则

$$\mathbb{R}^n = V_j \oplus W_j.$$

令

$$\pi_j : \mathbb{R}^n \to W_j$$

为搭配W_j上的射影. 对每个向量$\boldsymbol{y} \in W_j$,

$$\pi_j^{-1}(\boldsymbol{y}) = V_j + \{\boldsymbol{y}\}$$

为$j-1$维仿射子空间(或平面). 设$K'_j = \pi_j(K)$, 则K'_j是W_j中的凸体, $\overline{K'_j} = \pi_j(\overline{K})$ 是W_j中的紧凸集.

令$c_j : \overline{K} \to \overline{K}$为将$\boldsymbol{x}$映为$\sigma_j(\boldsymbol{x}) = \pi_j^{-1}(\pi_j(\boldsymbol{x})) \cap \overline{K}$的连续函数. 定义坐标函数$c_{ij}(\boldsymbol{x})$为

$$c_j(\boldsymbol{x}) = \sum_{i=1}^{n} c_{ij}(\boldsymbol{x}) \boldsymbol{b}_i.$$

若$\boldsymbol{x} = \sum\limits_{i=1}^{n} x_i \boldsymbol{b}_i$, 则

$$c_{ij}(\boldsymbol{x}) = x_i (j \leqslant i \leqslant n),$$

从而对$1 \leqslant i \leqslant j-1$, $c_{ij}(\boldsymbol{x})$是$x_j, \ldots, x_n$的连续函数.

令$\lambda_1, \ldots, \lambda_n$为$K$的逐次极小值, 设$\lambda_0 = 0$. 对$\boldsymbol{x} \in \overline{K}$, 定义

$$\varphi(\boldsymbol{x}) = \sum_{j=1}^{n} (\lambda_j - \lambda_{j-1}) c_j(\boldsymbol{x}).$$

令$t_j = \frac{\lambda_j - \lambda_{j-1}}{\lambda_n}(1 \leqslant j \leqslant n)$, 则$t_j \geqslant 0(1 \leqslant j \leqslant n)$, 并且$t_1 + \cdots + t_n = 1$. 因为对所有的$\boldsymbol{x} \in \overline{K}$有$c_j(\boldsymbol{x}) \in \overline{K}$, 所以

$$\varphi(\boldsymbol{x}) = \lambda_n \sum_{j=1}^{n} t_j c_j(\boldsymbol{x}) \in \lambda_n * \overline{K},$$

从而$\varphi : \overline{K} \to \lambda_n * \overline{K}$为连续函数, 并且满足$\varphi(K) \subseteq \lambda_n * K$. 此外,

$$\begin{aligned}
\varphi(x) &= \sum_{j=1}^{n} (\lambda_j - \lambda_{j-1}) c_j(\boldsymbol{x}) \\
&= \sum_{j=1}^{n} (\lambda_j - \lambda_{j-1}) \sum_{i=1}^{n} c_{ij}(\boldsymbol{x}) \boldsymbol{b}_i \\
&= \sum_{j=1}^{n} (\sum_{i=1}^{n} (\lambda_j - \lambda_{j-1}) c_{ij})(\boldsymbol{x}) \boldsymbol{b}_i \\
&= \sum_{j=1}^{n} (\sum_{j=1}^{i} (\lambda_j - \lambda_{j-1}) x_i + \sum_{j=i+1}^{n} (\lambda_j - \lambda_{j-1}) c_{ij}(\boldsymbol{x})) \boldsymbol{b}_i \\
&= \sum_{i=1}^{n} (\lambda_i x_i + \sum_{j=i+1}^{n} (\lambda_j - \lambda_{j-1}) c_{ij}(\boldsymbol{x})) \boldsymbol{b}_i.
\end{aligned}$$

令

$$\varphi_i(\boldsymbol{x}) = \sum_{j=i+1}^{n} (\lambda_j - \lambda_{j-1}) c_{ij}(\boldsymbol{x}),$$

则$\varphi_i(\boldsymbol{x}) = \varphi_i(x_{i+1}, \ldots, x_n)$为向量$\boldsymbol{x} \in K$的$n-i$个系数$x_{i+1}, \ldots, x_n$的连续实值函数, 并且

$$\varphi(\boldsymbol{x}) = \sum_{i=1}^{n-1} (\lambda_i x_i + \varphi_i(x_{i+1}, \ldots, x_n)) \boldsymbol{b}_i + \lambda_n x_n \boldsymbol{b}_n. \tag{6.5}$$

由这个等式可以得到两个重要的结果.

首先, 函数φ是单射. 令$\boldsymbol{x}, \boldsymbol{x}' \in K$, 其中$\boldsymbol{x} = x_1 \boldsymbol{b}_1 + \cdots + x_n \boldsymbol{b}_n$, $\boldsymbol{x}' = x_1' \boldsymbol{b}_1 + \cdots + x_n' \boldsymbol{b}_n$. 若$\varphi(\boldsymbol{x}) = \varphi(\boldsymbol{x}')$, 则

$$\sum_{i=1}^{n-1} (\lambda_i x_i + \varphi_i(x_{i+1}, \ldots, x_n)) \boldsymbol{b}_i + \lambda_n x_n \boldsymbol{b}_n = \sum_{i=1}^{n-1} (\lambda_i x_i' + \varphi_i(x_{i+1}', \ldots, x_n')) \boldsymbol{b}_i + \lambda_n x_n' \boldsymbol{b}_n.$$

由$\boldsymbol{b}_n$的系数相等可知$\lambda_n x_n = \lambda_n x_n'$, 从而$x_n = x_n'$. 由$\boldsymbol{b}_n$的系数相等可知

$$\lambda_{n-1} x_{n-1} + \varphi_{n-1}(x_n) = \lambda_{n-1} x_{n-1}' + \varphi_{n-1}(x_n') = \lambda_{n-1} x_{n-1}' + \varphi_{n-1}(x_n),$$

从而$x_{n-1} = x_{n-1}'$. 归纳地应用这个推理得到$x_i = x_i'(1 \leqslant i \leqslant n)$, 所以$\boldsymbol{x} = \boldsymbol{x}'$.

其次有

$$\mathrm{vol}(\varphi(\overline{K})) = \lambda_1 \cdots \lambda_n \,\mathrm{vol}(\bar{K}).$$

在函数$\varphi_i(x_{i+1}, \ldots, x_n)(1 \leqslant i \leqslant n)$都恒等于零这种特殊情形时, 函数$\varphi$由简单的公式给出:

$$\varphi(x_1, \ldots, x_n) = \lambda_1 x_1 \boldsymbol{b}_1 + \cdots + \lambda_n x_n \boldsymbol{b}_n,$$

从而

$$\mathrm{vol}(\varphi(K)) = \lambda_1 \cdots \lambda_n \,\mathrm{vol}(K). \tag{6.6}$$

因为函数$\varphi_i(x_{i+1}, \ldots, x_n)(1 \leqslant i \leqslant n)$连续, 这个关于$\varphi(K)$的体积公式在一般情形下成立.

集合$\varphi(K)$不一定为凸集, 但是它是$\mathbb{R}^n$的有界开子集, 对此我们应用Blichfeldt的引理6.1. 令$K' = \varphi(K)$. 若

$$\mathrm{vol}(K') = \lambda_1 \cdots \lambda_n \,\mathrm{vol}(K) > 2^n \det(\Lambda),$$

则

$$\mathrm{vol}(\tfrac{1}{2} * K') > \det(\Lambda).$$

由引理6.1可知存在向量$\boldsymbol{x}'_1, \boldsymbol{x}'_2 \in K'$使得

$$\tfrac{\boldsymbol{x}'_1 - \boldsymbol{x}'_2}{2} \in \Lambda \backslash \{\boldsymbol{0}\}.$$

因为$K' = \varphi(K)$, 存在$\boldsymbol{x}_1, \boldsymbol{x}_2 \in K$使得$\varphi(\boldsymbol{x}_1) = \boldsymbol{x}'_1, \varphi(\boldsymbol{x}_2) = \boldsymbol{x}'_2$. 令

$$\boldsymbol{x}_1 = \sum_{i=1}^{n} x_{i,1} \boldsymbol{b}_i,$$

$$\boldsymbol{x}_2 = \sum_{i=1}^{n} x_{i,2} \boldsymbol{b}_i.$$

因为$\boldsymbol{x}_1 \neq \boldsymbol{x}_2$, 存在$k \geqslant 1$使得$x_{k,1} \neq x_{k,2}, x_{i,1} = x_{i,2} (k+1 \leqslant i \leqslant n)$. 回顾若$\boldsymbol{x} = \sum_{i=1}^{n} x_i \boldsymbol{b}_i$, 则对$1 \leqslant j \leqslant n$有质心$c_j(x_j, \ldots, x_n) \in K$. 因为$K$是对称凸体,

$$\tfrac{c_j(x_{j,1}, \ldots, x_{n,1}) - c_j(x_{j,2}, \ldots, x_{n,2})}{2} \in K,$$

从而对$1 \leqslant j \leqslant n$有

$$\tfrac{\lambda_k (c_j(x_{j,1}, \ldots, x_{n,1}) - c_j(x_{j,2}, \ldots, x_{n,2}))}{2} \in \lambda_k * K.$$

令$t_j = \frac{\lambda_j - \lambda_{j-1}}{\lambda_k} (1 \leqslant j \leqslant k)$, 则

$$\begin{aligned}
\tfrac{\boldsymbol{x}'_1 - \boldsymbol{x}'_2}{2} &= \tfrac{\varphi(\boldsymbol{x}_1) - \varphi(\boldsymbol{x}_2)}{2} \\
&= \sum_{j=1}^{n} (\lambda_j - \lambda_{j-1}) \tfrac{c_j(\boldsymbol{x}_1) - c_j(\boldsymbol{x}_2)}{2} \\
&= \sum_{j=1}^{k} (\lambda_j - \lambda_{j-1}) \tfrac{c_j(\boldsymbol{x}_1) - c_j(\boldsymbol{x}_2)}{2} \\
&= \sum_{j=1}^{k} t_j \lambda_k \tfrac{c_j(\boldsymbol{x}_1) - c_j(\boldsymbol{x}_2)}{2} \\
&\in (\lambda_k * K) \cap (\Lambda \backslash \{\boldsymbol{0}\}).
\end{aligned}$$

将映射φ写成(6.5)的形式, 可得

$$\begin{aligned}
\tfrac{\boldsymbol{x}'_1 - \boldsymbol{x}'_2}{2} &= \tfrac{\varphi(\boldsymbol{x}_1) - \varphi(\boldsymbol{x}_2)}{2} \\
&= \sum_{i=1}^{n} (\lambda_i \tfrac{x_{i,1} - x_{i,2}}{2} + \tfrac{\varphi(\boldsymbol{x}_1) - \varphi(\boldsymbol{x}_2)}{2}) \boldsymbol{b}_i \\
&= \sum_{i=1}^{k} (\lambda_i \tfrac{x_{i,1} - x_{i,2}}{2} + \tfrac{\varphi(\boldsymbol{x}_1) - \varphi(\boldsymbol{x}_2)}{2}) \boldsymbol{b}_i \\
&= \sum_{i=1}^{k-1} (\lambda_i \tfrac{x_{i,1} - x_{i,2}}{2} + \tfrac{\varphi(\boldsymbol{x}_1) - \varphi(\boldsymbol{x}_2)}{2}) \boldsymbol{b}_i + \lambda_k \tfrac{x_{k,1} - x_{k,2}}{2} \boldsymbol{b}_k,
\end{aligned}$$

并且

$$\lambda_k \tfrac{x_{k,1} - x_{k,2}}{2} \neq 0.$$

因为

$$\tfrac{\boldsymbol{x}'_1 - \boldsymbol{x}'_2}{2} \in (\lambda_k * K) \cap \Lambda,$$

由逐次极小值$\lambda_1,\ldots,\lambda_n$的定义可知$\frac{\boldsymbol{x}_1'-\boldsymbol{x}_2'}{2}$可以表示成向量$\boldsymbol{b}_1,\ldots,\boldsymbol{b}_{k-1}$的线性组合. 另一方面, 我们已经证明$\frac{\boldsymbol{x}_1'-\boldsymbol{x}_2'}{2}$也是向量$\boldsymbol{b}_1,\ldots,\boldsymbol{b}_{k-1},\boldsymbol{b}_k$的实系数线性组合, 并且$\boldsymbol{b}_k$在这个表示中的系数为$\lambda_k\frac{x_{k,1}-x_{k,2}}{2}\neq 0$. 由此可知$\boldsymbol{b}_k$是向量$\boldsymbol{b}_1,\ldots,\boldsymbol{b}_{k-1}$的线性组合, 这就与向量$\boldsymbol{b}_1,\ldots,\boldsymbol{b}_{k-1},\boldsymbol{b}_k$的线性无关性矛盾. 因此定理的结论成立. □

§6.5 子格的基

令Λ, M为$\mathbb{R}^n$的格, 其基分别为$\{\boldsymbol{a}_1,\ldots,\boldsymbol{a}_n\},\{\boldsymbol{b}_1,\ldots,\boldsymbol{b}_n\}$. 若$M\subseteq\Lambda$, 称$M$为$\Lambda$的子格, 此时$\boldsymbol{b}_j\in\Lambda(1\leqslant j\leqslant n)$. 因此, 存在$v_{ij}\in\mathbb{Z}$使得

$$\boldsymbol{b}_j=\sum_{i=1}^n v_{ij}\boldsymbol{a}_i.$$

令

$$\boldsymbol{a}_j=\sum_{i=1}^n a_{ij}\boldsymbol{e}_i,$$

$$\boldsymbol{b}_j=\sum_{i=1}^n b_{ij}\boldsymbol{e}_i,$$

则

$$\boldsymbol{b}_j=\sum_{k=1}^n v_{kj}\boldsymbol{a}_k=\sum_{k=1}^n v_{kj}\sum_{i=1}^n a_{ik}\boldsymbol{e}_i=\sum_{i=1}^n(\sum_{k=1}^n a_{ik}v_{kj})\boldsymbol{e}_i=\sum_{i=1}^n b_{ij}\boldsymbol{e}_i,$$

所以

$$b_{ij}=\sum_{k=1}^n a_{ik}v_{kj}.$$

这就意味着

$$\det(M)=|\det(b_{ij})|=|\det(a_{ik})||\det(v_{kj})|=|\det(v_{ik})|\det(\Lambda).$$

令

$$d=|\det(v_{ik})|=\frac{\det(M)}{\det(\Lambda)}.$$

由于$v_{ik}\in\mathbb{Z}(1\leqslant i,k\leqslant n)$, 所以$d\in\mathbb{Z}$. 又因为$\det(M),\det(\Lambda)\neq 0$, 所以$d\neq 0$. 此外, d与格Λ, M的基的选取无关. d是格M,Λ的基本平行多面体的体积的比, 称为格M在Λ中的几何指数.

因为$\det(v_{ij})=\pm d$, 所以矩阵$\boldsymbol{V}=(v_{ij})\in M_n(\mathbb{Z})$的逆形如

$$\boldsymbol{V}^{-1}=(v_{ij})^{-1}=(\tfrac{w_{ij}}{d}),$$

其中$w_{ij}\in\mathbb{Z}(1\leqslant i,j\leqslant n)$. 这就意味着对$1\leqslant i,j\leqslant n$有

$$\sum_{k=1}^n w_{ik}v_{kj}=\sum_{k=1}^n v_{ik}w_{kj}=d\delta_{ij}.$$

于是对$1\leqslant j\leqslant n$有

$$\sum_{k=1}^n w_{kj}\boldsymbol{b}_k=\sum_{k=1}^n w_{kj}\sum_{i=1}^n v_{ik}\boldsymbol{a}_i=\sum_{i=1}^n(\sum_{k=1}^n v_{ik}w_{kj})\boldsymbol{a}_i=\sum_{k=1}^n d\delta_{ij}\boldsymbol{a}_i=d\boldsymbol{a}_j\in M,$$

所以

$$d * \Lambda \subseteq M \subseteq \Lambda. \tag{6.7}$$

定理 6.7 令M为$\mathbb{R}^n$中的格Λ的子格, $\{\boldsymbol{b}_1, \ldots, \boldsymbol{b}_n\}$为$M$的一组基, 则存在$\Lambda$的一组基$\{\boldsymbol{a}_1, \ldots, \boldsymbol{a}_n\}$使得

$$\begin{aligned}
\boldsymbol{b}_1 &= v_{11}\boldsymbol{a}_1, \\
\boldsymbol{b}_2 &= v_{12}\boldsymbol{a}_1 + v_{22}\boldsymbol{a}_2, \\
\boldsymbol{b}_3 &= v_{13}\boldsymbol{a}_1 + v_{23}\boldsymbol{a}_2 + v_{33}\boldsymbol{a}_3, \\
&\vdots \\
\boldsymbol{b}_n &= v_{1n}\boldsymbol{a}_1 + v_{2n}\boldsymbol{a}_2 + \cdots + v_{nn}\boldsymbol{a}_n,
\end{aligned}$$

其中$v_{ij} \in \mathbb{Z}(1 \leqslant i \leqslant j, 1 \leqslant j \leqslant n), v_{jj} \geqslant 1(1 \leqslant j \leqslant n)$.

证明: 这就是定理6.2的重述. □

定理 6.8 令Λ为$\mathbb{R}^n$中的格, $\{\boldsymbol{a}_1, \ldots, \boldsymbol{a}_n\}$为它的一组基, M为Λ的子格, 则存在M的一组基$\{\boldsymbol{b}_1, \ldots, \boldsymbol{b}_n\}$使得

$$\begin{aligned}
\boldsymbol{b}_1 &= v_{11}\boldsymbol{a}_1, \\
\boldsymbol{b}_2 &= v_{12}\boldsymbol{a}_1 + v_{22}\boldsymbol{a}_2, \\
\boldsymbol{b}_3 &= v_{13}\boldsymbol{a}_1 + v_{23}\boldsymbol{a}_2 + v_{33}\boldsymbol{a}_3, \\
&\vdots \\
\boldsymbol{b}_n &= v_{1n}\boldsymbol{a}_1 + v_{2n}\boldsymbol{a}_2 + \cdots + v_{nn}\boldsymbol{a}_n,
\end{aligned}$$

其中$v_{ij} \in \mathbb{Z}(1 \leqslant i \leqslant j, 1 \leqslant j \leqslant n), v_{jj} \geqslant 1(1 \leqslant j \leqslant n)$.

证明: 设d为M在Λ的几何指数. 由(6.7)有

$$d * \Lambda \subseteq M.$$

因此$d * \Lambda$是M的子格, $\{d\boldsymbol{a}_1, \ldots, d\boldsymbol{a}_n\}$为$d * \Lambda$的一组基. 由定理6.7可知存在$M$的一组基$\{\boldsymbol{b}_1, \ldots, \boldsymbol{b}_n\}$使得对$1 \leqslant j \leqslant n$有

$$d\boldsymbol{a}_j = \sum_{i=1}^{j} u_{ij}\boldsymbol{b}_i,$$

其中$u_{ij} \in \mathbb{Z}$. 解这个关于向量$\boldsymbol{b}_1, \ldots, \boldsymbol{b}_n$的方程组得到

$$\boldsymbol{b}_j = \sum_{i=1}^{j} v_{ij}\boldsymbol{a}_i,$$

其中$v_{ij} \in \mathbb{Z}$, 因为$\{\boldsymbol{b}_1, \ldots, \boldsymbol{b}_n\} \subseteq \Lambda$, 而$\boldsymbol{a}_1, \ldots, \boldsymbol{a}_n$是$\Lambda$的基. □

推论 6.3 令M为格Λ的子格, $\{\boldsymbol{a}_1, \ldots, \boldsymbol{a}_n\}, \{\boldsymbol{b}_1, \ldots, \boldsymbol{b}_n\}$分别为$\Lambda, M$的基使得$\boldsymbol{b}_j = \sum_{i=1}^{j} v_{ij}\boldsymbol{a}_i$, d为M在Λ中的几何指数, 则

$$d = v_{11}v_{22}\cdots v_{nn}.$$

证明: 由$d = \det(v_{ij})$以及(v_{ij})为上三角矩阵的事实即得结论. □

推论 6.4 令Λ为整数格$\mathbb{Z}^n$的子格, 则存在Λ的一组基$\{\boldsymbol{a}_1, \ldots, \boldsymbol{a}_n\}$使得

$$\begin{aligned} \boldsymbol{a}_1 &= a_{11}\boldsymbol{e}_1, \\ \boldsymbol{a}_2 &= a_{12}\boldsymbol{e}_1 + a_{22}\boldsymbol{e}_2,, \\ &\vdots \\ \boldsymbol{a}_n &= a_{1n}\boldsymbol{e}_1 + a_{2n}\boldsymbol{e}_2 + \cdots + a_{nn}\boldsymbol{e}_n, \end{aligned}$$

其中$a_{ij} \in \mathbb{Z}(1 \leqslant i \leqslant j, 1 \leqslant j \leqslant n), a_{ij} \geqslant 1(1 \leqslant j \leqslant n)$. 此外, $d(\Lambda) = a_{11}a_{22}\cdots a_{nn}$.

证明: $\mathbb{R}^n$的标准基$\boldsymbol{e}_1, \ldots, \boldsymbol{e}_n$是整数格$\mathbb{Z}^n$的一组基, Λ是$\mathbb{Z}^n$的子格, 由定理6.8即得结论. □

令M为格Λ的子格, 则M是Abel群Λ的子群. 商群Λ/M为所有陪集

$$\boldsymbol{a} + M = \{\boldsymbol{a} + \boldsymbol{b} | \boldsymbol{b} \in M\}$$

的集合, 其中$\boldsymbol{a} \in \Lambda$. 两个陪集的加法的定义为: 对所有的$\boldsymbol{a}_1, \boldsymbol{a}_2 \in \Lambda$, $(\boldsymbol{a}_1 + M) + (\boldsymbol{a}_2 + M) = (\boldsymbol{a}_1 + \boldsymbol{a}_2) + M$. $\boldsymbol{a}_1 + M = \boldsymbol{a}_2 + M$当且仅当$\boldsymbol{a}_1 - \boldsymbol{a}_2 \in M$. 定义$M$在$\Lambda$中的代数指数为商群$\Lambda/M$的阶, 记为$[\Lambda : M]$.

定理 6.9 令M为$\mathbb{R}^n$中的格Λ的子格, 则

$$[\Lambda : M] = \frac{\det(M)}{\det(\Lambda)},$$

即M在Λ中的代数指数等于M在Λ中的几何指数.

证明: 令$\{\boldsymbol{a}_1, \ldots, \boldsymbol{a}_n\}$为$\Lambda$的一组基, $\{\boldsymbol{b}_1, \ldots, \boldsymbol{b}_n\}$为子格$M$的一组基:

$$\boldsymbol{b}_j = \sum_{i=1}^{j} v_{ij}\boldsymbol{a}_i,$$

其中$v_{jj}(1 \leqslant j \leqslant n)$是正整数. 于是,

$$v_{11}\cdots v_{nn} = \frac{\det(M)}{\det(\Lambda)}.$$

令$\mathbf{0} \neq \boldsymbol{b} \in M$, 则$\boldsymbol{b}$可以唯一地表示成

$$\boldsymbol{b} = \sum_{i=1}^{n} g_i\boldsymbol{a}_i = \sum_{i=1}^{k} g_i\boldsymbol{a}_i,$$

其中k是使得$g_k \neq 0$的最大整数. 我们将证明

$$|g_k| \geqslant v_{kk}.$$

因为$\boldsymbol{b} \in M$, 存在唯一的整数$h_1, \ldots, h_n$使得

$$\boldsymbol{b} = \sum_{j=1}^{n} h_j\boldsymbol{b}_j = \sum_{j=1}^{n} h_j \sum_{i=1}^{j} v_{ij}\boldsymbol{a}_i = \sum_{i=1}^{n}(\sum_{j=1}^{n} v_{ij}h_j)\boldsymbol{a}_i,$$

所以对$1 \leqslant i \leqslant n$有

$$g_i = \sum_{i=1}^{n} v_{ij}h_j.$$

因为对所有的j有$v_{jj} \neq 0$, 并且$k + 1 \leqslant i \leqslant n$时, $\sum\limits_{j=1}^{n} v_{ij}h_j = 0$, 所以$h_i = 0(k + 1 \leqslant i \leqslant n)$, $g_k = v_{k,k}h_k \neq 0$. 因此, $h_k \neq 0$, 从而

$$|g_k| = |v_{kk}h_k| = v_{kk}|h_k| \geqslant v_{kk}.$$

下面证明集合

$$S = \{\sum_{i=1}^{n} g_i\boldsymbol{a}_i | g_i \in \mathbb{Z}, 0 \leqslant g_i < v_{ii}\}$$

是Λ/M的一个完全陪集代表元集.

设$\boldsymbol{s} = \sum_{i=1}^{n} g_i\boldsymbol{a}_i, \boldsymbol{s}' = \sum_{i=1}^{n} g_i'\boldsymbol{a}_i$. 若$\boldsymbol{s} + M = \boldsymbol{s}' + M$, 则

$$\boldsymbol{s} - \boldsymbol{s}' = \sum_{i=1}^{n}(g_i - g_i')\boldsymbol{a}_i \in M.$$

若$\boldsymbol{s} \neq \boldsymbol{s}'$, 则存在使得$g_k \neq g_k'$的最大整数$k \geqslant 1$. 于是

$$\boldsymbol{s} - \boldsymbol{s}' = \sum_{i=1}^{k}(g_i - g_i')\boldsymbol{a}_i \in M,$$

从而$|g_k - g_k'| \geqslant v_{kk}$. 但是由$0 \leqslant g_k, g_k' < v_{kk}$可知$|g_k - g_k'| < v_{kk}$, 矛盾. 因此, $\boldsymbol{s} + M \neq \boldsymbol{s}' + M$, 所以$S$中的元素代表$\Lambda/M$中不同的元素.

令$\boldsymbol{u} = \sum_{i=1}^{k} g_i\boldsymbol{a}_i \in \Lambda$, 其中$g_k \neq 0 (0 \leqslant k \leqslant n)$. 我们对$k$作归纳证明存在$\boldsymbol{s} \in S$使得$\boldsymbol{u} \in \boldsymbol{s} + M$. 若$k = 0$, 则$\boldsymbol{u} = \boldsymbol{0} \in S$, 从而$\boldsymbol{u} \in \boldsymbol{0} + M$. 设$k \geqslant 1$, 假设结论对$k' = 0, 1, \ldots, k-1$成立. 令

$$\boldsymbol{u} = \sum_{i=1}^{k} g_i\boldsymbol{a}_i \in \Lambda,$$

其中$g_k \neq 0$. 令

$$g_k = q_k v_{kk} + r_k,$$

其中$q_k, r_k \in \mathbb{Z}, 0 \leqslant r_k < v_{kk}$, 则

$$\begin{aligned}
\boldsymbol{u} &= \sum_{i=1}^{k-1} g_i\boldsymbol{a}_i + g_k\boldsymbol{a}_k \\
&= \sum_{i=1}^{k-1} g_i\boldsymbol{a}_i + q_k v_{kk}\boldsymbol{a}_k + r_k\boldsymbol{a}_k \\
&= \sum_{i=1}^{k-1} g_i\boldsymbol{a}_i + q_k(\boldsymbol{b}_k - \sum_{i=1}^{k-1} v_{ik}\boldsymbol{a}_i) + r_k\boldsymbol{a}_k \\
&= \sum_{i=1}^{k-1} (g_i - q_k v_{ik})\boldsymbol{a}_i + q_k\boldsymbol{b}_k + r_k\boldsymbol{a}_k.
\end{aligned}$$

由归纳假设可得

$$\sum_{i=1}^{k-1}(g_i - q_k v_{ik})\boldsymbol{a}_i = \boldsymbol{s}' + \boldsymbol{b},$$

其中$\boldsymbol{b} \in M$,

$$\boldsymbol{s}' = \sum_{i=1}^{k-1} g_i'\boldsymbol{a}_i \in S.$$

于是, $\boldsymbol{s} = \boldsymbol{s}' + r_k\boldsymbol{a}_k \in S, \boldsymbol{b} = q_k\boldsymbol{b}_k \in M$, 所以

$$\boldsymbol{u} = \boldsymbol{s}' + \boldsymbol{b} + q_k\boldsymbol{b}_k + r_k\boldsymbol{a}_k \in \boldsymbol{s} + M.$$

因此, S是商群Λ/M的一个完全代表元集, 从而

$$[\Lambda : M] = |S| = v_{11}\cdots v_{nn} = \frac{\det(M)}{\det(\Lambda)}.$$ □

§6.6 无挠Abel群

称Abel群G为无挠的, 若G的每个非零元的阶无限, 即若$0 \neq g \in G$, 则对所有的$0 \neq m \in \mathbb{Z}$有$mg \neq 0$. 称集合$\{g_i\}_{i\in I} \subseteq G$为$G$的生成元集, 若$G$的每个元素$g$都能写成如下形式:

$$g = \sum_{i\in I} m_i g_i,$$

其中$m_i \in \mathbb{Z}$, 除了有限个$i \in I$外有$m_i = 0$. 称Abel群G为有限生成的, 若G有一个有限的生成元集. 称Abel群G自由, 若G有子集$\{g_i\}_{i\in I}$使得每个元素$g \in G$能唯一地表示成如下形式:

$$g = \sum_{i\in I} m_i g_i,$$

其中$m_i \in \mathbb{Z}$, 除了有限个$i \in I$外有$m_i = 0$. 这时, 称集合$\{g_i\}_{i\in I}$为G的一组基. 每个自由Abel群是无挠的. 群$G = \{0\}$是基为空集的自由Abel群.

令G为Abel群,

$$m * G = \{mg | g \in G\}.$$

因为G是Abel群, 对每个$m \geqslant 2$, $m * G$是G的子群. 令$[G : m * G]$表示$m * G$在G中的指标.

引理 6.5 令G为自由Abel群. 若$[G : 2 * G]$无限, 则G的每组基无限. 若$[G : 2 * G]$有限, 则G的每组基的基数为

$$\frac{\log[G:2*G]}{\log 2}.$$

证明: 令$\{g_i\}_{i\in I}$为G的一组基. 映射

$$\varphi : G \to \bigoplus_{i\in I} \mathbb{Z}/2\mathbb{Z},\ \sum_{i\in I} m_i g_i \mapsto (m_i + 2\mathbb{Z})_{i\in I}$$

是定义合理的满同态, 核为$2 * G$. 因此,

$$G/(2 * G) \cong \bigoplus_{i\in I} \mathbb{Z}/2\mathbb{Z}.$$

若商群$G/(2 * G)$是无限的, 则I是无限集, 从而G的每组基无限. 若商群$G/(2 * G)$是有限的, 则I有限, 从而

$$[G : 2 * G] = |G/(2 * G)| = |\bigoplus_{i\in I} \mathbb{Z}/2\mathbb{Z}| = 2^{|I|},$$

因此G的每组基的基数为$\frac{\log[G:2*G]}{\log 2}$. □

设$G \neq \{0\}$为基有限的自由Abel群. 称G的一组基的基数为G的秩. 由上述引理, 自由Abel群的秩的定义合理. 若$G = \{0\}$, 我们称G的秩为0. 若G_1是秩为n_1的自由Abel群, G_2是秩为n_2的自由Abel群, 则$G_1 \oplus G_2$是秩为$n_1 + n_2$的自由Abel群.

引理 6.6 令$G \neq \{0\}$为秩有限的自由Abel群, 则存在$n \geqslant 1$使得$G \cong \mathbb{Z}^n$.

证明: 设$\{g_1, \ldots, g_n\}$为G的一组基, 则映射

$$\varphi : G \to \mathbb{Z}^n,\ \sum_{i=1}^{n} m_i g_i \mapsto (m_1, \ldots, m_n)$$

的定义合理, 且为同构. □

引理 6.7 设G为Abel群, A为自由Abel群, $\varphi : G \to A$为满同态, 则$G = K \oplus H$, 其中K是φ的核, H是G的子群使得$\varphi : H \to A$为同构.

证明: 设$\{a_i\}_{i\in I}$为自由Abel群A的一组基. 因为映射φ是满射, 所以存在元素$h_i \in G$使得$\varphi(h_i) = a_i$. 令H为G的由$\{h_i\}_{i\in I}$生成的子群, 则φ限制到H上的同态将H映到A上. 由此可知, 对每个$g \in G$, 存在$h \in H$使得$\varphi(g) = \varphi(h)$, 从而$g - h \in K$. 因此$G = K + H$.

设$h = \sum\limits_{i\in I} m_i h_i \in H$, 则

$$\varphi(h) = \sum_{i\in I} m_i \varphi(h_i) = \sum_{i\in I} m_i a_i = 0$$

当且仅当对所有的$i \in I$有$m_i = 0$, 即$\varphi(h) = 0$当且仅当$h = 0$. 因此, $\varphi : H \to A$是同构. 设$g \in K \cap H$, 则由$g \in K$得到$\varphi(g) = 0$, 由$g \in H$得到$g = 0$, 所以$K \cap H = \{0\}$, 即$G = K \oplus H$. □

引理 6.8 秩为n的自由Abel群的子群是秩至多为n的自由Abel群.

证明: 设G是秩为n的自由Abel群, $\{g_1, \ldots, g_n\}$为G的一组基. 设G'为G的子群. 若$G' = \{0\}$, 则G'的秩为0. 因此我们可以假设$G' \neq \{0\}$.

我们对n作归纳证明. 若$n = 1$, 则存在$g_1 \in \Gamma$使得$G = \mathbb{Z}g_1$. 设

$$H = \{r \in \mathbb{Z} | rg_1 \in G'\},$$

则H是$\mathbb{Z}$的子群. 由于$H \neq \{0\}$, 所以存在$1 \leqslant d \in \mathbb{Z}$使得$H = d\mathbb{Z}$. 由此可知$G' = \mathbb{Z}dg_1$, 这是一个秩为1的自由Abel群.

令$n \geqslant 2$, 假设引理对秩至多为$n-1$的自由Abel群成立. 设G为自由Abel群, $\{g_1, \ldots, g_n\}$为一组基. 设K为G的基为$\{g_1, \ldots, g_{n-1}\}$的子群, 则K是秩为$n-1$的自由Abel群. 若$G' \subseteq K$, 则由归纳假设可知G'是秩至多为$n-1$的自由Abel群.

假设$G' \nsubseteq K$. 同态

$$\varphi : G \to \mathbb{Z}g_n, \ \sum_{i=1}^{n} m_i g_i \mapsto m_n g_n$$

的核为K. 设$\psi : G' \to \mathbb{Z}g_n$为同态$\varphi$到$G'$的限制. 因为$G' \nsubseteq K$, 所以存在$1 \leqslant d \in \mathbb{Z}$使得$\psi(G') = \mathbb{Z}dg_n$. 设$K'$为$\psi$的核. 因为

$$K' = K \cap G' \subseteq K,$$

K是秩为$n-1$的自由Abel群, 所以由归纳假设可知K'是秩至多为$n-1$的自由Abel群. 由于映射ψ将G'映到自由Abel群$\mathbb{Z}dg_n$上, 由引理6.7得到

$$G' \cong H' \oplus K',$$

其中H'是G'的子群使得ψ限制到H'时是同构. 这就意味着H'是秩为1的自由Abel群, 所以G'是秩至多为$(n-1) + 1 = n$的自由Abel群. □

定理 6.10 令$G \neq \{0\}$为有限生成的无挠Abel群, 则G是秩有限的自由Abel群, 从而存在$n \geqslant 1$使得G与整数格$\mathbb{Z}^n$同构.

证明: 设$\Gamma = \{g_1, \ldots, g_k\}$为$G$的有限生成元集, $\Gamma' = \{g'_1, \ldots, g'_r\}$为$\Gamma$的使得$\sum_{i=1}^{r} m_i g'_i = 0, m_i \in \mathbb{Z}$当且仅当$m_i = 0(1 \leqslant i \leqslant r)$的极大子集. 令$G'$为$\Gamma'$生成的子群, 则$G'$是秩为$r$的自由Abel群. 设$g_i \in \Gamma$. 由$\Gamma'$的极大性, 存在不全为0的整数$u_i, m_{i1}, \ldots, m_{ir}$ 使得

$$u_i g_i + m_{i1} g'_1 + \cdots + m_{ir} g'_r = 0.$$

若$u_i = 0$, 则$m_{ij} = 0(1 \leqslant j \leqslant r)$, 矛盾. 因此, $u_i \neq 0$, 从而$u_i g_i \in G'$. 令m为$|u_1|, |u_2|, \ldots, |u_r|$的最小公倍数, 则对所有的$g_i \in \Gamma$ 有$m g_i \in G'$. 因为Γ生成G, 所以

$$m * G = \{mg | g \in G\} \subseteq G'.$$

因为G'是秩有限的自由Abel群, 由引理6.8可知子群$m * G$也是秩有限的自由Abel群. 因为G是无挠的, 所以映射$\varphi : G \to m * G, g \mapsto mg$是同构, 从而$G$也是秩有限的自由Abel群. 由引理6.6可知定理成立. □

定理 6.11 令M为$\mathbb{R}^n$中的格, Λ为$\mathbb{R}^n$的子群使得$M \subseteq \Lambda, [\Lambda : M] < \infty$, 则$\Lambda$是格.

证明: 因为$\mathbb{R}^n$是无挠的Abel群, 所以Λ是无挠的Abel群. 又因为$M \subseteq \Lambda$, 所以$\Lambda \neq \{0\}$. 设$\{\boldsymbol{b}_1, \ldots, \boldsymbol{b}_n\}$为$M$的一组基. 设$[\Lambda : M] = r$, $\boldsymbol{u}_1, \ldots, \boldsymbol{u}_r$为商群$\Lambda/M$中陪集的完全代表系. 因为$\Lambda$的每个元素属于某个陪集$\boldsymbol{u_i} + M$, 所以$\{\boldsymbol{u}_1, \ldots, \boldsymbol{u}_r, \boldsymbol{b}_1, \ldots, \boldsymbol{b}_n\}$是无挠群$\Lambda$的一个有限生成元集. 由定理6.10可知, Λ是秩m有限的自由Abel群. 因为M是Λ的子群, M是秩为n的自由Abel群, 由引理6.8知$n \leqslant m$. 因为Λ自由, 映射$\boldsymbol{u} \mapsto r\boldsymbol{u}$是$\Lambda$到$r * \Lambda$上的同构, 所以$r * \Lambda$也是秩为$m$ 的自由Abel群. 因为商群Λ/M的阶为r, 所以$r(\boldsymbol{u} + M) = M$, 从而对所有的$\boldsymbol{u} \in \Lambda$有$r\boldsymbol{u} \in M$. 因此

$$r * \Lambda \subseteq M.$$

由引理6.8可知$m \leqslant n$. 因此, $m = n$, 即Λ是秩为n的自由Abel群.

设$\boldsymbol{a}_1, \ldots, \boldsymbol{a}_n$为$\Lambda$的生成元. 因为$M$是格, 它包含$n$个线性无关的向量. 因为$\Lambda$包含$M$, 这些生成元$\boldsymbol{a}_1, \ldots, \boldsymbol{a}_n$也线性无关. 因此$\Lambda$是格. □

§6.7 一个重要的例子

本节的结果将在第8章用于证明定理8.7, 这个定理是Freiman定理的一部分.

设$m \geqslant 2, \boldsymbol{u} = (u_1, \ldots, u_n), \boldsymbol{v} = (v_1, \ldots, v_n) \in \mathbb{Z}^n$. 若$u_i \equiv v_i \bmod m(1 \leqslant i \leqslant n)$, 则记为

$$\boldsymbol{u} \equiv \boldsymbol{v} \bmod m.$$

定理 6.12 令$m \geqslant 2$, $r_1, \ldots, r_n \in \mathbb{Z}$使得

$$(r_1, \ldots, r_n, m) = 1. \tag{6.8}$$

设

$$\boldsymbol{r} = (r_1, \ldots, r_n) \in \mathbb{Z}^n,$$

$$\Lambda = \{\boldsymbol{u} \in \mathbb{Z}^n | \text{存在} q \in \mathbb{Z} \text{使得} \boldsymbol{u} \equiv q\boldsymbol{r} \bmod m\},$$

则Λ是格, $\det(\Lambda) = m^{n-1}$. 此外, 存在正实数$\lambda_1, \ldots, \lambda_n$使得

$$\lambda_1 \cdots \lambda_n \leqslant 4^n m^{n-1},$$

并且存在线性无关的向量$\boldsymbol{b}_1, \ldots, \boldsymbol{b}_n \in \Lambda$使得

$$\boldsymbol{b}_j = (b_{1j}, \ldots, b_{nj}),$$

其中

$$|b_{ij}| \leqslant \tfrac{\lambda_j}{4}(1 \leqslant i, j \leqslant n).$$

证明: 设

$$M = (m * \mathbb{Z})^n = \{\boldsymbol{u} \in \mathbb{Z}^n | \boldsymbol{u} \equiv \boldsymbol{0} \bmod m\}$$

为$\mathbb{R}^n$中的格, $\{m\boldsymbol{e}_1, \ldots, m\boldsymbol{e}_n\}$为它的一组基. M是群Λ的子群, 并且它的行列式$\det(\Lambda) = m^n$. 对每个整数q, 有

$$\{\boldsymbol{u} \in \mathbb{Z}^n | \boldsymbol{u} \equiv q\boldsymbol{r} \bmod m\} = q\boldsymbol{r} + M \in \Lambda/M.$$

若$q \equiv q' \bmod m$, 则$q\boldsymbol{r} + M = q'\boldsymbol{r} + M$. 若$q\boldsymbol{r} + M = q'\boldsymbol{r} + M$, 则$(q - q')\boldsymbol{r} \in M$, 所以$(q - q')r_i \equiv 0 \bmod m (1 \leqslant i \leqslant n)$. 令$(q - q', m) = d$, 则

$$\tfrac{q-q'}{d} r_i \equiv 0 \bmod \tfrac{m}{d},$$

从而对$1 \leqslant i \leqslant n$有

$$r_i \equiv 0 \bmod \tfrac{m}{d}.$$

由(6.8)得到$d = m$, 即$q \equiv q' \bmod m$. 这就意味着

$$\Lambda = \bigcup_{q=0}^{m-1} (q\boldsymbol{r} + M),$$

所以$[\Lambda : M] = m < \infty$. 由定理6.11可知$\Lambda$是格. 由定理6.9得到

$$\det(\Lambda) = \tfrac{\det(M)}{[\Lambda:M]} = m^{n-1}.$$

令

$$K = \{(x_1, \ldots, x_n) \in \mathbb{R}^n \big| |x_i| < \tfrac{1}{4}(1 \leqslant i \leqslant n)\}.$$

集合K是对称凸体, 并且其体积$\mathrm{vol}(K) = 2^{-n}$. 对集合K以及格Λ应用Minkowski第二定理可知, 逐次极小值$\lambda_1, \ldots, \lambda_n$满足

$$\lambda_1 \cdots \lambda_n \leqslant \tfrac{2^n \det(\Lambda)}{\mathrm{vol}(K)} = 4^n m^{n-1},$$

所以存在线性无关的向量$\boldsymbol{b}_1, \ldots, \boldsymbol{b}_n \in \Lambda$使得

$$\boldsymbol{b}_j = (b_{1j}, b_{2j}, \ldots, b_{nj}) \in \overline{\lambda_j * K} = \lambda_j * \overline{K}(1 \leqslant j \leqslant n).$$

因此对$1 \leqslant i, j \leqslant n$有

$$|b_{ij}| \leqslant \frac{\lambda_j}{4}. \qquad \square$$

§6.8 注记

本章的材料是经典的. 关于数的几何的标准参考书有[14], [60], [119]. [32]是一本关于凸性的极好的著作. 关于Minkowski第二定理的证明采用了Seigel[119]的方法. 其他的名著见[7], [21], [23]以及[127]. 利用数的几何理论证明Lagrange定理归功于Davenport[24]. 定理6.10的证明采用了Lang[78]的方法.

§6.9 习题

习题6.1 令Λ为$\mathbb{R}^2$中的格, $\boldsymbol{a}_1=(1,2)$与$\boldsymbol{a}_2=(2,1)$为它的一组基. 在平面上画出Λ, 并标出基本平行面$F(\Lambda)$. 证明: $\Lambda=\{(u+2v,2u+v)|u,v\in\mathbb{Z}\}$. 将向量$(8,7)$表示成$\Lambda$中的一个向量与$F(\Lambda)$中的一个向量的和. Λ的基本平行面的体积是什么?

习题6.2 令Λ为$\mathbb{R}^3$中的格, $\boldsymbol{a}_1=(1,2,3),\boldsymbol{a}_2=(3,1,2),\boldsymbol{a}_3=(2,3,1)$为它的一组基. 计算$\det(\Lambda)$.

习题6.3 令Λ为$\mathbb{R}^2$的由向量$(1,0),(0,1),(\frac{1}{2},\frac{1}{2})$生成的子群. 证明$\Lambda$是格, 并找到$\Lambda$的一组基.

习题6.4 令Λ为$\mathbb{R}^n$中的格, $\boldsymbol{a}_1,\ldots,\boldsymbol{a}_n$为$\Lambda$的一组基, 其中$\boldsymbol{a}_j=\sum\limits_{i=1}^{n}a_{i,j}e_i$. 令$A=(a_{i,j})$为基$\boldsymbol{a}_1,\ldots,\boldsymbol{a}_n$的矩阵. 证明: Λ由形如$A\boldsymbol{u}$的向量组成, 其中$\boldsymbol{u}$为$\mathbb{Z}^n$ 的列向量.

习题6.5 令Λ为$\mathbb{R}^n$中的格, 并且$\Lambda\subseteq\mathbb{Z}^n$. 证明: $\Lambda=\mathbb{Z}^n$当且仅当$\det(\Lambda)=1$.

习题6.6 构造格$\Lambda\subseteq\mathbb{R}^n$使得$\det(\Lambda)=1$, 但是$\Lambda\neq\mathbb{Z}^n$.

习题6.7 令K为凸集, $t_i(1\leqslant i\leqslant r)$为非负实数使得$t_1+\cdots+t_r=1$. 证明: 若$\boldsymbol{u}_1,\ldots,\boldsymbol{u}_r\in K$, 则$t_1\boldsymbol{u}_1+\cdots+t_r\boldsymbol{u}_r\in K$.

习题6.8 令$A:\mathbb{R}^n\to\mathbb{R}^n$为同构. 证明: 若$K$是凸体, 则$A(K)$是凸体.

习题6.9 令K为$\mathbb{R}^n$中的凸集, $\overline{K}$为K的闭包. 证明: $\overline{K}$是凸集.

习题6.10 令K为$\mathbb{R}^n$中的凸集, $\mathbf{0}\in K$. 证明: 若$\lambda\leqslant\mu$, 则$\lambda*K\subseteq\mu*K$. 构造凸体K, 使得$\mathbf{0}\notin K, K\cap(2*K)=\varnothing$.

习题6.11 令K为$\mathbb{R}^n$中的凸集, $\mathbf{0}\in K$. 若$\lambda_1>\lambda_2>\lambda_3>\cdots>0$, $\lim\limits_{i\to\infty}\lambda_i=\lambda$, 证明: $\bigcap\limits_{i=1}^{\infty}\lambda_i*K=\lambda*\overline{K}$.

习题6.12 令f为$\mathbb{R}^n$上的连续实值函数使得:
(a) 对所有的$\mathbf{0}\neq\boldsymbol{u}\in\mathbb{R}^n$有$f(\boldsymbol{u})>0$,
(b) 对所有的$0\leqslant t\in\mathbb{R}$与$\boldsymbol{u}\in\mathbb{R}^n$有$f(t\boldsymbol{u})=tf(\boldsymbol{u})$,
(c) 对所有的$\boldsymbol{u}_1,\boldsymbol{u}_2\in\mathbb{R}^n$有$f(\boldsymbol{u}_1+\boldsymbol{u}_2)\leqslant f(\boldsymbol{u}_1)+f(\boldsymbol{u}_2)$.
令$K=\{\boldsymbol{u}\in\mathbb{R}^n|f(\boldsymbol{u})<1\}$. 证明: K是凸体.

习题6.13 令K为$\mathbb{R}^n$中的凸集, $\mathbf{0}\in K$. 对$\mathbf{0}\neq\boldsymbol{u}\in\mathbb{R}^n$, 令

$$t_0=\inf\{t\in\mathbb{R}|t\boldsymbol{u}\in K\}.$$

证明: $t_0 > 0$, 对$t < t_0$有$t\boldsymbol{u} \in K, t_0\boldsymbol{u} \in \partial K$, 其中$\partial K = \overline{K} \backslash K$是$K$的边界.

习题6.14 令Λ为$\mathbb{R}^n$中的格, K为$\mathbb{R}^n$中的对称凸体使得$\operatorname{vol}(K) = 2^n \det(\Lambda)$. 证明: $\overline{K}$包含Λ中的非零元.

习题6.15 证明: 半径为r的4维球体的体积为$\frac{1}{2}\pi^2 r^4$.

习题6.16 令K为包含$\mathbf{0}$的凸体. 对$\lambda \in \mathbb{R}, \lambda \geqslant 0$, 令

$$\lambda * K = \{\lambda\boldsymbol{u} | \boldsymbol{u} \in K\}.$$

证明: (a) $\lambda * \overline{K} = \overline{\lambda * K}$; (b) $\partial(\lambda * K) = \lambda * \partial(K)$, 其中$\partial(K) = \overline{K} \backslash K$.

习题6.17 令K为$\mathbb{R}^n$中的凸体, $\mathbf{0} \in K$. 定义凸体K的度规函数f: 对所有的$\boldsymbol{x} \in \mathbb{R}^n$有

$$f(\boldsymbol{x}) = \inf\{\lambda \in \mathbb{R} | \lambda \geqslant 0, \boldsymbol{x} \in \lambda K\}.$$

证明:

(a) $f(\mathbf{0}) = 0$, 对所有的$\boldsymbol{x} \neq \mathbf{0}$有$f(\boldsymbol{x}) > 0$.

(b) 对所有的$x \in \mathbb{R}^n, 0 \leqslant t \in \mathbb{R}$, $f(t\boldsymbol{x}) = tf(\boldsymbol{x})$.

(c) 对所有的$\boldsymbol{x}_1, \boldsymbol{x}_2 \in \mathbb{R}^n$, $f(\boldsymbol{x}_1 + \boldsymbol{x}_2) \leqslant f(\boldsymbol{x}_1) + f(\boldsymbol{x}_2)$.

(d) $K = \{\boldsymbol{x} \in \mathbb{R}^n | f(\boldsymbol{x}) < 1\}$.

(e) $\lambda * K = \{\boldsymbol{x} \in \mathbb{R}^n | f(\boldsymbol{x}) < \lambda\}$.

(f) $\partial(\lambda * K) = \{\boldsymbol{x} \in \mathbb{R}^n | f(\boldsymbol{x}) = \lambda\}$.

(g) K是对称集当且仅当对所有的$\boldsymbol{x} \in \mathbb{R}^n$有$f(\boldsymbol{x}) = f(-\boldsymbol{x})$.

习题6.18 对$\mathbb{R}^n$中的单位球$B(\mathbf{0}, 1)$计算度规函数.

习题6.19 对$\mathbb{R}^n$中的单位方体计算度规函数.

习题6.20 令$K = \{(x, y) \in \mathbb{R}^2 | \frac{x^2}{3} + \frac{y^2}{12} < 1\}$. 证明: K是凸集. 对K计算度规函数.

习题6.21 证明$\mathbb{R}^n$中的凸体K的度规函数是凸的, 即对所有的$\boldsymbol{x}_1, \boldsymbol{x}_2 \in \mathbb{R}^n, 0 \leqslant t \leqslant 1$有

$$f((1-t)\boldsymbol{x}_1 + t\boldsymbol{x}_2) \leqslant (1-t)f(\boldsymbol{x}_1) + tf(\boldsymbol{x}_2).$$

习题6.22 令L_1, L_2为$\mathbb{R}^n$中的紧集, 如(6.4)定义$d(L_1, L_2)$. 证明: $d(L_1, L_2)$是$\mathbb{R}^n$的所有紧子集构成的集合上的一个距离, 即对任何的紧子集L_1, L_2, L_3有

(a) $d(L_1, L_2) \geqslant 0$.

(b) $d(L_1, L_2) = 0$当且仅当$L_1 = L_2$.

(c) $d(L_1, L_2) = d(L_2, L_1)$.

(d) $d(L_1, L_2) \leqslant d(L_1, L_3) + d(L_3, L_2)$.

习题6.23 对任意的$X \subseteq \mathbb{R}^n$与$\varepsilon > 0$, 令

$$X(\varepsilon) = \{\boldsymbol{v} \in \mathbb{R}^n \,|\, 存在\boldsymbol{x} \in X使得|\boldsymbol{v} - \boldsymbol{x}| < \varepsilon\}.$$

令L_1, L_2为$\mathbb{R}^n$的紧子集. 令

$$\delta_1 = \inf\{\varepsilon > 0 | L_1 \subseteq L_2(\varepsilon)\},$$

$$\delta_2 = \inf\{\varepsilon > 0 | L_2 \subseteq L_1(\varepsilon)\}.$$

定义

$$d(L_1, L_2) = \delta_1 + \delta_2.$$

证明: 这个距离函数$d(L_1, L_2)$的定义与(6.4)等价.

习题6.24 令X为$\mathbb{R}^n$的紧子集, $\{L_i\}$为X的紧凸子集列, 并且收敛于紧集L, 即$\lim\limits_{i\to\infty} d(L, L_i) = 0$. 证明: L是凸集.

习题6.25 令$\Omega(X)$为$\mathbb{R}^n$中的紧集X的所有紧子集构成的距离空间. 令$\text{vol}(L)$表示L的体积. 证明: $\text{vol}(L)$是$\Omega(X)$上的连续函数.

习题6.26 证明: 凸体的质心在凸体中. 构造非凸集X使得X的质心不在X中.

习题6.27 令$\Omega(X)$为$\mathbb{R}^n$的紧集X的所有紧子集构成的距离空间. 令$L \in \Omega(X)$, $c(L)$为L的质心. 证明: $c(L)$是$\Omega(X)$上的连续函数.

第 7 章 Plünnecke不等式

§7.1 Plünnecke图

有向图$G = (V(G), E(G))$由有限顶点集$V(G)$与边集$E(G)$组成, 其中每条边$e \in E(G)$是$V(G)$中不同元素构成的有序对(v, v'). 令$h \geqslant 1$. 称有向图$G = (V(G), E(G))$是h级图, 如果顶点集$V(G)$是$h + 1$ 个互不相交的非空集合$V_0, V_1, \ldots, V_h$的并集, 并且若G的每条边形如$(v, v'), v \in V_{i-1}, v' \in V_i (1 \leqslant i \leqslant k)$. 因此

$$E(G) \subseteq \bigcup_{i=1}^{k} (V_{i-1} \times V_i).$$

称h级有向图$G = (V(G), E(G))$是h级Plünnecke图, 若它满足下面的两个条件:

(i) 令$1 \leqslant i \leqslant h-1$, $k \geqslant 2$. 令$u \in V_{i-1}, v \in V_i$, $w_1, \ldots, w_k \in V_{i+1}$为$G$中$k+2$个不同的顶点使得$(u, v) \in E(G)$, $(v, w_j) \in E(G) (1 \leqslant j \leqslant k)$, 则存在不同的顶点$v_1, \ldots, v_k \in V_i$ 使得$(u, v_j) \in E(G)$, $(v_j, w_j) \in E(G) (1 \leqslant j \leqslant k)$. 这种现象可以由下图表示:

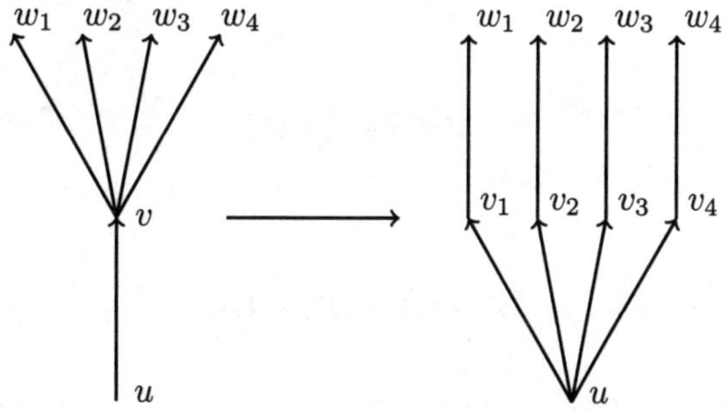

(ii) 令$1 \leqslant i \leqslant h-1$, $k \geqslant 2$. 令$u_1, \ldots, u_k \in V_{i-1}, v \in V_i$, $w \in V_{i+1}$为G中$k+2$ 个不同的顶点使得$(u_j, v) \in E(G) (1 \leqslant j \leqslant k)$, $(v, w) \in E(G)$, 则存在不同的顶点$v_1, \ldots, v_k \in V_i$ 使得$(u_j, v_j) \in E(G)$, $(v_j, w) \in E(G) (1 \leqslant j \leqslant k)$. 这种现象可以由下图表示:

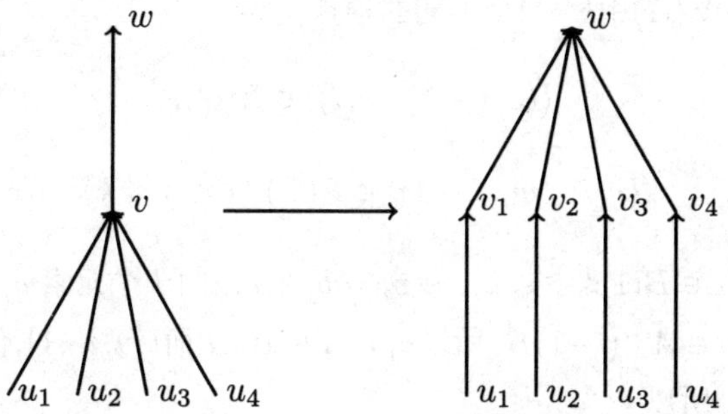

令$G=(V(G),E(G))$为有向图. G中由顶点a到顶点b的一条道路为一个有限点列$a=v_0,v_1,\ldots,v_{k-1},v_k=b$使得$(v_{i-1},v_i)\in E(G)(1\leqslant i\leqslant k),v_i\neq a,b(1\leqslant i\leqslant k-1)$. 这条道路也可以等同于边列$(v_0,v_1),(v_1,v_2),\ldots,(v_{k-1},v_k)$. 称顶点$v_1,\ldots,v_{k-1}$为该道路的中间点.

令X,Y为$V(G)$的非空子集. X在Y中的像是所有Y中点y的集合使得存在X中的点x到y的道路, 记为$\mathrm{im}_G(X,Y)$, 或者就记为$\mathrm{im}(X,Y)$. 定义X在Y中的放大比为

$$D(X,Y)=\min\{\tfrac{|\mathrm{im}(Z,Y)|}{|Z|}|\varnothing\neq Z\subseteq X\}.$$

令G为h级图, 顶点集为$V(G)=\bigcup\limits_{i=0}^{h}V_i$. 对$1\leqslant i\leqslant h$, 定义$G$的第$i$个放大比为

$$D_i=D_i(G)=D(V_0,V_i).$$

Plünnecke证明了: 若G为h级Plünnecke图, 则$\{D_i^{\frac{1}{i}}\}$为递减数列, 即

$$D_1\geqslant D_2^{\frac{1}{2}}\geqslant D_3^{\frac{1}{3}}\geqslant\cdots\geqslant D_h^{\frac{1}{h}}.$$

这些简单的不等式在加性数论中产生了影响巨大的结果.

§7.2 Plünnecke图的例子

和图 令A,B为Abel群的非空有限子集. 我们想要构造h级Plünnecke图, 使得它的第i个顶点集是和集$A+iB$, 边是形如$(v,V+b)$的有序群元素对, 其中$b\in B,v\in A+(i-1)B(1\leqslant i\leqslant h)$. 因为这些和集$\{A+iB\}_{i=0}^{h}$未必两两互不相交, 我们需要对这个图的构造多加注意.

令$h\geqslant 1$, A,B为Abel群的有限非空子集. 从A,B构造的h级和图G的顶点集$V(G)$与边集$E(G)$的定义如下:

$$V(G)=\bigcup_{i=0}^{h}V_i,$$

其中

$$V_i=(A+iB)\times\{i\},$$

$$E(G)=\bigcup_{i=1}^{h}\{((v,i-1),(v+b,i))|v\in A+(i-1)B,b\in B\}.$$

显然, 集合$V_0,V_1,\ldots,V_h$互不相交, 并且$((v,i),(v',i'))\in E(G)$当且仅当$i'=i+1,v'-v\in B$. 因此, 和图是h级有向图.

我们将证明和图是Plünnecke图. 令$1\leqslant i\leqslant h-1$, $(u,i-1)\in V_{i-1},(v,i)\in V_i$, $(w_1,i+1),\ldots,(w_k,i+1)\in V_{i+1}$为$V(G)$中$k+2$个不同的顶点使得

$$((u,i-1),(v,i))\in E(G),$$

$$((v,i),(w_j,i+1))\in E(G)\ (1\leqslant j\leqslant k).$$

于是, $v-u=b\in B,w_j-v\in B(1\leqslant j\leqslant k)$. 令$v_j=b_j+u$.由于$k$个元素$w_j$互不相同, k个元素b_j不同, 从而k个元素v_j不同. 因为$u\in A+(i-1)B$, 所以$v_j\in A+iB$, 从而$((u,i-1),(v_j,i))\in E(G)(1\leqslant j\leqslant k)$. 因为$A,B$是Abel群的子集, 所以

$$w_j = b_j + v = b_j + (b+u) = b + (b_j + u) = b + v_j,$$

因此$((v_j, i), (w_j, i+1)) \in E(G)(1 \leqslant j \leqslant k)$. 这就说明和图满足Plünnecke图的性质(i). 同理可以证明性质(ii)成立.

和图是一类重要的Plünnecke图. 为了简化符号, 我们今后将和图的第i个顶点集记为$A + iB$.

截断和图 令$n \geqslant 1$, A, B为非空的非负整数集, 且满足$A \cap [1, n] \neq \varnothing, 0 \in B$. 令

$$V_i = (A + iB) \cap [1, n] \ (i \leqslant 0).$$

从集合对A, B构造的h级截断和图的顶点集$V(G)$与边集$E(G)$的定义如下:

$$V(G) = \bigcup_{i=0}^{h} V_i,$$

$$E(G) = \{(v, v') \in V_{i-1} \times V_i | v' - v \in B\}.$$

这是一个h级的Plünnecke图.

独立和图 令$B = \{b_1, \ldots, b_n\}$为Abel群的n元集合使得$\binom{n+h-1}{h}$个形如$b_{j_1} + \cdots + b_{j_h}(1 \leqslant j_1 \leqslant \cdots \leqslant h_h \leqslant n)$的$h$重和不同. 令$I_{n,h}$表示从集合$A = \{0\}$与$B$构造的$h$级和图, 则$V_0 = \{0\}, V_i = iB$, 并且

$$|V_i| = \binom{n+i-1}{i} = \frac{n(n+1)\cdots(n+i-1)}{i!} \ (1 \leqslant i \leqslant h).$$

此外,

$$\frac{n^i}{i!} \leqslant |V_i| \leqslant n^i,$$

这是因为

$$\frac{n^i}{i!} \leqslant \frac{n(n+1)\cdots(n+i-1)}{i!} = (1 + \tfrac{1}{n})(1 + \tfrac{2}{n}) \cdots (1 + \tfrac{i-1}{n}) \frac{n^i}{i!} \leqslant \frac{i! n^i}{i!} = n^i.$$

称$I_{n,h}$为关于n个元素的h级独立和图.

容易构造独立和图的例子. 令$A = \{0\}, B = \{b_1, \ldots, b_n\}$为$n$格正整数集使得$b_i > hb_{i-1}(2 \leqslant i \leqslant n)$, 则$B \cup \{0\}$中元素的$h$重和互不相同, 并且$h + 1$个集合$\{V_i\}_{i=0}^{h}$互不相交.

收缩图 令$G = (V(G), E(G))$为h级Plünnecke图, 其中$V(G) = \bigcup\limits_{i=0}^{h} V_i$. 令$a, b \in V(G)$. G中从顶点a到顶点b的一条道路是一个有限顶点列$a = v_0, v_1, \ldots, v_{k-1}, v_k = b$使得$(v_{i-1}, v_i) \in E(G)(1 \leqslant i \leqslant k), v_i \neq a, b(1 \leqslant i \leqslant k-1)$. 令$0 \leqslant j < k \leqslant h$, X, Y分别为V_j, V_k的非空子集, 使得对某个$a \in X, b \in Y$存在G中从a到b的道路. 令

$$V_i(X, Y) = V(X, Y) \cap V_{i+j}(0 \leqslant i \leqslant k - j),$$

则

$$V(X, Y) = \bigcup_{i=0}^{k-j} V_i(X, Y).$$

因为存在从顶点$a \in X$到顶点$b \in Y$的道路, 所以$V_i(X, Y) \neq \varnothing(0 \leqslant i \leqslant k - j)$. 令$G(X, Y)$是顶点集为$V(X, Y)$, 边集$E(X, Y) = \{(v, v') \in E(G) | v, v' \in V(X, Y)\}$, 则收缩图$G(X, Y)$为$k - j$级Plünnecke图.

积图 令$h \geqslant 1, r \geqslant 2$, $G_1, \ldots, G_r$为h级Plünnecke图. 我们构造积图$G = G_1 \times \cdots \times G_r$如下: 令$V(G_j) = \bigcup\limits_{i=0}^{h} V_{ij}(1 \leqslant j \leqslant r)$, 定义

$$V_i = V_{i1} \times \cdots \times V_{ir}\ (0 \leqslant i \leqslant h).$$

令

$$E(G) = \{((v_{i-1,1}, \ldots, v_{i-1,r}), (v_{i1}, \ldots, v_{ir})) \in V_{i-1} \times V_i (1 \leqslant i \leqslant h) | (v_{i-1,j}, v_{ij}) \in E(G_j)\ (1 \leqslant j \leqslant r)\}.$$

容易验证积图G是h级Plünnecke图.

反图 令G为h级Plünnecke图, 顶点集$V(G) = \bigcup\limits_{i=0}^{h} V_i$, 边集为$E(G)$. 设$V_i^{-1} = V_{h-i} (0 \leqslant i \leqslant h)$. 反图$G^{-1}$是顶点集为$V(G^{-1}) = \bigcup\limits_{i=0}^{h} V_i^{-1}$, 边集$E(G^{-1})$由条件: $(v, v') \in E(G^{-1})$当且仅当$(v', v) \in E(G)$确定的图, 则G^{-1}是h级Plünnecke图.

§7.3 放大比的重数

我们在本节将证明h级图的放大比具有乘性.

定理 7.1 令G', G''为h级的有向图, 则对$1 \leqslant i \leqslant h$有

$$D_i(G' \times G'') = D_i(G') D_i(G'').$$

证明: 令$V(G') = \bigcup\limits_{i=0}^{h} V_i'$, $V(G'') = \bigcup\limits_{i=0}^{h} V_i''$. 设$Z', Z''$分别为$V_0', V_0''$ 的非空子集使得

$$D_i(G') = \frac{|\operatorname{im}(Z', V_i')|}{|Z'|},$$

$$D_i(G'') = \frac{|\operatorname{im}(Z'', V_i'')|}{|Z''|},$$

则

$$Z' \times Z'' \subseteq V_0' \times V_0'' = V_0(G' \times G''),$$

$$\operatorname{im}(Z' \times Z'', V_0' \times V_0'') = \operatorname{im}(Z', V_0') \times \operatorname{im}(Z'', V_0'').$$

因为$|Z' \times Z''| = |Z'||Z''| \neq 0$, 并且

$$|\operatorname{im}(Z' \times Z'', V_i' \times V_i'')| = |\operatorname{im}(Z', V_i')||\operatorname{im}(Z'', V_i'')|,$$

所以

$$D_i(G' \times G'') \leqslant \frac{|\operatorname{im}(Z' \times Z'', V_i' \times V_i'')|}{|Z' \times Z''|} = \frac{|\operatorname{im}(Z', V_i')|}{|Z'|} \frac{|\operatorname{im}(Z'', V_i'')|}{|Z''|} = D_i(G') D_i(G'').$$

要完成定理的证明, 我们需要证明相反的不等式

$$D_i(G' \times G'') \geqslant D_i(G') D_i(G'').$$

我们首先在G', G''为1级图, G''是非常特殊类型的图时证明这个不等式. 此时$V(G'') = V_0'' \cup V_1''$, 其中两个顶点集$V_0'', V_1''$等同于某个非空集合$T$, $E(G'')$ 由$|T|$条边$\{(t, t)\} (t \in T)$组成. 若$Z'' \subseteq T = V_0''$, 则$\operatorname{im}(Z'', V_1'') = Z''$, 从而

$$D_1(G'') = 1.$$

(注意: 由于1级图的顶点集V_0'', V_1''不相交, 我们应该像和图中构造的那样形式地定义顶点集$V_0''=\{(t,0)|t\in T\}$, $V_1''=\{(t,1)|t\in T\}$, 边集$E(G'')=\{((t,0),(t,1))|t\in T\}$.)

令$G=G'\times G''$, Z为$V_0(G)=V_0'\times V_0''=V_0'\times T$的非空子集. 设

$$Z_t'=\{v'\in V_0'|(v',t)\in \mathbb{Z}\},$$

则

$$Z=\bigcup_{t\in T}(Z_t'\times\{t\}),$$

$$\mathrm{im}(Z,V_1'\times V_1'')=\bigcup_{i\in T}(\mathrm{im}(Z_t',V_1'')\times\{t\}).$$

因此,

$$|\,\mathrm{im}(Z,V_1'\times V_1'')|=\sum_{i\in T}|\,\mathrm{im}(Z_t',V_1')|\geqslant D_1(G')\sum_{i\in T}|Z_t'|=D_1(G')|Z|,$$

从而

$$D_1(G')\leqslant\frac{|\,\mathrm{im}(Z,V_1'\times V_1'')|}{|Z|}.$$

因为$|D_1(G'')|=1$, 所以

$$D_1(G')D_1(G'')=D_1(G')\leqslant D_1(G'\times G'').$$

因此, 对这种特殊情形的图有

$$D_1(G')D_1(G'')=D_1(G'\times G'').$$

我们现在考虑一般的情形. 令G', G''为1级图, 设$1\leqslant i\leqslant h$. 我们构造2级图$H=(V(H),E(H))$使得$V(H)=W_0\cup W_1\cup W_2$, 其中

$$\begin{aligned}W_2&=V_i'\times V_i'=V_i(G'\times G''),\\W_1&=V_i'\times V_0'',\\W_0&=V_0'\times V_0''=V_0(G'\times G'').\end{aligned}$$

从W_0到W_1的边集由$((a,c),(b,c))$组成, 其中

$$a\in v_0',b\in V_i',c\in V_0''$$

使得存在G'中从$a\in V_0'$到$b\in V_i'$的道路. 从W_1到W_2的边集由$((a,c),(a,d))$组成, 其中

$$a\in v_i',c\in V_0'',d\in V_i''$$

使得存在G''中从$c\in V_0''$到$d\in V_i''$的道路. 由此可知存在H中从$(v_0',v_0'')\in W_0$到$(v_i',v_i'')\in W_2$ 的道路当且仅当存在$G'\times G''$中从$(v_0',v_0'')\in V_0(G'\times G'')$到$(v_i',v_i'')\in V_i(G'\times G'')$的道路. 因此,

$$D_2(H)=D(W_0,W_2)=D_i(G'\times G'').$$

我们将证明

$$D_1(H)=D(W_0,W_1)\geqslant D_i(G').$$

令Z为$W_0=V_0'\times V_0''$的非空子集. 对$t\in V_0''$, 令

$$Z'_t = \{v' \in V'_0 | (v', t) \in Z\},$$

则

$$Z = \bigcup_{t \in V''_0} (Z'_t \times \{t\}),$$

$$\operatorname{im}(Z, W_1) = \bigcup_{t \in V''_0} (\operatorname{im}(Z'_t, V'_i) \times \{t\}).$$

因此,

$$|\operatorname{im}(Z, W_1)| = \sum_{t \in V''_0} |\operatorname{im}(Z'_t, V'_i)| \geqslant D_i(G') \sum_{t \in V''_0} |Z'_t| = D_i(G')|Z|.$$

由此得到

$$D(W_0, W_1) = \min\{\tfrac{|\operatorname{im}(Z,W_1)|}{|Z|} | \varnothing \neq Z \subseteq W_0\} \geqslant D_i(G').$$

同理可得

$$D(W_1, W_2) \geqslant D_i(G'').$$

若对某个非空子集$Z \subseteq W_0$有$|\operatorname{im}(Z, W_1)| = 0$, 则$D_i(G') = D_i(G' \times G'') = 0$, 故结论成立. 下面假设对所有的$\varnothing \neq Z \subseteq W_0$有$|\operatorname{im}(Z, W_1)| \neq 0$, 则有

$$\begin{aligned}
D_i(G' \times G'') &= D_2(H) \\
&= D(W_0, W_2) \\
&= \min\{\tfrac{|\operatorname{im}(Z,W_2)|}{|Z|} | \varnothing \neq Z \subseteq W_0\} \\
&= \min\{\tfrac{|\operatorname{im}(Z,W_1)|}{|Z|} \tfrac{|\operatorname{im}(Z,W_2)|}{|\operatorname{im}(Z,W_1)|} | \varnothing \neq Z \subseteq W_0\} \\
&= \min\{\tfrac{|\operatorname{im}(Z,W_1)|}{|Z|} \tfrac{|\operatorname{im}(\operatorname{im}(Z,W_1),W_2)|}{|\operatorname{im}(Z,W_1)|} | \varnothing \neq Z \subseteq W_0\} \\
&\geqslant \min\{\tfrac{|\operatorname{im}(Z,W_1)|}{|Z|} | \varnothing \neq Z \subseteq W_0\} \times \min\{\tfrac{|\operatorname{im}(\operatorname{im}(Z,W_1),W_2)|}{|\operatorname{im}(Z,W_1)|} | \varnothing \neq Z \subseteq W_0\} \\
&\geqslant \min\{\tfrac{|\operatorname{im}(Z,W_1)|}{|Z|} | \varnothing \neq Z \subseteq W_0\} \times \min\{\tfrac{|\operatorname{im}(Z',W_2)|}{|Z'|} | \varnothing \neq Z' \subseteq W_1\} \\
&= D(W_0, W_1) D(W_1, W_2) \\
&\geqslant D_i(G') D_i(G'').
\end{aligned}$$

定理得证. □

推论 7.1 令$h \geqslant 1, r \geqslant 2$, $G_1, \ldots, G_r$为h级图, G为积图$G_1 \times \cdots \times G_r$, 则对$1 \leqslant i \leqslant k$有

$$D_i(G) = D_1(G) \cdots D_i(G).$$

§7.4 Menger定理

令$G = (V(G), E(G))$为有向图. 设$a = v_0, v_1, \ldots, v_k = b, a = w_0, w_1, \ldots, w_l = b$为$G$中从顶点$a$到顶点$b$的两条道路. 若$v_i \neq w_j (1 \leqslant i \leqslant k-1, 1 \leqslant j \leqslant l-1)$, 则称这两条道路不相交. 称顶点集$S$将顶点$a$与顶点$b$分离, 如果从$a$到$b$的每条道路至少包含$S$中一个点. 设$S$为分离顶点$a$与顶点$b$的集合, 但不包含$a, b$. 设$m$为从$a$到$b$的互不相交的道路的最大数. 由于$S$至少包含每条道路中的一个顶点, 可知$|S| \geqslant m$. Menger定理指出存在分离集$S$使得$|S| = m$.

记号 令$G=(V(G),E(G))$为有向图. 称有向图$G'=(V(G'),E(G'))$为G的子图, 如果$V(G')\subseteq V(G), E(G')\subseteq (V(G')\times V(G'))\cap E(G)$. 设$V'\subseteq V(G)$. 由顶点集$V'$生成的$G$的完全子图是以$V'$ 为顶点集, 以

$$E'=\{(v,v')\in E(G)|v,v'\in V'\}=(V'\times V')\cap E(G)$$

为边集的图. 设$W\subseteq V, F\subseteq E(G)$. 令$G\backslash\{W,F\}$表示以$V(G)\backslash W$为顶点集, 以$\{(v,v')\in E(G)\backslash F|v,v'\in V(G)\backslash W\}$为边集的图.

定理 7.2 (Menger) 令a,b为有向图$G=(V(G),E(G))$的顶点, 假设$(a,b)\notin E(G)$.令m为从顶点a到顶点b的互不相交道路的最大数, ℓ为将顶点a与顶点b分离, 且不包含a,b的最小集合的基数, 则$\ell=m$.

证明: 我们对ℓ作归纳证明. 若$\ell=0$, 则S是空集, 所以没有从a到b的道路, 从而$m=0$.若$\ell=1$, 则$S=\{v\}$, 所以至少存在一条从a到b的道路. 此外, 每条从a到b的道路都包含中间顶点v. 由此可知不可能存在两条从a 到b的互不相交的道路, 因此$m=1$.

设$\ell\geqslant 2$, 假定定理对有向图G的任意两个满足$(a,b)\notin E(G)$的顶点a,b, 存在基数不超过$\ell-1$且不包含a,b的分离集时成立. 若定理对ℓ不成立, 则存在图G, 它的顶点a,b满足$(a,b)\notin E(G)$, 从a到b的互不相交的道路不超过$\ell-1$, 但是分离a,b且不包含a,b的最小顶点集的基数为ℓ.

考虑满足上述条件的顶点数最小的图, 并且从中选出边数最小的图. 记这个图为$G=(V(G),E(G))$. 设e为$E(G)$中的任意边,

$$G'=G\backslash\{e\}=(V(G),E(G)\backslash\{e\}).$$

因为G'是G的子图, G'中至多存在$\ell-1$条从a到b的互不相交的道路. 设$S(e)$为G'中分离a与b, 不包含a,b 的基数最小的顶点集, 则$S(e)$至多包含$\ell-1$个元素. 若$e=(v_1,v_2), v_1\neq a$, 则$S(e)\cup\{v_1\}$在G中分离a与b, 因为每条从a到b的道路或者包含$S(e)$中的某个顶点, 或者包含边e. 同理, 若$v_2\neq b$, 则$S(e)\cup\{v_2\}$在G中分离a与b. 这就意味着

$$|S(e)|=\ell-1. \tag{7.1}$$

设$v\in V(G)$. 若a,v,b是G中的道路, 则对每一条满足$S\cap\{a,b\}=\varnothing$的分离集S有$v\in S$. 因此, $S'=S\backslash\{v\}$在图$G'=G\backslash\{v\}$中分离a与b. 同理, 若S'在图G'中分离a与b, 则$S'\cup\{v\}$在图G'中分离a与b, 则$S'\cup\{v\}$在图G中分离a与b. 因此, $|S'|\geqslant\ell-1$, 并且对G' 中的某个分离集有$|S'|=\ell-1$. 由归纳假设, 图G'包含$\ell-1$条从a到b的互不相交的道路, 这些道路连同道路a,v,b给出G中从a到b的ℓ条互不相交的道路, 矛盾. 所以, 对于$V(G)$中的任意顶点v, 总有$(a,v)\notin E(G)$或者$(v,b)\notin E(G)$.

设S在G中分离a与b, 假定$|S|=\ell, a,b\notin S$. 我们将证明要么对所有的$s\in S$有$(a,s)\in E(G)$, 要么对所有的$s\in S$有$(s,b)\in E(G)$.

令$P(a,S)$表示G中所有从顶点a到S中某个顶点$s\in S$, 并且没有S中的点为中间顶点的道路的集合. 令$P(S,b)$表示G中所有从S中某个顶点$s\in S$到顶点b, 并且没有S中的点为中间顶点的道路的集合. 由于S是分离集, G中每条从a 到b的道路至少包含S中的一个点, 从而这样的道路包含一条属于$P(a,S)$的起始线段和一条属于$P(S,b)$的终端线段. 此外, 因为分离集S是极小的, 对每个$s\in S$, 有一条从a到s, 再从s到b的道路.

令$I(a,S)$为$P(a,S)$中道路的中间顶点的集合, $I(S,b)$为$P(S,b)$中道路的中间顶点的集合. 若存在$c\in I(a,S)\cap I(S,b)$, 则有G中从a到c的道路不包含S中的顶点, 也有G中从c到b的道路不包含S中的顶点. 连接这两条道路就得到G中从a到b的道路不包含S中的顶点, 矛盾. 因此,

$$I(a,S)\cap I(S,b)=\varnothing.$$

我们将证明$I(a,S)=\varnothing$或者$I(S,b)=\varnothing$. 假设$I(a,S),I(S,b)$都不是空集. 令$H=(V(H),E(H))$为顶点集与边集如下的图:

$$V(H)=\{a\}\cup S\cup I(S,b)\cup\{b\}=\{a\}\cup\{v\in V(G)|v\text{在}P(S,b)\text{的某条道路上}\},$$

$$E(H)=\{(a,s)|s\in S\}\cup\{(v,v')\in E(G)|(v,v')\text{在}P(S,b)\text{的某条道路上}\}.$$

因为$I(a,S)\cap I(S,b)=\varnothing$, $I(a,S)\neq\varnothing$, 所以$I(a,S)\cap V(H)=\varnothing$, 从而$|V(H)|<|V(G)|$.

令T为在图H中分离a与b的集合, 假设$a,b\notin T$. 令π为G中从a到b的道路, π'为这条道路属于$P(S,b)$ 的终端线段, 则π'是从某个$s\in S$到b的道路. 因为(a,s)是H中的一条边, 可知a,s与道路π'连接起来记为H中从a到b的一条道路. 因为T在H中分离a与b, 可知T包含这条道路的一个中间顶点, 从而有$s\in T$, 或者π'的某个中间顶点属于T. 因此, T也在G中分离a与b. 由此可知$|T|\geqslant\ell$. 因为图H中的顶点数小于图G中的顶点数, 由归纳假设知H中有ℓ条从a到b的道路. 特别地, 对每个$s\in S$, 存在从s到b的道路$\pi_2(s)\in P(S,b)$, 并且ℓ条道路$\pi_2(s)$互不相交.

同理, 对每个$s\in S$, 存在从s到b的道路$\pi_1(s)\in P(a,S)$, 并且ℓ条道路$\pi_1(s)$互不相交. 连接从a到s的道路$\pi_1(s)$与从s到b的道路$\pi_2(s)$得到从a到b的道路$\pi(s)$, 并且这$|S|=\ell$条道路互不相交. 这在图G中是不可能的. 因此, 我们有$I(a,S)=\varnothing$, 并且对所有的$s\in S$有$(a,s)\in E(G)$, 或者$I(S,b)=\varnothing$, 并且对所有的$s\in S$有$(s,b)\in E(G)$. 此外, 因为G不包含形如a,s,b的道路, 所以上述两种情形不能同时成立.

设a,v,v'是G中从a到b的一条最短道路的起始线段, 则$v'\neq b$, 从而$e=(v,v')\in E(G)$. 令$S(e)$为图$G\backslash\{e\}$的极小分离集. 由(7.1), 我们有$|S(e)|=\ell-1\geqslant 1$, 所以$S(e)\cup\{v\}$是G的具有极小基数ℓ的分离集. 因为$(a,v)\in E(G)$, 对所有的$s\in S(e)$有$(a,s)\in E(G)$. 同理,$S(e)\cup\{v'\}$ 是G的分离集. 若$(a,v')\in E(G)$, 则存在比a,v,v'开始的从a到b的更短道路, 矛盾. 因此, $(a,v')\notin E(G)$, 所以$(v',b)\in E(H)$, 从而对所有的$s\in S(e)$有$(s,b)\in E(G)$. 因此, 若$s\in S(e)$, 则$(a,s)\in E(G),(s,b)\in E(G)$, 从而$a,s,b$是$G$中的道路, 这是不可能的. Menger定理证毕. □

令$G=(V(G),E(G))$为有向图, X,Y为G的互不相交的非空集合. G中从X到Y的道路为有限顶点列$v_0,v_1,\ldots,v_{k-1},v_k$使得$v_0\in X,v_k\in Y,(v_{i-1},v_i)\in E(G)(1\leqslant i\leqslant k)$. 设$v_0,v_1,\ldots,v_k$与$w_0,w_1,\ldots,w_l$为$G$中从$X$到$Y$的两条道路. 称这两条道路全不相交, 如果$v_i\neq w_j(0\leqslant i\leqslant k,0\leqslant j\leqslant l)$. 称顶点集$S$分离$X$与$Y$, 如果每条从$X$到$Y$的道路至少包含$S$中的一个元素.

定理 7.3 设X,Y为有向图G的互不相交的非空顶点集, m为X到Y的两两全不相交的道路的最大数, ℓ为分离X与Y的最小顶点集S的基数, 则$\ell=m$.

证明: 令$G=(V(G),E(G))$为有向图, X,Y为$V(G)$的互不相交的非空子集. 设X到Y的两两全不相交的道路的最大数为m. 设a,b为不属于$V(G)$的元素. 我们在$V(G)$上添加两个新顶点a,b构造新的图$G^*=(V(G^*),E(G^*))$如下: 令

$$V(G^*)=V(G)\cup\{a,b\},$$

$$E(G^*)=E(G)\cup\{(a,x)|x\in X\}\cup\{(y,b)|y\in Y\}.$$

于是$a = v_0, v_1, \ldots, v_{k-1}, v_k = b$是$G^*$中从顶点$a$到顶点$b$的道路当且仅当$v_1, \ldots, v_{k-1}$是$G$中从集合$X$到集合$Y$的道路. 两条道路$a = v_0, v_1, \ldots, v_{k-1}, v_k = b$与$a = w_0, w_1, \ldots, w_{l-1}, w_l = b$是$G^*$中从$a$到$b$的互不相交的道路当且仅当$v_1, \ldots, v_{k-1}$与$w_1, \ldots, w_{l-1}$是$G$中从$X$到$Y$的全不相交的道路. 由此可知$m$也是图$G^*$中从$a$到$b$的两两互不相交的道路最大数. 由定理7.2, 存在集合$S \subseteq V(G^*)$使得S分离a与b, $a, b \notin S$, 并且$|S| = m$. 于是$S \subseteq V(G)$, S在G中分离X与Y. □

§7.5 Plünnecke不等式

令$G = (V(G), E(G))$为有向图, $v \in V(G)$. 令$d^+(v) = d^+(v, G)$表示使得$(v, v') \in E(G)$的顶点$v' \in V(G)$的个数. 令$d^-(v) = d^-(v, G)$表示使得$(v', v) \in E(G)$的顶点$v' \in V(G)$的个数.

引理 7.1 令G为Plünnecke图, $(u, v) \in E(G)$, 则

$$d^+(u) \geqslant d^+(v),$$

$$d^-(u) \leqslant d^-(v).$$

证明: 由定义Plünnecke图的性质(i)与性质(ii)即得这两个不等式. □

引理 7.2 设G为h级Plünnecke图, $V(G) = \bigcup_{i=0}^{h} V_i$. 若$D_h \geqslant 1$, 则存在$|V_0|$条从$V_0$到$V_h$的全不相交的道路.

证明: 设从V_0到V_h的两两全不相交的道路的最大数为m. 由定理7.3, 存在分离V_0与V_h的基数为m的集合S. 我们将证明$|S| = |V_0|$.

对$v \in V(G)$, 令$i(v)$表示使得$v \in V_i$的唯一整数i. 选取分离集S使得$|S| = m$, 并且

$$\sum_{s \in S} i(s)$$

最小. 我们先证明

$$S \subseteq V_0 \cup V_h.$$

假设结论不对, 则存在$j \in [1, h-1]$使得$S \cap V_j \neq \varnothing$. 令

$$S \cap V_j = \{s_1, \ldots, s_q\},$$

其中$q = |S \cap V_j| \geqslant 1$. 令$\pi_1, \ldots, \pi_m$为从$V_0$到$V_h$的$m$个两两全不相交的道路, 设$s_i$为道路$\pi_i$上的顶点$(1 \leqslant i \leqslant q)$. 因为$0 < j < h$, 所以对每个$i \in [1, q]$, 顶点$s_i$有前面的顶点$r_i \in V_{j-1}$, 后面的顶点$t_i \in V_{j+1}$在道路$\pi_i$上. 由$\sum_{s \in S} i(s)$的极小性可知

$$S^* = \{r_1, \ldots, r_q, s_{q+1}, \ldots, s_m\}$$

不能分离V_0与V_h, 于是存在从V_0到V_h的道路π^*与S^*不相交. 但是, 由于π^*不能避开分离集S, 所以存在$i \in [1, q]$使得s_i在π^* 上, 不妨设$i = 1$. 设r^*为s_1在道路π^*上前面的顶点, 则$r^* \notin \{r_1, \ldots, r_q\}$.

考虑下面的顶点集:

$$
\begin{aligned}
S_q^- &= \{r_1, \ldots, r_q\} \subseteq V_{j-1} \\
S_q^* &= \{r^*, r_1, \ldots, r_q\} \subseteq V_{j-1} \\
S_q &= \{s_1, \ldots, s_q\} \subseteq V_j \\
S_q^+ &= \{t_1, \ldots, t_q\} \subseteq V_{j+1}.
\end{aligned}
$$

收缩图(定义见§7.2)

$$G^* = G(S_q^*, S_q^*)$$

是2级Plünnecke图. 令

$$V(G^*) = V_0^* \cup V_1^* \cup V_2^*.$$

因为$r_i, s_i, t_i (1 \leqslant i \leqslant q)$是道路$\pi$上的相继顶点, r^*, s_1, t_1是道路π^*上的相继顶点, 所以

$$
\begin{aligned}
V_2^* &= S_q^+, \\
V_1^* &\supseteq S_q, \\
V_0^* &= S_q^*.
\end{aligned}
$$

我们现在证明$V_1^* = S_q$. 若存在顶点$s' \in V_1^* \backslash S_q$, 则存在$r' \in S_q^* = \{r^*\} \cup S_q^-, t' \in S_q^+$使得$(r', s') \in E(G), (s', t') \in E(G)$. 因此, 存在$l \in [1, q]$使得$t' = t_l$. 道路$\pi_l$有以$t_l$为起点, 终点在$V_h$中的终端线段, 且与$S$不相交. 若$r' = r_{l'} \in S_q^-$, 则道路$\pi_{l'}$起点在$V_0$ 中, 以r'为终点的起始线段, 且与S不相交. 这条起始线段与道路r', s', t'以及从r_l到V_h中的点的终端线段合在一起就得到从V_0到V_h的一条道路, 并且与分离集S不相交, 矛盾. 若$r' = r^*$, 则道路π^*经过r', 但是与$\{s_{q+1}, \ldots, s_m\}$(它们是分离集S中不属于V_j的元素)不相交. 道路π^*中从V_0到r'的起始线段与线段r', s', t'以及道路π_l的终端线段仍然是从V_0到V_h的一条道路, 并且与分离集S不相交, 矛盾. 因此,

$$V_1^* = S_q.$$

因为$(r_i, s_i), (s_i, t_i)$是收缩图G^*中的边, 由引理7.1可知

$$d^+(r_i, G^*) \geqslant d^+(s_i, G^*),$$

$$d^-(t_i, G^*) \geqslant d^-(s_i, G^*).$$

因为从V_0^*离开的边数恰好等于进入V_1^*的边数, 离开V_1^*的边数恰好等于进入V_2^*的边数, 所以

$$
\begin{aligned}
\sum_{i=1}^{q} d^+(r_i, G^*) &\geqslant \sum_{i=1}^{q} d^+(s_i, G^*) \\
&= \sum_{i=1}^{q} d^-(t_i, G^*) \\
&\geqslant \sum_{i=1}^{q} d^-(s_i, G^*) \\
&= d^+(r^*, G^*) + \sum_{i=1}^{q} d^+(r_i, G^*) \\
&\geqslant 1 + \sum_{i=1}^{q} d^+(r_i, G^*).
\end{aligned}
$$

矛盾. 因此, $S \subseteq V_0 \cup V_h$.

因为$|S|$是从V_0到V_h的两两全不相交的的道路的最大数, 所以

$$|S| \leqslant |V_0|.$$

若$V_0 \subseteq S$, 则$|V_0| \leqslant |S|$, 从而$|V_0| = |S|$. 若$V_0 \nsubseteq S$, 则$V_0 \backslash S$非空. 因为S是分离集, 并且$S \subseteq V_0 \cup V_h$, G中每条从$V_0 \backslash S$出发的道路终止于$V_h \cap S$. 由此可得

$$1 \leqslant D_h \leqslant \frac{|\operatorname{im}(V_0 \backslash S, V_h)|}{|V_0 \backslash S|} \leqslant \frac{|V_h \cap S|}{|V_0 \backslash S|},$$

从而

$$|V_0 \backslash S| \leqslant |V_h \cap S|.$$

因此,

$$|S| = |V_0 \cap S| + |V_h \cap S| \geqslant |V_0 \cap S| + |V_0 \backslash S| = |V_0|,$$

所以$|V_0| = |S|$. □

引理 7.3 设G为$h \geqslant 2$级的Plünnecke图. 若$D_h \geqslant 1$, 则对$1 \leqslant i \leqslant h$有$D_i \geqslant 1$.

证明: 因为$D_h \geqslant 1$, 由引理7.2可知有$|V_0|$个从V_0到V_h的两两全不相交的道路, 并且这些道路中的每一条包含集合V_i中的一个顶点. V_i中属于不同全不相交的道路的顶点不同. 设Z为V_0的非空子集. 因为从Z出发的两两全不相交道路数为$|Z|$, 所以

$$|Z| \leqslant |\operatorname{im}(Z, V_i)|,$$

从而

$$D_i = D_i(V_0, V_i) = \min\left\{\frac{|\operatorname{im}(Z, V_i)|}{|Z|}\right\} \geqslant 1.$$

□

定理 7.4 (Plünnecke) 设G为$h \geqslant 2$级的Plünnecke图, $D_1, \ldots, D_h$为G的放大比, 则

$$D_1 \geqslant D_2^{\frac{1}{2}} \geqslant \cdots \geqslant D_h^{\frac{1}{h}}.$$

证明: 只需证明对$1 \leqslant i \leqslant h$有$D_i \geqslant D_h^{\frac{i}{h}}$. 若$D_h = 1$, 则由引理7.3可知$D_i \geqslant 1 = D_h^{\frac{i}{h}}$. 若$D_h = 0$, 则结论显然成立.

设$A = 0$, B为n元整数集使得从A, B构造的h级和图是§7.2中定义的独立和图, 则对$1 \leqslant i \leqslant h$有

$$\frac{n^i}{i!} \leqslant |iB| = D(\{0\}, iB) = D_i(I_{n,h}) \leqslant n^i.$$

假设$0 < D_h < 1$. 令r为任意的正整数,

$$n = [1 + (h! D_h(G)^{-r})^{\frac{1}{h}}],$$

则

$$D_h(G)^r n^h \geqslant h!.$$

设G^r为图G的r-重积, 考虑积图$G^r \times I_{n,h}$. 这是一个h级Plünnecke图, 由放大比的乘性可得

$$D_h(G^r \times I_{n,h}) = D_h(G)^r D_h(I_{n,h}) \geqslant \frac{D_h(G)^r n^h}{h!} \geqslant 1.$$

由引理7.3可知, 对$1 \leqslant i \leqslant h$有

$$1 \leqslant D_i(G^r \times I_{n,h}) = D_i(G)^r D_i(I_{n,h}) \leqslant D_i(G)^r n^i,$$

从而

$$D_i(G) \geqslant n^{-\frac{i}{r}}.$$

因为$D_h = D_h(G) < 1$, 所以

$$(h!D_h(G)^{-r})^{\frac{1}{h}} < n \leqslant 1 + (h!D_h(G)^{-r})^{\frac{1}{h}} \leqslant 2(h!D_h(G)^{-r})^{\frac{1}{h}}.$$

因此

$$D_i(G) \geqslant n^{-\frac{i}{r}} \geqslant (2(h!D_h(G)^{-r})^{\frac{1}{h}})^{-\frac{i}{r}} = (2(h!)^{\frac{1}{h}})^{-\frac{i}{r}} D_h(G)^{\frac{i}{h}}.$$

因为这个不等式对所有的$r \geqslant 1$成立, 所以

$$\lim_{r \to \infty} (2(h!)^{\frac{1}{h}})^{-\frac{i}{r}} = 1,$$

因此, 对所有的$1 \leqslant i \leqslant h$有$D_i(G) \geqslant D_h(G)^{\frac{i}{h}}$.

最后, 我们考虑$D_h > 1$的情形. 令r为正整数使得

$$n = [D_h(G)^{\frac{r}{h}}] > 1,$$

则

$$2 \leqslant n \leqslant D_h(G)^{\frac{r}{h}} < n+1 < 2n,$$

从而

$$D_h(G)^r n^{-h} \geqslant 1.$$

令$I_{n,h}^{-1}$为独立和图的反图, 其放大比满足条件

$$D_h(I_{n,h}^{-1}) = |hB|^{-1} = \binom{n+h-1}{h-1}^{-1} \geqslant n^{-h},$$

$$D_i(I_{n,h}^{-1}) \leqslant \frac{|(h-i)B|}{|hB|} \leqslant \frac{n^{h-i}}{n^h/h!} = h!n^{-i}.$$

考虑$r+1$重积图$G^r \times I_{n,h}$. 由放大比的乘性可知

$$D_h(G^r \times I_{n,h}^{-1}) = D_h(G)^r D_h(I_{n,h}^{-1}) \geqslant D_h(G)^r n^{-h} \geqslant 1,$$

从而由引理7.3得到

$$1 \leqslant D_i(G^r \times I_{n,h}^{-1}) \leqslant D_i(G)^r h! n^{-i}.$$

这就意味着

$$D_i(G) \geqslant (h!)^{-\frac{1}{r}} n^{\frac{i}{r}} > (h!)^{-\frac{1}{r}} (\tfrac{D_h(G)^{\frac{r}{h}}}{2})^{\frac{i}{r}} = (2^i h!)^{-\frac{1}{r}} D_h(G)^{\frac{i}{h}}.$$

因为这个不等式对所有的$r \geqslant 1$成立, 所以对$1 \leqslant i \leqslant h$有$D_i(G) \geqslant D_h(G)^{\frac{i}{h}}$. 这就完成了Plünnecke不等式的证明. □

§7.6 应用: 群中和集的估计

定理 7.5 设B为Abel群的有限子集, 则对$1 \leqslant i \leqslant h$有

$$|hB| \leqslant |iB|^{\frac{h}{i}}.$$

证明: 设G是从集合$A = \{0\}$与B构造的h级和图. 因为$D_i = |iB|(1 \leqslant i \leqslant h)$, 由Plünnecke不等式得到

$$|hB| = D_h \leqslant D_i^{\frac{h}{i}} = |iB|^{\frac{h}{i}}. \qquad \square$$

定理 7.6 设A, B为Abel群的有限子集, $1 \leqslant i \leqslant h$. 若$|A| = n, |A + iB| \leqslant cn$, 则存在非空子集$A' \subseteq A$使得

$$|A' + hB| \leqslant c^{\frac{h}{i}}|A'|.$$

证明: 令G为从集合A, B构造的h级和图. 存在非空子集$A' \subseteq A$使得

$$D_h = \frac{|A'+hB|}{|A'|}.$$

于是由$D_h \leqslant D_i^{\frac{h}{i}}$得到

$$|A' + hB| = |A'|D_h \leqslant |A'|D_i^{\frac{h}{i}} \leqslant |A'|(\frac{|A + iB|}{|A|})^{\frac{h}{i}} \leqslant c^{\frac{h}{i}}|A'|. \qquad \square$$

定理 7.7 设B为Abel群的有限子集. 若$|B| = k, |2B| \leqslant ck$, 则对所有的$h \geqslant 2$有

$$|hB| \leqslant c^h k.$$

证明: 在定理7.6中取$A = B, i = 1$, 则有非空子集$B' \subseteq B$使得

$$|hB| \leqslant |B' + hB| \leqslant c^h|B'| \leqslant c^h|B| = c^h k. \qquad \square$$

引理 7.4 设U, V, W为Abel群的非空有限子集, 则

$$|U||V - W| \leqslant |U + V||U + W|.$$

证明: 对每个$d \in V - W$, 取定元素$v(d) \in V, w(d) \in W$使得$d = v(d) - w(d)$. 定义函数

$$\phi : U \times (V - W) \to (U + V) \times (U + W),\ (u, d) \mapsto (u + v(d), u + v(d)).$$

我们将证明映射ϕ是单射. 若

$$\phi(u_1, d_1) = \phi(u_2, d_2),$$

则

$$(u_1 + v(d_1), u_1 + w(d_1)) = (u_2 + v(d_2), u_2 + w(d_2)),$$

从而

$$u_1 + v(d_1) = u_2 + v(d_2),$$

$$u_1 + w(d_1) = u_2 + w(d_2).$$

因此,

$$d_1 = v(d_1) - w(d_1) = v(d_2) - w(d_2) = d_2.$$

因为每个$d \in V - W$唯一确定$v(d) \in V$, 所以$v(d_1) = v(d_2)$, 从而$u_1 = u_2$. 因此ϕ是单射, 从而

$$|U||V - W| = |U \times (V - W)| \leqslant |(U + V) \times (U + W)| = |U + V||U + W|. \qquad \square$$

定理 7.8 设A, B为Abel群的有限子集使得$|A| = n, |A + B| \leqslant cn$. 令$k, l \geqslant 1$, 则

$$|kB - lB| \leqslant c^{k+l}n.$$

证明: 因为$|kB - lB| = |lB - kB|$, 我们不妨假设$k \leqslant l$. 在定理7.6中取$i = 1$, 则有非空子集$A' \subseteq A$使得

$$|A' + kB| \leqslant c^k|A'| = c'n', \tag{7.2}$$

其中$c' = c^k, n' = |A'|$. 在定理7.6中用A', k, l, n'分别替代A, i, h, n, 则由不等式(7.2)知, 存在非空子集$A'' \subseteq A'$使得

$$|A'' + lB| \leqslant (c')^{\frac{l}{k}}|A''| = c^l|A''|. \tag{7.3}$$

在引理7.4中取$U = A'', V = kB, W = lB$, 由不等式(7.2)与(7.3)得到

$$|A''||kB - lB| \leqslant |A'' + kB||A'' + lB| \leqslant |A' + kB||A'' + lB| \leqslant c^k|A'|c^l|A''| \leqslant c^{k+l}n|A''|.$$

在不等式的两边除以$|A''|$即得结论. $\square$

定理 7.9 设G为Abel群使得G中每个元素的阶至多为r, B为G的有限子集, $H(B)$为B生成的子群. 若G的子集A满足$|A| = |B| = n$,

$$|A + B| \leqslant cn,$$

则

$$|H(B)| \leqslant f(r, c)n,$$

其中

$$f(r, c) = r^{c^4}c^2.$$

证明: 由定理7.8可知对所有的非负整数k, l有

$$|kB - lB| \leqslant c^{k+l}n.$$

特别地, 有

$$|B - B| \leqslant c^2n,$$

$$|2B - 2B| \leqslant c^4n.$$

若$w \in 2B - B$, 则$w - B \subseteq 2B - 2B$. 令$W = \{w_1, \ldots, w_k\}$为$2B - B$的使得集合$w_i - B (1 \leqslant i \leqslant k)$两两互不相交的极大子集, 则

$$\bigcup_{i=1}^{k}(w_i - B) \subseteq 2B - 2B,$$

$$kn = \sum_{i=1}^{k} |w_i - B| = |\bigcup_{i=1}^{k}(w_i - B)| \leqslant |2b - 2B| \leqslant c^4 n.$$

因此,

$$|W| = k \leqslant c^4.$$

我们将证明对所有的$l \geqslant 1$有

$$lB - B \subseteq (l-1)W + B - B. \tag{7.4}$$

对l作归纳证明. $l = 1$时结论显然成立, 因为$0 \cdot W = \{0\}$. 设$w \in 2B - B$. 因为W是极大子集, 存在$w_i \in W$使得

$$(w - B) \cap (w_i - B) \neq \varnothing.$$

因此, 存在群元素$b, b' \in B$使得

$$w - b = w_i - b',$$

从而

$$w = w_i + b - b' \in W + B - B.$$

所以

$$2B - B \subseteq W + B - B,$$

这样就在$l = 2$的情形证明了(7.4). 假设(7.4)对某个$l \geqslant 2$成立, 则

$$\begin{aligned}(l+1)B - B &= (2B - B) + (l-1)B \\ &\subseteq (W + B - B) + (l-1)B \\ &= W + lB - B \\ &\subseteq W + (l-1)W + B - B \\ &= lW + B - B.\end{aligned}$$

这就完成了归纳证明.

设$H(W)$为G的由W生成的子群. 因为$|W| = k \leqslant c^4$, 并且Abel群G的每个元素的阶最多为r, 所以

$$|H(W)| \leqslant r^k \leqslant r^{c^4}.$$

现在对所有的$l \geqslant 1$有

$$lB - B \subseteq (l-1)W + B - B \subseteq H(W) + B - B.$$

因为B是有限集, 并且B中每个元素的阶最多为r, 所以存在$l \geqslant 1$使得$H(B)$中的每个元包含于$lB - B$. 因此,

$$H(B) = \bigcup_{l=1}^{\infty}(lB - B) \subseteq H(W) + B - B,$$

从而

$$|H(B)| \leqslant |H(W)||B-B| \leqslant r^{c^4}c^2n. \qquad \square$$

§7.7 应用: 本质分支

对任意的整数集A, 令$A(m,n)$表示A中满足$m < a \leqslant n$的元素a的个数, 记$A(n) = A(0,n)$. 函数$A(n)$对A中不超过n的正整数计数. 定义集合A的Shnirel'man密度为

$$\sigma(A) = \inf\{\tfrac{A(n)}{n}|n = 1,2,3,\ldots\}.$$

于是, 对任意的集合A有$0 \leqslant \sigma(A) \leqslant 1$, 并且当$\sigma(A) > 0$时, $1 \in A$.

称集合B为本质分支, 如果对每个满足$0 < \sigma(A) < 1$的集合A有$\sigma(A+B) > \sigma(A)$. 设A, B为整数集满足$1 \in A, 0 \in B$, Shnirel'man[118]证明了基本不等式:

$$\sigma(A+B) \geqslant \sigma(A) + (1-\sigma(A))\sigma(B).$$

若$0 < \sigma(A) < 1, \sigma(B) > 0$, 则$\sigma(A+B) > \sigma(A)$. 因此, 任意包含0并且具有正的Shnirel'man密度的集合B都是本质分支.

存在密度为0的集合也是本质分支, Khinchin[75]证明了平方数集构成本质分支. 由Lagrange定理, 平方数是4阶基. Erdös推广了Khinchin的结果, 证明了若B是h阶基, A是满足$0 < \sigma(A) < 1$的整数集, 则

$$\sigma(A+B) \geqslant \sigma(A) + \tfrac{\sigma(A)(1-\sigma(A))}{2h} > \sigma(A).$$

Plünnecke应用他的图论方法对Erdös定理进行了非常大的改进. Plünnecke的证明严重依赖于影响函数的性质, 该函数对$0 \leqslant \xi \leqslant 1$和任意的非负整数集$B$定义:

$$\phi(\xi, B) = \inf\{\sigma(A+B)|A \subseteq \mathbb{N}_0, \sigma(A) \geqslant \xi\}.$$

引理 7.5 设$0 \leqslant \xi \leqslant 1$, B为非负整数集, 则

$$\phi(\xi, B) = \inf\{\tfrac{(A+B)(n)}{n}|A \subseteq \mathbb{N}_0, \sigma(A) \geqslant \xi, \tfrac{A(n)}{n} \leqslant \tfrac{A(m)}{m}\ (1 \leqslant m \leqslant n)\}.$$

证明: 若$\sigma(A) \geqslant \xi, n \geqslant 1$, 则

$$\phi(\xi, B) \leqslant \sigma(A+B) \leqslant \tfrac{(A+B)(n)}{n}.$$

只需证明: 对任意的$\varepsilon > 0$, 存在集合A与满足引理条件的n使得

$$\phi(\xi, B) \leqslant \tfrac{(A+B)(n)}{n} < \phi(\xi, B) + \varepsilon.$$

由有限函数的定义可知存在非负整数集A使得$\sigma(A) \geqslant \xi$,

$$\phi(\xi, B) \leqslant \sigma(A+B) < \phi(\xi, B) + \tfrac{\varepsilon}{2}.$$

由Shnirel'man密度的定义可知存在整数$n \geqslant 1$使得

$$\sigma(A+B) \leqslant \tfrac{(A+B)(n)}{n} < \sigma(A+B) + \tfrac{\varepsilon}{2},$$

从而

$$\phi(\xi,B) \leqslant \frac{(A+B)(n)}{n} < \phi(\xi,B)+\varepsilon. \tag{7.5}$$

令n为使得不等式(7.5)对某个满足$\sigma(A) \geqslant \xi$的集合A成立的最小正整数. 对这两个选定的n, A, 有

$$\tfrac{(A+B)(n)}{n} \leqslant \phi(\xi,B)+\varepsilon \leqslant \tfrac{(A+B)(l)}{l} \ (1 \leqslant l \leqslant n-1),$$

从而

$$(A+B)(l,n) = (A+B)(n)-(A+B)(l) < (n-1)(\phi(\xi,B)+\varepsilon)$$

我们来证明: 对$1 \leqslant m \leqslant n$有

$$\tfrac{A(n)}{n} \leqslant \tfrac{A(m)}{m}.$$

若结论不对, 则存在整数l满足$1 \leqslant l \leqslant n-1$, 并且

$$\tfrac{A(l)}{l} = \min\{\tfrac{A(m)}{m} | 1 \leqslant m \leqslant n-1\} < \tfrac{A(n)}{n}.$$

于是, 对所有的$1 \leqslant i \leqslant n-l$有

$$A(l,l+i) = A(l+i)-A(l) \geqslant \tfrac{(l+i)A(l)}{l} - A(l) = \tfrac{iA(l)}{l} \geqslant i\sigma(A) \geqslant i\xi.$$

令

$$A^* = \{a-l | a \in A, l < a \leqslant n\} \cup \{m \in \mathbb{N}_0 | m > n-l\}.$$

对$1 \leqslant i \leqslant n-l$,

$$A^*(i) = |\{a \in A | 0 < a-l \leqslant i\}| = |\{a \in A | l < a \leqslant l+i\}| = A(l,l+i) \geqslant i\xi.$$

因为A^*包含所有的整数$m > n-l$, 对$i > n-l$有

$$A*(i) = A*(n-l)+(i-n-l) \geqslant (n-l)\xi+i-n+l = i\xi+(1-\xi)(i-n+l) \geqslant i\xi.$$

因此,

$$\sigma(A^*) \geqslant \xi.$$

此外,

$$\begin{aligned}(A^*+B)(n-l) &= |\{a^*+b | a^* \in A^*, b \in B, 0 < a^*+b \leqslant n-l\}| \\ &= |\{a^*+b | a^* \in A^*, b \in B, l < a^*+l+b \leqslant n\}| \\ &\leqslant |\{a+b | a \in A, b \in B, l < a+b \leqslant n\}| \\ &= (A+B)(l,n) \\ &< (n-l)(\phi(\xi,B)+\varepsilon),\end{aligned}$$

所以

$$\phi(\xi,B) \leqslant \tfrac{(A^*+B)(n-l)}{n-l} < \phi(\xi,B)+\varepsilon.$$

将此式与(7.5)对比, 可知与n的极小性矛盾(因为$1 \leqslant n-l < n$), 因此对所有的$1 \leqslant m \leqslant n$有$\frac{A(n)}{n} \leqslant \frac{A(m)}{m}$. □

引理 7.6 设$0 < \xi \leqslant 1, h \geqslant 1$. 若$B$是包含0的非负整数集, 则对$1 \leqslant i \leqslant h$有

$$\phi(\xi, iB) \geqslant \xi^{1-\frac{i}{h}} \sigma(hB+1)^{\frac{i}{h}}.$$

证明: 设A为非负整数集使得

$$\sigma(A) \geqslant \xi > 0,$$

于是$1 \in A$. 令n为正整数使得对$1 \leqslant m \leqslant n$有

$$\frac{A(n)}{n} \leqslant \frac{A(m)}{m}.$$

设$\gamma = \frac{A(n)}{n}$, 则

$$\xi \leqslant \sigma(A) \leqslant \gamma.$$

令G为§7.2中定义的从A, B, n构造的截断和图, 它的顶点集为

$$V_i = (A + iB) \cap [1, n].$$

因为$1 \in A, 0 \in B$, 所以对$0 \leqslant i \leqslant h$有$1 \in V_i$. 令$Z$为$V_0 = A \cap [1, n]$的非空子集. 对$0 \leqslant m \leqslant n$ 有

$$Z(m, n) \leqslant A(m, n) = A(n) - A(m) = \gamma n - A(m) \leqslant \gamma(n - m),$$

并且在图G中有

$$|\operatorname{im}(Z, V_h)| = (Z + hB)(n).$$

设z为Z中的最小正整数, 则

$$\begin{aligned}
(Z + hB)(n) &\geqslant (\{z\} + hB)(n) \\
&= |\{b' \in hB | z \leqslant z + b' \leqslant n\}| \\
&= |\{b' \in hB | 1 \leqslant 1 + b' \leqslant n - z + 1\}| \ = \ (hB + 1)(n - z + 1) \\
&\geqslant (n - z + 1)\sigma(hB + 1) \\
&\geqslant \gamma^{-1} Z(z - 1, n)\sigma(hB + 1) \\
&= \gamma^{-1} |Z| \sigma(hB + 1).
\end{aligned}$$

因此, 对V_0的所有的非空子集Z有

$$\frac{|\operatorname{im}(Z, V_h)|}{|Z|} = \frac{(Z + hB)(n)}{|Z|} \geqslant \gamma^{-1}\sigma(hB + 1),$$

从而

$$D_h(G) \geqslant \gamma^{-1}\sigma(hB + 1).$$

由Plünnecke不等式可知, 对所有的$1 \leqslant i \leqslant h$有

$$\gamma^{-1}\sigma(hB + 1) \leqslant D_h(G) \leqslant D_i(G)^{\frac{h}{i}} \leqslant \left(\frac{(A + iB)(n)}{A(n)}\right)^{\frac{h}{i}},$$

从而

$$\begin{aligned}
(A + iB)(n) &\geqslant A(n)(\gamma^{-1}\sigma(hB + 1))^{\frac{i}{h}} \\
&= n\gamma(\gamma^{-1}\sigma(hB + 1))^{\frac{i}{h}}
\end{aligned}$$

$$= n\gamma^{1-\frac{i}{h}}\sigma(hB+1)^{\frac{i}{h}}$$
$$\geqslant n\xi^{1-\frac{i}{h}}\sigma(hB+1)^{\frac{i}{h}},$$

即有

$$\frac{A+iB)(n)}{n} \geqslant \xi^{1-\frac{i}{h}}\sigma(hB+1)^{\frac{i}{h}}.$$

由引理7.5得到

$$\phi(\xi, iB) \geqslant \xi^{1-\frac{i}{h}}\sigma(hB+1)^{\frac{i}{h}}. \qquad \square$$

定理 7.10 (Plünnecke) 设A为满足$0 < \sigma(A) < 1$的非负整数集, B为$h \geqslant 2$阶基, 则

$$\sigma(A+B) \geqslant \sigma(A)^{1-\frac{1}{h}}.$$

证明: 因为B是$h \geqslant 2$阶基, 所以一定有$1 \in hB, 0 \in B \subseteq hB$. 因此, hB是所有非负整数的集合, $hB+1$时所有正整数的集合, 从而$\sigma(hB+1) = 1$. 在引理7.6中取$i = 1$, 可知对所有的$\xi \in (0,1)$有

$$\phi(\xi, B) \geqslant \xi^{1-\frac{1}{h}}.$$

令$\xi = \sigma(A)$, 则

$$\sigma(A+B) \geqslant \phi(\xi, B) \geqslant \xi^{1-\frac{1}{h}} = \sigma(A)^{1-\frac{1}{h}}. \qquad \square$$

推论 7.2 (Erdös) 设A为满足$0 < \sigma(A) < 1$的非负整数集, B为$h \geqslant 2$阶基, 则

$$\sigma(A+B) \geqslant \sigma(A) + \frac{\sigma(A)(1-\sigma(A))}{h}.$$

(Erdös得到的稍弱的结果, 得到的常数是$\frac{1}{2h}$, 而不是这里的$\frac{1}{h}$.)

证明: 只需证明对$0 \leqslant x \leqslant 1$有

$$x + \frac{x(1-x)}{h} \leqslant x^{1-\frac{1}{h}},$$

或者等价地, 对$0 \leqslant x \leqslant 1$有

$$f(x) = x^{\frac{1}{h}}(1 + \frac{1-x}{h}) \leqslant 1.$$

因为$f(0) = 0, f(1) = 1$, 只需要证明$f(x)$在区间$[0,1]$上单调递增, 由微分即得结论: 对$0 < x < 1$有

$$f'(x) = \frac{x^{\frac{1}{h}-1}}{h}(1 + \frac{1-x}{h}) - \frac{x^{\frac{1}{h}}}{h} = \frac{x^{\frac{1}{h}-1}}{h}(1 + \frac{1}{h})(1-x) > 0.$$

结论得证. $\square$

§7.8 注记

Plünnecke的工作可以在专著[104]以及论文[102, 103, 105]中找到. 这些论文多年来被人们忽视, 直到Ruzsa重新发现了它们并简化了Plünnecke最初的证明. 特别地, Plünnecke不等式的证明(定理7.4)的证明就取自Ruzsa的[112].

有许多关于Menger定理的证明. 本章中的证明归功于Dirac[31]. McCuaig[86]给出了一个非常简短的证明.

影响函数出现在[122]中, Plünnecke在[104]中对该函数进行了细致的研究. §7.6中对Plünnecke不等式的应用都取自[112, 114, 116]. 对Plünnecke关于本质分支的定理(定理7.10)的证明采用了Malouf[83]对Plünnecke最初的证明的简化版.

§7.9 习题

习题7.1 画出由下面的整数集确定的3级和图:
(a) $A = \{0\}, B = \{0,1,2\}$,
(b) $A = \{0\}, B = \{0,1,3\}$,
(c) $A = \{0,1\}, B = \{0,1,4\}$.

习题7.2 令G为有向图, 顶点集为

$$V(G) = \{a,b,x,y,z\},$$

边集为

$$E(G) = \{(a,x),(x,y),(x,z),(y,b),(z,b)\}.$$

证明: $S_1 = \{x\}, S_2 = \{y,z\}$是将$a,b$分离的最小顶点集. 为什么这种现象与Menger定理不矛盾?

习题7.3 设A, B为Abel群的有限非空子集, G为A, B确定的h级和图. 证明: 对所有的$v \in V(G)\backslash V_h$有$d^+(v$
$|B|$.

习题7.4 令G为h级和图, 直接证明对$1 \leqslant i \leqslant h$有$D_i \geqslant 1$.

习题7.5 证明: Plünnecke图的反图是Plünnecke图.

习题7.6 证明: 有限个Plünnecke图的积图是Plünnecke图.

习题7.7 设B为Abel群的有限子集, $2 \leqslant i \leqslant h$. 若$|B| = h$, $|iB| \leqslant cn$. 证明: $|hB| \leqslant c^{\frac{h}{i-1}} n$.

习题7.8 设B为Abel群的有限子集, $2 \leqslant i \leqslant h$. 若$|B| = h$, $|iB| \leqslant cn^{1+\delta}$. 证明: $|hB| \leqslant c^{\frac{h}{i-1}} n^{1+\frac{\delta h}{i-1}}$.

习题7.9 设B为Abel群的有限子集, $2 \leqslant i \leqslant h, i|h$. 直接证明(不利用Plünnecke不等式)$|hB| \leqslant |iB|^{\frac{h}{i}}$.
若$i \nmid h$, (不利用Plünnecke不等式)你能得到什么不等式?

习题7.10 在以下一系列的练习中, 我们构造h阶基B与正的Shnirel'man密度的集合A以说明关于本质分支的Plünnecke定理(定理7.10)中的指数$1-\frac{1}{h}$是最佳的.
(a) 设$m \geqslant 2$. 证明: 每个非负整数能唯一地写成如下形式:

$$\sum_{i=0}^{\infty} u_i m^i,$$

其中$u_i \in \{0,1,\ldots,m-1\}$, 并且只有有限个$i$使得$u_i \neq 0$.
(b) 设$h \geqslant 2$. 对$0 \leqslant j \leqslant h-1$, 令$B_j$为所有形如

$$\sum_{\substack{i=0 \\ i \equiv j \bmod h}}^{\infty} u_i m^i$$

的非负整数的集合, 其中$u_i \in \{0,1,\ldots,m-1\}$, 并且只有有限个$i$使得$u_i \neq 0$. 证明:

$$\{0, m^j, 2m^j, 3m^j, \ldots, (m-1)m^j\} \subseteq B_j \subseteq \{0, m^j, 2m^j, 3m^j, \ldots, (m-1)m^j\} + m^h * \mathbb{N}_0.$$

(c) 令$B = B_0 \cup B_1 \cup \cdots \cup B_{h-1}$. 证明: B是h阶基.

(d) 令$A = \{n \in \mathbb{N}_0 | n \equiv 1 \bmod m^h\}$. 证明: $\sigma(A) = m^{-h}$.

(e) 证明:

$$A + B_j = \{1 + um^j | u = 0, 1, \ldots, m-1\} + m^h * \mathbb{N}_0,$$

$$A + B = \{1 + um^j | u = 0, 1, \ldots, m-1, j = 0, 1, \ldots, h-1\} + m^h * \mathbb{N}_0.$$

(f) 证明:

$$\sigma(A+B) \leqslant \frac{hm-h+1}{m^h} < hm^{1-h} = h\sigma(A)^{1-\frac{1}{h}}.$$

(g) 证明: 定理7.10中的指数$1 - \frac{1}{h}$不能被任何的$1 - \frac{1}{h} - \varepsilon (\varepsilon > 0)$替代.

第 8 章　Freiman定理

§8.1　多维等差数列

加性数论中的简单反定理(定理1.16)指出: 若A是二重和集很小(意思是满足$|2A| \leqslant 3|A|-4$)的有限整数集, 则A是一个普通等差数列的大子集. Freiman发现了这一结果的更深推广, 他证明的结论是: 若A是有限整数集使得和集$2A$很小, 则A 是一个多维等差数列的大子集. Freiman的反定理的具体内容如下:

定理 8.1 (Freiman)　设A为有限整数集使得$|2A| \leqslant c|A|$, 则存在整数$a, q_1, \ldots, q_n, l_1, \ldots, l_n$使得

$$A \subseteq Q = \{a + x_1q_1 + \cdots + x_nq_n | 0 \leqslant x_i < l_i (1 \leqslant i \leqslant n)\},$$

其中$|Q| \leqslant c|A|$, n, c'仅与c有关.

本章的目的是介绍I. Z. Ruzsa对Freiman定理的推广给出的一个漂亮的证明.

我们从下面的定义开始. 令$a, q_1, \ldots, q_n$为Abel群G中的元素, $I_1, \ldots, I_n$为正整数, 称集合

$$Q = Q(a; q_1, \ldots, q_n; l_1, \ldots, l_n) = \{a + x_1q_1 + \cdots + x_nq_n | 0 \leqslant x_i < l_i (1 \leqslant i \leqslant n)\}$$

为群G中的n维等差数列. Q的长度为$l(Q) = l_1 \cdots l_n$. 显然, $|Q| \leqslant l_1 \cdots l_n$. 若$|Q| = l(Q)$, 则称$Q$为完全的.

集合的多维等差数列表示不是唯一的, 它可能有多种表示, 并且这些表示的维数与长度可能不同.

定理 8.2　设G为Abel群, Q, Q'分别为G中维数是n, n', 长度是l, l'的多维等差数列, 则:
(i) $Q + Q'$是$n + n'$维多维等差数列, 长度为ll'.
(ii) $Q - Q$是n维等差数列, 长度为$l(Q - Q) = 2^n l$.
(iii) 若Q是完全的, 则$l(hQ) = h^n|Q|$.
(iv) 群的每个有限子集F是维数为$|F|$的等差数列, 长度为$2^{|F|}$.

证明: 设$Q = Q(a; q_1, \ldots, q_n; l_1, \ldots, l_n), Q' = Q(a'; q'_1, \ldots, q'_n; l'_1, \ldots, l'_{n'})$, 则

$$Q+Q' = \{a+a'+x_1q_1+\cdots+x_nq_n+x'_1q'_1+\cdots+x'_nq'_n | 0 \leqslant x_i < l_i (1 \leqslant i \leqslant n), 0 \leqslant x'_j < l'_j (1 \leqslant j \leqslant n')\}$$

是$n + n'$为等差数列, 长度为

$$l(Q + Q') = l_1 \cdots l_n l'_1 \cdots l'_{n'} = l(Q)l(Q').$$

同理,

$$Q-Q=\{y_1q_1+\cdots+y_nq_n|-l_i<y_i<l_i(1\leqslant i\leqslant n)\}=Q(b;q_1,\ldots,q_n;m_1,\ldots,m_n),$$

其中

$$b=-\sum_{i=1}^{n}(l_i-1)q_i,$$

$$m_i=2l_i-1,$$

从而$Q-Q$为n维等差数列, 长度为

$$l(Q-Q)=m_1\cdots m_n<2^nl_1\cdots l_n=2^nl.$$

由于hQ可以表示成如下形式:

$$hQ=Q(ha;q_1,\ldots,q_n;h(l_1-1)+1,\ldots,h(l_n-1)+1),$$

所以若Q是完全的, 则

$$l(hQ)\leqslant\prod_{i=1}^{n}(h(l_i-1)+1)<\prod_{i=1}^{n}hl_i=h^n|Q|.$$

若F的基数$|F|=n$有限, 设$F=\{f_1,\ldots,f_n\}$, 则

$$F\subseteq\{x_1f_1+\cdots+x_nf_n|0\leqslant x_i<2(1\leqslant i\leqslant n)\}=Q(0;f_1,\ldots,f_n;2,\ldots,2)=Q,$$

从而Q是长度为2^n的n维等差数列. □

§8.2 Freiman同构

Freiman在加性数论中引入了“局部”同构的重要思想. 设G,H为Abel群, $A\subseteq G,B\subseteq H,h\geqslant 2$. 称映射$\phi:A\to B$为Freiman h阶同态, 如果对于所有满足

$$a_1+\cdots+a_h=a_1'+\cdots+a_h'$$

的$a_1,\ldots,a_h,a_1',\ldots,a_h'$, 有

$$\phi(a_1)+\cdots+\phi(a_h)=\phi(a_1')+\cdots+\phi(a_h').$$

这时, 诱导映射

$$\phi^{(h)}:hA\to hB,\ a_1+a_2+\cdots+a_h\mapsto\phi(a_1)+\cdots+\phi(a_h)$$

的定义是合理的.

若一一对应$\phi:A\to B$满足

$$a_1,\ldots,a_h,a_1',\ldots,a_h'\Leftrightarrow\phi(a_1)+\cdots+\phi(a_h)=\phi(a_1')+\cdots+\phi(a_h'),$$

则称ϕ为h阶Freiman同构, 此时诱导映射$\phi^{(h)}: hA \to hB$也是一一对应. 我们将2阶Freiman同构简称为Freiman同构.

下面举两个例子:

令$A = [0, k-1] = \{0, 1, \ldots, k-1\}$, $B = \{a + xq_1 | 0 \leqslant x < k\}$, 则对所有的$h \geqslant 2$, 映射$\phi(x) = a + xq_1$是$h$阶Freiman同构.

令$A = \{(0,0), (1,0), (0,1)\} \subseteq \mathbb{Z}^2$, $B = \{0, 1, 3\} \subseteq \mathbb{Z}$. 定义$\phi: A \to B$为$\phi(0,0) = 0, \phi(1,0) = 1, \phi(0,1) = 3$, 则$\phi$是2阶Freiman同构, 但不是3阶Freiman同构.

若$\phi: A \to B$为h阶Freiman同态(同构), $\psi: B \to C$为h阶Freiman同态(同构), 则$\psi\phi: A \to C$为h阶Freiman同态(同构).

若$\phi: A \to B$为h阶Freiman同构, 则对每个$h' \leqslant h$, $\phi: A \to B$也是h'阶Freiman同构. 若$A' \subseteq A, B' = \phi(A')$, 则映射$\phi: A' \to B'$也是$h$阶Freiman同构.

若$f: G \to H$为群同态, 则对所有的$h \geqslant 2$, f为h阶Freiman同态, 并且$f^{(h)} = f$. 若$f: G \to H$为群同构, 则对所有的$h \geqslant 2$, f为h阶Freiman同构.

若$\phi: G \to H$为仿射映射, 即形如$\phi(x) = a + f(x)$的映射, 其中$a \in H, f: G \to H$为群同态(同构), 则对所有的$h \geqslant 2$, ϕ是h阶Freiman同态(同构), 并且$\phi^{(h)}(x) = ha + f(x)$.

例如, 设$q_1 \neq 0$, $Q = \{a + xq_1 | 0 \leqslant x < l\}$为$G$中的1维等差数列(即普通的等差数列). 定义$\phi: [0, l-1] \to Q$为$\phi(x) = a + xq_1$, 则$\phi$是从$\mathbb{Z}$到$G$的仿射映射的限制映射, 并且对所有的$h \geqslant 2$是$h$阶Freiman同构.

令$\boldsymbol{e}_1, \ldots, \boldsymbol{e}_n$为Euclid空间$\mathbb{R}^n$中的标准基向量, $l_1, \ldots, l_n$为正整数, $\mathbb{P}$为向量$l_1\boldsymbol{e}_1, \ldots, l_n\boldsymbol{e}_n$生成的格的基本平行多面体. 定义整的平行多面体$I(\mathbb{P})$为

$$I(\mathbb{P}) = \mathbb{P} \cap \mathbb{Z}^n = \{(x_1, \ldots, x_n) \in \mathbb{Z}^n | 0 \leqslant x_i < l_i (1 \leqslant i \leqslant n)\},$$

则$|I(\mathbb{P})| = l_1 \cdots l_n$. 对$h \geqslant 2$, 我们有

$$hI(\mathbb{P}) = \{(x_1, \ldots, x_n) \in \mathbb{Z}^n | 0 \leqslant x_i < h(l_i - 1) + 1 (1 \leqslant i \leqslant n)\},$$

$$|hI(\mathbb{P})| = \prod_{i=1}^{n} (h(l_i - 1) + 1) < h^n |I(\mathbb{P})|.$$

令$a, q_1, \ldots, q_n \in \mathbb{Z}$, $Q = Q(a; q, \ldots, q_n; l_1, \ldots, l_n)$为$n$维整数等差数列. 定义映射$\phi: I(\mathbb{P}) \to Q$为

$$\phi(x_1, \ldots, x_n) = a + x_1 q_1 + \cdots + x_n q_n. \tag{8.1}$$

因为ϕ是从$\mathbb{Z}^n$到$\mathbb{Z}$的仿射映射的限制映射, 所以对所有的$h \geqslant 2$, ϕ是h阶Freiman同构.

定理 8.3 设$h \geqslant 2$, $I(\mathbb{P})$为正整数$l_1, \ldots, l_n$确定的n维整的平行多面体, 则存在n维等差数列Q使得$I(\mathbb{P})$为h阶Freiman同构.

证明: 设a为任意整数, 选取正整数$q_1, \ldots, q_n$使得对$2 \leqslant k \leqslant n$有

$$\sum_{i=1}^{k-1} h(l_j - 1) q_j < q_k. \tag{8.2}$$

令

$$Q = Q(a; q_1, \ldots, q_n; l_1, \ldots, l_n).$$

令$\phi: I(\mathbb{P}) \to Q$为(8.1)定义的仿射映射, 我们将证明$\phi$是$h$阶Freiman同构.

设$\boldsymbol{x}_i = (x_{i1}, \ldots, x_{in}) \in I(\mathbb{P}), \boldsymbol{y}_i = (y_{i1}, \ldots, y_{in}) \in I(\mathbb{P})(1 \leqslant i \leqslant h)$. 假设

$$\phi(\boldsymbol{x}_1) + \cdots + \phi(\boldsymbol{x}_h) = \phi(\boldsymbol{y}_1) + \cdots + \phi(\boldsymbol{y}_h),$$

则有

$$ha + \sum_{j=1}^{n} \sum_{i=1}^{n} x_{ij} q_j = ha + \sum_{j=1}^{n} \sum_{i=1}^{n} y_{ij} q_j.$$

令

$$w_j = \sum_{i=1}^{n} x_{ij} - \sum_{i=1}^{n} y_{ij},$$

则

$$|w_j| \leqslant h(l_j - 1),$$

$$\sum_{j=1}^{n} w_j q_j = 0.$$

假设存在j使得$w_j \neq 0$, 令k为使得$w_k \neq 0$的最大整数, 则

$$-w_k q_k = \sum_{j=1}^{k-1} w_j q_j,$$

从而

$$q_k \leqslant |w_k q_k| = |\sum_{j=1}^{k-1} w_j q_j| \leqslant \sum_{j=1}^{k-1} h(l_j - 1) q_j < q_k,$$

矛盾. 因此, 对所有的j有$w_j = 0$. 由此得到

$$\boldsymbol{x}_1 + \cdots + \boldsymbol{x}_h = \boldsymbol{y}_1 + \cdots + \boldsymbol{y}_h.$$

所以, 每个n维整的平行多面体与一个n维等差数列之间存在h阶Freiman同构. □

推论 8.1 设$h \geqslant 2$, A为格点组成的有限集, 则存在A与某个整数集之间的h阶Freiman同构.

证明: 集合A是某个n维整的平行多面体$I(\mathbb{P})$的子集, $I(\mathbb{P})$与一个n维等差数列Q之间存在h阶Freiman同构, 所以A在这个同构下与它的像Freiman同构. □

推论 8.2 设$h \geqslant 2$, A为一个无挠Abel群的有限子集, 则存在A与某个整数集之间的h阶Freiman同构.

证明: 令G为A双侧的群. 因为G是有限生成的, 由定理6.10可知, 存在n使得G与$\mathbb{Z}^n$同构, 所以A与某个整数格点集之间存在h阶Freiman同构. 由推论8.1, 这个集合与某个整数集之间存在Freiman同构. □

定理 8.4 设G, H为Abel群, Q为包含于G的n维等差数列, $h \geqslant 2$. 若$\phi: Q \to H$为h阶Freiman同态, 则$\phi(Q)$为H中的n维等差数列. 若$\phi: Q \to \phi(Q)$为Freiman同构, 则Q是G中完全的n维等差数列当且仅当$\phi(Q)$ 是H中完全的n维等差数列.

证明: 设$Q = Q\{a; q_1, \ldots, q_n; l_1, \ldots, l_n)$. 定义$a', q_1', \ldots, q_n' \in H$为

$$a' = \phi(a),$$

$$q_i' = \phi(a+q_i) - \phi(a)(1 \leqslant i \leqslant n).$$

集合$Q' = Q'(a'; q_1', \ldots, q_n'; l_1, \ldots, l_n\}$为$H$中的$n$维等差数列. 我们将证明$Q' = \phi(Q)$, 并且对所有的$a + x_1 q_1 + \cdots + x_n q_n$有

$$\phi(a + x_1 q_1 + \cdots + x_n q_n) = a' + x_1 q_1' + \cdots + x_n q_n'.$$

对$m = \sum_{i=1}^{n}$作归纳证明. 由$a', q_1', \ldots, q_n'$的定义可知结论对$m = 0, 1$成立. 假设结论对某个$m \geqslant 1$成立. 令$r = a + x_1 q_1 + \cdots + x_n q_n \in Q$, 其中$\sum_{i=1}^{n} x_i = m+1$. 选择$j$使得$x_j \geqslant 1$, 令$r' = r - q_j$. 由关于$m$的归纳假设可得

$$\phi(r') = a' + x_1 q_1' + \cdots + x_{j-1} q_{j-1}' + (x_j - 1) q_j' + x_{j+1} q_{j+1}' + \cdots + x_n q_n'.$$

因为$r, a, r', a + q_j \in Q$, 并且

$$r + a = r' + (a + q),$$

又因为h阶Freiman同态也是2阶Freiman同态, 所以

$$\phi(r) + \phi(a) = \phi(r') + \phi(a + q_j).$$

因此,

$$\phi(r) = \phi(r') + \phi(a + q_j) - \phi(a) = \phi(r') + q_j' = a' + x_1 q_1' + \cdots + x_n q_n',$$

从而结论对所有的$m \geqslant 0$成立, 并且$\phi(Q) = Q'$. 若ϕ是h阶Freiman同构, 则$|Q| = |\phi(Q)|$, 所以$\phi(Q)$是完全的当且仅当Q是完全的. □

定理 8.5 令$h' = h(k+l)$, 其中h, k, l为正整数. 设G, H为Abel群, $A \subseteq G, B \subseteq H$为非空有限集, 并且存在$h'$阶Freiman同构, 则差集$kA - lA$与$kB - lB$之间存在$h$阶Freiman同构.

证明: 设$\phi: A \to B$是h'阶Freiman同构, $\phi^{(k)}: kA \to kB$, $\phi^{(l)}: lA \to lB$, $\phi^{(k+l)}: (k+l)A \to (k+1)B$为$\phi$诱导的映射. 这些映射为一一对应, 并且对所有的$a_1, \ldots, a_{k+l}$有

$$\phi^{(k+l)}(a_0 + \cdots + a_k + a_{k+1} + \cdots + a_{k+l}) = \phi^{(k)}(a_1 + \cdots + a_k) + \phi^{(l)}(a_{k+1} + \cdots + a_{k+l}).$$

令$d \in kA - lA$. 若

$$d = u - v = u' - v',$$

其中$u, u' \in kA, v, v' \in lA$, 则

$$u + v' = u' + v \in (k+l)A.$$

因为ϕ是$h' \geqslant k + l$阶Freiman同构, 所以

$$\phi^{(k)}(u) + \phi^{(l)}(v') = \phi^{(k+l)}(u + v') = \phi^{(k+l)}(u' + v) = \phi^{(k)}(u') + \phi^{(l)}(v),$$

从而

$$\phi^{(k)}(u) - \phi^{(l)}(v) = \phi^{(k)}(u') - \phi^{(l)}(v').$$

这就意味着映射

$$\psi : kA - lA \to kB - lB,\ d = u - v \mapsto \phi^{(k)}(u) - \phi^{(l)}(v)$$

的定义合理. 因为ϕ是满射, 所以ψ是满射. 设$d = u - v \in kA - lA, d' = u' - v' \in kA - lA$. 若$\psi(d) = \psi(d')$, 则

$$\phi^{(k)}(u) - \phi^{(l)}(v) = \phi^{(k)}(u') - \phi^{(l)}(v'),$$

从而

$$\phi^{(k+l)}(u + v') = \phi^{(k+l)}(u' + v).$$

由此可得$u + v' = u' + v$, 即$d = d'$. 因此ψ是一一对应.

我们要证明ψ是h阶Freiman同构. 对$1 \leqslant i \leqslant h$, 令$d_i, d_i' \in kA - lA, d_i = u_i - v_i, d_i' = u_i' - v_i'$, 其中$u_i', v_i' \in kA, v_i, v_i' \in lA$, 则

$$\begin{aligned}
& d_1 + \cdots + d_h = d_1' + \cdots + d_h' \\
\Leftrightarrow\ & u_1 + \cdots + u_h + v_1' + \cdots + v_h' = u_1' + \cdots + u_h' + v_1 + \cdots + v_h \in h(k+l)A \\
\Leftrightarrow\ & \phi^{(h(k+l))}(u_1 + \cdots + u_h + v_1' + \cdots + v_h') = \phi^{(h(k+l))}(u_1' + \cdots + u_h' + v_1 + \cdots + v_h) \\
\Leftrightarrow\ & \phi^{(k)}(u_1) + \cdots + \phi^{(k)}(u_h) + \phi^{(l)}(v_1') + \cdots + \phi^{(l)}(v_h') \\
=\ & \phi^{(k)}(u_1') + \cdots + \phi^{(k)}(u_h') + \phi^{(l)}(v_1) + \cdots + \phi^{(l)}(v_h) \\
\Leftrightarrow\ & \psi(d_1) + \cdots + \psi(d_h) = \psi(d_1') + \cdots + \psi(d_h').
\end{aligned}$$

这就证明了ψ是h阶Freiman同构. □

§8.3 Bogolyubov方法

令$m \geqslant 2$. 若$x_i \equiv y_i \bmod m (1 \leqslant i \leqslant n)$, 则

$$(x_1, \ldots, x_n, m) = (y_1, \ldots, y_n, m),$$

从而模m的同余类的“最大公因子”的定义是合理的. 对$x \in \mathbb{R}$, 令$\|x\|$表示x到最近的整数的距离. 于是$\|x\| \leqslant \frac{1}{4} \Leftrightarrow \cos 2\pi x \geqslant 0 \Leftrightarrow \mathrm{Re}(\mathrm{e}^{2\pi \mathrm{i} x}) \geqslant 0$. 若$x, y \in \mathbb{Z}, x \equiv y \bmod m$, 则$\|\frac{x}{m}\| = \|\frac{y}{m}\|$. 由此可知对模$m$的同余类定义的这个“到最近整数的距离”函数是合理的. 同理, 在模m的同余类上定义指数函数$\mathrm{e}^{2\pi \mathrm{i} x/m}$是合理的. 若$g \in \mathbb{Z}/m\mathbb{Z}$, x是同余类g中的整数, 定义$\|\frac{g}{m}\| = \|\frac{x}{m}\|, \mathrm{e}^{2\pi \mathrm{i} g/m} = \mathrm{e}^{2\pi \mathrm{i} x/m}$. 对$r_1, \ldots, r_k \in \mathbb{Z}/m\mathbb{Z}$与$\varepsilon > 0$, 定义Bohr邻域

$$B(r_1, \ldots, r_n; \varepsilon) = \{g \in \mathbb{Z}/m\mathbb{Z} | \|\tfrac{gr_i}{m}\| \leqslant \varepsilon (1 \leqslant i \leqslant n\}.$$

注意: 对任意的$\varepsilon > 0$, 有$B(0; \varepsilon) = \mathbb{Z}/m\mathbb{Z}$.

定理 8.6 (Bogolyubov) 令$m \geqslant 2$, A为$\mathbb{Z}/m\mathbb{Z}$的非空子集. 定义$\lambda \in (0, 1]$为$|A| = \lambda m$, 则对某个正整数$n \leqslant \lambda^{-2}$, 存在两两不同的同余类$r_1, r_2, \ldots, r_k \in \mathbb{Z}/m\mathbb{Z}$使得$r_1 = 0$, 并且

$$B(r_1, \ldots, r_k; \tfrac{1}{4}) \subseteq 2A - 2A.$$

证明: 令$G = \mathbb{Z}/m\mathbb{Z}$. 对$r \in G$, 考虑加性特征

$$\chi_r : G \to \mathbb{C}\ g \mapsto \mathrm{e}^{2\pi \mathrm{i} g/m}.$$

这个对模m的同余类r与g定义的函数是合理的, 并且对所有的$g \in G$有$\chi_0(g) = 1$. 令

$$S_A(r) = \sum_{a \in A} \chi_r(a) = \sum_{a \in A} \mathrm{e}^{2\pi \mathrm{i} ra/m},$$

则对所有的$r \in G$有

$$|S_A(r)| \leqslant S_A(0) = |A|,$$

并且

$$\sum_{r \in G} |S_A(r)|^2 = \sum_{r \in G} \sum_{a, a' \in A} \mathrm{e}^{2\pi \mathrm{i} r(a-a')/m} = |G||A| = \lambda^{-1}|A|^2.$$

令$g \in G$, 则

$$\sum_{r \in G} |S_A(r)|^4 \chi_r(g) = \sum_{r \in G} \sum_{a_1, a_2, a_3, a_4 \in A} \mathrm{e}^{2\pi \mathrm{i} r(g - a_1 - a_2 + a_3 + a_4)/m}.$$

这个和非零当且仅当g至少有一个表示$g = a_1 + a_2 - a_3 - a_4$, 即$g \in 2A - 2A$. 设

$$R_1 = \{r \in G \big| |S_A(r)| \geqslant \sqrt{\lambda}|A|\},$$

$$R_2 = \{r \in G \big| |S_A(r)| < \sqrt{\lambda}|A|\}.$$

因为$S_0 = |A| \geqslant \sqrt{\lambda}|A|$, 所以$0 \in R_1$, $R_2 \neq G$. 因此,

$$\begin{aligned}
\Big|\sum_{r \in R_2} |S_A(r)|^4 \chi_r(g)\Big| &\leqslant \sum_{r \in R_2} |S_A(r)|^4 \\
&\leqslant \lambda |A|^2 \sum_{r \in R_2} |S_A(r)|^2 \\
&\leqslant \lambda |A|^2 \sum_{r \in G} |S_A(r)|^2 \\
&= \lambda |A|^2 \lambda^{-1} |A|^2 \\
&= |A|^4.
\end{aligned}$$

设$R_1 = \{r_1, r_2, \ldots, r_n\}$, 其中$r_1 = 0$, 令$g \in B(r_1, \ldots, r_n; \frac{1}{4})$, 则对$1 \leqslant i \leqslant n$ 有$\|\frac{r_i g}{m}\| \leqslant \frac{1}{4}$, 从而

$$\mathrm{Re}(\chi_{r_i}(g)) = \mathrm{Re}(\mathrm{e}^{2\pi \mathrm{i} r_i g/m}) = \cos(2\pi r_i g/m) \geqslant 0.$$

由此得到

$$\begin{aligned}
&\mathrm{Re}\Big(\sum_{r \in G} |S_A(r)|^4 \chi_r(g)\Big) \\
= &\mathrm{Re}\Big(\sum_{r \in R_1} |S_A(r)|^4 \chi_r(g)\Big) + \mathrm{Re}\Big(\sum_{r \in R_2} |S_A(r)|^4 \chi_r(g)\Big) \\
= &|A|^4 + \mathrm{Re}\Big(\sum_{r \in R_1 \setminus \{0\}} |S_A(r)|^4 \chi_r(g)\Big) + \mathrm{Re}\Big(\sum_{r \in R_2} |S_A(r)|^4 \chi_r(g)\Big) \\
\geqslant &|A|^4 + \mathrm{Re}\Big(\sum_{r \in R_2} |S_A(r)|^4 \chi_r(g)\Big) \\
\geqslant &|A|^4 - \Big|\sum_{r \in R_2} |S_A(r)|^4 \chi_r(g)\Big| \\
> &0.
\end{aligned}$$

因此, 对所有的$g \in B(r_1, \ldots, r_n; \frac{1}{4})$有

$$\sum_{r \in G} |S_A(r)|^4 \chi_r(g) \neq 0,$$

从而

$$B(r_1,\ldots,r_n;\tfrac{1}{4})\subseteq 2A-2A.$$

最后, 我们需要估计$n=|R_1|$. 因为对所有的$r\in R_1$有$|S_A(r)|\geqslant\sqrt{\lambda}|A|$, 所以

$$n\lambda|A|^2\leqslant\sum_{r\in R_1}|S_A(r)|^2\leqslant\sum_{r\in G}|S_A(r)|^2=\lambda^{-1}|A|^2,$$

从而$n\leqslant\lambda^{-2}$. □

定理 8.7 设$m\geqslant 2$, $R=\{r_1,\ldots,r_n\}$为模m的同余类集. 若$(r_1,\ldots,r_n,m)=1$, 则存在$\mathbb{Z}/m\mathbb{Z}$中的完全的n维等差数列Q使得Q包含于Bohr邻域$B(r_1,\ldots,r_n;\frac{1}{4})$, 并且

$$|Q|>\tfrac{m}{(4n)^n}.$$

证明: 我们要利用定理6.12中得到的关于数的几何的结果. 设$\boldsymbol{u}=(u_1,\ldots,u_n),\boldsymbol{v}=(v_1,\ldots,v_n)$为格$\mathbb{Z}^n$中的向量. 我们记$\boldsymbol{u}\equiv\boldsymbol{v}\bmod m$, 如果对$1\leqslant i\leqslant n$有$u_i\equiv v_i\bmod m$. 令$M$为$\mathbb{Z}^n$ 中所有满足$v_i\equiv 0\bmod m(1\leqslant i\leqslant n)$的向量组成的格, 即$M$由$\mathbb{Z}^n$中所有满足$\boldsymbol{v}\equiv\boldsymbol{0}\bmod m$的向量$\boldsymbol{v}$组成, 则$M=(m\mathbb{Z})^n,\det(M)=m^n$.

对$1\leqslant i\leqslant n$, 令r_i也表示同余类$r_i\in\mathbb{Z}/m\mathbb{Z}$中的一个固定的整数. 设$\boldsymbol{r}=(r_1,\ldots,r_n)\in\mathbb{Z}^n$, 则

$$(r_1,\ldots,r_n,m)=1. \tag{8.3}$$

设Λ为$\mathbb{Z}^n$中所有满足$\boldsymbol{u}\equiv q\boldsymbol{r}\bmod m$的向量$\boldsymbol{u}$的集合, 其中$q=0,1,\ldots,m-1$, 则

$$\Lambda=\bigcup_{q=0}^{m-1}(q\boldsymbol{r}+M).$$

集合Λ是格, M是Λ的子格. 由条件(8.3)可知m个向量$\boldsymbol{0},2\boldsymbol{r},2\boldsymbol{r},\ldots,(m-1)\boldsymbol{r}$模$m$两两不同余, 从而这些陪集$q\boldsymbol{r}+M(0\leqslant q\leqslant m-1)$两两不相交. 由此可知$M$在$\Lambda$中的指标为$[\Lambda:M]=m$, 再利用定理6.9即得

$$\det(\Lambda)=\tfrac{\det(M)}{[\Lambda:M]}=m^{n-1}.$$

设$K\subseteq\mathbb{R}^n$为所有满足$|x_i|<\frac{1}{4}(1\leqslant i\leqslant n)$的向量$(x_1,\ldots,x_n)$组成的方体, 则$K$是关于原点对称的凸体, 并且$\mathrm{vol}(K)=\frac{1}{2^n}$. 令$\lambda_1,\ldots,\lambda_n$为$K$关于格$\Lambda$的逐次极小值, $\boldsymbol{b}_1,\ldots,\boldsymbol{b}_n$为$\Lambda$中相应的线性无关的向量, 则对$1\leqslant i\leqslant n$有

$$\boldsymbol{b}_i=(b_{i1},\ldots,b_{in})\in\overline{\lambda_i K}\cap\Lambda,$$

由Minkowski第二定理(定理6.6)可知

$$\lambda_1\cdots\lambda_n\leqslant\tfrac{2^n\det(\Lambda)}{\mathrm{vol}(K)}=4^n m^{n-1}.$$

因为

$$\boldsymbol{b}_i\in\overline{\lambda_i K}=\{(x_1,\ldots,x_n)\in\mathbb{R}^n\big||x_i|\leqslant\tfrac{\lambda_i}{4}(1\leqslant i\leqslant n)\},$$

所以对所有的$1\leqslant i,j\leqslant n$有

$$|b_{ij}|\leqslant\tfrac{\lambda_i}{4}.$$

因为

$$\boldsymbol{b}_i \in \Lambda,$$

所以存在整数$q_i \in [0, m-1]$使得

$$\boldsymbol{b}_i \equiv q_i \boldsymbol{r} \bmod m,$$

即对$1 \leqslant i, j \leqslant n$有

$$b_{ij} \equiv q_i r_j \bmod m.$$

令

$$l'_i = [\tfrac{m}{n\lambda_i}],$$

$$Q = \{x_1 q_1 + \cdots + x_n q_n | -l'_i \leqslant x_i \leqslant l'_i (1 \leqslant i \leqslant n)\} \subseteq \mathbb{Z}/m\mathbb{Z},$$

我们要证明$Q \subseteq B = B(r_1, \ldots, r_n; \frac{1}{4})$. 设

$$x = x_1 q_1 + \cdots + x_n q_n \in Q,$$

则

$$x r_j = \sum_{i=1}^{n} x_i q_i r_j \equiv \sum_{i=1}^{n} x_i b_{ij} \bmod m,$$

从而

$$\|\tfrac{x r_j}{m}\| = \|\sum_{i=1}^{n} \tfrac{x_i b_{ij}}{m}\| \leqslant |\sum_{i=1}^{n} \tfrac{x_i b_{ij}}{m}| \leqslant \sum_{i=1}^{n} |\tfrac{x_i b_{ij}}{m}| \leqslant \sum_{i=1}^{n} \tfrac{l'_i |b_{ij}|}{m} \leqslant \sum_{i=1}^{n} \tfrac{l'_i \lambda_i}{4m} \leqslant \sum_{i=1}^{n} \tfrac{1}{4n} = \tfrac{1}{4}.$$

这就意味着$x \in B$, 从而$Q \subseteq B$.

我们接下来证明Q是完全的n维等差数列. 假设

$$x_1 q_1 + \cdots + x_n q_n \equiv y_1 q_1 + \cdots + y_n q_n \bmod m,$$

其中$-l'_i \leqslant x_i, y_i \leqslant l'_i (1 \leqslant i \leqslant n)$. 令$z_i = x_i - y_i$, 则$|z_i| \leqslant 2l'_i$,

$$\sum_{i=1}^{n} z_i q_i \equiv 0 \bmod m.$$

由此可知, 对$1 \leqslant j \leqslant n$有

$$\sum_{i=1}^{n} z_i q_i r_j \equiv \sum_{i=1}^{n} z_i b_{ij} \equiv 0 \bmod m.$$

因为对$1 \leqslant j \leqslant n$有

$$|\sum_{i=1}^{n} z_i b_{ij}| \leqslant \sum_{i=1}^{n} |b_{ij}||z_i| \leqslant \sum_{i=1}^{n} \tfrac{\lambda_i}{4}(2l'_i) \leqslant \sum_{i=1}^{n} \tfrac{m}{2n} < m,$$

所以$\sum\limits_{i=1}^{n} z_i b_{ij} z_j = 0 (1 \leqslant j \leqslant n)$, 从而

$$\sum_{i=1}^{n} z_i \boldsymbol{b}_i = \boldsymbol{0}.$$

因为向量$\boldsymbol{b}_i (1 \leqslant i \leqslant n)$线性无关, 所以对所有的$i$有$z_i = 0$, 因此

$$|Q| = (2l'_1 + 1) \cdots (2l'_n + 1).$$

令$l_i = 2l'_i + 1, a = -\sum\limits_{i=1}^{n} l'_i q_i$, 则$Q$是完全的$n$维等差数列

$$Q(a; q_1, \ldots, q_n; l_1, \ldots, l_n).$$

此外,

$$|Q| = l_1 \cdots l_n \geqslant \prod_{i=1}^{n}(l_i' + 1) > \prod_{i=1}^{n} \tfrac{m}{n\lambda_i} = (\tfrac{m}{n})^n (\prod_{i=1}^{n} \lambda_i)^{-1} \geqslant (\tfrac{m}{n})^n (4^n m^{n-1})^{-1} = \tfrac{m}{(4n)^n}.$$

定理证毕. □

定理 8.8 设p为素数, R为模p的同余类的非空集合, $|R| = \lambda p$, 则对某个正整数$n \leqslant \lambda^{-2}$, 存在完全的n维等差数列Q使得

$$Q \subseteq 2R - 2R,$$

$$l(Q) = |Q| > \delta p,$$

其中

$$\delta = \tfrac{1}{(4n)^n} \geqslant (\tfrac{\lambda^2}{4})^{\frac{1}{\lambda^2}}.$$

证明: 设$\mathbb{Z}/p\mathbb{Z} = 2R - 2R$, $n = 1$, Q为1维等差数列$Q = Q(0; 1; p) = \mathbb{Z}/p\mathbb{Z}$, 则$Q \subseteq 2R - 2R$, $|Q| = p > \delta p$, 其中

$$\delta = \tfrac{1}{4} \geqslant (\tfrac{\lambda^2}{4})^{\frac{1}{\lambda^2}}$$

对每个$\lambda \in (0, 1]$成立.

假设$2R - 2R \neq \mathbb{Z}/p\mathbb{Z}$. 由定理8.6, 对某个正整数$n \leqslant \lambda^{-2}$, 存在模$p$的两两不同的同余类$r_1, r_2, \ldots, r_n$ 使得$r_1 = 0$,

$$B = B(r_1, \ldots, r_n; \tfrac{1}{4}) \subseteq 2R - 2R.$$

因为$B(0; \frac{1}{4}) = \mathbb{Z}/p\mathbb{Z}$, 我们一定有$n \geqslant 2$, 从而

$$(r_1, \ldots, r_n, p) = 1.$$

由定理8.7, 存在完全的n维等差数列Q使得$Q \subseteq B, |Q| > \delta p$, 其中

$$\delta = \tfrac{1}{(4n)^n} \geqslant (\tfrac{\lambda^2}{4})^{\frac{1}{\lambda^2}}.$$

□

§8.4 Ruzsa证明的完成

定理 8.9 (Ruzsa) 令W为非空的有限整数集, $h \geqslant 2$,

$$D = D_{h,h}(W) = hW - hW.$$

对每个

$$m \geqslant 4h|D_{h,h}(W)| = 4h|D|,$$

存在集合$W' \subseteq W$使得

$$|W'| \geqslant \tfrac{|W|}{h},$$

并且W'与一个模m的同余类集之间存在h阶Freiman同构.

证明: 设$m \geqslant 4h|D|$, 素数p满足

$$p > \max\{m, 2h \max_{w \in W} |w|\}.$$

令$1 \leqslant q \leqslant p-1$. 我们将构造映射$\phi_q : \mathbb{Z} \to \mathbb{Z}/m\mathbb{Z}$, 然后证明对某个$q$存在$W$的子集$W'$使得$|W'| \geqslant \frac{|W|}{h}$,并且$\phi_q$限制到$W'$上为$h$阶Reiman同构. 映射$\phi_q$是四个映射合成:

$$\mathbb{Z} \xrightarrow{\alpha} \mathbb{Z}/p\mathbb{Z} \xrightarrow{\beta} \mathbb{Z}/p\mathbb{Z} \xrightarrow{\gamma} \mathbb{Z} \xrightarrow{\delta} \mathbb{Z}/m\mathbb{Z},$$

其中$\alpha, \beta, \gamma, \delta$的定义如下.

设$\alpha : \mathbb{Z} \to \mathbb{Z}/p\mathbb{Z}, w \mapsto w + p\mathbb{Z}$为自然映射. 因为$\alpha$是群同态, 它也是2阶Freiman同态. 尽管$\alpha$不是群同构, 我们能够证明$\alpha$限制到$W$时为$h$阶Freiman同构. 令$w_1, \ldots, w_h, w_1', \ldots, w_h' \in W$, 假设

$$\alpha(w_1) + \cdots + \alpha(w_h) = \alpha(w_1') + \cdots + \alpha(w_h'),$$

则

$$\alpha(w_1 + \cdots + w_h) = \alpha(w_1' + \cdots + w_h'),$$

从而

$$(w_1 + \cdots + w_h) - (w_1' + \cdots + w_h') \equiv 0 \bmod p.$$

因为

$$|(w_1 + \cdots + w_h) - (w_1' + \cdots + w_h')| \leqslant 2h \max_{w \in W} |w| < p,$$

所以

$$(w_1 + \cdots + w_h) - (w_1' + \cdots + w_h') = 0.$$

因此, $\alpha : W \to \alpha(W) \subseteq \mathbb{Z}/p\mathbb{Z}$是$h$阶Freiman同构.

对$1 \leqslant q \leqslant p-1$, 定义$\beta_q : \mathbb{Z}/p\mathbb{Z} \to \mathbb{Z}/p\mathbb{Z}, w + p\mathbb{Z} \mapsto wq + p\mathbb{Z}$. 因为$\beta_q$为群同构, 它在$\mathbb{Z}/p\mathbb{Z}$的每个子集上也是$h$阶Freiman同构.

设$\gamma : \mathbb{Z}/p\mathbb{Z} \to \mathbb{Z}$是将同余类$w + p\mathbb{Z}$映为最小非负代表元的映射. γ的项为整数区间$[0, p-1]$. γ既不是群同态, 也不是h阶Freiman同态(见习题8.9). 但是, 我们现在能将$\mathbb{Z}/p\mathbb{Z}$写成h个陪集的并集, 使得γ限制到每个陪集上为h阶Freiman同构. 对$1 \leqslant i \leqslant h$, 令

$$U_i = \gamma^{-1}\left[\tfrac{(i-1)(p-1)}{h}, \tfrac{i(p-1)}{h}\right] \subseteq \mathbb{Z}/p\mathbb{Z}.$$

因为

$$[0, p-1] = \bigcup_{i=1}^{h} \left[\tfrac{(i-1)(p-1)}{h}, \tfrac{i(p-1)}{h}\right],$$

所以

$$\mathbb{Z}/p\mathbb{Z} = \bigcup_{i=1}^{h} U_i.$$

固定集合U_i, 令$u_j + p\mathbb{Z}, u_j' + p\mathbb{Z} \in U_i (1 \leqslant j \leqslant h)$. 若在$\mathbb{Z}/p\mathbb{Z}$中有

$$u_1 + \cdots + u_h + p\mathbb{Z} = u_1' + \cdots + u_h' + p\mathbb{Z},$$

则在$\mathbb{Z}$中有

$$\gamma(u_1+p\mathbb{Z})+\cdots+\gamma(u_h+p\mathbb{Z})\equiv\gamma(u_1'+p\mathbb{Z})+\cdots+\gamma(u_h'+p\mathbb{Z}) \bmod p.$$

因为

$$\gamma(u_1+p\mathbb{Z})+\cdots+\gamma(u_h+p\mathbb{Z}),\gamma(u_1'+p\mathbb{Z})+\cdots+\gamma(u_h'+p\mathbb{Z})\in[(i-1)(p-1),i(p-1)],$$

所以

$$|(\gamma(u_1+p\mathbb{Z})+\cdots+\gamma(u_h+p\mathbb{Z}))-(\gamma(u_1'+p\mathbb{Z})+\cdots+\gamma(u_h'+p\mathbb{Z}))|\leqslant p-1,$$

从而

$$\gamma(u_1+p\mathbb{Z})+\cdots+\gamma(u_h+p\mathbb{Z})=\gamma(u_1'+p\mathbb{Z})+\cdots+\gamma(u_h'+p\mathbb{Z}).$$

于是, γ是h阶Freiman同构. 反过来, 若在$\mathbb{Z}$中有

$$\gamma(u_1+p\mathbb{Z})+\cdots+\gamma(u_h+p\mathbb{Z})=\gamma(u_1'+p\mathbb{Z})+\cdots+\gamma(u_h'+p\mathbb{Z}),$$

则在$\mathbb{Z}/p\mathbb{Z}$中有

$$u_1+\cdots+u_h+p\mathbb{Z}=u_1'+\cdots+u_h'+p\mathbb{Z},$$

从而γ限制到每个集合U_i上为h阶Freiman同构.

对$1\leqslant i\leqslant h$, 令

$$W_{i,q}=W\cap\alpha^{-1}(\beta_q^{-1}(U_i)),$$

则

$$W=\bigcup_{i=1}^{h}W_{i,q},$$

从而存在j使得

$$|W_{j,q}|\geqslant\tfrac{|W|}{h}.$$

令$W_q'=W_{j,q}$, 定义$\theta_q:W\to\mathbb{Z}$为$\theta_q=\gamma\beta_q\alpha$, 则对所有的$a\in W$有

$$\theta_q(w)=wq-[\tfrac{wq}{p}]p\in[0,p-1].$$

令

$$V_q=\theta_q(W),$$

$$V_q'=\theta_q(W_q'),$$

则$\theta_q:W_q'\to V_q'$是h阶Freiman同构.

令$\delta:\mathbb{Z}\to\mathbb{Z}/m\mathbb{Z},w\mapsto w+m\mathbb{Z}$为自然映射, 则$\delta$是$h$阶Freiman同构. 我们将证明至少存在一个$q\in[1,p-1]$使得$\delta$限制到$V_q$上为$h$阶Freiman同构.

令$q\in[1,p-1]$, 假设$\delta:V_q\to\mathbb{Z}/m\mathbb{Z}$不是$h$阶Freiman同构, 则存在整数$v_1,\ldots,v_h,v_1',\ldots,v_h'\in V_q\subseteq[0,p-1]$使得

$$v_1+\cdots+v_h\neq v_1'+\cdots+v_h',$$

但是

$$\delta(v_1+\cdots+v_h)=\delta(v_1)+\cdots+\delta(v_h)=\delta(v_1')+\cdots+\delta(v_h')=\delta(v_1'+\cdots+v_h').$$

定义

$$v^*=(v_1+\cdots+v_h)-(v_1'+\cdots+v_h').$$

因为$m>4h|D|$, 所以

$$|v^*|\leqslant h(p-1)<hp<mp, \tag{8.4}$$

并且

$$v^*\equiv 0 \bmod m, \tag{8.5}$$

但是

$$v^*\neq 0. \tag{8.6}$$

对$1\leqslant i\leqslant h$, 选取$w_i, w_i'\in W$使得$\theta_q(w_i)=v_i, \theta_q(w_i')=v_i'$. 定义

$$w^*=(w_1+\cdots+w_h)-(w_1'+\cdots+w_h'),$$

则$w^*\in D=hW-hW$. 对$1\leqslant i\leqslant h$有

$$v_i\equiv w_iq \bmod p,$$

$$v_i'\equiv w_i'q \bmod p,$$

因此

$$v^*\equiv w^*q \bmod p,$$

从而存在整数x使得

$$v^*=\gamma(w^*q+p\mathbb{Z})+xp. \tag{8.7}$$

若$w^*\equiv 0 \bmod p$, 则

$$v^*\equiv 0 \bmod p. \tag{8.8}$$

因为p是素数, $1<m<p$, 可知$(m,p)=1$. 于是由同余式(8.5)与(8.8)得到

$$v^*\equiv 0 \bmod mp.$$

因为由(8.4)得到$|v^*|<mp$, 所以$v^*=0$, 这就与(8.6)矛盾. 因此,

$$w^*\not\equiv 0 \bmod p.$$

回顾$\gamma(w^*q+p\mathbb{Z})$是同余类$w^*q+p\mathbb{Z}$中的最小非负整数. 由(8.5)与(8.7)可知

$$v^*=\gamma(w^*q+p\mathbb{Z})+xp\equiv 0 \bmod m,$$

并且由不等式(8.4)可得

$$-h \leqslant x \leqslant h-1.$$

因此, 若$q \in [1,p-1], \delta : V_q \to \mathbb{Z}/m\mathbb{Z}$不是$h$阶Freiman同构, 则存在整数$w^* \in D, x \in [-h, h-1]$使得$w^* \not\equiv 0 \bmod p$, 并且

$$\gamma(w^*q + p\mathbb{Z}) + xp \equiv 0 \bmod m. \tag{8.9}$$

我们来计算一下满足条件的三元整数组

$$(q, w^*, x)$$

的个数. 对$x \in [-h, h-1]$的选取有$2h$种方法. 因为$p > m$, 同余式

$$y + xp \equiv 0 \bmod m$$

最多有

$$\tfrac{p-1}{m} + 1 \leqslant \tfrac{2(p-1)}{m}$$

个解$y \in [1, p-1]$. 选取整数$w^* \in D$使得$w^* \not\equiv 0 \bmod p$. 由于$0 \in D$, 最多有$|D|-1$中取法. 因为$w^* \not\equiv 0 \bmod p$, 对每个整数$y \in [1,p-1]$, 存在唯一的整数$q \in [1,p-1]$使得$y = \gamma(w^*q + p\mathbb{Z})$. 因此, 对每个可以选取的$x$与$w^*$, 最多存在$\frac{2(p-1)}{m}$中选择$q \in [1,p-1]$使得三元数组$(q,w^*,x)$是同余式(8.9)的一个解. 因为$m \geqslant 4h|D|$, 这样的三元数组最多为

$$2h\tfrac{2(p-1)}{m}(|D|-1) < \tfrac{4h|D|(p-1)}{m} \leqslant p-1.$$

因此, 至少有一个$q \in [1,p-1]$不在这样的三元数组中. 对这个q, 映射

$$\delta : V_q \to \theta_q(W) \to \mathbb{Z}/m\mathbb{Z}$$

是h阶Freiman同构. 令$W' = W'_q$. 因为

$$\theta_q : W' \to V'_q \subseteq V_q \subseteq \mathbb{Z}$$

也是h阶的Freiman同构, 所以存在$W' \to \mathbb{Z}/m\mathbb{Z}$的$h$阶Freiman同构. 此外, 有$|W'| \geqslant \frac{|W|}{h}$. □

定理 8.10 设c, c_1, c_2为正实数, $k \geqslant 1$, 无挠Abel群的有限子集A, B满足

$$c_1 k \leqslant |A|, |B| \leqslant c_2 k,$$

$$|A+B| \leqslant ck,$$

则A是长度最多为lk的n维等差数列的子集, 其中n, l仅依赖于c, c_1, c_2.

证明: 令G为A生成的群. 因为G是有限生成的无挠Abel群, 在推论8.2中取$h = 32$可知A与某个整数集W之间存在32阶Freiman同构. 由于$32 = 2(8+8)$, 由定理8.5可知差集$D_{8,8}(A) = 8A - 8A$与$D_{8,8}(W) = 8W - 8W$之间存在2阶Freiman同构, 所以$|D_{8,8}(W)| = |D_{8,8}(A)|$. 令$c_3 = \frac{c}{c_1}$. 因为

$$|A+B| \leqslant ck \leqslant \tfrac{c}{c_1}|A| = c_3|A|,$$

由定理7.8得到

$$|D_{8,8}(W)| = |D_{8,8}(A)| \leqslant c_3^{16}|A| = c_3^{16}|W|.$$

初等数论中的Bertrand定理指出: 对每个正整数n, n与$2n$之间都存在素数. 令$n = 32|D_{8,8}(W)|$, 则存在素数p使得

$$|W| < 32|W| \leqslant 32|D_{8,8}(W)| < p < 64|D_{8,8}(W)| \leqslant 64c_3^{16}|W|.$$

在定理8.9中取$h = 8$, 则存在集合$W' \subseteq W$使得$|W'| \geqslant \frac{|W|}{8}$, 并且$W'$与一个模$p$的同余类集$R$之间存在8阶Freiman同构. 定义$\lambda \in (0,1]$为$\lambda p = |R|$, 则

$$\lambda p = |R| = |W'| \geqslant \frac{|W|}{8} > \frac{p}{8 \cdot 64c_3^{16}},$$

从而

$$\lambda > 2^{-9}c_3^{-16}.$$

由定理8.8, 差集$2R - 2R$包含一个完全的n_1维等差数列Q', 其长度为

$$l(Q') = |Q'| > \delta p > \delta|W| = \delta|A|,$$

其中

$$n_1 \leqslant \lambda^{-2} < 2^{18}c_3^{32},$$

$$\delta = (4n_1)^{-n_1} > (2^{20}c_3^{32})^{-2^{18}c_3^{32}}.$$

因为$8 = 2(2+2)$, 由定理8.5可知差集$2R - 2R$与$2W' - 2W'$之间存在2阶Freiman同构.

集合W与A之间存在32阶Freiman同构, 从而也是8阶Freiman同构. 令A'为W'在这个同构下的像. 由定理8.5可知, 差集$2W' - 2W'$与$2A' - 2A'$之间存在2阶Freiman同构, 所以$2R - 2R$与$2A' - 2A'$之间存在Freiman同构. 令Q_1为Q'在这个同构下的像. 由定理8.4, 集合Q_1是完全的n_1维等差数列, 且满足

$$Q_1 \subseteq 2A' - 2A' \subseteq 2A - 2A \subseteq G,$$

$$\delta|A| < |Q'| = |Q_1| = l(Q_1) \leqslant |2A - 2A| \leqslant c_3^4|A|.$$

令$A^* = \{a_1, \ldots, a_{n_2}\}$为$A$中使得$a_i + Q_1 (1 \leqslant i \leqslant n_2)$两两不相交的极大集合. 因为

$$\bigcup_{i=1}^{n_2}(a_i + Q_1) = A^* + Q_1 \subseteq A + Q_1 \subseteq 3A - 2A,$$

由定理7.8可得

$$n_2|Q_1| = \sum_{i=1}^{n_2}|a_i + Q_1| = |\bigcup_{i=1}^{n_2}(a_i + Q_1)| = |A^* + Q_1| \leqslant |3A - 2A| \leqslant c_3^5|A|.$$

于是

$$n_2 \leqslant \frac{c_3^5|A|}{|Q_1|} < \frac{c_3^5|A|}{\delta|A|} = c_3^5(4n_1)^{n_1}.$$

集合A^*是n_2维等差数列

$$Q_2 = \{x_1a_1 + \cdots + x_{n_2}a_{n_2} | 0 \leqslant x_i < 2 (1 \leqslant i \leqslant n_2)\}$$

的子集, $l(Q_2) = 2^{n_2}$. 因为集合A^*极大, 对每个$a \in A$, 存在$a_i \in A^*$使得

$$(a+Q_1)\cap(a_i+Q_1)\neq\varnothing,$$

从而有整数$q,q'\in Q_1$使得$a+q=a_i+q'$. 于是,

$$a=a_i+q'-q\in A^*+Q_1-Q_1\subseteq Q_2+Q_1-Q_1.$$

令$Q=Q_2+Q_1-Q_1$, 则

$$A\subseteq Q.$$

由定理8.2, Q_1-Q_1是n_1维等差数列, 其长度为

$$l(Q_1-Q_1)<2^{n_1}l(Q_1)\leqslant 2^{n_1}c_3^4|A|\leqslant 2^{n_1}(\tfrac{c}{c_1})^4c_2k,$$

从而$Q=Q_2+(Q_1-Q_1)$是维数为

$$n=n_1+n_2$$

的等差数列, 其长度为

$$l=l(Q)\leqslant l(Q_2)l(Q_1-Q_1)<2^{n-2}2^{n_1}(\tfrac{c}{c_1})^4c_2k=2^n(\tfrac{c}{c_1})^4c_2k,$$

其中n,l仅依赖于c,c_1,c_2. □

Freiman定理8.1是上述结果在A为有限整数集, $B=A$时的特殊情形.

§8.5 注记

有许多与Freiman定理相关的未解决问题. 令A为有限整数集. 若$|2A|\leqslant c|A|$, 则定理8.1指出A是一个n维等差数列Q的子集, 且满足$|Q|\leqslant c'|A|$, 其中n,c'仅依赖于c. 我们不知道这些常数可以同时变得多么小. 另一个重要的问题是§9.6中要讨论的“完全性猜想”.

若和集$2A$的基数比$c|A|$稍微大一点, 存在结构定理吗? 例如, 若存在$\delta>0$使得$|2A|\leqslant c|A|\log^{\delta}|A|$, 我们对集合$A$能得到什么结论呢?

令$h\geqslant 3$, 我们不知道如何将Freiman定理推广到h重和集hA上. 我们希望找到类似从$|hA|\leqslant c|A|^u$得到A的某种结构的结果的条件. 若$u=1$, 则由$|hA|\leqslant c|A|$, $|2A|\leqslant|hA|$可得$|hA|\leqslant c|A|$, 从而可以直接应用Freiman定理. 另一方面, 条件$|hA|\leqslant c|A|^{h-1}$不足以限制集合A的结构(见习题8.12). 我们可以阐述许多这种类型的未解决问题. 例如, 是否存在$\delta>1$使得当$|3A|\leqslant c|A|^{1+\delta}$时, 我们能够从某种意义上确定$A$的结构?

Freiman定理首先出现在1964年的一篇短文[53]以及1966年的专著[54]中. Freiman在New York数论研讨会的论文集[56]中发表了修订后的证明. Bilu[9]提供了一个不同于Freiman原始证明的版本. Ruzsa的证明见于[113]与[115]. Bogolyubov定理是他对每个殆周期函数能够被三角多项式一致逼近这一结果的“算术”证明[11]的一部分. Jensen[72]与Maak[86]对Bogolyubov的方法进行了评述.

§8.6 习题

习题8.1 设$\phi:A\to B$为h阶Freiman同构, $A'\subseteq A, B'=\phi(A')$. 证明: $\phi:A'\to B'$也是h阶Freiman同构.

习题8.2 设$h' \leqslant h$, $\phi: A \to B$为h阶Freiman同构. 证明: ϕ也是h阶Freiman同构.

习题8.3 h阶Freiman同构的复合是h阶Freiman同构.

习题8.4 (Freiman[54]) 设$A = \{0, 1, h+1\}$, $B = \{0, 1, h+2\}$. 证明: A与B之间存在h阶Freiman同构, 但不存在$h+1$阶Freiman同构.

习题8.5 设$P = [0, 35]$. 对$n = 1, 2, 3, 4, 6, 9$, 将P表示成n维等差数列.

习题8.6 设P, P'分别为n, n'维多维等差数列. 证明: $P - P'$是$n + n'$维等差数列.

习题8.7 设Ω为Abel群的有限子集A满足的某个条件, 则$A \subseteq Q$, 其中Q是满足$|Q| \leqslant c'|A|$的n维等差数列, n, c'仅依赖于Ω. 证明: $|2A| \leqslant 2^n c'|A|$.

习题8.8 设A为Abel群的有限子集, $k = |A|$. 假设

$$c_1 k \log k < |2A| < c_2 k \log k,$$

证明: A不是任何多维等差数列的大子集, 即不存在数$n = n(c_1, c_2), l = l(c_1, c_2)$使得$A \subseteq Q$, 其中$Q$是$n$维等差数列, $|Q| \leqslant l|A|$.

习题8.9 设$\phi: \mathbb{Z}/m\mathbb{Z} \to \mathbb{Z}$是将每个同余类映为它的最小非负剩余的映射. 证明: ϕ不是2阶Freiman同构.

习题8.10 设A为平面上不全在一条直线上的格点集的有限子集. 证明: 不存在整数集B使得对所有的$h \geqslant 2$, A与B之间存在h阶Freiman同构.

习题8.11 设A为整数集, $h \geqslant 2$, $D = hA - hA$. 证明: 存在集合$A'' \subseteq A$使得$|A''| \geqslant \frac{|A|}{h^2}$, 并且$A''$与$[1, 2|D|]$的一个子集之间存在$h$阶Freiman同构.(提示: 利用定理8.9.)

习题8.12 设非负整数集B是2阶基, $A = B \cap [0, n]$. 证明:

$$|3A| \leqslant c_1 |A|^2,$$

其中常数c_1依赖于B, 但与n无关. 假设B为稀薄基, 即对所有的$n \geqslant 1$有$|B \cap [0, n]| \leqslant cn^{\frac{1}{2}}$. 证明:

$$|3A| \geqslant c_2 |A|^2,$$

其中常数c_1, c_2仅依赖于B.

第 9 章　Freiman定理的应用

§9.1　组合数论

组合数论中的许多定理与猜想都是关于包含有限等差数列的整数集的. 我们在本章利用Freiman定理解决两个这样的问题. 第一个问题是要证明: 若A是充分大的整数集使得$|2A| \leqslant c|A|$, 则A包含一个长的等差数列. 我们在下一节证明这个结果. 第二个问题是要证明: 包含三项等差数列的整数集一定包含一个长的等差数列. 证明中用到了Balog与Szemerédi的一个漂亮定理, 它是Freiman定理的一种“密度”版.

§9.2　小和集与长数列

关于等差数列的最著名的结果是如下的Szemerédi定理: 令$\delta > 0$, $t \geqslant 3$, 存在整数$l_0(\delta,t)$使得若$l \geqslant l_0(\delta,t)$, A是$[0,l-1]$的子集满足$|A| \geqslant \delta l$, 则A包含长度为t的等差数列. 下面的引理是这一结果的简单推论.

引理 9.1　令$\delta > 0, t \geqslant 3$, 存在整数$l_0(\delta,t)$使得若$Q$是无挠Abel群中的长度为$l$的等差数列, B是Q的子集满足$|B| \geqslant \delta l, l \geqslant l_0(\delta,t)$, 则$B$包含长度为$t$的等差数列.

证明: 设$l_0(\delta,t)$为Szemerédi定理确定的整数. 因为Q是1维等差数列, 存在群元素a与$q \neq 0$使得

$$Q = \{a + xq | 0 \leqslant x < l\}.$$

令

$$A = \{x \in [0,l-1] | a + xq \in B\},$$

则A是整数集, $|A| = |B| \geqslant \delta l$. 由Szemerédi定理, A包含长度为t的等差数列, 从而存在整数a'与$q' \neq 0$使得$a' + yq' \in A (0 \leqslant y < t)$. 令$a'' = a + a'q, q'' = q'q$, 则由于群是无挠的, $q'' \neq 0$, 并且对$0 \leqslant y < t$有

$$a + (a' + yq')q = a'' + yq'' \in B.$$

因此, B包含长度为t的等差数列. □

定理 9.1　令$c \geqslant 2, t \geqslant 3$, 存在整数$k_0(c,t)$使得若$A$是无挠Abel群的子集, $|A| \geqslant k_0(c,t)$, $|2A| \leqslant c|A|$, 则A包含一个长度至少为t的等差数列.

证明: 设$|A| = k$. 由Freiman定理(定理8.10), 存在整数$n = n(c), l = l(c)$使得A是n维等差数列Q的子集, 并且

$$l(Q) \leqslant lk.$$

令

$$Q = \{a + x_1q_1 + \cdots + x_nq_n | 0 \leqslant x_i < l_i (1 \leqslant i \leqslant n)\},$$

则

$$l(Q) = l_1l_2\cdots l_n.$$

不失一般性, 我们可以假设

$$l_1 \leqslant l_2 \leqslant \cdots \leqslant l_n.$$

由此可得

$$k = |A| \leqslant |Q| \leqslant l(Q) = l_1l_2\cdots l_n \leqslant l_n^n,$$

从而

$$l_n \geqslant k^{\frac{1}{n}}.$$

令

$$Y = \{\boldsymbol{y} = (y_1, \dots, y_{n-1}) \in \mathbb{Z}^{n-1} | 0 \leqslant y_i < l_i (1 \leqslant i \leqslant n-1)\},$$

则

$$|Y| = l_1l_2\cdots l_{n-1}.$$

对每个$\boldsymbol{y} \in Y$, 集合

$$L(\boldsymbol{y}) = \{a + y_1q_1 + \cdots + y_{n-1}q_{n-1} + x_nq_n | 0 \leqslant x_n < l_n\}$$

是群中长度为l_n的等差数列. 因为

$$A \subseteq Q = \bigcup_{\boldsymbol{y}\in Y} L(\boldsymbol{y}),$$

所以

$$A = \bigcup_{\boldsymbol{y}\in Y} (L(\boldsymbol{y}) \cap A),$$

从而

$$k = |A| = \bigcup_{\boldsymbol{y}\in Y} |L(\boldsymbol{y}) \cap A|.$$

我们对这些等差数列$L(\boldsymbol{y})$与集合A的交集的基数的均值求出下界:

$$\frac{\sum\limits_{\boldsymbol{y}\in Y} |L(\boldsymbol{y})\cap A|}{|Y|} \geqslant \frac{k}{l_1\cdots l_{n-1}} \geqslant \frac{l_n}{l} \geqslant \frac{k^{\frac{1}{n}}}{l}.$$

由此可知存在$\boldsymbol{y} \in Y$使得

$$|L(\boldsymbol{y}) \cap A| \geqslant \frac{k^{\frac{1}{n}}}{l}.$$

令

$$k_0(c,t) = l_0(\tfrac{1}{l},t)^n,$$

其中$l_0(\frac{1}{l},t)$是引理9.1中构造的整数. 若$|A| = k \geqslant k_0(c,t)$, 则$L(\boldsymbol{y})$是长度为

$$l_n \geqslant k^{\frac{1}{n}} \geqslant k_0(c,t)^{\frac{1}{n}} - l_0(\tfrac{1}{l},t)$$

的等差数列, 因此$L(\boldsymbol{y}) \cap A$包含长度至少为t的等差数列. □

§9.3 正则性引理

令A, B为无挠Abel群的非空子集, $|A| = |B| = k$. 对$W \subseteq A \times B$, 令

$$S(W) = \{a + b | (a,b) \in W\}.$$

特别地,

$$S(A \times B) = A + B.$$

Freiman定理指出: 若$|S(A \times B)| \leqslant ck$, 则$A$包含于一个$n$维等差数列$Q$中, Q的长度$l(Q)$满足$l(Q) \leqslant lk$, 其中n, l是仅依赖于c的参数.

Balog与Szemerédi[6]对$A \times B$的大子集证明了一个Freiman型的结果. 他们证明了: 若$W \subseteq A \times B, |W| \geqslant c_1 k^2, |S(W)| \leqslant c_2 k$, 则存在集合$A' \subseteq A$使得$|A'| \geqslant c_1' k, |2A'| \leqslant c_2' k$, 其中$c_1', c_2'$是仅依赖于$c_1, c_2$的正常数. 由此得到

$$|2A'| \leqslant c_2'|k| = \left(\frac{c_2'}{c_1'}\right) c_1'|k| \leqslant c|A'|,$$

其中$c = \frac{c_2'}{c_1'}$. 利用Freiman定理, 我们推出A'是一个多维等差数列的“大”子集. Balog-Szemerédi定理的证明利用了一个称为正则性引理的重要的图论结果, 它也是由Szemerédi发现的.

正则性引理肯定了图的顶点集存在非常好的一类划分. 令$G = (V, E)$为一个图, 或者更准确地说是没有重边与环的无向图, 则V是有限顶点集, E是边集, 其中每条边是集合$\{v, v'\}$(不一定是V中不同元素), 称顶点v, v'为边$e = \{v, v'\}$的端点. 若$v \in e$, 则称边e与顶点v相邻. 称与v相邻的边数为顶点v的度数. 图中的任意两个顶点之间最多有一条边.

设A, B为V的子集. 我们将一个端点在A中, 另一个端点在B中的边数记为$e(A, B)$. 若A, B为非空的无交集, 定义A与B之间边的密度为

$$d(A,B) = \frac{e(A,B)}{|A||B|},$$

其中$|A|$表示集合A的基数. 因为$0 \leqslant e(A,B) \leqslant |A||B|$, 所以$0 \leqslant d(A,B) \leqslant 1$.

我们需要下面的引理.

引理 9.2 令$G = (V, E)$为图, A, B为V的非空无交集. 设$A' \subseteq A, B' \subseteq B$满足

$$|A'| \geqslant (1 - \delta)|A|,$$

$$|B'| \geqslant (1-\delta)|B|,$$

其中$0 < \delta < 1$, 则

$$|d(A,B) - d(A',B')| \leqslant \tfrac{2\delta}{(1-\delta)^2},$$

$$|d(A,B)^2 - d(A',B')^2| \leqslant \tfrac{4\delta}{(1-\delta)^2}.$$

特别地, 若$\delta \leqslant \frac{1}{2}$, 则

$$|d(A,B) - d(A',B')| \leqslant 8\delta,$$

$$|d(A,B)^2 - d(A',B')^2| \leqslant 16\delta.$$

证明: 设$A'' = A \backslash A', B'' = B \backslash B'$, 则$|A''| = |A| - |A'| \leqslant \delta|A|, |B''| \leqslant \delta|B|$, 并且

$$\begin{aligned}
e(A,B) &= e(A',B') + e(A',B'') + e(A'',B') + e(A'',B'') \\
&= e(A',B') + e(A',B'') + e(A'',B) \\
&\leqslant e(A',B') + e(A,B'') + e(A'',B) \\
&\leqslant e(A',B') + |A||B''| + |A''||B| \\
&\leqslant e(A',B') + 2\delta|A||B|.
\end{aligned}$$

由此可得

$$d(A,B) = \tfrac{e(A,B)}{|A||B|} \leqslant \tfrac{e(A',B')}{|A||B|} + 2\delta \leqslant \tfrac{e(A',B')}{|A'||B'|} + 2\delta = d(A',B') + 2\delta \leqslant d(A',B') + \tfrac{2\delta}{(1-\delta)^2},$$

所以,

$$d(A,B) - d(A',B') \leqslant \tfrac{2\delta}{(1-\delta)^2}.$$

同理,

$$d(A',B') = \tfrac{e(A',B')}{|A'||B'|} \leqslant \tfrac{e(A,B)}{|A'||B'|} \leqslant \tfrac{e(A,B)}{(1-\delta)^2|A||B|} = \tfrac{d(A,B)}{(1-\delta)^2},$$

所以,

$$d(A',B') - d(A,B) \leqslant d(A,B)\left(\tfrac{1}{(1-\delta)^2} - 1\right) \leqslant \tfrac{1}{(1-\delta)^2} - 1 \leqslant \tfrac{2\delta}{(1-\delta)^2}.$$

因此,

$$|d(A,B) - d(A',B')| \leqslant \tfrac{2\delta}{(1-\delta)^2},$$

从而

$$\begin{aligned}
|d(A,B)^2 - d(A',B')^2| &= |d(A,B) + d(A',B')||d(A,B) - d(A',B')| \\
&\leqslant 2|d(A,B) - d(A',B')| \\
&\leqslant \tfrac{4\delta}{(1-\delta)^2}.
\end{aligned}$$

若$0 < \delta \leqslant \frac{1}{2}$, 则$\frac{1}{(1-\delta)^2} \leqslant 4$, 故引理结论成立. □

引理 9.3 (Schwarz不等式) 设$x_1, \ldots, x_n \in \mathbb{R}$, 则

$$\sum_{i=1}^{n} x_i^2 \geqslant \frac{1}{n}(\sum_{i=1}^{n} x_i)^2. \tag{9.1}$$

对$1 \leqslant m \leqslant n-1$, 令

$$\Delta = \frac{1}{m}\sum_{i=1}^{m} x_i - \frac{1}{n}\sum_{i=1}^{n} x_i,$$

则

$$\sum_{i=1}^{n} x_i^2 \geqslant \frac{1}{n}(\sum_{i=1}^{n} x_i)^2 + \frac{mn\Delta^2}{n-m}. \tag{9.2}$$

证明: 令$S_1(n) = \sum\limits_{i=1}^{n} x_i, S_2(n) = \sum\limits_{i=1}^{n} x_i^2$. 因为

$$\begin{aligned}
0 &\leqslant \sum_{i=1}^{n}(x_i - \tfrac{S_1(n)}{n})^2 \\
&\leqslant \sum_{i=1}^{n}(x_i^2 - \tfrac{2x_iS_1(n)}{n} + \tfrac{S_1(n)^2}{n^2})) \\
&\leqslant S_2(n) - \tfrac{2S_1(n)^2}{n} + \tfrac{nS_1(n)^2}{n^2} \\
&\leqslant S_2(n) - \tfrac{S_1(n)^2}{n},
\end{aligned}$$

所以

$$S_2(n) \geqslant \tfrac{S_1(n)^2}{n},$$

不等式(9.1)得证. 由此得到

$$S_2(n) - S_2(m) = \sum_{i=m+1}^{n} x_i^2 \geqslant \tfrac{1}{n-m}(\sum_{i=m+1}^{n} x_i)^2 = \tfrac{(S_1(n)-S_1(m))^2}{n-m},$$

所以

$$\begin{aligned}
S_2(n) &= S_2(m) + (S_2(n) - S_2(m)) \\
&\geqslant \tfrac{S_1(m)^2}{m} + \tfrac{(S_1(n)-S_1(m))^2}{n-m} \\
&= \tfrac{S_1(n)^2}{n-m} - \tfrac{2S_1(n)S_1(m)}{n-m} + \tfrac{nS_1(m)^2}{m(n-m)} \\
&= \tfrac{S_1(n)^2}{n} + \tfrac{mS_1(n)^2}{n(n-m)} - \tfrac{2S_1(n)S_1(m)}{n-m} + \tfrac{nS_1(m)^2}{m(n-m)} \\
&= \tfrac{S_1(n)^2}{n} + \tfrac{mn}{n-m}(\tfrac{S_1(n)}{n} - \tfrac{S_1(m)}{m})^2 \\
&= \tfrac{S_1(n)^2}{n} + \tfrac{mn\Delta^2}{n-m}.
\end{aligned}$$

不等式(9.2)得证. □

引理 9.4 设$G = (V, E)$为图. 令

$$A = \bigcup_{i=1}^{q} A_i \subseteq V$$

与

$$B = \bigcup_{j=1}^{r} B_j \subseteq V$$

分别为集合A, B的无交并分解, 其中

$$|A_i| = a \geqslant 1\ (1 \leqslant i \leqslant q),$$

$$|B_j| = b \geqslant 1\ (1 \leqslant j \leqslant r),$$

并且对所有的i, j有

$$A_i \cap B_j = \varnothing,$$

则

$$\frac{1}{qr}\sum_{i=1}^{q}\sum_{j=1}^{r} d(A_i, B_j)^2 \geqslant d(A, B)^2. \tag{9.3}$$

令$0 < \theta < 1$, $q', r' \in \mathbb{Z}$满足$0 < \theta q \leqslant q' < q, 0 < \theta r \leqslant r' < r$. 令$A' = \sum\limits_{i=1}^{q'} A_i, B' = \sum\limits_{j=1}^{r'} B_j$, 则

$$\frac{1}{qr}\sum_{i=1}^{q}\sum_{j=1}^{r} d(A_i, B_j)^2 \geqslant d(A, B)^2 + \theta^2(d(A, B) - d(A', B'))^2. \tag{9.4}$$

证明: 因为$|A| = qa, |B| = rb$, 所以

$$\begin{aligned}
\tfrac{1}{qr}\sum_{i=1}^{q}\sum_{j=1}^{r} d(A_i, B_j) &= \tfrac{1}{qr}\sum_{i=1}^{q}\sum_{j=1}^{r} \tfrac{e(A_i, B_j)}{|A_i||B_j|} \\
&= \tfrac{1}{qarb}\sum_{i=1}^{q}\sum_{j=1}^{r} e(A_i, B_j) \\
&= \tfrac{e(A,B)}{|A||B|} \\
&= d(A, B).
\end{aligned}$$

同理,

$$\tfrac{1}{q'r'}\sum_{i=1}^{q'}\sum_{j=1}^{r'} d(A_i, B_j) = d(A', B').$$

于是,

$$\Delta = \tfrac{1}{qr}\sum_{i=1}^{q}\sum_{j=1}^{r} d(A_i, B_j) - \tfrac{1}{q'r'}\sum_{i=1}^{q'}\sum_{j=1}^{r'} d(A_i, B_j) = d(A, B) - d(A', B').$$

由引理9.3中的(9.1)可知

$$\tfrac{1}{qr}\sum_{i=1}^{q}\sum_{j=1}^{r} d(A_i, B_j)^2 \geqslant (\tfrac{1}{qr})^2(\sum_{i=1}^{q}\sum_{j=1}^{r} d(A_i, B_j))^2 = d(A, B)^2.$$

第一个不等式得证.

由条件$q' \geqslant \theta q, r' \geqslant \theta r$得到

$$\tfrac{q'r'}{qr - q'r'} \geqslant \tfrac{qr\theta^2}{qr - q'r'} \geqslant \theta^2.$$

要得到第二个不等式, 在引理9.3中的(9.2)中取$n = qr, m = q'r'$可得

$$\begin{aligned}
\tfrac{1}{qr}\sum_{i=1}^{q}\sum_{j=1}^{r} d(A_i, B_j)^2 &\geqslant (\tfrac{1}{qr})^2(\sum_{i=1}^{q}\sum_{j=1}^{r} d(A_i, B_j))^2 + \tfrac{q'r'\Delta^2}{qr - q'r'} \\
&\geqslant d(A, B)^2 + \theta^2\Delta^2 \\
&= d(A, B)^2 + \theta^2(d(A, B) - d(A', B'))^2.
\end{aligned}$$

引理得证. □

令$G=(V,E)$为图, $\mathcal{P}$为将顶点集V分成$m+1$个集合$C_0, C+1, \cdots, C_m$的一个划分. 若$|C_s|=|C_t|(1\leqslant s<t\leqslant m)$, 则称$\mathcal{P}$为一个公平划分, 称集合$C_0$为$\mathcal{P}$的例外集. 定义公平划分$\mathcal{P}$的划分密度为

$$d(\mathcal{P})=\frac{1}{m^2}\sum_{1\leqslant s<t\leqslant m} d(C_s,C_t)^2.$$

因为有$\frac{m(m-1)}{2}$个求和项, 并且每一项都满足$0\leqslant d(C_s,C_t)\leqslant 1$, 所以

$$0\leqslant d(\mathcal{P})<\frac{1}{2}.$$

设A, B为顶点集V的非空无交集, $\varepsilon>0$. 称集合对(A,B)为ε-正则的, 如果由条件

$$X\subseteq A,\ |X|\geqslant\varepsilon|A|$$

与

$$Y\subseteq B,\ |Y|\geqslant\varepsilon|B|$$

可推出

$$|d(A,B)-d(X,Y)|<\varepsilon.$$

称将V分成$m+1$个两两不相交的集合$C_0, C_1, \ldots, C_m$的公平划分为ε-正则的, 如果

$$|C_0|\leqslant\varepsilon|V|,$$

并且最多除了εm^2对集合$(C_s,C_t)(1\leqslant s<t\leqslant m)$外, (C_s,C_t)是ε-正则的.

下面的结果是证明正则性引理的核心.

引理 9.5 令$0<\varepsilon<1$, 整数m满足

$$4^m\geqslant 2^{10}\varepsilon^{-5}.$$

设$G=(V,E)$为有k个顶点的图, $\mathcal{P}$为V分成$m+1$个类$C_0, C_1, \ldots, C_m$的公平划分, 且满足

$$|C_s|\geqslant 4^{2m}\ (1\leqslant s\leqslant m).$$

若ε-正则集合对$(C_s,C_t)(1\leqslant s<t\leqslant m)$的个数大于$\varepsilon m^2$, 则存在将$V$分成$m4^m+1$类的公平划分$\mathcal{P}'$使得例外类的级数小于

$$|C_0|+\frac{k}{4^m},$$

并且$\mathcal{P}$的划分密度满足

$$d(\mathcal{P}')\geqslant d(\mathcal{P})+\frac{\varepsilon^5}{32}.$$

证明: 令$q=4^m$,

$$e=[\frac{|C_s|}{q}]\ (1\leqslant s\leqslant m),$$

则

$$q^2 = 4^{2m} \leqslant |C_s| = eq + r < (e+1)q,$$

其中

$$0 \leqslant r < q \leqslant e.$$

由此可得

$$q = [\tfrac{|C_s|}{e}].$$

设$1 \leqslant s < t \leqslant m$. 若集合对$(C_s, C_t)$是$\varepsilon$-正则的, 则选取集合$X_s(t) \subseteq C_s, X_t(s) \subseteq C_t$使得

$$|X_s(t)| \geqslant \varepsilon |C_s|, \tag{9.5}$$

$$|X_t(s)| \geqslant \varepsilon |C_t|, \tag{9.6}$$

并且

$$|d(C_s, C_t) - d(X_s(t), X_t(s))| \geqslant \varepsilon. \tag{9.7}$$

若集合对(C_s, C_t)是ε-正则的, 令$X_s(t) = X_t(s) = \varnothing$. 因此, 对每个$1 \leqslant s \leqslant m$, 我们构造了$m-1$个包含于$C_s$的集合

$$X_s(1), \ldots, X_s(s-1), X_s(s+1), \ldots, X_s(m).$$

这些集合确定了将C_s分成2^{m-1}个两两不相交的集合(它们中的一些集合可能是空集)的一个划分, 具体分法如下: 令$\Lambda = \{0,1\}^{m-1}$为由0, 1构成的$m-1$元数组的集合, 则$|\Lambda| = 2^{m-1}$. 对$\lambda = (\lambda_1, \ldots, \lambda_{s_1}, \lambda_{s+1}, \ldots, \lambda_m) \in \Lambda$, 令$Y_s(\lambda)$由$C_s$中所有满足以下条件的向量$\boldsymbol{v}$组成的集合: 若$\lambda_j = 1$, 则$\boldsymbol{v} \in X_s(j)$; 若$\lambda_j = 0$, 则$\boldsymbol{v} \notin X_s(j)$.

我们将利用2^{m-1}个集合$Y_s(\lambda)$构造由$m4^m$个基数为e的集合以及基数小于$|C_0| + \frac{k}{4^m}$的例外集组成的公平划分.

我们在每个集合$Y_s(\lambda)$中选取

$$q_\lambda = [\tfrac{|Y_s(\lambda)|}{e}]$$

个两两不相交的集合, 使得每个集合的基数为e. 令$Y_s'(\lambda)$为这q_λ个集合的并集, 则

$$|Y_s(\lambda) \backslash Y_s'(\lambda)| < e.$$

因为集合

$$C_s \backslash \bigcup_{\lambda \in \Lambda} Y_s'(\lambda)$$

的基数正好是

$$|C_s| - \sum_{\lambda \in \Lambda} |Y_s'(\lambda)| = (eq + r) - e \sum_{\lambda \in \Lambda} q_\lambda = e(q - \sum_{\lambda \in \Lambda} q_\lambda) + r,$$

我们可以在C_s中另取

$$q - \sum_{\lambda \in \Lambda} q_\lambda$$

个两两不相交的基数为e的集合. 由这个构造得到$q = 4^m$个两两不相交的集合, 我们将它们记为$C'_s(i)(1 \leqslant i \leqslant q)$. 令

$$C'_s = \bigcup_{i=1}^{q} C'_s(i) \subseteq C_s,$$

则

$$C'_0 = V \setminus \bigcup_{s=1}^{m} C'_s \supseteq V \setminus \bigcup_{s=1}^{m} C_s = C_0,$$

$$|C_s \setminus C'_s| = r < e \leqslant \frac{|C_s|}{q},$$

因此

$$|C'_0| = |C_0| + \sum_{s=1}^{m} |C_s \setminus C'_s| < |C_0| + \frac{1}{q}\sum_{s=1}^{q} |C_s| \leqslant |C_0| + \frac{|V \setminus C_0|}{q} \leqslant |C_0| + \frac{k}{4^m}.$$

令$\mathcal{P}'$为由$mq+1 = m4^m+1$个集合: $C'_s(i)(1 \leqslant s \leqslant m, 1 \leqslant i \leqslant q)$与例外集$C'_0$组成的$V$的划分. 我们还要证明划分密度不等式:

$$d(\mathcal{P}') \geqslant d(\mathcal{P}) + \frac{\varepsilon^5}{32}.$$

因为对$1 \leqslant s \leqslant m$有

$$|C_s \setminus C'_s| = r < e \leqslant \frac{|C_s|}{q},$$

所以

$$|C'_s| > (1 - \tfrac{1}{q})|C_s|,$$

其中$0 < \frac{1}{q} < \frac{1}{2}$. 由引理9.2, 对$1 \leqslant s < t \leqslant m$有

$$|d(C_s, C_t) - d(C'_s, C'_t)| \leqslant \frac{8}{q} \leqslant \frac{\varepsilon^5}{2^7} < \frac{\varepsilon}{4},$$

$$|d(C_s, C_t)^2 - d(C'_s, C'_t)^2| \leqslant \frac{16}{q} \leqslant \frac{\varepsilon^5}{64}.$$

在引理9.4的(9.3)中取$q = r, A_i = C'_s(i), B_j = C'_s(j)$, 可知对所有的集合对$(C_s, C_t)(1 \leqslant s < t \leqslant m)$有

$$\frac{1}{q^2}\sum_{i=1}^{q}\sum_{j=1}^{q} d(C'_s(i), C'_t(j))^2 \geqslant d(C'_s, C'_t)^2 > d(C_s, C_t)^2 - \frac{\varepsilon^5}{64}.$$

现在设(C_s, C_t)为ε-正则集合对, $X_s = X_s(t) \subseteq C_s$与$X_t = X_t(s) \subseteq C_t$为选取的满足条件(9.5)~(9.7)的集合. 特别地, 有$|X_s| \geqslant \varepsilon|C_s|$. 回顾集合$C_s$分成了$2^{m-1}$个集合$Y_s(\lambda)$, 其中$\lambda = (\lambda_1, \ldots, \lambda_{s-1}, \lambda_{s+1}, \ldots, \lambda_m)$. 集合$X_s = X_s(t)$是$2^{m-2}$个满足$\lambda_t = 1$的集合$Y_s(\lambda)$的并集. 这些集合$Y_s(\lambda)$的每一个都包含$[\frac{|Y_s(\lambda)|}{e}]$个两两不相交的属于划分$\mathcal{P}'$的集合. 令$C'_s(1), \ldots, C'_s(q')$表示划分$\mathcal{P}'$中包含于某个集合$Y_s(\lambda) \subseteq X_s$的集合, 令

$$X'_s = \bigcup_{i=1}^{q'} C'_s(i).$$

令Σ表示对所有满足$\lambda_t = 1$的$\lambda \in \Lambda$求和, 则

$$|X'_s| = q'e = \sum [\tfrac{|Y_s(\lambda)|}{e}]e.$$

因为

$$
\begin{aligned}
|X_s \backslash X_s'| &= \sum |Y_s(\lambda)| - |X_s'| \\
&= \sum |Y_s(\lambda)| - \sum [\tfrac{|Y_s(\lambda)|}{e}]e \\
&= \sum (|Y_s(\lambda)| - [\tfrac{|Y_s(\lambda)|}{e}]e) \\
&< \sum e \\
&= 2^{m-2}e \\
&\leqslant \tfrac{2^{m-2}|C_s|}{q} \\
&= 2^{-m-2}|C_s| \\
&\leqslant 2^{-m-2}\varepsilon^{-1}|X_s| \\
&= q^{-1}2^{-2}\varepsilon^{-1}|X_s| \\
&\leqslant (\varepsilon^5 2^{-10})^{\frac{1}{2}} 2^{-2}\varepsilon^{-1}|X_s| \\
&< 2^{-7}\varepsilon |X_s|,
\end{aligned}
$$

所以

$$|X_s'| > (1 - 2^{-7}\varepsilon)|X_s|,$$

从而

$$q' = \tfrac{|X_s'|}{e} > (1 - 2^{-7}\varepsilon)\tfrac{|X_s|}{e} \geqslant (1 - 2^{-7}\varepsilon)\tfrac{|C_s|}{e} > (1 - 2^{-7})\varepsilon q > \tfrac{\varepsilon q}{2}.$$

同理, 令X_t'表示划分$\mathcal{P}'$中包含于X_t中的r'个集合$C_t'(1), \ldots, C_t'(r')$, 则

$$|X_t'| > (1 - 2^{-7}\varepsilon)|X_t|,$$

并且

$$r' \geqslant \tfrac{\varepsilon q}{2}.$$

因此,

$$|d(X_s, X_t) - d(X_s', X_t')| < 8\varepsilon 2^{-7} = \tfrac{\varepsilon}{16} < \tfrac{\varepsilon}{4}.$$

因为集合对(C_s, C_t)不是ε-正则的, 所以

$$
\begin{aligned}
\varepsilon &\leqslant |d(C_s, C_t) - d(X_s, X_t)| \\
&\leqslant |d(C_s, C_t) - d(C_s', C_t')| + |d(C_s', C_t') - d(X_s', X_t')| + |d(X_s', X_t') - d(X_s, X_t)| \\
&< \tfrac{\varepsilon}{4} + |d(C_s', C_t') - d(X_s', X_t')| + \tfrac{\varepsilon}{4},
\end{aligned}
$$

从而

$$|d(C_s', C_t') - d(X_s', X_t')| > \tfrac{\varepsilon}{2}.$$

在引理9.4的不等式中取$r = q, \theta = \frac{\varepsilon}{2}$, 则当$(C_s, C_t)$是$\varepsilon$-正则集合对时, 有

$$
\begin{aligned}
q^{-2}\sum_{i,j=1}^{q} d(C_s'(i), C_t'(j))^2 &\geqslant d(C_s', C_t')^2 + (\tfrac{\varepsilon}{2})^2 (d(C_s', C_t') - d(X_s', X_t'))^2 \\
&> d(C_s', C_t')^2 + \tfrac{\varepsilon^4}{16} \\
&> d(C_s, C_t)^2 - \tfrac{\varepsilon^5}{64} + \tfrac{\varepsilon^4}{16}.
\end{aligned}
$$

对$1 \leqslant s < t \leqslant m$, 当$(C_s, C_t)$为$\varepsilon$-非正则时, 令$\chi(s,t)=1$; 当$(C_s, C_t)$为$\varepsilon$-正则时, 令$\chi(s,t)=0$, 则

$$\sum_{1\leqslant s<t\leqslant m}\chi(s,t)\geqslant \varepsilon m^2,$$

从而

$$q^{-2}\sum_{i,j=1}^{q}d(C_s'(i),C_t'(j))^2 > d(C_s,C_t)^2-\tfrac{\varepsilon^5}{64}+\chi(s,t)\tfrac{\varepsilon^4}{16}.$$

我们现在能够估计划分密度$d(\mathcal{P}')$:

$$\begin{aligned}
d(\mathcal{P}') &= (mq)^{-2}\Big(\sum_{1\leqslant s<t\leqslant m}\sum_{i,j=1}^{q}d(C_s'(i),C_t'(j))^2+\sum_{s=1}^{m}\sum_{1\leqslant i<j\leqslant q}d(C_s'(i),C_t'(j))^2\Big)\\
&\geqslant m^{-2}\sum_{1\leqslant s<t\leqslant m}q^{-2}\sum_{i,j=1}^{q}d(C_s'(i),C_t'(j))^2\\
&\geqslant m^{-2}\sum_{1\leqslant s<t\leqslant m}\Big(d(C_s,C_t)^2-\tfrac{\varepsilon^5}{64}+\chi(s,t)\tfrac{\varepsilon^4}{16}\Big)\\
&\geqslant m^{-2}\Big(\sum_{1\leqslant s<t\leqslant m}d(C_s,C_t)^2-\tbinom{m}{2}\tfrac{\varepsilon^5}{64}+(\varepsilon m)^2\tfrac{\varepsilon^4}{16}\Big)\\
&\geqslant m^{-2}\sum_{1\leqslant s<t\leqslant m}d(C_s,C_t)^2-m^{-2}\tbinom{m}{2}\tfrac{\varepsilon^5}{64}+(\varepsilon m)^2\tfrac{\varepsilon^5}{16}\\
&> d(\mathcal{P})+\tfrac{\varepsilon^5}{32}.
\end{aligned}$$

引理得证. □

定理 9.2 (正则性引理) 设$0<\varepsilon<1, m'\geqslant 1$, 存在数$K=K(\varepsilon,m'), M=M(\varepsilon,m')$使得: 若$G=(V,E)$是顶点数$|V|\geqslant K$的图, 则存在将$V$分成$m+1$个集合的$\varepsilon$-正则划分, 其中$m'\leqslant m\leqslant M$.

证明: 令$t'=[16\varepsilon^{-5}]$. 我们构造整数列$m_0, m_1, m_2, \ldots$如下. 令$m_0\in\mathbb{Z}$使得

$$m_0\geqslant m',$$

$$4^{m_0}\geqslant \max\{2^{10}\varepsilon^{-5}, 2^{t'+2}\varepsilon^{-1}\},$$

对$t=0,1,2,3,\ldots$, 令

$$m_{t+1}=m_t 4^{m_t}.$$

我们定义数M, K为

$$M=M(\varepsilon,m')=m_{t'},$$

$$K=K(\varepsilon,m')=\max\{\tfrac{2m_0}{\varepsilon},\tfrac{m_{t'}16^{m_{t'}}}{1-\varepsilon}\}.$$

令$G=(V,E)$为满足$|V|=k\geqslant K$的图, T为满足以下性质的非负整数t的集合: 存在将V分成m_t+1个集合的公平划分$\mathcal{P}$使得

$$d(\mathcal{P})\geqslant \frac{t\varepsilon^5}{32}, \tag{9.8}$$

并且该划分的例外集C_0的基数为

$$|C_0|<\varepsilon k(1-2^{-t-1}). \tag{9.9}$$

考虑V的由m_0个基数为$[\frac{k}{m_0}]$的两两不相交的集合与基数小于m_0的例外集C_0组成的任意划分$\mathcal{P}_0$, 则

$$|C_0| < m_0 = \frac{\varepsilon K}{2} \leqslant \frac{\varepsilon k}{2} = \varepsilon k(1-\frac{1}{2}).$$

因为$d(\mathcal{P}_0) \geqslant 0$, 所以$t=0$满足条件(9.8)与(9.9). 因此, $0 \in T$.

因为$d(\mathcal{P}) < \frac{1}{2}$, 若$t$满足(9.8)中的条件, 则

$$t \leqslant t' = [16\varepsilon^{-5}].$$

由此可知只有有限个正整数满足条件(9.8). 因此, 集合T有限, 从而存在使得对某个将V分成m_t+1个集合的划分$\mathcal{P}$满足条件(9.8)与(9.9)的最大整数$t \leqslant t'$. 令$\mathcal{P} = \{C_0, C_1, \ldots, C_{m_t}\}$, 则对$1 \leqslant s \leqslant m$有

$$|C_s| = \frac{|V|-|C_0|}{m_t} > \frac{k(1-\varepsilon)}{m_t} \geqslant \frac{K(1-\varepsilon)}{m_{t'}} \geqslant 16^{m_{t'}} \geqslant 16^{m_t}.$$

并且

$$4^{m_t} \geqslant 4^{m_0} > 2^{10}\varepsilon^{-5}.$$

因为划分$\mathcal{P}$的例外集满足$|C_0| < \varepsilon k$, 所以若划分$\mathcal{P}$不是ε-正则的, 则ε-非正则集合对(C_s, C_t)的个数大于εm^2. 由引理9.5可知存在将V分成$m_t 4^{m_t}+1 = m_{t+1}+1$个集合的公平划分使得

$$d(\mathcal{P}') \geqslant d(\mathcal{P}) + \frac{\varepsilon^5}{32} \geqslant (t+1)\frac{\varepsilon^5}{32},$$

并且$\mathcal{P}'$的例外集C_0'满足

$$\begin{aligned}
|C_0'| &< |C_0| + \frac{k}{4^{m_t}} \\
&< \varepsilon k(1-2^{-t-1} + \frac{k}{4^{m_t}} \\
&\leqslant \varepsilon k(1-2^{-t-1} + \varepsilon^{-1}4^{-m_t}) \\
&\leqslant \varepsilon k(1-2^{-t-1} + \varepsilon^{-1}4^{-m_0}) \\
&\leqslant \varepsilon k(1-2^{-t-1} + 2^{-t'-2}) \\
&\leqslant \varepsilon k(1-2^{-t-1} + 2^{-t-2}) \\
&= \varepsilon k(1-2^{-t-2}).
\end{aligned}$$

这就意味着$t+1$满足条件(9.8)与(9.9), 与t的最大性矛盾. 因此, $\mathcal{P}$是ε-正则的. 定理得证. □

§9.4 Balog-Szemerédi定理

定理 9.3 令$\delta, \sigma, \lambda, \mu$为正实数, 存在仅依赖于$\delta, \sigma, \lambda, \mu$的正数$c_1', c_2', K$满足以下性质: 设$k \geqslant K$, A, B为Abel群的有限子集使得

$$\lambda k \leqslant |A| \leqslant \mu k,$$

$$\lambda k \leqslant |B| \leqslant \mu k.$$

令W为$A \times B$的子集使得

$$|W| \geqslant \delta k^2,$$

并且

$$S = S(W) = \{a+b | (a,b) \in W\}$$

满足

$$|S| \leqslant \sigma k, \tag{9.10}$$

则存在集合$A' \subseteq A$使得

$$|A'| \geqslant c_1' k,$$

$$|2A'| \leqslant c_2' k.$$

特别地,

$$|2A'| \leqslant c|A'|,$$

其中$c = \frac{c_2'}{c_1'}$.

证明: 令

$$0 < \varepsilon < \min\{1, \frac{\delta^2}{16\mu\sigma(12\mu^2 + 2\mu\sigma)}, \frac{\delta^2}{64\mu^3\sigma}\}, \tag{9.11}$$

$$m' = [\tfrac{1}{\varepsilon}] + 1 > \tfrac{1}{\varepsilon}.$$

设$M(\varepsilon, m'), K(\varepsilon, m')$为正则性引理中构造的数. 令$M = M(\varepsilon, m'), K = \frac{K(\varepsilon, m')}{\lambda}$, 则$M, K$仅依赖于$\delta, \sigma, \lambda, \mu$.

对$s \in S$, 令$r(s)$表示s写成$a + b, (a, b) \in W$的方法数, 即

$$r(s) = |\{(a, b) \in W | a + b = s\}|.$$

对每个$a \in A$, 最多存在一个$b \in B$使得$a + b = s$, 所以对所有的$s \in S$有

$$1 \leqslant r(s) \leqslant |A| \leqslant \mu k.$$

令

$$c_3 = \tfrac{\delta}{2\sigma} > 0,$$

$$S' = \{s \in S | r(s) > c_3 k\},$$

则

$$\begin{aligned}
\delta k^2 &\leqslant |W| \\
&= \sum_{s \in S} r(s) \\
&= \sum_{s \in S \setminus S'} r(s) + \sum_{s \in S'} r(s) \\
&\leqslant c_3 k |S \setminus S'| + \mu k |S'| \\
&\leqslant c_3 k |S| + \mu k |S'| \\
&\leqslant \sigma c_3 k^2 + \mu k |S'|,
\end{aligned}$$

从而

$$|S'| \geqslant \tfrac{(\delta - \sigma c_3)k}{\mu} = \tfrac{\delta k}{2\mu}.$$

令

$$W' = \{(a,b) \in W | a+b \in S'\},$$

则

$$|W'| = \sum_{s \in S'} r(s) > c_3 k |S'| \geqslant \frac{\delta c_3 k^2}{2\mu} = c_4 k^2,$$

其中

$$c_4 = \frac{\delta c_3}{2\mu} = \frac{\delta^2}{4\mu\sigma}.$$

令$G = (V, E)$为图, 其顶点集为

$$V = A \cup B,$$

边集为

$$E = \{\{a,b\} | (a,b) \in W'\}.$$

集合A, B可能相交, 并且

$$\lambda k \leqslant |A| \leqslant |V| \leqslant |A| + |B| \leqslant 2\mu k.$$

若$e = (a,b) \in E$, 则集合W'至少包含有序集合对$(a,b), (b,a)$中的一个(可能包含两个), 所以

$$\frac{c_4 k^2}{2} \leqslant \frac{|W'|}{2} \leqslant |E| \leqslant |W'|.$$

因为$|V| \geqslant \lambda k \geqslant \lambda K = K(\varepsilon, m')$, 正则性引理意味着存在将$V$分成$m+1$个两两不相交的集合$C_0, C_1, \ldots, C_m$的划分, 其中

$$m' \leqslant m \leqslant M,$$

$$|C_0| \leqslant \varepsilon |V| \leqslant \varepsilon 2\mu k,$$

从而对$1 \leqslant i \leqslant m$有

$$\frac{(1-\varepsilon)\lambda k}{m} \leqslant \frac{(1-\varepsilon)|V|}{m} \leqslant |C_i| \leqslant \frac{|V|-|C_0|}{m} \leqslant \frac{|V|}{m} \leqslant \frac{2\mu k}{m}.$$

此外, 最多存在εm^2个集合对$(C_i, C_j)(1 \leqslant i < j \leqslant m)$不是$\varepsilon$-正则的.

我们将从边集E中删除如下的四类边得到E的子集E':

1. 删去至少有一个端点在C_0中的所有边. 因为顶点的度数最多是$|V|$, 所以这时从E中移除的边最多是

$$|C_0||V| \leqslant \varepsilon |V|^2.$$

2. 对$1 \leqslant i \leqslant m$, 删去两个端点都在同一个集合$C_i$中的所有边. 这时从$E$中移除的边数最多是

$$\sum_{i=1}^{m} |C_i|^2 \leqslant m\left(\frac{|V|}{m}\right)^2 = \frac{|V|^2}{m} \leqslant \frac{|V|^2}{m'} < \varepsilon |V|^2.$$

3. 设$1 \leqslant i < j \leqslant m$. 若$(C_i, C_j)$不是$\varepsilon$-正则集合对, 删去$C_i$与$C_j$之间的所有边. 因为$e(C_i, C_j) \leqslant |C_i||C_j| \leqslant \frac{|V|^2}{m^2}$, 并且最多只有$\varepsilon m^2$个非正则集合对, 所以这时从$E$中移除的边数不超过

$$\frac{\varepsilon m^2 |V|^2}{m^2} = \varepsilon |V|^2.$$

4. 我们利用集合S'给E中的边"染色": 将E中的边$\{a,b\}$染成颜色$s = a+b \in S'$. 对每个$1 \leqslant i \leqslant m$与每种颜色$s \in S'$, 我们考虑具有颜色$s$并且至少有一个端点在集合$C_i$中的边数. 若这个数小于$\varepsilon|C_i|$, 则删去所有的这些边. 这时从集合$C_1, \ldots, C_m$中删去的所有颜色的边数最多为

$$|S'|\sum_{i=1}^{m}\varepsilon|C_i| \leqslant \frac{m|S|\varepsilon|V|}{m} = \varepsilon|S||V|.$$

令E'为从E中删去上述四类边剩下的边集, 则

$$|E \backslash E'| < 3\varepsilon|V|^2 + \varepsilon|S||V| \leqslant (12\mu^2 + 2\mu\sigma)\varepsilon k^2,$$

从而

$$\begin{aligned}
|E'| &= |E| - |E\backslash E'| \\
&> \frac{c_4k^2}{2} - (12\mu^2 + 2\mu\sigma)\varepsilon k^2 \\
&= \left(\frac{c_4}{2} - (12\mu^2 + 2\mu\sigma)\varepsilon\right)k^2 \\
&= \left(\frac{\delta^2}{8\mu\sigma} - (12\mu^2 + 2\mu\sigma)\varepsilon\right)k^2 \\
&> \frac{\delta^2k^2}{16\mu\sigma} \\
&= c_5k^2,
\end{aligned}$$

其中用到(9.11)的结果

$$\varepsilon < \frac{\delta^2}{16\mu\sigma(12\mu^2+2\mu\sigma)},$$

记

$$c_5 = \frac{\delta^2}{16\mu\sigma} > 0.$$

E'中的所有边是ε-正则集合对$(C_s, C_t)(1 \leqslant s < t \leqslant m)$之间的边. 令$e'(C_s, C_t), e(C_s, C_t)$分别表示$E', E$中一个端点在$C_s$中, 另一个端点在$C_t$中的边数. 因为最多有$\binom{m}{2}$个$\varepsilon$-正则集合对, 所以一定存在某个$\varepsilon$-正则集合对, 设为$(C_1, C_2)$, 使得$E'$中在$C_1$与$C_2$之间的边数为

$$e'(C_1, C_2) \geqslant \frac{|E'|}{\binom{m}{2}} \geqslant \frac{c_5k^2}{\binom{m}{2}} > \frac{c_5k^2}{m^2}.$$

因此, 由(9.11)得到

$$d(C_1, C_2) = \frac{e(C_1,C_2)}{|C_1||C_2|} \geqslant \frac{e'(C_1,C_2)}{|C_1||C_2|} \geqslant \frac{c_5k^2}{m^2}\left(\frac{2\mu k}{m}\right)^{-2} = \frac{c_5}{4\mu^2} = \frac{\delta^2}{64\mu^3\sigma} > \varepsilon.$$

令S''为E'中在C_1与C_2之间的边所染颜色的集合, 即

$$S'' = \{a+b | (a,b) \in e'(C_1, C_2)\}.$$

因为对每种颜色$s \in S$有$r(s) \leqslant \mu k$, 所以

$$|S''| \geqslant \frac{e'(C_1,C_2)}{\mu k} \geqslant \frac{c_5k}{\mu m^2} \geqslant \frac{c_5k}{\mu M^2} = c_6k.$$

我们将证明和集$2S'' = S'' + S''$很小. 令$s^* \in 2S''$. 固定表示$s^* = s_1 + s_2 \in 2S''$, 其中$s_1, s_2 \in S''$. 因为s_1是在上述的第4步中没有被删除的边的颜色, E'中至少存在$\varepsilon|C_1|$条边在集合C_1中恰好有一个端点. 令X_1为这些端点的集合, 则

$$X_1 \subseteq C_1,$$

$$|X_1| \geqslant \varepsilon|C_1|.$$

同理, E'中至少存在$\varepsilon|C_2|$条边在集合C_2中恰好有一个端点. 令X_2为这些端点的集合, 则

$$X_2 \subseteq C_2,$$

$$|X_2| \geqslant \varepsilon|C_2|.$$

因为(C_1, C_2)是ε-正则集合对, 所以

$$d(X_1, X_2) \geqslant d(C_1, C_2) - \varepsilon \geqslant \frac{\delta^2}{64\mu^3\sigma} - \varepsilon = c_7 > 0,$$

从而

$$\begin{aligned} e(X_1, X_2) &= d(X_1, X_2)|X_1||X_2| \\ &\geqslant c_7\varepsilon^2|C_1||C_2| \\ &\geqslant \frac{c_7\varepsilon^2(1-\varepsilon)^2\lambda^2k^2}{m^2} \\ &\geqslant \frac{c_7\varepsilon^2(1-\varepsilon)^2\lambda^2k^2}{M^2} \\ &= c_8k^2. \end{aligned}$$

令Ω为所有形如

$$(s, v_1, v_2),$$

其中$s \in S, v_1, v_2 \in V$的有序三元组的集合, 则

$$|\Omega| = |S||V|^2 \leqslant 4\sigma\mu^2k^3.$$

令$\{v_1, v_2\} \in E$为X_1与X_2之间的边, 其中$v_1 \in X_1, v_2 \in X_2$, 则存在顶点$v_1', v_2' \in V$使得$\{v_1, v_1'\} \in E', v_1 + v_1' = s_1 \in S'$, 以及$\{v_2, v_2'\} \in E', v_2 + v_2' = s_2 \in S'$. 令$s = v_1 + v_2 \in S$. 我们将每条边$\{v_1, v_2\}$与三元有序组

$$(s, v_1', v_2') \in \Omega$$

对应. 注意

$$s + v_1' + v_2' = (v_1 + v_1') + (v_2 + v_2') = s_1 + s_2 = s* \in 2S''.$$

反过来, 若$(s, v_1', v_2') \in \Omega$是从$X_1$与$X_2$之间的边以上述仿射构造出来的三元组, 则$v_1 = s_1 - v_1', v_2 = s_2 - v_2'$. 因此, 满足$s + v_1' + v_2' = s_1 + s_2 = s^*$的不同三元组$(s, v_1', v_2') \in \Omega$的个数至少为$e(X_1, X_2) \geqslant c_8k^2$. 将这个构造应用于每个元素$s^* \in 2S''$, 我们得到$\Omega$中$c_8k^2|2S''|$个不同的三元组. 因为

$$c_8k^2|2S''| \leqslant |\Omega| \leqslant 4\sigma\mu^2k^3,$$

所以

$$|2S''| \leqslant \frac{4\sigma\mu^2k}{c_8} = c_2'k.$$

对$b \in B$, 令$R(b)$表示存在$a \in A$使得$a + b = s \in S''$的s的个数. 选取$b' \in B$使得$R(b') = \max\{R(b)|b \in B\}$. 因为$s \in S'' \subseteq S'$, 所以$r(s) > c_3k$, 从而

$$\begin{aligned} c_3c_6k^2 &\leqslant c_3k|S''| \\ &< \sum_{s \in S''} r(s) \\ &= |\{(a, b) \in W | a + b \in S''\}| \end{aligned}$$

$$
\begin{aligned}
&\leqslant |\{(a,b) \in A \times B | a+b \in S''\}| \\
&= \sum_{b\in B} R(b) \\
&\leqslant |B| R(b') \\
&\leqslant \mu k R(b').
\end{aligned}
$$

因此,

$$R(b') \geqslant \frac{c_3 c_6 k}{\mu} = c_1' k.$$

令

$$A' = \{a \in A | a + b' \in S''\},$$

则

$$A' + \{b'\} \subseteq S'',$$

$$|A'| = R(b') \geqslant c_1' k,$$

从而

$$|2A'| = |2(A' + \{b\})| \leqslant |2S''| \leqslant c_2' k.$$

定理得证. □

定理 9.4 令$\delta, \sigma, \lambda, \mu$为正实数, 存在仅依赖于$\delta, \sigma, \lambda, \mu$的正数$c_1'', c_2'', n, K$满足以下性质: 设$k \geqslant K$, A, B为无挠Abel群的有限子集使得

$$\lambda k \leqslant |A| \leqslant \mu k,$$

$$\lambda k \leqslant |B| \leqslant \mu k.$$

令W为$A \times B$的子集使得

$$|W| \geqslant \delta k^2,$$

并且

$$S(W) = \{a + b | (a,b) \in W\}$$

满足

$$|S(W)| \leqslant \sigma k, \tag{9.12}$$

则存在n维等差数列Q使得

$$|A \cap Q| \geqslant c_1'' |A|,$$

$$|A \cap Q| \geqslant c_2''' |Q|.$$

证明: 由定理9.3与Freiman定理即得结论. □

§9.5 Erdös猜想

Erdös曾猜想包含“许多”三项等差数列的整数集一定包含一个“长”的等差数列. 我们在本节将应用定理9.1与定理9.3对这个结果的量化版给出证明.

长度为3的等差数列是集合$\{a,b,c\}$, 其中$b-a=c-b\neq 0$. 称两个这样的等差数列不同, 如果$\{a,b,c\}\neq\{a',b',c'\}$. k个整数构成的集合最多包含k^2个两两不同的三项等差数列.

定理 9.5 设$\delta>0, t\geqslant 3$, 存在整数$k_1(\delta,t)$使得: 若A是基数为$k\geqslant k_1(\delta,t)$且至少包含δk^2个长度为3的等差数列的整数集, 则A包含长度为t的等差数列.

证明: 设A为k元整数集,

$$\{\{a_i,b_i,c_i\}|i\in I\}$$

为A中的三项等差数列的集合, 其中

$$|I|\geqslant\delta k^2,$$

$$b_i-a_i=c_i-b_i>0.$$

于是, 对所有的$i\in I$有

$$a_i+c_i=2b_i.$$

令

$$W=\{(a_i,c_i)|i\in I\}\subseteq A\times A,$$

则

$$|W|=I\geqslant\delta k^2,$$

$$S(W)=\{2b_i|i\in I\}\subseteq\{2b|b\in A\}=2*A.$$

由此可得

$$|S(W)|\leqslant|2*A|=k.$$

在定理9.3中取$A=B$, $\lambda=\mu=\sigma=1$. 若$k\geqslant K(\delta)$, 则存在集合$A'\subseteq A$使得$|A'|\geqslant c_1'k, |2A'|\leqslant c|A'|$, 其中$c$仅依赖于$\delta$. 由定理9.1, 若$c_1'k\geqslant k_0(c,t)$, 则$A'$包含长度为$t$的等差数列. □

§9.6 完全性猜想

称n维等差数列

$$Q=Q(a;q_1,\ldots,q_n;l_1,\ldots,l_n)=\{a+x_1q_1+\cdots+x_nq_n|0\leqslant x_i<l_i(1\leqslant i\leqslant n)\}$$

为完全的, 如果$|Q|=l_1\cdots l_n=l(Q)$. 这就意味着Q中的每个元素有唯一的表示. 若Q是完全的, 则

$$hQ=\{a+x_1q_1+\cdots+x_nq_n|0\leqslant x_i\leqslant h(l_i-1)(1\leqslant i\leqslant n)\},$$

从而$|hQ| < h^n l_1 \cdots l_n = h^n |Q|$. 令$\{\boldsymbol{e}_1, \ldots, \boldsymbol{e}_n\}$为$\mathbb{R}^n$的标准基, $l_1, \ldots, l_n$为正整数. 考虑

$$P = \{x_1\boldsymbol{e_1} + \cdots + x_n\boldsymbol{e}_n | 0 \leqslant x_i < l_i (1 \leqslant i \leqslant n)\}.$$

对每个$h \geqslant 2$, 格点集$\mathbb{Z}^n \cap P$与完全的n维等差数列之间存在h阶Freiman同构.

每个1维等差数列是完全的, 但是对每个$n \geqslant 2$, 容易构造非完全的n维等差数列的例子.

由Freiman定理, 每个具有小的和集$2A$的有限整数集A是一个多维等差数列的大子集, 但是我们不知道A是否为一个完全的多维等差数列的大子集. 我们称这个问题为"完全性猜想".

猜想 9.1 令c, c_1, c_2为正实数, $k \geqslant 1$, A, B为无挠Abel群的有限子集使得

$$c_1 k \leqslant |A|, |B| \leqslant c_2 k,$$

$$|A + B| \leqslant ck,$$

则A是长度最多为lk的完全的n维等差数列的子集, 其中n, l仅依赖于c, c_1, c_2, 并且n, l都很"小".

§9.7 注记

设$c \geqslant 2, \varepsilon > 0$. 若$A$是有限整数集使得$|A| = k$充分大, $|2A| \geqslant ck$, A是否包含长度为k的等差数列? 要是这个结论成立, 那将是对定理9.1的显著加强.

Freiman[54, 55]与Ruzsa[113]研究了和集很小且包含3项等差数列的集合.

若用弱的条件

$$|S| \leqslant \sigma k^{2-\delta},$$

其中$\delta > 0$替换不等式(9.10), 我们不知道定理9.3是否还成立. 我们也不知道该定理是否能推广到$h \geqslant 3$个有限整数集或任意Abel群的$h \geqslant 3$个有限子集的和集上.

关于图的顶点的ε-正则划分的正则性引理归功于Szemerédi[124]. 他在证明每个有正的上密度的无限整数集包含任意长的有限等差数列时用到了这一结果的变体. Chung[20]与Frankl和Rödl[48]将这个正则性引理推广到了超图. 对Freiman定理关于$A \times B$的大子集的版本是由Balog与Szemerédi[6]在$A = B$为有限整数集的情形给出证明的. 本章给出的稍微一般的结果是在他们的证明基础上仅作小的修改而得到的.

Laczkovich与Ruzsa[77]将Freiman定理应用于组合几何. 令a, b, c, d为平面上4个不同的点, 它们的交比是

$$(a, b, c, d) = \tfrac{(c-a)/(c-b)}{(d-a)/(d-b)}.$$

设P为有限复数集, A为n元复数集, $S(P, A)$表示A的子集中满足$|X| = |P|$, X与P位似或仿射等价, 即存在$a, b \in \mathbb{C}$ 使得

$$X = aP + B$$

的集合X的个数. 令

$$S(P, n) = \max\{S(P, A) \| A| = n\}.$$

Laczkovich与Ruzsa证明了: 存在常数$c > 0$使得对所有的$n \geqslant |P|$有

$$S(P, n) \geqslant cn^2,$$

当且仅当P中的任意四元子集的交比是代数数. 这是对Elekes与Erdös的一个结果[33]的推广.

§9.8 习题

习题9.1 设$\delta > 0$, n, t为满足$n \geqslant 1, t \geqslant 3$的整数, Q为Abel群中的n维等差数列, 证明存在整数$m_1(\delta, n, t)$使得: 若Q的长度满足$l(Q) \geqslant m_1(\delta, n, t)$, B是Q的满足$|B| \geqslant \delta l(Q)$的子集, 则$B$包含长度为$t$的等差数列.

习题9.2 设A, B为Abel群的有限子集使得$|A| = |B| = k$, $S = A+B$. 令$r(s) = |\{(a, b) \in A \times B | a+b = s\}|$. 假设

$$\sum_{s \in S} r(s)^2 \geqslant \delta k^2.$$

(a) 证明存在常数$d_1 > 0, d_2 > 0$使得: 若$S' = \{s \in S | r(s) \geqslant d_1(k)^{\frac{1}{2}}\}$, 则$|S'| \geqslant d_2 k$.

(b) 假设$|S| \leqslant \sigma k$. 证明存在常数$d_3 > 0, d_4 > 0$使得: 若$S' = \{s \in S | r(s) \geqslant d_3 k\}$, 则$|S'| \geqslant d_4 k$.

习题9.3 设$h \geqslant 2, A_1, \ldots, A_h$为Abel群的有限子集使得$|A_i| = k (1 \leqslant i \leqslant h)$. 令$S = A_1 + \cdots + A_h$, $r(s) = |\{(a_1, \ldots, a_h) \in A_1 \times \cdots \times A_h | a_1 + \cdots + a_h = s\}|$. 证明下列结论:

(a) $k \leqslant |S| \leqslant k^h$.

(b) 对所有的$s \in S$有$r(s) \leqslant k^{h-1}$.

(c) $\sum\limits_{s \in S} r(s) = k^h$.

习题9.4 设$h \geqslant 2, A_1, \ldots, A_h$为Abel群的有限子集使得$|A_i| = k (1 \leqslant i \leqslant h)$. 令$S = A_1 + \cdots + A_h$, $r(s) = |\{(a_1, \ldots, a_h) \in A_1 \times \cdots A_h | a_1 + \cdots + a_h = s\}|$. 假设

$$\sum_{s \in S} r(s)^m \geqslant \delta k^{h+\alpha},$$

$$|S| \leqslant \sigma k^{h-\delta}.$$

令

$$S' = \{s \in S | r(s) \geqslant \tfrac{\delta}{2\sigma} k^{\frac{\alpha+\delta}{m}}\},$$

证明: $|S'| \geqslant \frac{\delta}{2} k^{\beta}$, 其中$\beta = h + \alpha - (h-1)m$.

习题9.5 设$x_1, \ldots, x_n$为实数, $p_1, \ldots, p_n$为满足$p_1 + \cdots + p_n = 1$的正实数. 证明:

$$\sum_{i=1}^{n} p_i x_i^2 \geqslant (\sum_{i=1}^{n} p_i x_i)^2.$$

习题9.6 设$x_1, \ldots, x_n$为实数, $p_1, \ldots, p_n$为满足$p_1 + \cdots + p_n = 1$的正实数. 对$1 \leqslant m \leqslant n-1$, 令$P(m) = \sum\limits_{i=1}^{m} p_i$,

$$\Delta = \frac{1}{P(m)} \sum_{i=1}^{m} p_i x_i - \sum_{i=1}^{n} p_i x_i.$$

证明:

$$\sum_{i=1}^{n} p_i x_i^2 \geqslant (\sum_{i=1}^{n} p_i x_i)^2 + \frac{P(m)\Delta^2}{1-P(m)}.$$

习题9.7 令$\delta > 0$, A为至少包含δk^2个3项等差数列的整数集. 证明: A包含子集A'使得$|A'| \geqslant c_1' k, |2A| \leqslant c_2' k$, 其中$c_1', c_2'$仅依赖于$\delta$.

部分外国姓氏、地名参考译名

Alon, 艾伦
Andrews, 安德鲁斯
Bailey, 贝利
Balog, 巴罗格
Bambah, 班巴
Bialostocki, 比亚洛斯托基
Bilu, 比卢
Bogolyubov, 波戈利尔波夫
Brailovsky, 布莱洛夫斯基
Brakemeier, 巴拉克迈尔
Cassels, 凯塞斯
Cauchy, 柯西
Cherly, 谢莉
Chowla, 乔拉
Chung, 钟
Danicic, 丹尼契奇
Davenport, 达文波特
Deshouillerrs, 德舒叶尔
Dias Da Silva 迪亚斯 • 达席尔瓦
Diderich, 迪德里希
Dirac, 狄拉克
Dubiner, 杜比纳
Eggleston, 艾格尔斯顿
Elekes, 埃莱克斯
Erdös, 厄尔多斯
Fishburn, 菲什伯恩
Folkman, 福尔克曼
Ford, 福特
Frankl, 弗兰克尔
Freiman, 弗雷曼
Ginzburg, 金兹伯格
Gordon, 戈登
Graham, 格雷姆
Gruber, 格鲁伯尔
Hamidoune, 哈米敦
Heilbronn, 海尔布隆
Hornfeck, 霍恩菲克
Jacobi, 雅科比
Jessen, 杰森
Jia Xingde, 贾兴德
Kemperman, 坎佩曼
Khinchin, 辛钦
Kneser, 内泽尔
Laczkovich, 拉茨科维奇
Lang, 兰
Lekkerkerker, 莱克尔科克
Lev, 莱夫
Linnik, 林尼克
Lotsperich, 洛茨佩里克
Low, 娄
Mann, 曼恩
Maak, 马克
Malouf, 迈洛夫
Mansfield, 曼斯菲尔德
McCuaig, 麦凯格
Mohanty, 莫汉蒂
Moran, 莫尔恩
Nathanson, 内桑森
Narayana, 纳拉亚纳
Ordaz, 奥尔达斯

Ortunio, 奥尔图尼奥
Ostmann, 奥斯特曼
Pillai, 皮莱
Pitman, 皮特曼
Plünnecke, 普伦内克
Pollard, 泊拉德
Pollington, 泊灵顿
Postnikova, 泼斯尼科娃
Pyber, 湃贝尔
Richter, 瑞克特
Rickert, 瑞克特
Rödl, 罗德
Rodseth, 罗德塞斯
Rubel, 路贝尔
Ruzsa, 热扎
Shatrovskii, 沙特罗夫斯基
Shnirel'man, 西尼雷尔曼
Siegel, 西格尔
Smeliansky, 斯梅连斯基
Spigler, 斯皮格勒
Steinig, 施泰尼格
Stöhr, 斯托尔
Straus, 斯基尔思
Szemerédi, 塞梅雷迪
Vinogradov, 维诺格拉多夫
Vosper, 沃斯伯
Weyl, 韦尔
Wirsing, 维尔辛
Woods, 伍兹
Zassenhaus, 扎森豪斯
Zeillberger, 扎尔伯格
Ziv, 泽夫
Illinois, 伊利诺伊
Carbondale, 卡本代尔
Rutgers, 罗格斯
New Brunswick, 新布伦斯维克
New York, 纽约
New Jersey, 新泽西州
Maplewood, 枫林镇

参考文献

[1] ALON N, DUBINER M. Zero-sum sets of prescribed size. In Combinatorics: Paul Erdös is Eighty, Colloq. Math. Soc. Jáns Bolyai.Amsterdam: North-Holland Publishing Co., 1993:33-50.

[2] ALON N, NATHANSON M B, RUZSA I Z. Adding distinct congruence classes modulo a prime. Am. Math. Monthly, 1995(102):250-255.

[3] ALON N, NATHANSON M B, RUZSA I Z. The polynomial method and restricted sums of congruence classes. J. Number Theory. 1996(56):404-417.

[4] ANDREWS G E. The Theory of Partitions. Reading, Mass.: Addison-Wesley, 1976.

[5] BAILEY C, RICHTER R B. Sum zero, mod n, size n subsets of integers. Am. Math. Monthly, 1989(96):240-242.

[6] BALOG A, SZEMERÉDI E. A statistical theorem of set addition. Combinatorica, 1994(14):263-268.

[7] BAMBAH R P, WOODS A, ZASSENHAUS H. Three proofs of Minkowski's second inequality in the geometry of numbers. J. Austral. Math. Soc., 1965(5):453-462.

[8] BIALOSTOCKI A, LOTSPERICH M. Some developments of the Erdös-Ginzburg-Ziv theorem. In G. Haldsz, L. Lovasz, D. Miklós, and T. Sz onyi(editors), Sets, Graphs, and Numbers, volume 60 of Colloq. Math. Soc. János Bolyai. Amsterdam: North-Holland Publishing Co., 1992:97-117.

[9] BILU Y. Structure of sets with small sumsets. Deshouillers, Jean-Marc (ed.) et al., Structure theory of set addition. Paris: Société Mathématique de France, Astérisque. 1999(258):77-108.

[10] BILU Y. Addition of sets of integers of positive density. J. Number Theory, 1997(64):233-275.

[11] BOGOLYUBOV N N. Sur quelques proprietes arithmetiques des presquepériodes. Ann. Chaire Math. Phys. Kiev, 1939(4):185-194.

[12] BRAILOVSKY L V, FREIMAN G A. On a product of finite subsets in a torsion-free group. J. Algebra, 1990(130):462-476.

[13] BRAKEMEIER W. Eine Anzahlformel von Zahlen modulo n. Monat. Math., 1978(85):277-282.

[14] CASSELS J W S. An Introduction to the Geometry of Numbers. Berlin: Springer-Verlag, 1959.

[15] CASSELS J W S. On the representations of integers as the sums of distinct summands taken from a fixed set. Acta Sci. Math. (Szeged), 1960(21):111-124.

[16] CAUCHY A L. Recherches sur les nombres. J. École polytech., 1813(9):99-116.

[17] CHERLY J, DESHOUILLERS J.-M. Un théoréme d'addition dans $F_q[x]$. J. Number Theory, 1990(34):128-131.

[18] CHOWLA I. A theorem on the addition of residue classes: Application to the number $\Gamma(k)$ in Waring's problem. Proc. Indian Acad. Sci., Section A, 1935(1):242-243.

[19] CHOWLA S, MANN H B, STRAUS E G. Some applications of the Cauchy-Davenport theorem. Det Kongelige Norske Videnskabers Selskabs, 1959(32):74-80.

[20] CHUNG F R K. Regularity lemmas for hypergraphs and quasi-randomness. Random Structures and Algorithms, 1991(2):241-252.

[21] DANICIC I. An elementary proof of Minkowski's second inequality. J. Austral. Math. Soc., 1969(10):177-181.

[22] DAVENPORT H. On the addition of residue classes. J. London Math. Soc., 1935(10):30-32.

[23] DAVENPORT H. Minkowski's inequality for the minima associated with a convex body. Q. J. Math., 1939(10):119-121.

[24] Davenport H. The geometry of numbers. Math. Gazette, 1947(31):206-210.

[25] DAVENPORT H. A historical note. J. London Math. Soc., 1947(22):100-101.

[26] DESHOUILLERS J.-M, FREIMAN G A, SÓS V, et al. On the structure of sum-free sets, 2. In Conference on the Structure Theory of Set Addition. CIRM, Marseille, 1993:79-97.

[27] DESHOUILLERS J.-M, WIRSING E. untitled. Preprint, 1977.

[28] DIAS DA SILVA J A, HAMIDOUNE Y O. A note on the minimal polynomial of the Kronecker sum of two linear operators. Linear Algebra and its Applications, 1990(141):283-287.

[29] DIAS DA SILVA J A, HAMIDOUNE Y O. Cyclic spaces for Grassmann derivatives and additive theory. Bull. London Math. Soc., 1994(26):140-146.

[30] DIDERICH G T. On Kneser's addition theorem in groups. Proc. Am. Math. Soc., 1973(38):443-451.

[31] DIRAC G A. Short proof of Menger's graph theorem. Mathematika, 1966(13):42-44.

[32] EGGLESTON H G. Convexity. Cambridge: Cambridge University Press, 1958.

[33] ELEKES G, ERDÖS P. Similar configurations and pseudogrids. Böröczky, K. (ed.) et al., Intuitive geometry. Proceedings of the 3rd international conference held in Szeged, Hungary, 1991. Amsterdam: North-Holland, Colloq. Math. Soc. János Bolyai. 1994(63):85-104.

[34] ERDÖS P. On the arithmetical density of the sum of two sequences, one of which forms a basis for the integers. Acta Arith., 1936(1):197-200.

[35] ERDÖS P. On an elementary proof of some asymptotic formulas in the theory of partitions. Annals Math., 1942(43):437-450.

[36] ERDÖS P. On the addition of residue classes mod$p$. In Proceedings of the 1963 Number Theory Conference at the University of Colorado, Boulder, University of Colorado, 1963:16-17.

[37] ERDÖS P. Some problems in number theory. In A. O. L. Atkin and B. J. Birch(editors), Computers in Number Theory, New York: Academic Press, 1971:405-414.

[38] ERDÖS P. Problems and results on combinatorial number theory III. In M. B. Nathanson(editor), Number Theory Day, New York 1976. Vol. 626 of Lecture Notes in Mathematics, Berlin: Springer-Verlag, 1977:43-72.

[39] ERDÖS P, FREIMAN G. On two additive problems. J. Number Theory, 1990(34):1-12.

[40] ERDÖS P, GINZBURG A, ZIV A. Theorem in the additive number theory. Bull. Research Council Israel, IOF, 1961:41-43.

[41] ERDÖS P, GORDON B, RUBEL L A, STRAUS E G. Tauberian theorems for sum sets. Acta Arith., 1964(9):177-189.

[42] ERDÖS P, GRAHAM R L. Old and New Problems and Results in Combinatorial Number Theory. . Geneva: L'Enseignement Mathematique, 1980.

[43] ERDÖS P, HEILBRONN H. On the addition of residue classes mod p. Acta Arith., 1964(9):149-159.

[44] ERDÖS P, SZEMERÉDI E. On sums and products of integers. In P. Erdös, L. Alpár, G. Halász, and A. Sárközy(editors), Studies in Pure Mathematics, To the Memory of Paul Turán, Basel: Birkhäuser Verlag, 1983:213-218.

[45] FISHBURN P C. On a contribution of Freiman to additive number theory. J. Number Theory, 1990(35):325-334.

[46] FOLKMAN J. On the representation of integers as sums of distinct terms from a fixed sequence. Canadian J. Math., 1966(18):643-655.

[47] FORD K B. Sums and products from a finite set of real numbers. Ramanujan J. 1988(2):59-66.

[48] FRANKL P, RÖDL V. The uniformity lemmas for hypergraphs. Graphs and Combinatorics, 1992(8):309-312.

[49] FREIMAN G A. On the addition of finite sets. I. Izv. Vysh. Zaved. Matematika, 1959(13):202-213.

[50] FREIMAN G A. Inverse problems of additive number theory. On the addition of sets of residues with respect to a prime modulus. Doklady Akad. Nauk SSSR, 1961(141):571-573.

[51] FREIMAN G A. Inverse problems of additive number theory. On the addition of sets of residues with respect to a prime modulus. Soviet Math.-Doklady, 1961(2):1520-1522.

[52] FREIMAN G A. Inverse problems of additive number theory. VI. on the addition of finite sets. Ill. lzv. Vysh. Ucheb. Zaved. Matematika, 1962(28):151-157.

[53] FREIMAN G A. Addition of finite sets. Doklady Akad. Nauk SSSR, 1964(158):1038-1041.

[54] FREIMAN G A. Foundations of a Structural Theory of Set Addition. Kazan: Kazan Gos. Ped. Inst., 1966.

[55] FREIMAN G A. Foundations of a Structural Theory of Set Addition. Vol. 37 of Translations of Mathematical Monographs. Providence, R.I.: American Mathematical Society, , 1973.

[56] FREIMAN G A. What is the structure of K if $K + K$ is small? In D. V. Chudnovsky, G. V. Chudnovsky, H. Cohn, and M. B. Nathanson(editors), Number Theory, New York. Vol. 1240 of Lecture Notes in Mathematics, New York: Springer-Verlag, 1987:109-134.

[57] FREIMAN G A. On the structure and number of sum-free sets. In Proceedings of the Journées Arithmétiques de Genève, volume 209, Astérique, 1992:195-201.

[58] FREIMAN G A. Sumsets and powers of 2. In G. Halász, L. Lovász, D. Miklós, and T. Szónyi(editors), Sets, Graphs, and Numbers, volume 60 of Colloq. Math. Soc. Jknos Bolyai, Amsterdam: North-Holland Publishing Co., 1992:279-286.

[59] FREIMAN G A, LOW L, PITMAN J. The proof of Paul Erdös' conjecture of the addition of different residue classes modulo prime number. In Structure Theory of Set Addition, Marseille, CIRM. 1993:99-108.

[60] GRUBER P M, LEKKERKERKER C G. Geometry of Numbers. Amsterdam: North-Holland, 1987.

[61] HAMIDOUNE Y O. A generalization of an addition theorem of Shatrowsky. Europ. J. Combin., 1992(13):249-255.

[62] HAMIDOUNE Y O. On a subgroup contained in words with a bounded length. Discrete Math., 1992(103):171-176.

[63] HAMIDOUNE Y O. An isoperimetric method in additive theory. J. Algebra, 1996(179):622-630.

[64] HAMIDOUNE Y O. On inverse additive problems. Preprint, 1994.

[65] HAMIDOUNE Y O. Subsets with small sums in abelian groups I. The Vosper's property. Eur. J. Comb., 1997(18):541-556.

[66] HAMIDOUNE Y O. Subsets with small sums in abelian groups II. The critical pair problem. Eur. J. Comb., 2000(21):231-239.

[67] HAMIDOUNE Y O, ORDAZ O, ORTUNIO A. On a combinatorial theorem of Erdös, Ginzburg and Ziv. Comb. Probab. Comput., 1998(7):403-412.

[68] HAMIDOUNE Y O, RODSETH O J. On bases for σ-finite groups. Math. Scand., 1996(78):246-254.

[69] HORNFECK B. Ein Satz fiber die Primzahlmenge. Mat. Annalen, 1954(60):271-273.

[70] HORNFECK B. Berichtigung zur Arbeit: Ein Satz fiber Primzahlmenge. Mat. Annalen, 1955(62):502.

[71] JACOBI C G J. Gesammelte Werke. New York: Chelsea Publishing Company, 1969.

[72] JESSEN B. Review of paper by N. N. Bogolyubov. Math. Reviews, 1947(8):512.

[73] JIA X D, NATHANSON M B. Addition theorems for or-finite groups. In Proceedings of the Hans Rademacher Centenary Conference, volume 166 of Contemporary Mathematics, Providence: American Mathematical Society. 1994:275-284.

[74] KEMPERMAN J H B. On small subsets of an abelian group. Acta Math., 1960(103):63-88.

[75] KHINCHIN A. Über ein metrisches Problem der additiven Zahlentheorie. Mat. Sbornik N.S., 1933(10):180-189.

[76] KNESER M. Abschätzungen der asymptotischen Dichte von Summenmen-gen. Math. Z., 1953(58):459-484.

[77] LACZKOVICH M, RUZSA I Z. The number of homothetic sets. Graham, Ronald L.(ed.) et al., The mathematics of Paul Erdös. Vol. II. Algorithms Comb. Berlin: Springer, 1997(14):294-302.

[78] LANG S. Algebra. Reading, Mass: Addison-Wesley, 3rd edition, 1993.

[79] LEV V F. Representing powers of 2 by a sum of four integers. Combinatorica, 1996(16):1-4.

[80] LEV V F. Structure theorem for multiple addition and the Frobenius problem. J. Number Theory, 1996(58):79-88.

[81] LEV V F, SMELIANSKY P Y. On addition of two different sets of integers. Acta Arith., 1995(70):85-91.

[82] MAAK W. Fastperiodische Funktionen. Heidelberg: Springer-Verlag, 2nd edition, 1967.

[83] MALOUF J L. On a theorem of Plünnecke concerning the sum of a basis and a set of positive density. J. Number Theory, 1995(54):12-22.

[84] MANN H B. Addition Theorems. New York: Wiley-Interscience, 1965.

[85] MANSFIELD R. How many slopes in a polygon?. Israel J. Math., 1981(39):265-272.

[86] MCCUAIG W. A simple proof of Menger's theorem. Journal of Graph Theory, 1984(8):427-429.

[87] MOHANTY G. Lattice Path Counting and Applications. New York: Academic Press, 1979.

[88] MORAN W, POLLINGTON A D. On a result of Freiman. Preprint, 1992.

[89] NARAYANA T V. Lattice Path Combinatorics, with Statistical Applications. Toronto: University of Toronto Press, 1979.

[90] NATHANSON M B. Additive number theory: Extremal problems and the combinatorics of sumsets. In preparation.

[91] NATHANSON M B. Sums of finite sets of integers. Am. Math. Monthly, 1972(79):1010-1012.

[92] NATHANSON M B. The simplest inverse problems in additive number theory. In A. Pollington and W. Moran(editors), Number Theory with an Emphasis on the Markoff Spectrum, New York: Marcel Dekker, 1993:191-206.

[93] NATHANSON M B. Ballot numbers, alternating products, and the Erdös-Heilbronn conjecture. In R. L. Graham and J. Nesetril, editors, The Mathematics of Paul Erdös. Heidelberg: Springer-Verlag, 1994.

[94] Nathanson M B. An inverse theorem for sums of sets of lattice points. J. Number Theory, 1994(46):29-59.

[95] NATHANSON M B. Inverse theorems for subset sums. Trans. Am. Math. Soc., 1995(347):1409-1418.

[96] NATHANSON M B. Additive Number Theory: The Classical Bases. Graduate Texts in Mathematics 164. New York: Springer-Verlag, 1996.

[97] NATHANSON M B. On sums and products of integers. Proc. Am. Math. Soc. 1997(125):9-16.

[98] NATHANSON M B, Sárközy A. Sumsets containing long arithmetic progressions and powers of 2. Acta Arith., 1989(54):147-154.

[99] NATHANSON M B, Tenenbaum G. Inverse theorems and the number of sums and products. Deshouillers, Jean-Marc (ed.) et al., Structure theory of set addition. Paris: Société Mathématique de France, Astérisque. 1999(258):195-204.

[100] OSTMANN H H. Untersuchen über den Summenbegriff in der additiven Zahlentheorie. Mat. Annalen, 1948(120):165-196.

[101] PILLAI S S. Generalization of a theorem of Davenport on the addition of residue classes. Proc. Indian Acad. Sci. Ser. A, 1938(6):179-180.

[102] PLÜNNECKE H. Über ein metrisches Problem der additiven Zahlentheorie. J. rein angew. Math., 1957(197):97-103.

[103] PLÜNNECKE H. Über die Dichte der Summe zweier Mengen, deren eine die dichte null hat. J. reine angew. Math., 1960(205):1-20.

[104] PLÜNNECKE H. Eigenschaften and Abschätzungen von Wirkungsfunkrionen. Berichte der Gesellschaft fur Mathematik and Datenverar-beitung, volume 22, Bonn, 1969.

[105] PLÜNNECKE H. Eine zahlentheoretische Anwendung der Graphtheorie. J. reine angew. Math., 1970(243):171-183.

[106] POLLARD J M. A generalization of a theorem of Cauchy and Davenport. J. London Math. Soc., 1974(8):460-462.

[107] POLLARD J M. Additive properties of residue classes. J. London Math. Soc., 1975(11):147-152.

[108] POSTNIKOVA L P. Fluctuations in the distribution of fractional parts. Doklady Akad. Nauk SSSR, 1965(161):1282-1284.

[109] PYBER L. On the Erdös-Heilbronn conjecture. Personal Communication.

[110] RICKERT U W. Über eine Vermutung in der additiven Zahlentheorie. PhD thesis, Technical University of Braunschweig, 1976.

[111] RODSETH Ö J. Sums of distinct residues mod p. Acta Arith., 1993(65):181-184

[112] RUZSA I Z. An application of graph theory to additive number theory. Scientia, Ser. A, 1989(3):97-109.

[113] RUZSA I Z. Arithmetic progressions and the number of sums. Periodica Math. Hungar., 1992(25):105-111.

[114] RUZSA I Z. An analog of Freiman's theorem in groups. Deshouillers, Jean-Marc (ed.) et al. Structure theory of set addition. Paris: SociétéMathématique de France, Astérisque. 1999(258):323-326.

[115] RUZSA I Z. Generalized arithmetic progressions and sumsets. Acta Math. Hungar., 1984(65):379-388.

[116] RUZSA I Z. Sums of finite sets. In D. V. Chudnovsky, G. V. Chudnovsky, and M. B. Nathanson, editors, Number Theory: New York Seminar. New York: Springer-Verlag, 1996.

[117] SHATROVSKII L. A new generalization of Davenport's-Pillai's theorem on the addition of residue classes. Doklady Akad. Nauk CCCR, 1944(45):315-317.

[118] SHNIREL'MAN L G. Über additive Eigenschaften von Zahlen. Mat. Annalen, 1933(107):649-690.

[119] SIEGEL C L. Lectures on the Geometry of Numbers. Berlin: Springer-Verlag, 1989.

[120] SPIGLER R. An application of group theory to matrices and to ordinary differential equations. Linear Algebra and its Applications, 1982(44):143-151.

[121] STEINIG J. On G. A. Freiman's theorems concerning the sum of two finite sets of integers. In Conference on the Structure Theory of Set Addition. CIRM, Marseille, 1993:173-186.

[122] STÖHR A, Wirsing E. Beispiele von wesentlichen Komponenten, die keine Basen sind. J. reine angew. Math., 1956(196):96-98.

[123] SZEMERÉDI E. On sets of integers containing no k elements in arithmetic progression. Acta Arith., 1975(27):199-245.

[124] SZEMERÉDI E. Regular partitions of graphs. In J.-C. Bermond et al., editors, Problèmes Combinatoires et Théorie des Graphes, No. 260 in Colloques internationaux C.N.R.S., Paris, 1978:339-401.

[125] VINOGRADOV A I, LINNIK Yu V. Estimate of the sum of the number of divisors in a short segment of an arithmetic progression. Uspekhi Mat. Nauk (N.S.), 1957(12):277-280.

[126] VOSPER A G. The critical pairs of subsets of a group of prime order. J. London Math. Soc., 1956(31):200-205, Addendum 280-282.

[127] WEYL H. On geometry of numbers. Proc. London Math. Soc., 47(1942):268-289. Reprinted in Gesammelte Abhandlungen, volume IV, Berlin: Springer-Verlag, 1968:75-96.

[128] WIRSING E. Ein metrischer Satz über Mengen ganzer Zahlen. Archiv Math., 1953(4):392-398.

[129] ZEILBERGER D. André's reflection proof generalized to the many-candidate ballot problem. Discrete Math., 1983(44):325-326.

索 引

ε-regular, ε-正则的, 203

affine invariant, 仿射不变量, 12
alternating product, 交错积, 74
arithmetic progression, 等差数列, 6
  2-dimensional -, 2维-, 32
  length, 长度, 180
  multidimensional -, 多维-, 180
  proper, 完全的, 180, 215

ballot number, 投票数, 67
Balog-Szemerédi theorem, Balog-Szemerédi定理, 208
basis for a group, 群的一组基, 102
basis for a lattice, 格的基, 134
Blichfeld's lemma, Blichfeld引理, 139
block, 块集, 115
body, 体, 139
Bogolyubov's method, Bogolyubov方法, 185
Bohr neighborhood, Bohr邻域, 185

Cauchy-Davenport theorem, Cauchy-Davenport定理, 35
Chowla's theorem, Chowla定理, 34
convex body, 凸体, 139
convex set, 凸集, 139
convex, 凸的, 109
critical pair, 临界对, 42
cyclic subspace, 循环子空间, 71

determinant of the lattice, 格的行列式, 137
diagonal form, 对角型, 46
diagonal operator, 对角算子, 72
diameter, 直径, 99
difference set, 差集, 1
direct problem, 正问题, 1
discrete group, 离散群, 134
distance between sets, 集合之间的距离, 143

e-transform, e-变换, 34
equitable partition, 公平划分, 203
Erdös-Heilbronn conjecture, Erdös-Heilbronn猜想, 61
exceptional set, 例外集, 203
exponential sum, 指数和, 49

Freiman hoomorphism, Freiman同态, 181
Freiman isomorphism, Freiman同构, 32, 182
Freiman's theorem, Freiman定理, 180
fundamental parallelepiped, 基本平行多面体, 138

geometrical index, 几何指数, 148
graph
  directed graph, 有向图, 159
  undirected graph, 无向图, 199

hyperplane, 超平面, 108, 110

increasing vector, 递增向量, 66
integer parallelepiped, 整的平行多面体, 182
intersection path, 相交道路, 68
invariant subspace, 不变子空间, 71
inverse problem, 反问题, 5

Lagrange's theorem, Lagrange定理, 142
lattice, 格, 134

basis, 基, 134
determinant, 行列式, 137
geometrical index, 几何指数, 148
linearly indepedent hyperplanes, 线性无关的超平面, 110

magnification ratio, 放大比, 160
minimal polynomial, 极小多项式, 71
Minkowski's first theorem, Minkowski第一定理, 140
Minkowski's second theorem, Minkowski第二定理, 145

Nathanson's theorem, Nathanson定理, 3
nonegative vector, 非负向量, 65
normal form, 标准形, 2
normal vector, 标准向量, 109

parallelepiped, 平行多面体, 182
partition density, 划分密度, 203
partition, 分拆, 29
periodic set, 周期集, 87
permutation, 置换, 61
Pollard's theorem, Pollard定理, 36
proper conjecture, 完全性猜想, 215

regularity lemma, 正则性引理, 207

Schwarz's inequality, Schwarz不等式, 201
set of midpoints, 中点集, 124
sign of a permutation, 置换的符号, 62
spectrum, 谱, 72
stabilizer, 稳定化子, 87
strict ballot number, 严格的投票数, 67
strictly increasing path, 严格递增的道路, 67
subgraph, 子图, 165
sublattice, 子格, 148
successive minima, 逐次极小值, 144
sumset, 和集, 1
symmetric group, 对称群, 61
symmetric set, 对称集, 139
Szemerédi's theorem, Szemerédi定理, 197

unimodular matrix, 酉模矩阵, 136

Vandermonde determinant, Vandermonde行列式, 62
Vosper's theorem, Vosper定理, 42

wedge sum, 楔和, 10

刘培杰数学工作室
已出版(即将出版)图书目录——高等数学

书　　名	出版时间	定　价	编号
距离几何分析导引	2015－02	68.00	446
大学几何学	2017－01	78.00	688
关于曲面的一般研究	2016－11	48.00	690
近世纯粹几何学初论	2017－01	58.00	711
拓扑学与几何学基础讲义	2017－04	58.00	756
物理学中的几何方法	2017－06	88.00	767
几何学简史	2017－08	28.00	833
微分几何学历史概要	2020－07	58.00	1194
解析几何学史	2022－03	58.00	1490

复变函数引论	2013－10	68.00	269
伸缩变换与抛物旋转	2015－01	38.00	449
无穷分析引论(上)	2013－04	88.00	247
无穷分析引论(下)	2013－04	98.00	245
数学分析	2014－04	28.00	338
数学分析中的一个新方法及其应用	2013－01	38.00	231
数学分析例选:通过范例学技巧	2013－01	88.00	243
高等代数例选:通过范例学技巧	2015－06	88.00	475
基础数论例选:通过范例学技巧	2018－09	58.00	978
三角级数论(上册)(陈建功)	2013－01	38.00	232
三角级数论(下册)(陈建功)	2013－01	48.00	233
三角级数论(哈代)	2013－06	48.00	254
三角级数	2015－07	28.00	263
超越数	2011－03	18.00	109
三角和方法	2011－03	18.00	112
随机过程(Ⅰ)	2014－01	78.00	224
随机过程(Ⅱ)	2014－01	68.00	235
算术探索	2011－12	158.00	148
组合数学	2012－04	28.00	178
组合数学浅谈	2012－03	28.00	159
分析组合学	2021－09	88.00	1389
丢番图方程引论	2012－03	48.00	172
拉普拉斯变换及其应用	2015－02	38.00	447
高等代数.上	2016－01	38.00	548
高等代数.下	2016－01	38.00	549
高等代数教程	2016－01	58.00	579
高等代数引论	2020－07	48.00	1174
数学解析教程.上卷.1	2016－01	58.00	546
数学解析教程.上卷.2	2016－01	38.00	553
数学解析教程.下卷.1	2017－04	48.00	781
数学解析教程.下卷.2	2017－06	48.00	782
数学分析.第1册	2021－03	48.00	1281
数学分析.第2册	2021－03	48.00	1282
数学分析.第3册	2021－03	28.00	1283
数学分析精选习题全解.上册	2021－03	38.00	1284
数学分析精选习题全解.下册	2021－03	38.00	1285
数学分析专题研究	2021－11	68.00	1574
函数构造论.上	2016－01	38.00	554
函数构造论.中	2017－06	48.00	555
函数构造论.下	2016－09	48.00	680
函数逼近论(上)	2019－02	98.00	1014
概周期函数	2016－01	48.00	572
变叙的项的极限分布律	2016－01	18.00	573
整函数	2012－08	18.00	161
近代拓扑学研究	2013－04	38.00	239
多项式和无理数	2008－01	68.00	22
密码学与数论基础	2021－01	28.00	1254

刘培杰数学工作室
已出版(即将出版)图书目录——高等数学

书 名	出版时间	定 价	编号
模糊数据统计学	2008－03	48.00	31
模糊分析学与特殊泛函空间	2013－01	68.00	241
常微分方程	2016－01	58.00	586
平稳随机函数导论	2016－03	48.00	587
量子力学原理.上	2016－01	38.00	588
图与矩阵	2014－08	40.00	644
钢丝绳原理:第二版	2017－01	78.00	745
代数拓扑和微分拓扑简史	2017－06	68.00	791
半序空间泛函分析.上	2018－06	48.00	924
半序空间泛函分析.下	2018－06	68.00	925
概率分布的部分识别	2018－07	68.00	929
Cartan 型单模李超代数的上同调及极大子代数	2018－07	38.00	932
纯数学与应用数学若干问题研究	2019－03	98.00	1017
数理金融学与数理经济学若干问题研究	2020－07	98.00	1180
清华大学"工农兵学员"微积分课本	2020－09	48.00	1228
力学若干基本问题的发展概论	2023－04	58.00	1262

受控理论与解析不等式	2012－05	78.00	165
不等式的分拆降维降幂方法与可读证明(第2版)	2020－07	78.00	1184
石焕南文集:受控理论与不等式研究	2020－09	198.00	1198

实变函数论	2012－06	78.00	181
复变函数论	2015－08	38.00	504
非光滑优化及其变分分析	2014－01	48.00	230
疏散的马尔科夫链	2014－01	58.00	266
马尔科夫过程论基础	2015－01	28.00	433
初等微分拓扑学	2012－07	18.00	182
方程式论	2011－03	38.00	105
Galois 理论	2011－03	18.00	107
古典数学难题与伽罗瓦理论	2012－11	58.00	223
伽罗华与群论	2014－01	28.00	290
代数方程的根式解及伽罗瓦理论	2011－03	28.00	108
代数方程的根式解及伽罗瓦理论(第二版)	2015－01	28.00	423
线性偏微分方程讲义	2011－03	18.00	110
几类微分方程数值方法的研究	2015－05	38.00	485
分数阶微分方程理论与应用	2020－05	95.00	1182
N 体问题的周期解	2011－03	28.00	111
代数方程式论	2011－05	18.00	121
线性代数与几何:英文	2016－06	58.00	578
动力系统的不变量与函数方程	2011－07	48.00	137
基于短语评价的翻译知识获取	2012－02	48.00	168
应用随机过程	2012－04	48.00	187
概率论导引	2012－04	18.00	179
矩阵论(上)	2013－06	58.00	250
矩阵论(下)	2013－06	48.00	251
对称锥互补问题的内点法:理论分析与算法实现	2014－08	68.00	368
抽象代数:方法导引	2013－06	38.00	257
集论	2016－01	48.00	576
多项式理论研究综述	2016－01	38.00	577
函数论	2014－11	78.00	395
反问题的计算方法及应用	2011－11	28.00	147
数阵及其应用	2012－02	28.00	164
绝对值方程—折边与组合图形的解析研究	2012－07	48.00	186
代数函数论(上)	2015－07	38.00	494
代数函数论(下)	2015－07	38.00	495

刘培杰数学工作室
已出版(即将出版)图书目录——高等数学

书　　名	出版时间	定　价	编号
偏微分方程论:法文	2015—10	48.00	533
时标动力学方程的指数型二分性与周期解	2016—04	48.00	606
重刚体绕不动点运动方程的积分法	2016—05	68.00	608
水轮机水力稳定性	2016—05	48.00	620
Lévy 噪音驱动的传染病模型的动力学行为	2016—05	48.00	667
时滞系统:Lyapunov 泛函和矩阵	2017—05	68.00	784
粒子图像测速仪实用指南:第二版	2017—08	78.00	790
数域的上同调	2017—08	98.00	799
图的正交因子分解(英文)	2018—01	38.00	881
图的度因子和分支因子:英文	2019—09	88.00	1108
点云模型的优化配准方法研究	2018—07	58.00	927
锥形波入射粗糙表面反散射问题理论与算法	2018—03	68.00	936
广义逆的理论与计算	2018—07	58.00	973
不定方程及其应用	2018—12	58.00	998
几类椭圆型偏微分方程高效数值算法研究	2018—08	48.00	1025
现代密码算法概论	2019—05	98.00	1061
模形式的 p—进性质	2019—06	78.00	1088
混沌动力学:分形、平铺、代换	2019—09	48.00	1109
微分方程,动力系统与混沌引论:第 3 版	2020—05	65.00	1144
分数阶微分方程理论与应用	2020—05	95.00	1187
应用非线性动力系统与混沌导论:第 2 版	2021—05	58.00	1368
非线性振动,动力系统与向量场的分支	2021—06	55.00	1369
遍历理论引论	2021—11	46.00	1441
动力系统与混沌	2022—05	48.00	1485
Galois 上同调	2020—04	138.00	1131
毕达哥拉斯定理:英文	2020—03	38.00	1133
模糊可拓多属性决策理论与方法	2021—06	98.00	1357
统计方法和科学推断	2021—10	48.00	1428
有关几类种群生态学模型的研究	2022—04	98.00	1486
加性数论:典型基	2022—05	48.00	1491
乘性数论:第三版	2022—07	38.00	1528
交替方向乘子法及其应用	2022—08	98.00	1553
结构元理论及模糊决策应用	2022—09	98.00	1573
随机微分方程和应用:第二版	2022—12	48.00	1580

吴振奎高等数学解题真经(概率统计卷)	2012—01	38.00	149
吴振奎高等数学解题真经(微积分卷)	2012—01	68.00	150
吴振奎高等数学解题真经(线性代数卷)	2012—01	58.00	151
高等数学解题全攻略(上卷)	2013—06	58.00	252
高等数学解题全攻略(下卷)	2013—06	58.00	253
高等数学复习纲要	2014—01	18.00	384
数学分析历年考研真题解析.第一卷	2021—04	28.00	1288
数学分析历年考研真题解析.第二卷	2021—04	28.00	1289
数学分析历年考研真题解析.第三卷	2021—04	28.00	1290
数学分析历年考研真题解析.第四卷	2022—09	68.00	1560

超越吉米多维奇.数列的极限	2009—11	48.00	58
超越普里瓦洛夫.留数卷	2015—01	28.00	437
超越普里瓦洛夫.无穷乘积与它对解析函数的应用卷	2015—05	28.00	477
超越普里瓦洛夫.积分卷	2015—06	18.00	481
超越普里瓦洛夫.基础知识卷	2015—06	28.00	482
超越普里瓦洛夫.数项级数卷	2015—07	38.00	489
超越普里瓦洛夫.微分、解析函数、导数卷	2018—01	48.00	852

统计学专业英语(第三版)	2015—04	68.00	465
代换分析:英文	2015—07	38.00	499

刘培杰数学工作室
已出版(即将出版)图书目录——高等数学

书　　名	出版时间	定　价	编号
历届美国大学生数学竞赛试题集.第一卷(1938—1949)	2015—01	28.00	397
历届美国大学生数学竞赛试题集.第二卷(1950—1959)	2015—01	28.00	398
历届美国大学生数学竞赛试题集.第三卷(1960—1969)	2015—01	28.00	399
历届美国大学生数学竞赛试题集.第四卷(1970—1979)	2015—01	18.00	400
历届美国大学生数学竞赛试题集.第五卷(1980—1989)	2015—01	28.00	401
历届美国大学生数学竞赛试题集.第六卷(1990—1999)	2015—01	28.00	402
历届美国大学生数学竞赛试题集.第七卷(2000—2009)	2015—08	18.00	403
历届美国大学生数学竞赛试题集.第八卷(2010—2012)	2015—01	18.00	404
超越普特南试题:大学数学竞赛中的方法与技巧	2017—04	98.00	758
历届国际大学生数学竞赛试题集(1994—2020)	2021—01	58.00	1252
历届美国大学生数学竞赛试题集:1938—2017	2020—11	98.00	1256
全国大学生数学夏令营数学竞赛试题及解答	2007—03	28.00	15
全国大学生数学竞赛辅导教程	2012—07	28.00	189
全国大学生数学竞赛复习全书(第2版)	2017—05	58.00	787
历届美国大学生数学竞赛试题集	2009—03	88.00	43
前苏联大学生数学奥林匹克竞赛题解(上编)	2012—04	28.00	169
前苏联大学生数学奥林匹克竞赛题解(下编)	2012—04	38.00	170
大学生数学竞赛讲义	2014—09	28.00	371
大学生数学竞赛教程——高等数学(基础篇、提高篇)	2018—09	128.00	968
普林斯顿大学数学竞赛	2016—06	38.00	669
考研高等数学高分之路	2020—10	45.00	1203
考研高等数学基础必刷	2021—01	45.00	1251
考研概率论与数理统计	2022—06	58.00	1522
越过211,刷到985:考研数学二	2019—10	68.00	1115
初等数论难题集(第一卷)	2009—05	68.00	44
初等数论难题集(第二卷)(上、下)	2011—02	128.00	82,83
数论概貌	2011—03	18.00	93
代数数论(第二版)	2013—08	58.00	94
代数多项式	2014—06	38.00	289
初等数论的知识与问题	2011—02	28.00	95
超越数论基础	2011—03	28.00	96
数论初等教程	2011—03	28.00	97
数论基础	2011—03	18.00	98
数论基础与维诺格拉多夫	2014—03	18.00	292
解析数论基础	2012—08	28.00	216
解析数论基础(第二版)	2014—01	48.00	287
解析数论问题集(第二版)(原版引进)	2014—05	88.00	343
解析数论问题集(第二版)(中译本)	2016—04	88.00	607
解析数论基础(潘承洞,潘承彪著)	2016—07	98.00	673
解析数论导引	2016—07	58.00	674
数论入门	2011—03	38.00	99
代数数论入门	2015—03	38.00	448
数论开篇	2012—07	28.00	194
解析数论引论	2011—03	48.00	100
Barban Davenport Halberstam 均值和	2009—01	40.00	33
基础数论	2011—03	28.00	101
初等数论100例	2011—05	18.00	122
初等数论经典例题	2012—07	18.00	204
最新世界各国数学奥林匹克中的初等数论试题(上、下)	2012—01	138.00	144,145
初等数论(Ⅰ)	2012—01	18.00	156
初等数论(Ⅱ)	2012—01	18.00	157
初等数论(Ⅲ)	2012—01	28.00	158

刘培杰数学工作室
已出版(即将出版)图书目录——高等数学

书　　名	出版时间	定　价	编号
Gauss,Euler,Lagrange 和 Legendre 的遗产:把整数表示成平方和	2022-06	78.00	1540
平面几何与数论中未解决的新老问题	2013-01	68.00	229
代数数论简史	2014-11	28.00	408
代数数论	2015-09	88.00	532
代数、数论及分析习题集	2016-11	98.00	695
数论导引提要及习题解答	2016-01	48.00	559
素数定理的初等证明.第 2 版	2016-09	48.00	686
数论中的模函数与狄利克雷级数(第二版)	2017-11	78.00	837
数论:数学导引	2018-01	68.00	849
域论	2018-04	68.00	884
代数数论(冯克勤　编著)	2018-04	68.00	885
范氏大代数	2019-02	98.00	1016
新编 640 个世界著名数学智力趣题	2014-01	88.00	242
500 个最新世界著名数学智力趣题	2008-06	48.00	3
400 个最新世界著名数学最值问题	2008-09	48.00	36
500 个世界著名数学征解问题	2009-06	48.00	52
400 个中国最佳初等数学征解老问题	2010-01	48.00	60
500 个俄罗斯数学经典老题	2011-01	28.00	81
1000 个国外中学物理好题	2012-04	48.00	174
300 个日本高考数学题	2012-05	38.00	142
700 个早期日本高考数学试题	2017-02	88.00	752
500 个前苏联早期高考数学试题及解答	2012-05	28.00	185
546 个早期俄罗斯大学生数学竞赛题	2014-03	38.00	285
548 个来自美苏的数学好问题	2014-11	28.00	396
20 所苏联著名大学早期入学试题	2015-02	18.00	452
161 道德国工科大学生必做的微分方程习题	2015-05	28.00	469
500 个德国工科大学生必做的高数习题	2015-06	28.00	478
360 个数学竞赛问题	2016-08	58.00	677
德国讲义日本考题.微积分卷	2015-04	48.00	456
德国讲义日本考题.微分方程卷	2015-04	38.00	457
二十世纪中叶中、英、美、日、法、俄高考数学试题精选	2017-06	38.00	783

博弈论精粹	2008-03	58.00	30
博弈论精粹.第二版(精装)	2015-01	88.00	461
数学 我爱你	2008-01	28.00	20
精神的圣徒　别样的人生——60 位中国数学家成长的历程	2008-09	48.00	39
数学史概论	2009-06	78.00	50
数学史概论(精装)	2013-03	158.00	272
数学史选讲	2016-01	48.00	544
斐波那契数列	2010-02	28.00	65
数学拼盘和斐波那契魔方	2010-07	38.00	72
斐波那契数列欣赏	2011-01	28.00	160
数学的创造	2011-02	48.00	85
数学美与创造力	2016-01	48.00	595
数海拾贝	2016-01	48.00	590
数学中的美	2011-02	38.00	84
数论中的美学	2014-12	38.00	351
数学王者　科学巨人——高斯	2015-01	28.00	428
振兴祖国数学的圆梦之旅:中国初等数学研究史话	2015-06	98.00	490
二十世纪中国数学史料研究	2015-10	48.00	536
数字谜、数阵图与棋盘覆盖	2016-01	58.00	298
时间的形状	2016-01	38.00	556
数学发现的艺术:数学探索中的合情推理	2016-07	58.00	671
活跃在数学中的参数	2016-07	48.00	675

刘培杰数学工作室
已出版(即将出版)图书目录——高等数学

书 名	出版时间	定 价	编号
格点和面积	2012－07	18.00	191
射影几何趣谈	2012－04	28.00	175
斯潘纳尔引理——从一道加拿大数学奥林匹克试题谈起	2014－01	28.00	228
李普希兹条件——从几道近年高考数学试题谈起	2012－10	18.00	221
拉格朗日中值定理——从一道北京高考试题的解法谈起	2015－10	18.00	197
闵科夫斯基定理——从一道清华大学自主招生试题谈起	2014－01	28.00	198
哈尔测度——从一道冬令营试题的背景谈起	2012－08	28.00	202
切比雪夫逼近问题——从一道中国台北数学奥林匹克试题谈起	2013－04	38.00	238
伯恩斯坦多项式与贝齐尔曲面——从一道全国高中数学联赛试题谈起	2013－03	38.00	236
卡塔兰猜想——从一道普特南竞赛试题谈起	2013－06	18.00	256
麦卡锡函数和阿克曼函数——从一道前南斯拉夫数学奥林匹克试题谈起	2012－08	18.00	201
贝蒂定理与拉姆贝克莫斯尔定理——从一个拣石子游戏谈起	2012－08	18.00	217
皮亚诺曲线和豪斯道夫分球定理——从无限集谈起	2012－08	18.00	211
平面凸图形与凸多面体	2012－10	28.00	218
斯坦因豪斯问题——从一道二十五省市自治区中学数学竞赛试题谈起	2012－07	18.00	196
纽结理论中的亚历山大多项式与琼斯多项式——从一道北京市高一数学竞赛试题谈起	2012－07	28.00	195
原则与策略——从波利亚"解题表"谈起	2013－04	38.00	244
转化与化归——从三大尺规作图不能问题谈起	2012－08	28.00	214
代数几何中的贝祖定理(第一版)——从一道 IMO 试题的解法谈起	2013－08	18.00	193
成功连贯理论与约当块理论——从一道比利时数学竞赛试题谈起	2012－04	18.00	180
素数判定与大数分解	2014－08	18.00	199
置换多项式及其应用	2012－10	18.00	220
椭圆函数与模函数——从一道美国加州大学洛杉矶分校(UCLA)博士资格考题谈起	2012－10	28.00	219
差分方程的拉格朗日方法——从一道 2011 年全国高考理科试题的解法谈起	2012－08	28.00	200
力学在几何中的一些应用	2013－01	38.00	240
高斯散度定理、斯托克斯定理和平面格林定理——从一道国际大学生数学竞赛试题谈起	即将出版		
康托洛维奇不等式——从一道全国高中联赛试题谈起	2013－03	28.00	337
西格尔引理——从一道第 18 届 IMO 试题的解法谈起	即将出版		
罗斯定理——从一道前苏联数学竞赛试题谈起	即将出版		
拉克斯定理和阿廷定理——从一道 IMO 试题的解法谈起	2014－01	58.00	246
毕卡大定理——从一道美国大学数学竞赛试题谈起	2014－07	18.00	350
贝齐尔曲线——从一道全国高中联赛试题谈起	即将出版		
拉格朗日乘子定理——从一道 2005 年全国高中联赛试题的高等数学解法谈起	2015－05	28.00	480
雅可比定理——从一道日本数学奥林匹克试题谈起	2013－04	48.00	249
李天岩一约克定理——从一道波兰数学竞赛试题谈起	2014－06	28.00	349
受控理论与初等不等式:从一道 IMO 试题的解法谈起	2023－03	48.00	1601

刘培杰数学工作室
已出版(即将出版)图书目录——高等数学

书　名	出版时间	定　价	编号
布劳维不动点定理——从一道前苏联数学奥林匹克试题谈起	2014-01	38.00	273
伯恩赛德定理——从一道英国数学奥林匹克试题谈起	即将出版		
布查特-莫斯特定理——从一道上海市初中竞赛试题谈起	即将出版		
数论中的同余数问题——从一道普特南竞赛试题谈起	即将出版		
范·德蒙行列式——从一道美国数学奥林匹克试题谈起	即将出版		
中国剩余定理:总数法构建中国历史年表	2015-01	28.00	430
牛顿程序与方程求根——从一道全国高考试题解法谈起	即将出版		
库默尔定理——从一道 IMO 预选试题谈起	即将出版		
卢丁定理——从一道冬令营试题的解法谈起	即将出版		
沃斯滕霍姆定理——从一道 IMO 预选试题谈起	即将出版		
卡尔松不等式——从一道莫斯科数学奥林匹克试题谈起	即将出版		
信息论中的香农熵——从一道近年高考压轴题谈起	即将出版		
约当不等式——从一道希望杯竞赛试题谈起	即将出版		
拉比诺维奇定理	即将出版		
刘维尔定理——从一道《美国数学月刊》征解问题的解法谈起	即将出版		
卡塔兰恒等式与级数求和——从一道 IMO 试题的解法谈起	即将出版		
勒让德猜想与素数分布——从一道爱尔兰竞赛试题谈起	即将出版		
天平称重与信息论——从一道基辅市数学奥林匹克试题谈起	即将出版		
哈密尔顿-凯莱定理:从一道高中数学联赛试题的解法谈起	2014-09	18.00	376
艾思特曼定理——从一道 CMO 试题的解法谈起	即将出版		
一个爱尔特希问题——从一道西德数学奥林匹克试题谈起	即将出版		
有限群中的爱丁格尔问题——从一道北京市初中二年级数学竞赛试题谈起	即将出版		
糖水中的不等式——从初等数学到高等数学	2019-07	48.00	1093
帕斯卡三角形	2014-03	18.00	294
蒲丰投针问题——从 2009 年清华大学的一道自主招生试题谈起	2014-01	38.00	295
斯图姆定理——从一道"华约"自主招生试题的解法谈起	2014-01	18.00	296
许瓦兹引理——从一道加利福尼亚大学伯克利分校数学系博士生试题谈起	2014-08	18.00	297
拉姆塞定理——从王诗宬院士的一个问题谈起	2016-04	48.00	299
坐标法	2013-12	28.00	332
数论三角形	2014-04	38.00	341
毕克定理	2014-07	18.00	352
数林掠影	2014-09	48.00	389
我们周围的概率	2014-10	38.00	390
凸函数最值定理:从一道华约自主招生题的解法谈起	2014-10	28.00	391
易学与数学奥林匹克	2014-10	38.00	392
生物数学趣谈	2015-01	18.00	409
反演	2015-01	28.00	420
因式分解与圆锥曲线	2015-01	18.00	426
轨迹	2015-01	28.00	427
面积原理:从常庚哲命的一道 CMO 试题的积分解法谈起	2015-01	48.00	431
形形色色的不动点定理:从一道 28 届 IMO 试题谈起	2015-01	38.00	439
柯西函数方程:从一道上海交大自主招生的试题谈起	2015-02	28.00	440

刘培杰数学工作室
已出版(即将出版)图书目录——高等数学

书　　名	出版时间	定　价	编号
三角恒等式	2015－02	28.00	442
无理性判定:从一道 2014 年"北约"自主招生试题谈起	2015－01	38.00	443
数学归纳法	2015－03	18.00	451
极端原理与解题	2015－04	28.00	464
法雷级数	2014－08	18.00	367
摆线族	2015－01	38.00	438
函数方程及其解法	2015－05	38.00	470
含参数的方程和不等式	2012－09	28.00	213
希尔伯特第十问题	2016－01	38.00	543
无穷小量的求和	2016－01	28.00	545
切比雪夫多项式:从一道清华大学金秋营试题谈起	2016－01	38.00	583
泽肯多夫定理	2016－03	38.00	599
代数等式证题法	2016－01	28.00	600
三角等式证题法	2016－01	28.00	601
吴大任教授藏书中的一个因式分解公式:从一道美国数学邀请赛试题的解法谈起	2016－06	28.00	656
易卦——类万物的数学模型	2017－08	68.00	838
"不可思议"的数与数系可持续发展	2018－01	38.00	878
最短线	2018－01	38.00	879

从毕达哥拉斯到怀尔斯	2007－10	48.00	9
从迪利克雷到维斯卡尔迪	2008－01	48.00	21
从哥德巴赫到陈景润	2008－05	98.00	35
从庞加莱到佩雷尔曼	2011－08	138.00	136

从费马到怀尔斯——费马大定理的历史	2013－10	198.00	Ⅰ
从庞加莱到佩雷尔曼——庞加莱猜想的历史	2013－10	298.00	Ⅱ
从切比雪夫到爱尔特希(上)——素数定理的初等证明	2013－07	48.00	Ⅲ
从切比雪夫到爱尔特希(下)——素数定理 100 年	2012－12	98.00	Ⅲ
从高斯到盖尔方特——二次域的高斯猜想	2013－10	198.00	Ⅳ
从库默尔到朗兰兹——朗兰兹猜想的历史	2014－01	98.00	Ⅴ
从比勃巴赫到德布朗斯——比勃巴赫猜想的历史	2014－02	298.00	Ⅵ
从麦比乌斯到陈省身——麦比乌斯变换与麦比乌斯带	2014－02	298.00	Ⅶ
从布尔到豪斯道夫——布尔方程与格论漫谈	2013－10	198.00	Ⅷ
从开普勒到阿诺德——三体问题的历史	2014－05	298.00	Ⅸ
从华林到华罗庚——华林问题的历史	2013－10	298.00	Ⅹ

数学物理大百科全书.第 1 卷	2016－01	418.00	508
数学物理大百科全书.第 2 卷	2016－01	408.00	509
数学物理大百科全书.第 3 卷	2016－01	396.00	510
数学物理大百科全书.第 4 卷	2016－01	408.00	511
数学物理大百科全书.第 5 卷	2016－01	368.00	512

朱德祥代数与几何讲义.第 1 卷	2017－01	38.00	697
朱德祥代数与几何讲义.第 2 卷	2017－01	28.00	698
朱德祥代数与几何讲义.第 3 卷	2017－01	28.00	699

刘培杰数学工作室
已出版(即将出版)图书目录——高等数学

书　　名	出版时间	定　价	编号
闵嗣鹤文集	2011—03	98.00	102
吴从炘数学活动三十年(1951～1980)	2010—07	99.00	32
吴从炘数学活动又三十年(1981～2010)	2015—07	98.00	491
斯米尔诺夫高等数学.第一卷	2018—03	88.00	770
斯米尔诺夫高等数学.第二卷.第一分册	2018—03	68.00	771
斯米尔诺夫高等数学.第二卷.第二分册	2018—03	68.00	772
斯米尔诺夫高等数学.第二卷.第三分册	2018—03	48.00	773
斯米尔诺夫高等数学.第三卷.第一分册	2018—03	58.00	774
斯米尔诺夫高等数学.第三卷.第二分册	2018—03	58.00	775
斯米尔诺夫高等数学.第三卷.第三分册	2018—03	68.00	776
斯米尔诺夫高等数学.第四卷.第一分册	2018—03	48.00	777
斯米尔诺夫高等数学.第四卷.第二分册	2018—03	88.00	778
斯米尔诺夫高等数学.第五卷.第一分册	2018—03	58.00	779
斯米尔诺夫高等数学.第五卷.第二分册	2018—03	68.00	780
zeta 函数,q-zeta 函数,相伴级数与积分(英文)	2015—08	88.00	513
微分形式:理论与练习(英文)	2015—08	58.00	514
离散与微分包含的逼近和优化(英文)	2015—08	58.00	515
艾伦·图灵:他的工作与影响(英文)	2016—01	98.00	560
测度理论概率导论,第 2 版(英文)	2016—01	88.00	561
带有潜在故障恢复系统的半马尔柯夫模型控制(英文)	2016—01	98.00	562
数学分析原理(英文)	2016—01	88.00	563
随机偏微分方程的有效动力学(英文)	2016—01	88.00	564
图的谱半径(英文)	2016—01	58.00	565
量子机器学习中数据挖掘的量子计算方法(英文)	2016—01	98.00	566
量子物理的非常规方法(英文)	2016—01	118.00	567
运输过程的统一非局部理论:广义波尔兹曼物理动力学,第 2 版(英文)	2016—01	198.00	568
量子力学与经典力学之间的联系在原子、分子及电动力学系统建模中的应用(英文)	2016—01	58.00	569
算术域(英文)	2018—01	158.00	821
高等数学竞赛:1962—1991 年的米洛克斯·史怀哲竞赛(英文)	2018—01	128.00	822
用数学奥林匹克精神解决数论问题(英文)	2018—01	108.00	823
代数几何(德文)	2018—04	68.00	824
丢番图逼近论(英文)	2018—01	78.00	825
代数几何学基础教程(英文)	2018—01	98.00	826
解析数论入门课程(英文)	2018—01	78.00	827
数论中的丢番图问题(英文)	2018—01	78.00	829
数论(梦幻之旅):第五届中日数论研讨会演讲集(英文)	2018—01	68.00	830
数论新应用(英文)	2018—01	68.00	831
数论(英文)	2018—01	78.00	832
测度与积分(英文)	2019—04	68.00	1059
卡塔兰数入门(英文)	2019—05	68.00	1060
多变量数学入门(英文)	2021—05	68.00	1317
偏微分方程入门(英文)	2021—05	88.00	1318
若尔当典范性:理论与实践(英文)	2021—07	68.00	1366
R 统计学概论(英文)	2023—03	88.00	1614
基于不确定静态和动态问题解的仿射算术(英文)	2023—03	38.00	1618

刘培杰数学工作室
已出版(即将出版)图书目录——高等数学

书　名	出版时间	定　价	编号
湍流十讲(英文)	2018－04	108.00	886
无穷维李代数:第3版(英文)	2018－04	98.00	887
等值、不变量和对称性(英文)	2018－04	78.00	888
解析数论(英文)	2018－09	78.00	889
《数学原理》的演化:伯特兰·罗素撰写第二版时的手稿与笔记(英文)	2018－04	108.00	890
哈密尔顿数学论文集(第4卷):几何学、分析学、天文学、概率和有限差分等(英文)	2019－05	108.00	891
数学王子——高斯	2018－01	48.00	858
坎坷奇星——阿贝尔	2018－01	48.00	859
闪烁奇星——伽罗瓦	2018－01	58.00	860
无穷统帅——康托尔	2018－01	48.00	861
科学公主——柯瓦列夫斯卡娅	2018－01	48.00	862
抽象代数之母——埃米·诺特	2018－01	48.00	863
电脑先驱——图灵	2018－01	58.00	864
昔日神童——维纳	2018－01	48.00	865
数坛怪侠——爱尔特希	2018－01	68.00	866
当代世界中的数学.数学思想与数学基础	2019－01	38.00	892
当代世界中的数学.数学问题	2019－01	38.00	893
当代世界中的数学.应用数学与数学应用	2019－01	38.00	894
当代世界中的数学.数学王国的新疆域(一)	2019－01	38.00	895
当代世界中的数学.数学王国的新疆域(二)	2019－01	38.00	896
当代世界中的数学.数林撷英(一)	2019－01	38.00	897
当代世界中的数学.数林撷英(二)	2019－01	48.00	898
当代世界中的数学.数学之路	2019－01	38.00	899
偏微分方程全局吸引子的特性(英文)	2018－09	108.00	979
整函数与下调和函数(英文)	2018－09	118.00	980
幂等分析(英文)	2018－09	118.00	981
李群,离散子群与不变量理论(英文)	2018－09	108.00	982
动力系统与统计力学(英文)	2018－09	118.00	983
表示论与动力系统(英文)	2018－09	118.00	984
分析学练习.第1部分(英文)	2021－01	88.00	1247
分析学练习.第2部分.非线性分析(英文)	2021－01	88.00	1248
初级统计学:循序渐进的方法:第10版(英文)	2019－05	68.00	1067
工程师与科学家微分方程用书:第4版(英文)	2019－07	58.00	1068
大学代数与三角学(英文)	2019－06	78.00	1069
培养数学能力的途径(英文)	2019－07	38.00	1070
工程师与科学家统计学:第4版(英文)	2019－06	58.00	1071
贸易与经济中的应用统计学:第6版(英文)	2019－06	58.00	1072
傅立叶级数和边值问题:第8版(英文)	2019－05	48.00	1073
通往天文学的途径:第5版(英文)	2019－05	58.00	1074

刘培杰数学工作室
已出版(即将出版)图书目录——高等数学

书　　名	出版时间	定　价	编号
拉马努金笔记. 第 1 卷(英文)	2019—06	165.00	1078
拉马努金笔记. 第 2 卷(英文)	2019—06	165.00	1079
拉马努金笔记. 第 3 卷(英文)	2019—06	165.00	1080
拉马努金笔记. 第 4 卷(英文)	2019—06	165.00	1081
拉马努金笔记. 第 5 卷(英文)	2019—06	165.00	1082
拉马努金遗失笔记. 第 1 卷(英文)	2019—06	109.00	1083
拉马努金遗失笔记. 第 2 卷(英文)	2019—06	109.00	1084
拉马努金遗失笔记. 第 3 卷(英文)	2019—06	109.00	1085
拉马努金遗失笔记. 第 4 卷(英文)	2019—06	109.00	1086
数论:1976 年纽约洛克菲勒大学数论会议记录(英文)	2020—06	68.00	1145
数论:卡本代尔 1979:1979 年在南伊利诺伊卡本代尔大学举行的数论会议记录(英文)	2020—06	78.00	1146
数论:诺德韦克豪特 1983:1983 年在诺德韦克豪特举行的 Journees Arithmetiques 数论大会会议记录(英文)	2020—06	68.00	1147
数论:1985—1988 年在纽约城市大学研究生院和大学中心举办的研讨会(英文)	2020—06	68.00	1148
数论:1987 年在乌尔姆举行的 Journees Arithmetiques 数论大会会议记录(英文)	2020—06	68.00	1149
数论:马德拉斯 1987:1987 年在马德拉斯安娜大学举行的国际拉马努金百年纪念大会会议记录(英文)	2020—06	68.00	1150
解析数论:1988 年在东京举行的日法研讨会会议记录(英文)	2020—06	68.00	1151
解析数论:2002 年在意大利切特拉罗举行的 C. I. M. E. 暑期班演讲集(英文)	2020—06	68.00	1152
量子世界中的蝴蝶:最迷人的量子分形故事(英文)	2020—06	118.00	1157
走进量子力学(英文)	2020—06	118.00	1158
计算物理学概论(英文)	2020—06	48.00	1159
物质,空间和时间的理论:量子理论(英文)	即将出版		1160
物质,空间和时间的理论:经典理论(英文)	即将出版		1161
量子场理论:解释世界的神秘背景(英文)	2020—07	38.00	1162
计算物理学概论(英文)	即将出版		1163
行星状星云(英文)	即将出版		1164
基本宇宙学:从亚里士多德的宇宙到大爆炸(英文)	2020—08	58.00	1165
数学磁流体力学(英文)	2020—07	58.00	1166
计算科学:第 1 卷,计算的科学(日文)	2020—07	88.00	1167
计算科学:第 2 卷,计算与宇宙(日文)	2020—07	88.00	1168
计算科学:第 3 卷,计算与物质(日文)	2020—07	88.00	1169
计算科学:第 4 卷,计算与生命(日文)	2020—07	88.00	1170
计算科学:第 5 卷,计算与地球环境(日文)	2020—07	88.00	1171
计算科学:第 6 卷,计算与社会(日文)	2020—07	88.00	1172
计算科学. 别卷,超级计算机(日文)	2020—07	88.00	1173
多复变函数论(日文)	2022—06	78.00	1518
复变函数入门(日文)	2022—06	78.00	1523

刘培杰数学工作室
已出版(即将出版)图书目录——高等数学

书　　名	出版时间	定　价	编号
代数与数论:综合方法(英文)	2020—10	78.00	1185
复分析:现代函数理论第一课(英文)	2020—07	58.00	1186
斐波那契数列和卡特兰数:导论(英文)	2020—10	68.00	1187
组合推理:计数艺术介绍(英文)	2020—07	88.00	1188
二次互反律的傅里叶分析证明(英文)	2020—07	48.00	1189
旋瓦兹分布的希尔伯特变换与应用(英文)	2020—07	58.00	1190
泛函分析:巴拿赫空间理论入门(英文)	2020—07	48.00	1191

典型群,错排与素数(英文)	2020—11	58.00	1204
李代数的表示:通过 gln 进行介绍(英文)	2020—10	38.00	1205
实分析演讲集(英文)	2020—10	38.00	1206
现代分析及其应用的课程(英文)	2020—10	58.00	1207
运动中的抛射物数学(英文)	2020—10	38.00	1208
2—扭结与它们的群(英文)	2020—10	38.00	1209
概率,策略和选择:博弈与选举中的数学(英文)	2020—11	58.00	1210
分析学引论(英文)	2020—11	58.00	1211
量子群:通往流代数的路径(英文)	2020—11	38.00	1212
集合论入门(英文)	2020—10	48.00	1213
酉反射群(英文)	2020—11	58.00	1214
探索数学:吸引人的证明方式(英文)	2020—11	58.00	1215
微分拓扑短期课程(英文)	2020—10	48.00	1216

抽象凸分析(英文)	2020—11	68.00	1222
费马大定理笔记(英文)	2021—03	48.00	1223
高斯与雅可比和(英文)	2021—03	78.00	1224
π与算术几何平均:关于解析数论和计算复杂性的研究(英文)	2021—01	58.00	1225
复分析入门(英文)	2021—03	48.00	1226
爱德华·卢卡斯与素性测定(英文)	2021—03	78.00	1227

通往凸分析及其应用的简单路径(英文)	2021—01	68.00	1229
微分几何的各个方面.第一卷(英文)	2021—01	58.00	1230
微分几何的各个方面.第二卷(英文)	2020—12	58.00	1231
微分几何的各个方面.第三卷(英文)	2020—12	58.00	1232
沃克流形几何学(英文)	2020—11	58.00	1233
仿射和韦尔几何应用(英文)	2020—12	58.00	1234
双曲几何学的旋转向量空间方法(英文)	2021—02	58.00	1235
积分:分析学的关键(英文)	2020—12	48.00	1236
为有天分的新生准备的分析学基础教材(英文)	2020—11	48.00	1237

刘培杰数学工作室
已出版(即将出版)图书目录——高等数学

书　名	出版时间	定　价	编号
数学不等式.第一卷.对称多项式不等式(英文)	2021－03	108.00	1273
数学不等式.第二卷.对称有理不等式与对称无理不等式(英文)	2021－03	108.00	1274
数学不等式.第三卷.循环不等式与非循环不等式(英文)	2021－03	108.00	1275
数学不等式.第四卷.Jensen 不等式的扩展与加细(英文)	2021－03	108.00	1276
数学不等式.第五卷.创建不等式与解不等式的其他方法(英文)	2021－04	108.00	1277
冯·诺依曼代数中的谱位移函数:半有限冯·诺依曼代数中的谱位移函数与谱流(英文)	2021－06	98.00	1308
链接结构:关于嵌入完全图的直线中链接单形的组合结构(英文)	2021－05	58.00	1309
代数几何方法.第 1 卷(英文)	2021－06	68.00	1310
代数几何方法.第 2 卷(英文)	2021－06	68.00	1311
代数几何方法.第 3 卷(英文)	2021－06	58.00	1312
代数、生物信息和机器人技术的算法问题.第四卷,独立恒等式系统(俄文)	2020－08	118.00	1119
代数、生物信息和机器人技术的算法问题.第五卷,相对覆盖性和独立可拆分恒等式系统(俄文)	2020－08	118.00	1200
代数、生物信息和机器人技术的算法问题.第六卷,恒等式和准恒等式的相等 问题、可推导性和可实现性(俄文)	2020－08	128.00	1201
分数阶微积分的应用:非局部动态过程,分数阶导热系数(俄文)	2021－01	68.00	1241
泛函分析问题与练习:第 2 版(俄文)	2021－01	98.00	1242
集合论、数学逻辑和算法论问题:第 5 版(俄文)	2021－01	98.00	1243
微分几何和拓扑短期课程(俄文)	2021－01	98.00	1244
素数规律(俄文)	2021－01	88.00	1245
无穷边值问题解的递减:无界域中的拟线性椭圆和抛物方程(俄文)	2021－01	48.00	1246
微分几何讲义(俄文)	2020－12	98.00	1253
二次型和矩阵(俄文)	2021－01	98.00	1255
积分和级数.第 2 卷,特殊函数(俄文)	2021－01	168.00	1258
积分和级数.第 3 卷,特殊函数补充:第 2 版(俄文)	2021－01	178.00	1264
几何图上的微分方程(俄文)	2021－01	138.00	1259
数论教程:第 2 版(俄文)	2021－01	98.00	1260
非阿基米德分析及其应用(俄文)	2021－03	98.00	1261

刘培杰数学工作室
已出版(即将出版)图书目录——高等数学

书　　名	出版时间	定　价	编号
古典群和量子群的压缩(俄文)	2021—03	98.00	1263
数学分析习题集.第 3 卷,多元函数:第 3 版(俄文)	2021—03	98.00	1266
数学习题:乌拉尔国立大学数学力学系大学生奥林匹克(俄文)	2021—03	98.00	1267
柯西定理和微分方程的特解(俄文)	2021—03	98.00	1268
组合极值问题及其应用:第 3 版(俄文)	2021—03	98.00	1269
数学词典(俄文)	2021—01	98.00	1271
确定性混沌分析模型(俄文)	2021—06	168.00	1307
精选初等数学习题和定理.立体几何.第 3 版(俄文)	2021—03	68.00	1316
微分几何习题:第 3 版(俄文)	2021—05	98.00	1336
精选初等数学习题和定理.平面几何.第 4 版(俄文)	2021—05	68.00	1335
曲面理论在欧氏空间 En 中的直接表示	2022—01	68.00	1444
维纳—霍普夫离散算子和托普利兹算子:某些可数赋范空间中的诺特性和可逆性(俄文)	2022—03	108.00	1496
Maple 中的数论:数论中的计算机计算(俄文)	2022—03	88.00	1497
贝尔曼和克努特问题及其概括:加法运算的复杂性(俄文)	2022—03	138.00	1498
复分析:共形映射(俄文)	2022—07	48.00	1542
微积分代数样条和多项式及其在数值方法中的应用(俄文)	2022—08	128.00	1543
蒙特卡罗方法中的随机过程和场模型:算法和应用(俄文)	2022—08	88.00	1544
线性椭圆型方程组:论二阶椭圆型方程的迪利克雷问题(俄文)	2022—08	98.00	1561
动态系统解的增长特性:估值、稳定性、应用(俄文)	2022—08	118.00	1565
群的自由积分解:建立和应用(俄文)	2022—08	78.00	1570
混合方程和偏差自变数方程问题:解的存在和唯一性(俄文)	2023—01	78.00	1582
拟度量空间分析:存在和逼近定理(俄文)	2023—01	108.00	1583
二维和三维流形上函数的拓扑性质:函数的拓扑分类(俄文)	2023—03	68.00	1584
齐次马尔科夫过程建模的矩阵方法:此类方法能够用于不同目的的复杂系统研究、设计和完善(俄文)	2023—03	68.00	1594
周期函数的近似方法和特性:特殊课程(俄文)	2023—04	158.00	1622
扩散方程解的矩函数:变分法(俄文)	2023—03	58.00	1623
多赋范空间和广义函数:理论及应用(俄文)	2023—03	98.00	1632
分析中的多值映射:部分应用(俄文)	2023—06	98.00	1634
数学物理问题(俄文)	2023—03	78.00	1636

狭义相对论与广义相对论:时空与引力导论(英文)	2021—07	88.00	1319
束流物理学和粒子加速器的实践介绍:第 2 版(英文)	2021—07	88.00	1320
凝聚态物理中的拓扑和微分几何简介(英文)	2021—05	88.00	1321
混沌映射:动力学、分形学和快速涨落(英文)	2021—05	128.00	1322
广义相对论:黑洞、引力波和宇宙学介绍(英文)	2021—06	68.00	1323
现代分析电磁均质化(英文)	2021—06	68.00	1324
为科学家提供的基本流体动力学(英文)	2021—06	88.00	1325
视觉天文学:理解夜空的指南(英文)	2021—06	68.00	1326

刘培杰数学工作室
已出版(即将出版)图书目录——高等数学

书　名	出版时间	定　价	编号
物理学中的计算方法(英文)	2021—06	68.00	1327
单星的结构与演化:导论(英文)	2021—06	108.00	1328
超越居里:1903 年至 1963 年物理界四位女性及其著名发现(英文)	2021—06	68.00	1329
范德瓦尔斯流体热力学的进展(英文)	2021—06	68.00	1330
先进的托卡马克稳定性理论(英文)	2021—06	88.00	1331
经典场论导论:基本相互作用的过程(英文)	2021—07	88.00	1332
光致电离量子动力学方法原理(英文)	2021—07	108.00	1333
经典域论和应力:能量张量(英文)	2021—05	88.00	1334
非线性太赫兹光谱的概念与应用(英文)	2021—06	68.00	1337
电磁学中的无穷空间并矢格林函数(英文)	2021—06	88.00	1338
物理科学基础数学.第 1 卷,齐次边值问题、傅里叶方法和特殊函数(英文)	2021—07	108.00	1339
离散量子力学(英文)	2021—07	68.00	1340
核磁共振的物理学和数学(英文)	2021—07	108.00	1341
分子水平的静电学(英文)	2021—08	68.00	1342
非线性波:理论、计算机模拟、实验(英文)	2021—06	108.00	1343
石墨烯光学:经典问题的电解解决方案(英文)	2021—06	68.00	1344
超材料多元宇宙(英文)	2021—07	68.00	1345
银河系外的天体物理学(英文)	2021—07	68.00	1346
原子物理学(英文)	2021—07	68.00	1347
将光打结:将拓扑学应用于光学(英文)	2021—07	68.00	1348
电磁学:问题与解法(英文)	2021—07	88.00	1364
海浪的原理:介绍量子力学的技巧与应用(英文)	2021—07	108.00	1365
多孔介质中的流体:输运与相变(英文)	2021—07	68.00	1372
洛伦兹群的物理学(英文)	2021—08	68.00	1373
物理导论的数学方法和解决方法手册(英文)	2021—08	68.00	1374
非线性波数学物理学入门(英文)	2021—08	88.00	1376
波:基本原理和动力学(英文)	2021—07	68.00	1377
光电子量子计量学.第 1 卷,基础(英文)	2021—07	88.00	1383
光电子量子计量学.第 2 卷,应用与进展(英文)	2021—07	68.00	1384
复杂流的格子玻尔兹曼建模的工程应用(英文)	2021—08	68.00	1393
电偶极矩挑战(英文)	2021—08	108.00	1394
电动力学:问题与解法(英文)	2021—09	68.00	1395
自由电子激光的经典理论(英文)	2021—08	68.00	1397
曼哈顿计划——核武器物理学简介(英文)	2021—09	68.00	1401

刘培杰数学工作室
已出版(即将出版)图书目录——高等数学

书　　名	出版时间	定　价	编号
粒子物理学(英文)	2021—09	68.00	1402
引力场中的量子信息(英文)	2021—09	128.00	1403
器件物理学的基本经典力学(英文)	2021—09	68.00	1404
等离子体物理及其空间应用导论.第1卷,基本原理和初步过程(英文)	2021—09	68.00	1405
伽利略理论力学:连续力学基础(英文)	2021—10	48.00	1416
磁约束聚变等离子体物理:理想MHD理论(英文)	2023—03	68.00	1613
相对论量子场论.第1卷,典范形式体系(英文)	2023—03	38.00	1615
相对论量子场论.第2卷,路径积分形式(英文)	2023—06	38.00	1616
相对论量子场论.第3卷,量子场论的应用(英文)	2023—06	38.00	1617
涌现的物理学(英文)	2023—05	58.00	1619
量子化旋涡:一本拓扑激发手册(英文)	2023—04	68.00	1620
非线性动力学:实践的介绍性调查(英文)	2023—05	68.00	1621
静电加速器:一个多功能工具(英文)	2023—06	58.00	1625
相对论多体理论与统计力学(英文)	2023—06	58.00	1626
经典力学.第1卷,工具与向量(英文)	2023—04	38.00	1627
经典力学.第2卷,运动学和匀加速运动(英文)	2023—04	58.00	1628
经典力学.第3卷,牛顿定律和匀速圆周运动(英文)	2023—04	58.00	1629
经典力学.第4卷,万有引力定律(英文)	2023—04	38.00	1630
经典力学.第5卷,守恒定律与旋转运动(英文)	2023—04	38.00	1631
对称问题:纳维尔—斯托克斯问题(英文)	2023—04	38.00	1638
摄影的物理和艺术.第1卷,几何与光的本质(英文)	2023—04	78.00	1639
摄影的物理和艺术.第2卷,能量与色彩(英文)	2023—04	78.00	1640
摄影的物理和艺术.第3卷,探测器与数码的意义(英文)	2023—04	78.00	1641

拓扑与超弦理论焦点问题(英文)	2021—07	58.00	1349
应用数学:理论、方法与实践(英文)	2021—07	78.00	1350
非线性特征值问题:牛顿型方法与非线性瑞利函数(英文)	2021—07	58.00	1351
广义膨胀和齐性:利用齐性构造齐次系统的李雅普诺夫函数和控制律(英文)	2021—06	48.00	1352
解析数论焦点问题(英文)	2021—07	58.00	1353
随机微分方程:动态系统方法(英文)	2021—07	58.00	1354
经典力学与微分几何(英文)	2021—07	58.00	1355
负定相交形式流形上的瞬子模空间几何(英文)	2021—07	68.00	1356

广义卡塔兰轨道分析:广义卡塔兰轨道计算数字的方法(英文)	2021—07	48.00	1367
洛伦兹方法的变分:二维与三维洛伦兹方法(英文)	2021—08	38.00	1378
几何、分析和数论精编(英文)	2021—08	68.00	1380
从一个新角度看数论:通过遗传方法引入现实的概念(英文)	2021—07	58.00	1387
动力系统:短期课程(英文)	2021—08	68.00	1382

刘培杰数学工作室
已出版(即将出版)图书目录——高等数学

书　名	出版时间	定　价	编号
几何路径:理论与实践(英文)	2021-08	48.00	1385
广义斐波那契数列及其性质(英文)	2021-08	38.00	1386
论天体力学中某些问题的不可积性(英文)	2021-07	88.00	1396
对称函数和麦克唐纳多项式:余代数结构与Kawanaka恒等式	2021-09	38.00	1400
杰弗里·英格拉姆·泰勒科学论文集:第1卷.固体力学(英文)	2021-05	78.00	1360
杰弗里·英格拉姆·泰勒科学论文集:第2卷.气象学、海洋学和湍流(英文)	2021-05	68.00	1361
杰弗里·英格拉姆·泰勒科学论文集:第3卷.空气动力学以及落弹数和爆炸的力学(英文)	2021-05	68.00	1362
杰弗里·英格拉姆·泰勒科学论文集:第4卷.有关流体力学(英文)	2021-05	58.00	1363
非局域泛函演化方程:积分与分数阶(英文)	2021-08	48.00	1390
理论工作者的高等微分几何:纤维丛、射流流形和拉格朗日理论(英文)	2021-08	68.00	1391
半线性退化椭圆微分方程:局部定理与整体定理(英文)	2021-07	48.00	1392
非交换几何、规范理论和重整化:一般简介与非交换量子场论的重整化(英文)	2021-09	78.00	1406
数论论文集:拉普拉斯变换和带有数论系数的幂级数(俄文)	2021-09	48.00	1407
挠理论专题:相对极大值,单射与扩充模(英文)	2021-09	88.00	1410
强正则图与欧几里得若尔当代数:非通常关系中的启示(英文)	2021-10	48.00	1411
拉格朗日几何和哈密顿几何:力学的应用(英文)	2021-10	48.00	1412
时滞微分方程与差分方程的振动理论:二阶与三阶(英文)	2021-10	98.00	1417
卷积结构与几何函数理论:用以研究特定几何函数理论方向的分数阶微积分算子与卷积结构(英文)	2021-10	48.00	1418
经典数学物理的历史发展(英文)	2021-10	78.00	1419
扩展线性丢番图问题(英文)	2021-10	38.00	1420
一类混沌动力系统的分歧分析与控制:分歧分析与控制(英文)	2021-11	38.00	1421
伽利略空间和伪伽利略空间中一些特殊曲线的几何性质(英文)	2022-01	48.00	1422
一阶偏微分方程:哈密尔顿—雅可比理论(英文)	2021-11	48.00	1424
各向异性黎曼多面体的反问题:分段光滑的各向异性黎曼多面体反边界谱问题:唯一性(英文)	2021-11	38.00	1425

刘培杰数学工作室
已出版(即将出版)图书目录——高等数学

书　　名	出版时间	定　价	编号
项目反应理论手册.第一卷,模型(英文)	2021—11	138.00	1431
项目反应理论手册.第二卷,统计工具(英文)	2021—11	118.00	1432
项目反应理论手册.第三卷,应用(英文)	2021—11	138.00	1433
二次无理数:经典数论入门(英文)	2022—05	138.00	1434
数,形与对称性:数论,几何和群论导论(英文)	2022—05	128.00	1435
有限域手册(英文)	2021—11	178.00	1436
计算数论(英文)	2021—11	148.00	1437
拟群与其表示简介(英文)	2021—11	88.00	1438
数论与密码学导论:第二版(英文)	2022—01	148.00	1423
几何分析中的柯西变换与黎兹变换:解析调和容量和李普希兹调和容量、变化和振荡以及一致可求长性(英文)	2021—12	38.00	1465
近似不动点定理及其应用(英文)	2022—05	28.00	1466
局部域的相关内容解析:对局部域的扩展及其伽罗瓦群的研究(英文)	2022—01	38.00	1467
反问题的二进制恢复方法(英文)	2022—03	28.00	1468
对几何函数中某些类的各个方面的研究:复变量理论(英文)	2022—01	38.00	1469
覆盖、对应和非交换几何(英文)	2022—01	28.00	1470
最优控制理论中的随机线性调节器问题:随机最优线性调节器问题(英文)	2022—01	38.00	1473
正交分解法:涡流流体动力学应用的正交分解法(英文)	2022—01	38.00	1475
芬斯勒几何的某些问题(英文)	2022—03	38.00	1476
受限三体问题(英文)	2022—05	38.00	1477
利用马利亚万微积分进行 Greeks 的计算:连续过程、跳跃过程中的马利亚万微积分和金融领域中的 Greeks(英文)	2022—05	48.00	1478
经典分析和泛函分析的应用:分析学的应用(英文)	2022—05	38.00	1479
特殊芬斯勒空间的探究(英文)	2022—03	48.00	1480
某些图形的施泰纳距离的细谷多项式:细谷多项式与图的维纳指数(英文)	2022—05	38.00	1481
图论问题的遗传算法:在新鲜与模糊的环境中(英文)	2022—05	48.00	1482
多项式映射的渐近簇(英文)	2022—05	38.00	1483
一维系统中的混沌:符号动力学,映射序列,一致收敛和沙可夫斯基定理(英文)	2022—05	38.00	1509
多维边界层流动与传热分析:粘性流体流动的数学建模与分析(英文)	2022—05	38.00	1510

刘培杰数学工作室
已出版(即将出版)图书目录——高等数学

书　　名	出版时间	定　价	编号
演绎理论物理学的原理：一种基于量子力学波函数的逐次置信估计的一般理论的提议(英文)	2022－05	38.00	1511
R^2 和 R^3 中的仿射弹性曲线：概念和方法(英文)	2022－08	38.00	1512
算术数列中除数函数的分布：基本内容、调查、方法、第二矩、新结果(英文)	2022－05	28.00	1513
抛物型狄拉克算子和薛定谔方程：不定常薛定谔方程的抛物型狄拉克算子及其应用(英文)	2022－07	28.00	1514
黎曼-希尔伯特问题与量子场论：可积重正化、戴森-施温格方程(英文)	2022－08	38.00	1515
代数结构和几何结构的形变理论(英文)	2022－08	48.00	1516
概率结构和模糊结构上的不动点：概率结构和直觉模糊度量空间的不动点定理(英文)	2022－08	38.00	1517
反若尔当对：简单反若尔当对的自同构(英文)	2022－07	28.00	1533
对某些黎曼一芬斯勒空间变换的研究：芬斯勒几何中的某些变换(英文)	2022－07	38.00	1534
内诣零流形映射的尼尔森数的阿诺索夫关系(英文)	2023－01	38.00	1535
与广义积分变换有关的分数次演算：对分数次演算的研究(英文)	2023－01	48.00	1536
强子的芬斯勒几何和吕拉几何(宇宙学方面)：强子结构的芬斯勒几何和吕拉几何(拓扑缺陷)(英文)	2022－08	38.00	1537
一种基于混沌的非线性最优化问题：作业调度问题(英文)	即将出版		1538
广义概率论发展前景：关于趣味数学与置信函数实际应用的一些原创观点(英文)	即将出版		1539
纽结与物理学：第二版(英文)	2022－09	118.00	1547
正交多项式和 q－级数的前沿(英文)	2022－09	98.00	1548
算子理论问题集(英文)	2022－03	108.00	1549
抽象代数：群、环与域的应用导论：第二版(英文)	2023－01	98.00	1550
菲尔兹奖得主演讲集：第三版(英文)	2023－01	138.00	1551
多元实函数教程(英文)	2022－09	118.00	1552
球面空间形式群的几何学：第二版(英文)	2022－09	98.00	1566
对称群的表示论(英文)	2023－01	98.00	1585
纽结理论：第二版(英文)	2023－01	88.00	1586
拟群理论的基础与应用(英文)	2023－01	88.00	1587
组合学：第二版(英文)	2023－01	98.00	1588
加性组合学：研究问题手册(英文)	2023－01	68.00	1589
扭曲、平铺与镶嵌：几何折纸中的数学方法(英文)	2023－01	98.00	1590
离散与计算几何手册：第三版(英文)	2023－01	248.00	1591
离散与组合数学手册：第二版(英文)	2023－01	248.00	1592

刘培杰数学工作室
已出版(即将出版)图书目录——高等数学

书　　名	出版时间	定　价	编号
分析学教程.第1卷,一元实变量函数的微积分分析学介绍(英文)	2023-01	118.00	1595
分析学教程.第2卷,多元函数的微分和积分,向量微积分(英文)	2023-01	118.00	1596
分析学教程.第3卷,测度与积分理论,复变量的复值函数(英文)	2023-01	118.00	1597
分析学教程.第4卷,傅里叶分析,常微分方程,变分法(英文)	2023-01	118.00	1598

联系地址:哈尔滨市南岗区复华四道街10号　哈尔滨工业大学出版社刘培杰数学工作室
网　　址:http://lpj.hit.edu.cn/
邮　　编:150006
联系电话:0451-86281378　　13904613167
E-mail:lpj1378@163.com